深圳福田中心区（CBD）城市规划建设三十年历史研究

（1980—2010 年）

陈一新　著

东南大学出版社

南京

序

城市中心区在不同历史时期有不同的功能与形态。欧洲古代城市以神庙为中心，中世纪城市以教堂为中心，文艺复兴以后的城市以市政厅等公共建筑为中心，现代城市以商务中心（CBD）为核心。中国古代城市以宫殿、官府衙门为中心，近现代城市以政府办公、影剧院、文化宫、商业大楼等公共建筑为中心，当代商品经济发展后，城市以政府办公或 CBD 为中心。CBD 的规模及影响力取决于城市的经济水平。

世界性大都市如纽约、伦敦、巴黎、东京、上海、香港等城市中心区 CBD 都非常著名，几乎可作城市的代名词。CBD 不仅是一个城市的名片，而且是一个城市的中枢，它高度集中了城市的经济、科技和文化的力量，具备金融、贸易、咨询、服务、展览等多种功能。CBD 加上便捷的公交系统，再配套完善的服务设施，一定成为城市的旅游景点，真正实现形神合一的活力 CBD。

深圳市福田中心区从八十年代初开始城市规划构思，先有政府的规划蓝图，九十年代初推土平整场地进行市政道路施工建设，后来随着深圳市场经济发展的需求而逐步投资形成"天时地利"的城市中心区，已经从一片农田迅速发展成为现代化特大城市的 CBD，实现了深圳总规的功能定位。这是深圳特区城市建设奇迹的代表性实例。

陈一新是我的博士生，她经过多年努力写出了《深圳福田中心区（CBD）城市规划建设三十年历史研究（1980—2010 年）》这本著作，填补了深圳城市规划建设历史的空白。这是她经历长期规划管理实践后，勤于思考研究的成果。她作为一名建筑师，亲眼目睹了深圳特区三十年来的沧桑巨变，亲身经历了福田中心区从规划蓝图变为现实的规划建设过程。她基于工作中积累的第一手资料，锲而不舍地研究福田中心区（CBD），十年如一日地思考和撰写，2013 年她完成了博士学位论文，答辩时取得优秀成绩。本书是在她博士论文基础上补充修改后形成的专著。希望陈一新完成了这本书的出版工作后继续研究城市中心区、研究 CBD 这个课题，这是我国改革开放三十多年来城市化建设迅速发展时期具有深远历史意义的研究课题。

希望本书不仅是深圳福田中心区（CBD）规划建设历史研究的重要成果，也是深圳城市规划建设历史研究不可或缺的重要篇章，并为全国城市中心区、CBD、新区等城市规划及开发建设工作提供有益的参考借鉴，为全国城市规划学科提供研究实例。

中国科学院院士
东南大学建筑研究所所长
博士生导师

前　言

正如法国社会学家、哲学家亨利·勒菲弗（Henri Lefebvre）所言："每一个社会都会生产出它自己的空间。空间是政治性的，它是战略性的。曾经的那些战略，已经让空间建立起来了。我们应该追溯这些战略的轨迹。"本书研究深圳福田中心区（CBD）城市规划建设三十年历史，就是记载深圳特区前三十年已经建成的城市中心区的"生产过程"，并追溯那些使福田中心区规划建设起来的战略轨迹。

深圳特区是一个按照城市规划蓝图建设起来的城市，是世界城市规划建设史上的奇迹。1980年中国改革开放的政治性战略决策造就了深圳从农业县到特大城市的三十年巨变。深圳特区凭借毗邻香港的地理优势，抓住了香港经济转型的良好契机，成功进行了三次经济结构转型，走过了其他城市上百年的城市化历程。1996年深圳特区二次创业的政治性战略目标使福田中心区在短短二十年间全部建成。福田中心区作为深圳三十年城市规划建设的典型缩影，也作为特区二次创业的空间成果，是中国改革开放后快速城市化的样板，也是世界城市发展史上不可多得的标本之一。对于任何一个新城区而言，前三十年是产城融合的城市空间的基本建设周期，未来的目标是文化建设和对公众吸引力的经营和培育。这是不以人的意志为转移的客观规律。福田中心区所经历的前三十年（1980—2010年）规划建设历史充分佐证了这一点。

福田中心区建设用地面积4 km²，是国内较早进行城市规划并按照规划蓝图较完整实施的城市中心区CBD最佳城市实践区之一。福田中心区1980年仅有岗厦村原居民组群，经过概念规划、征地拆迁、详细规划后，在90年代深圳第二次产业转型期间，深圳土地有偿使用制度改革为政府进行特区土地一次开发赢得了较充裕的基本建设资金。由政府投资或国土基金负责福田中心区土地一次开发、市政道路工程"七通一平"和大型公建的建设，所有经营性用地全部通过协议、招标、拍卖、挂牌方式出让使用，取得了第二代商务办公楼和住宅配套建设市场的成功，从而赢得了2005年之后的深圳第三次产业转型中鼎盛建设金融中心的大好机遇，实现了深圳金融主中心的功能定位。福田中心区现场已建成建筑面积从1995年的3万 m²增长到2013年887万 m²，以平均每年近50万 m²的建成速度基本实现了规划建筑总规模。据统计，2012年福田中心区办公楼空置率约5%，市场认可接受程度较高，这是规划建设成功的重要指标之一。福田中心区实现了政府与市场投资的互动协调发展，其开发建设模式符合市场经济规律，取得了较好的社会经济效益。这既是福田中心区的幸运，也是深圳市场经济持续良好运行的结果。

福田中心区（CBD）全面建成运行后，将成为深圳最重要的金融贸易中心、行政文化中心和交通枢纽中心，不仅对深圳自身建设现代化国际城市起着关键作用，而且对于深港经济合作，对于珠三角未来城市产业带和城市群的协调发展，都将发挥经济作用并产生深远影响。

本书采用了黑格尔历史研究三层次方法——白描型历史、反思型历史、哲学型历史，进行福田中心区规划建设历史研究。研究成果包括以下三项内容：

第一项内容：白描型历史研究，本书附录全面记载《深圳福田中心区城市规划建设三十年记事》，与另一本专著《规划探索——深圳市中心区城市规划实施历程（1980—2010年）》（海天出版社，2015年）的内容简繁互补。白描历史作为福田中心区规划建设三十年的历史背景及其进展足迹的实录型记载，是对"反思型历史"和"哲学型历史"研究的基础，也是相得益彰的补充内容。

第二项内容：反思型历史研究，通过分析福田中心区规划开发建设的机遇及各方面优势（第二章），研究中心区开发建设管理模式（第三章），反思福田中心区规划编制及规划实施效果，总结其经验教训。

第三项内容：哲学型历史研究，创新地提出城市中心区规划编制内容"六六八"理论及规划实施管理模式（第五章），并首次对福田中心区的规划实施效果进行经济评价，展望福田中心区在未来区域经济中的地位和作用（第六章）。

如果说，深圳特区城市总体规划最大的成功在于多中心组团式城市结构，那么，福田中心区详细规划最大成功亮点在于理念超前、弹性规划。福田中心区超前的交通规划理念、早期征地拆迁、中期储备发展用地、后期金融发展的机遇，以及轨道交通超过预期规划的成功实施等，使福田中心区的政府主导规划较好地适应了市场经济需求，并在规划建设中不断探索市场经济体制下详细规划建设与时俱进的创新模式。回顾福田中心区从一段文字的规划构想、特区总规上的规划草图、中心区详细规划蓝图、政府公建项目的启用，直至目前CBD空间建成和金融产业形成，这段规划建设历史让我们这一代人见证了，于是由衷产生了记录规划历史的使命感。

本书使用说明

1.本书使用的"福田中心区"与"深圳市中心区"所指规划建设范围相同，两个名称是深圳不同时代的历史产物。

关于"福田中心区"名称及范围的演变：1980年曾称"福田新市区"，是包含福田中心区在内的30 km² 大范围。1986年深圳特区总体规划确定福田中心区用地5.4 km²，以皇岗路、滨河路、新洲路、红荔路四条路为界。1992年福田中心区详细规划将其功能确定为深圳CBD（中央商务区），并缩小用地范围至4 km²，以彩田路、滨河路、新洲路、红荔路四条路为界。1995年经深圳市政府同意将福田中心区正名为"深圳市中心区"。因此，1996—2004年官方通常使用"深圳市中心区"，城市规划功能定位是市级行政文化和商务中心。但由于深圳为多中心组团式城市结构，为方便确定地理位置，人们习惯将"深圳市中心区"称为"福田中心区"。鉴于深圳市三次总体规划文本都称之为"福田中心区"，因此，本书主要采用"福田中心区"（或简称"中心区"）的名称，局部保留历史上的名称"深圳市中心区"。两者完全相同。

2.本书所称"法定图则"为《深圳市城市规划条例》（1998年）确定的法定规划，相当于控制性详细规划（简称"控规"）。

3.本书所称"详细蓝图"为《深圳市城市规划条例》（1998年）确定的法定规划，相当于修建性详细规划（简称"修规"）。

4.本书所称"城市设计"均指城市中心区的详细城市设计。鉴于国内城市规划相关法律和技术编制规定一直未明确城市设计的法律地位，笔者研究认为：城市中心区的城市设计应该补充"修规"中公共空间三维定量的规划设计导则。因此，本书将"城市设计"等同于"修规"。

目 录

1 概 述

城市的存在、生长、发展，从单一的生长点，到多种生长点；从农业、手工业时代到工业时代，又从工业时代到后工业时代；与此同时发展了商贸、服务、金融业，最终成为经济的主导和命脉之一。

—— 齐康《规划课》

深圳市位于珠江口东岸，西与珠海市相望，北邻东莞市，东接惠州市，东南部临大亚湾、南海，南部隔深圳河与香港新界接壤，1979 年设立深圳市之前仅是中国南方的边境镇。中国大陆改革开放，1980 年建立深圳经济特区。深圳市土地①面积 1 991 km²，1980 年到 2012 年，深圳人口从 33 万人增长到 1 054 万人，GDP 从人民币 2.7 亿元上升到 12 950 亿元，建成区面积从 3 km² 扩大到 871 km²。在短短三十年间，深圳从农业县跨入了工业化、城市化和现代化的行列，现已形成高新技术、金融、物流、文化等四大支柱产业。深圳三十年创造了世界城市规划建设史上的奇迹。

深圳因香港而产生，也因香港而繁荣。深圳最大的优势是毗邻香港，由于深港地理相连，语言文化人脉相通，经济产业也唇齿相依，与香港对接成为深圳规划建设最大的动力。深港合作在"一国两制"基本框架下，深港继续实行两种政治经济制度，即在政制、法制、币制、税制等"四制"前提下互惠共赢。作为进入中国南大门的香港，是中国市场经济的桥头堡，1950—1960 年香港是以制造业为主导的工业城市，80 年代大陆的改革开放为香港经济产业升级提供了后方基地，香港的工业生产逐渐转移到深圳及珠三角地区后

变成了强大的金融商贸服务业中心。香港土地面积 1 108 km²，人口 715 万人。香港 GDP 从 1980 年 1 422 亿港元增长到 2012 年 20 400 亿港元。香港与深圳的 GDP 之比从 1980 年的 263 倍变化到 2012 年 1.2 倍。三十多年的深港合作取得了双赢效果：一方面，深圳从宝安县镇迅速发展成华南地区经济中心城市；另一方面，香港的经济结构成功地完成了从制造业到服务业的转型，不仅成为"亚洲四小龙"，而且已成为国际金融、航运及商业服务中心。

1.1 深圳特区总体规划定位福田中心区

1.1.1 深圳历史沿革与特区城市中心的演变
1. 简述宝安县历史沿革

深圳的前身是宝安县，宝安县历史悠久，东晋（331 年）时，宝安县隶属东官郡，为郡治所在地。明朝（1573 年）改宝安县为新安县。深圳和香港在历史上连为一体，同属新安县。清道光二十二年（1842 年）清政府与英国签订不平等的"中英江宁条约"以前，香港、九龙以北至深圳河的 1 011 km² 的土地及水域均为新安县范围。鸦片战争后，英国通过几个不平等条约陆续将原属新安县

---

① 深圳市行政辖区土地总面积 2003 年前普遍认定为 2 020 km²；2004 年确定为 1 953 km²，2009 年确定为 1 991 km²。

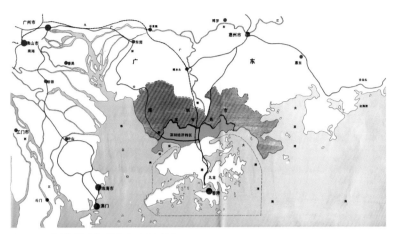

图 1-1　深圳特区位置图（1980 年）

县划出土地 327.5 km² 正式成立深圳经济特区，深圳市分为深圳经济特区和宝安县两部分（图 1-1）。至 2010 年 8 月，深圳特区成立三十周年，国务院批准深圳特区的范围扩大到全市域范围。深圳特区规划建设的起点是（深圳镇）罗湖中心区。当时深圳镇城区面积约 3 km²，人口 2.3 万人，房屋建筑面积 109 万 m²，住宅建筑面积 29 万 m²，多数是平房。基本没有下水道，甚至没有路灯。旧城区没有正规的市政道路，仅有解放路、人民路、和平路、建设路等 6 条普通马路，路宽均不足 10 m，高低不平。深圳镇是九广铁路的过境交通站，除了一条广九铁路承担着香港至广州的来往客货运输外，陆上运输和水上运输都很落后，交通很不发达。特区规划几乎从"一张白纸"开始描绘，特区建设几乎从"一片希望的田野"上起步。

4. 特区城市中心的演变

因为九广铁路途经罗湖口岸，所以，罗湖区成为深圳特区"一次创业"规划建设的第一个商务中心区，八十年代特区起步时轰轰烈烈建设罗湖中心区。至 1990 年，罗湖区的商务办公用地基本建满（图 1-2），没有余地。因此，市场对商务空间的需求向西扩展（由于罗湖区以东为梧桐山"天然屏障"），九十年代开始建设福田区，福田中心区成为深圳特区"二次创业"规划建设的第二个商务中心区，而且由于深圳九十年代经济水平大大提高，政府主导建设福田中心区的财政实力增强，规划设计思想更加超前，福田中心区的硬件环境建设水平跨上新台阶。2010 年起，深圳政府开始建设第三个商务中心区——前海中心，这是深港高端服务业合作区，是深圳未来的商务中心区。这次建设不仅要进一步提高城市硬件规划建设水平，体

的香港岛、九龙和新界等 1 055 km² 土地划为英国殖民地[①]。1911 年广九铁路修通，深圳镇逐步成为沿线上的边城重镇。民国期间（1914 年）复用旧名宝安县。宝安县行政区疆域及隶属关系虽屡有变化，但其政治、文化及军事在历朝历代都具有重要的地位和作用。

2. 宝安县城深圳镇 50 年代迁址至罗湖中心区

1949 年新中国成立后，宝安县的县政府仍设南头。1953 年因深圳圩（现罗湖中心区）连接广九铁路，交通便利，人口增加，工商业兴旺，宝安县政府迁至深圳圩。1959 年成立宝安县人民委员会，设有深圳镇。1979 年深圳设市前宝安县土地面积 2 020 km²，以农业、渔业经济为主，土地利用结构方式属于单一化的"自给型"农业经济，仅有少量的县办企业工厂，机械化程度很低，工业基础十分薄弱。宝安县的县城深圳镇在现罗湖中心区一带。

3. 深圳特区成立后，规划建设起点是（深圳镇）罗湖中心区

1980 年 8 月，全国人大批准国务院提出的《广东省经济特区条例》。于是，从宝安

---

① 中国城市规划设计研究院深圳咨询中心，深圳市城市规划局，深圳市国土局 . 深圳市国土规划 [R]，1988.2.

现生态低碳水城的规划理念，而且更加重视
金融创新，重视商务中心的社会经济文化
管理软件的创新。深圳三次城市中心的扩张
和演变承担着特区不同发展阶段的历史使命
（图 1-3）。

1.1.2 特区总规及福田中心区规划萌芽

1. 特区总规

1979 年深圳建市前，政府曾经两次编制
城市总体规划[①]：第一次在 1978 年，规划到
2000 年发展为 10.6 km² 建成区、人口为 10 万
人的小城市；第二次在 1979 年，深圳市建立
后，由广东省建委组织编制《深圳市总体规
划》，规划到 2000 年发展为建成区 35 km²、
30 万人口的中等城市。这两次规划范围主要
在广九铁路两侧的老城区周围，来料加工业
规划布局在上步、红岭片区，居住区规划在
红围、木头龙等地。1980 年成立深圳经济特
区以后，深圳市政府十分重视城市总体规划，
并按总规的框架实施了道路交通体系和城市
空间和产业结构体系。虽然深圳政府多次组
织编制过城市总规或城市发展策略规划，但
正式上报审批的总体规划共三次：1986 版总
规、1996 版总规、2010 版总规。这三次总规
引导深圳社会经济文化跨上三个大台阶。

2. 1980 年首次提出"福田中心区"概念

创办特区是一项新的事业，没有现成的
经验和模式，对深圳特区的性质和作用，也
经历了探索过程。深圳城市的性质由最初的
"出口加工区"发展为 1980 年总规提出的"以
工业为主、工农相结合的新型边境城市"。

1980 年 5 月，广东省建委组织的深圳市
城市规划工作组（共 90 多人）到深圳现场编
制深圳经济特区总体规划。规划目标以建成工
业为主、工农相结合，同时发展贸易、农业、

图 1-2　1990 年罗湖中心区航拍照片（来源《深圳城市规划：纪念深圳经济特区成立十周年特辑》）

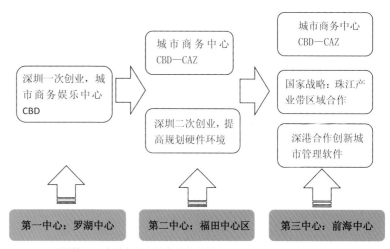

图 1-3　深圳特区三个城市中心扩张演变的使命

旅游业的经济特区。规划把城区范围扩大至
60 km²，2000 年规划人口 60 万。

1980 年 6 月完成的《深圳市经济特区城
市发展纲要》，明确特区按照城市标准规划
建设，宝安县仍为农村。纲要规划的市区范

[①]　深圳市规划和国土资源委员会.深圳经济特区改革开放十五年的城市规划与实践 1980—1995 年 [M]. 深圳：
海天出版社，2010.

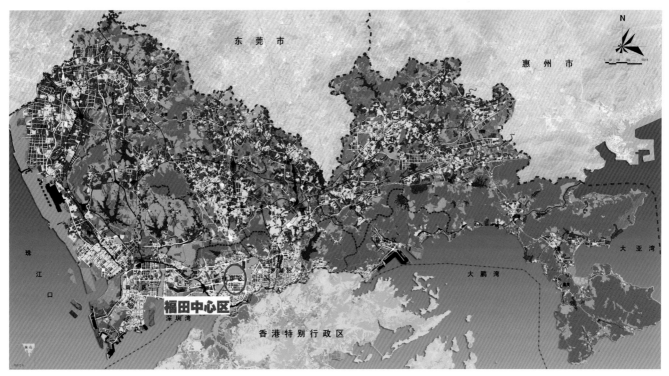

图 1-4　福田中心区在深圳的位置（来源：深圳总规）

图 1-5　1987 年 4 月中心区周围航拍照片（来源：深圳市规划国土委信息中心）

围仅 49 km²，设想在深圳特区建一个 50 万人口的新型城市，从罗湖旧城向西发展一个带形城市，分为罗湖区、上步区、皇岗区（现名：福田区）。纲要首次提出今福田中心区位置的规划定位："皇岗区设在莲花山下，为吸引外资为主的工商业中心，安排对外的金融、商业、贸易机构，为繁荣的商业区，为照顾该区居民生活方便，在适当地方亦布置一些商业网点，用地 165 hm²。"图 1-4 显示福田中心区在深圳市域图中的位置。该纲要在当时福田公社位置规划福田区为未来金融商贸中心，是极富远见和睿智的。

3. 福田中心区在一片农田上开始规划建设

1980 年代的福田中心区，仅能找到一张 1987 年 4 月航拍照片（图 1-5），这是迄今福田中心区最早的航拍照片。由于当时尚未成立福田区，福田中心区周围道路尚未建设，该图中间一条东西向道路为深南大道，当年还是简易的临时道路。图上还标有岗厦河园新村、皇岗联合企业贸易公司、上步区商业贸易公司、上步区出租汽车修配厂、深圳市火车站预制厂等位置信息。该历史图片证明，福田中心区确是在一片农田上开始规划建设。

1.1.3 深圳三次总规准确定位福田中心区

深圳特区三次总体规划都将福田中心区定位为城市金融商贸和行政文化中心，并非历史巧合，反映了深圳历届领导和规划师们高瞻远瞩的历史观。深圳三次总体规划引导城市跨上三个大台阶。

1. 1986版总规与福田中心区概念规划

（1）1986版总规的编制历程

1981年11月，深圳市规划局完成的《深圳经济特区总体规划说明书》（讨论稿）规划用地范围327.5 km²，城市定位为工业为主的综合性经济特区，规划到1990年人口规模达到40万人，至2000年达到100万人口。根据特区狭长地形的特点，总体规划采用组团式结构布置的带形城市，将全特区分成七到八个组团，每个组团居住6万—15万人不等，组团与组团之间按地形用绿化带隔离，每个组团本身各有一套完整的工业、商住及行政文教设施，工作地点与居住地点就地平衡。全特区的市中心在福田市区，各组团间有方便的公路连接。这样布局既可减少城市交通压力，又有利于特区集中开发。此外，与福田中心区有关的文字说明包括：规划福田路以西的新市政中心是包括工业、住宅、商业并配合生活居住、文化设施、科学研究的综合发展区。

1982年3月，深圳市政府完成《深圳经济特区社会经济发展规划大纲》（讨论稿），明确要建成"以工业为重点，兼营工、商、农、牧、住宅、旅游等多种行业的综合性特区"，选定城市组团式结构作为深圳城市建设总规划的基本布局，并把原规划的50 km²、50万人口扩大到110 km²、80万人口。该大纲规划福田新市区中心为特区的商业、金融、行

政中心，并布局轻型精密工业，将香港新建的电气化铁路直接引入福田新市区，结合新市区开发，建货运浅水码头，规划福田新市区仓库区面积1.4 km²，为中片地区服务，使福田新市区成为综合功能区。1982年4月，深圳市政府召开《深圳经济特区社会经济发展规划大纲》（讨论稿）评审会。同年5月，深圳市规划局又邀请了国内五位专家评审《深圳经济特区社会经济发展规划大纲》，进一步研究修改和调整总体规划。会议采用勾画草图和座谈的方式，讨论重点是城市组团划分及整个城市的道路交通问题、福田新市区的规划。几天内专家们共勾画了大小草图6张。专家们认为：总图中罗湖、旧城与上步及福田的组团划分不明显，建议深广铁路两侧一定要保留适当的分割绿地。城市道路性质和分工要确定，深南大道是东西贯穿整个城市的脊梁，应以客运为主的生活性主干道，要避免沿深南大道两侧设走廊式商业中心；深南大道的南北都要有沟通的货运干道。对福田新市区的两侧，一致建议要保留相当宽的绿带分隔，因新市位于整个特区城市建设之中心，面积最大、人口最多，可形成明显独立的组团等。会议期间，专家们讨论了福田新市区的一些草图（港商提供），认为：同心圆放射型道路系统是一种陈旧落后的规划手法，不利于交通的疏散。专家们曾经试图按照圆形模式做了一个相应的总体规划设想，结果发现其形式呆板，用地不经济等缺陷。所以建议还是采用方格式道路，但要随地形的起伏变化设置一些自然曲线的道路网，避免单独感。同年9月，市政府邀请香港有关经济、城市规划设计方面的专家学者32人参加评议《深圳经济特区社会经济发展规划大纲》（修改稿）。专家学者们对城市道路交通、对外交通、城市绿化、公园设置等方面提出宝贵意见，并认为福田区规划应与城市总体

规划布局相协调，正确处理与外商的关系。同年10月，市城市规划局完成《深圳经济特区总体规划简图》编印。同年12月，市政府向中央、国务院，广东省委、省政府、省特区管理委员会呈送《深圳经济特区社会经济发展规划大纲》送审报告。该大纲不仅是一个城市建设总体规划，而且是一个全面的社会经济发展规划，对工、农、交通运输、旅游、商业金融、外贸、仓储、住宅、市政公共事业、环境保护和精神文明建设等，都分别提出了发展的方向、目标以及实施措施和步骤，并对人口规模、土地利用、功能分区等作了相应的安排；它集中了国内外一百多位专家的意见和智慧，反复修改补充，使之更加科学合理；它根据特区狭长地带的自然地貌特点，确定城市建设的总体布局采用带状组团式结构，使城市的功能区之间富于弹性，利于长远发展。

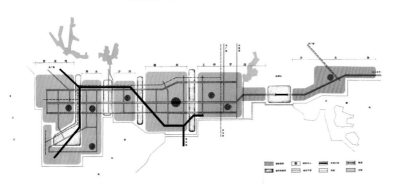

图1-6 深圳特区组团式结构示意图（来源：深圳1986版总规）

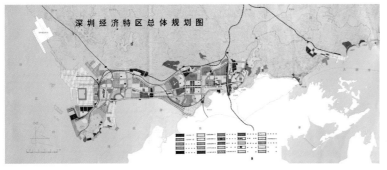

图1-7 深圳1986版总规

1984年10月，深圳市城市规划局委托中国城市规划设计研究院进行深圳特区总体规划设计的咨询工作（包括城市交通、道路网、给排水、城市结构与人口密度等），并协助完成总体规划设计编制任务，同时承担南头区规划设计的具体编制任务。"深圳经济特区总体规划是在1985年根据《深圳经济特区社会经济发展大纲》所规定的原则，在1982年总体规划方案基础上，结合特区五年来发展情况编制的"。[①]

1986年2月，深圳市规划局、中国城市规划设计研究院完成《深圳经济特区总体规划》（简称：1986版总规）的印刷，包括文本说明和专题资料。1986版总规定位深圳以发展外向型工业为主，工贸并举、工贸技结合，兼营旅游、房地产等事业；规划沿用组团式结构布局，并提出深圳特区划分五个组团（图1-6），每个组团内部形成大体配套、相对完善的综合功能，适当安排组团之间的相互分工，既分隔又联系，共同组成各具特点而又协调统一的特区整体（图1-7）。1990年6月，广东省人民政府批复原则同意《深圳经济特区总体规划》。城市性质以发展外向型工业为主，抓好商业、外贸、旅游等第三产业。同意到2000年常住人口按80万人控制。在规划和建设上应富有特色和时代感，组团布局之间的分隔绿带，必须明确保护范围，严格控制，不得侵占等内容。

1992年福田中心区详细规划（以下简称：详规）提出将福田中心区规划定位为深圳市CBD，规划确定以金融、贸易、信息、高级宾馆、公寓及配套的商业文化设施、教育培训机构等为发展方向，区内以高层建筑为主。CBD被市政府确定为深圳90年代城市开发建设的

① 深圳市城市规划委员会，深圳市建设局主编.深圳城市规划：纪念深圳经济特区成立十周年特辑[G].深圳：海天出版社，1990：15-16.

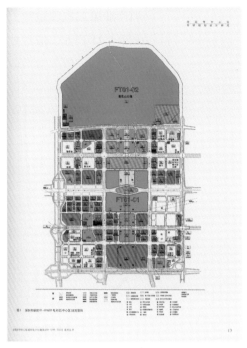

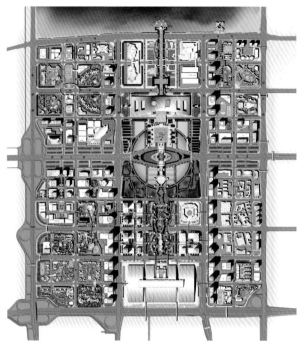

图 1-23 福田中心区法定图则（第二版）（左）

图 1-24 福田中心区详细蓝图（右）（来源：深圳市规划设计研究院）

1996 年，市政府专门成立了深圳市中心区开发建设办公室（以下简称：中心区办公室），负责福田中心区的规划实施管理工作。此阶段中心区规划承上启下，边深化修改边投入实施。中心区规划经过多轮国际咨询和承上启下的深化设计，于 2002 年已形成较成熟的规划管理控制一套图，例如，福田中心区法定图则第二版（图 1-23）、福田中心区局部街坊的详细蓝图（图 1-24）。1997 年香港回归。1998 年亚洲金融风暴对香港经济造成很大冲击，对主要针对香港招商的福田中心区项目影响很大。几家港商退出中心区投资项目。市政府加快中心区六大重点工程（市民中心、图书馆、音乐厅、少年宫、电视中心、地铁一期水晶岛试验站）前期准备。1998 年底六大重点工程同时开工奠基，并由市政府财政全额投资，政府大规模投资建设带动了市场投资，包括 1999 年投资建成中国高新技术成果（深圳）交易会馆临时建筑（图 1-25），全方位营造福田中心区的投资氛围。1999 年，市场投资的中心区第二代商务办公楼开始启动（图 1-26），体现了政府的带动效应。同

图 1-25 1999 年高交会馆建成启用（来源：《崛起的深圳——深圳市改革开放历史与建设成就》）

图 1-26 1999 年福田中心区实景（来源：《深圳迈向国际——市中心城市设计的起步》）

图 1-27　1999—2004 年福田中心区实景组图（作者摄）

年，中心区办公室首次在全国城建管理系统试点建立了福田中心区城市仿真系统，借助先进技术手段作为城市设计和单体建筑方案报建管理工具。2000 年初，批准中心区第一版法定图则。2001 年，开展会展中心工程前期准备工作。2003 年，中央政府与香港政府签署了 CEPA，改善了内地与香港之间人流、物流、信息流、资金流互不畅通的状况，香港和内地形成了新的产业合作关系。因此，中心区开发建设形势喜人，第三代商务办公楼建筑工程启动。2003 年《深圳市支持金融业发展若干规定》颁布。2004 年底，中心区六大重点工程陆续建成启用。中心区第二代商务办公楼也少量建成，销售业绩较好。此后，十几家金融企业积极进入中心区投资建设金融总部办公。图 1-27 为 1999—2004 年从莲花山顶广场拍摄的福田中心区实景照片。

4. 第四阶段（2005—2010 年以后）蓬勃阶段：金融产业集聚，实现 CBD 功能

深圳经过前二十五年规划建设，已形成特大城市的框架结构和经济基础，特区建设成就显著。但深圳人居安思危，2005 年提出深圳"四个难以为继"，要求经济发展由粗放式向集约式转型，由资源、资本型转向自主创新型，深圳处于第三次产业转型阶段。这时期香港制造业的 90% 已转移到深圳和内地，香港成功完成了从制造业到服务业的转型，香港服务业占 GDP 比重大于 90%，已形成了以金融、贸易、物流、旅游为支柱产业的服务中心城市。2006年"深港都市圈"写入深圳政府报告，2007 年深圳人均 GDP 首次突破 1 万美元，标志着深圳从现代化发展的中级阶段进入高级阶段的历史转折。特别是深圳金融以产业调整为契机，以深港金融衔接为方向，实现了新飞跃，金融业迅速崛起迎来了福田中心区金融总部办公投资建设的鼎盛时期。

此阶段中心区的第一代、第二代商务办

图 1-28　2009 年深港双城双年展在中轴线设主展场（作者摄）

图 1-29　2010 年中心区金融办公总部施工（作者摄）

公楼宇已经建成运行，第三代商务办公楼宇正在建设之中，深圳金融产业的飙升为中心区金融办公集聚创造了条件，中心区也为金融办公建设储备了土地。2005 年市政府制定了中心区金融办公用地的市场准入机制，第一批金融机构总部选址中心区。2006 年京广深港高铁站选址中心区设福田站（地下火车站），再次吸引了商家投资。2007 年中心区第三代商务办公楼陆续建成，中心区轨道交通线由 2 条增至 7 条，强化了中心区的交通枢纽地位。2008 年金融机构更踊跃投资中心区，第二批金融机构总部选址中心区。2009年第三届深港城市\建筑双城双年展在中心区中轴线公共空间举行（图 1-28），显示了中轴线的大气尺度及人车分流交通规划的优越性。2010 年中心区第四代商务办公楼金融总部办公蓬勃建设（图 1-29），实现了金融主

2005 年

2006 年

2007 年

2008 年

2009 年

2010 年

图 1-30　2005—2010 年福田中心区实景组图（作者摄）

中心的 CBD 功能。2005—2010 年从莲花山顶广场拍摄的福田中心区实景照片（图 1-30）显示了福田中心区规划建设进展顺利，规划目标基本实现。

通过对比研究 1995—2012 年福田中心区各年竣工建筑面积与当年深圳市 GDP 及第三产业数值（图 1-31），显示中心区每年竣工建筑面积虽然与全市 GDP 数值有一定关系，但在土地供应充足时对中心区建设速度起决定作用的主要是政治战略目标。

1.2.3 中心区开发建设进展

福田中心区城市规划设计是一个连续而有系统的规划演变过程。几轮国际咨询都是层层接力，步步深化，使中心区规划从概念到实施长期保持连续[①]。福田中心区规划从1980年特区发展纲要设想莲花山下的金融商贸区，到1993年进行市政道路工程建设，经过三十年的规划设计，虽然中心区规划总建筑面积几经修改，形成了一个历史轨迹（表1-4）。由低方案到中方案，再到高方案，九十年代初市政府确定按照中方案控制建筑规模，地下管线根据高方案实施，但中心区经过二十多年的规划实施，基本建成了一个高方案开发规模，并实现了规划蓝图。据深圳市规划国土发展研究中心"深圳市中心区法定图则（第三版）现状调研报告"统计，截至2011年1月，中心区已出让土地占总量的98%，现状共有各类永久建筑物305栋。按用地大类可分为商业、居住、政府社团、市政公用等四种类型，建筑普查和现场踏勘统计的总建筑面积达814万 m^2，已竣工建筑768万 m^2，在建建筑46万 m^2。其中，商务办公建筑面积376万 m^2，占总面积的46%；商业和旅馆建筑面积50万 m^2，占总面积的6%；政府社团134万 m^2，占总面积的16%；市政

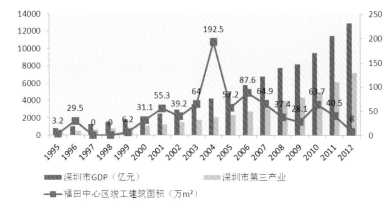

图1-31 福田中心区历年竣工面积与深圳经济产业的关系图
（深圳市房地产评估发展中心编制）

公用19万 m^2，占总面积的2%；住宅建筑面积234万 m^2，占总面积的30%。总之，中心区已建成商业办公类建筑面积超过1/2，行政文化建筑和市政公用配套近1/5，中心区已建成真正意义上的CBD和行政文化活动中心。福田中心区现状总人口5.4万人，其中常住人口约4.3万人，占总人口的80%；流动人口1.1万人，占20%，深圳人口倒挂现象在福田中心区内部明显（中心区现状总人口包括福田区莲花街道的福中社区、福新社区，福田街道的福安社区的全部人口，以及福山社区的辛城花园和港丽豪园的人口、岗厦社区彩田路以西的人口）。

福田中心区开发建设的具体进展情况如下。

表1-4 福田中心区规划总建筑面积的历史演变

年代	规划范围（ hm^2 ）	规划总建筑面积（万 m^2 ）	其中办公面积（万 m^2 ）	就业岗位（万人）	居住人口（万人）	规划阶段/设计单位
1989	68	286		168		四家方案咨询规划范围528 hm^2，此为中心地段68 hm^2 中规院方案的指标
1991	406	785	（370—420）#		10	综合规划方案，同济大学设计院/深圳市规划院合作
1992	415	1240		45	11	控制性详细规划
1994	（南片）233	923	330	31	7.7	城市设计/修建性详细规划
1999	413	750	320	26	7.7	法定图则初稿
2005	607	780*	380*		7.7	法定图则修改版

注：* 为2005年底根据实际建设规模调整数据，# 为办公用地106 hm^2 乘以平均容积率3.5—4推算得出。

① 王芃.深圳市中心区与CBD的发展历程[C]// 邱水平主编.中外CBD发展论坛.北京：九州出版社 2003:221-228.

1. 市政道路交通设施及配套工程基本建成

福田中心区于1993年完成福田中心区市政详规、市政工程及电缆隧道设计后，市政府立即投资中心区市政工程建设。1995年中心区主次干道框架基本建成（图1-32）。至1996年，中心区已完成市政工程建设总量的80%。1997年以后，在中心区详规深化过程中逐渐修改加密市政支路网，并伴随着建筑单体工程建设进度逐步实施市政支路施工建设，但由于地铁的施工占用道路，一些市政道路至今尚未全部通车。2011年实地调研统计，中心区现状道路网包括：快速路0.9 km、主干道15.8 km、次干道11.0 km、支路10.7 km，其中主干道、次干道的路网密度满足深圳市城市规划标准与准则的要求，但快速路、支路密度严重不足。另外，中心区已建成变电站5座、通信机楼2座、微波站1座、邮政支局1座、邮政所2座、垃圾转运站2座，市政配套设施较为完善。2012年福田中心区空间开发建设已具备较完整的面积，还有十几栋金融办公楼宇正在建设之中（图1-33）。

至2014年，深圳已经建成和规划的轨道线经过中心区并设站的有七条线（六条地铁、城际线，一条高铁线），现已建成通车的有1

图1-32 1995年底福田中心区航拍照片（来源：深圳市规划国土委信息中心）

号线、2号线、3号线、4号线四条地铁线，包括2004年12月通车的地铁一期工程1号、4号线，2011年6月通车的地铁二期2号、3号线。另外，规划的地铁11号、14号线尚未开工，京广深港高铁线及福田站交通枢纽工程计划2015年开通运行深圳至北京段高铁，2017年高铁接通香港西九龙。

图1-33 2012年从新洲路西侧看福田中心区西立面（作者摄）

2. 公共建筑及配套设施基本建成

迄今，福田中心区已建成使用的市级公共建筑和文化设施包括关山月美术馆、图书馆、音乐厅、少年宫、市民中心、博物馆、电视中心、会展中心、书城中心城店等共九项。上述公建设施的奠基和启用曾经多次引起人们对中心区开发建设进展的关注，也成为中心区规划建设的重要事件。例如，2004 年 5 月，正式启用市民中心（图 1-34）；2004 年 6 月，少年宫竣工使用；2006 年，深圳电视中心竣工；2006 年 7 月，图书馆正式对外开放；2007 年 2 月，音乐厅开始演出（图 1-35）。2004 年 10 月第六届中国国际高新技术成果交易会正式启用深圳会展中心；2006 年 5 月，深圳书城中心城投入使用。此外，还有公建"两馆"（深圳当代艺术馆与城市规划展览馆）仍在施工中，"两馆"建筑设计方案国际招标，于 2008 年确定中标方案，至 2012 年底开工建设，这是中心区仅有的在建公建项目。另外，中心区还建成教育设施 11 所（幼儿园 7 所、小学 2 所、中学 2 所）、综合医院 1 所、商业设施 70 多处以及运动场、居委会、警务室、社区服务站等多处，各项配套设施较完善。

3. 深圳公共景观轴线正在形成

福田中心区中轴线公共景观空间占地 54 hm²、南北向长 2km，连续的二层平台，跨越中心区 8 个街坊地块，有 9 座连接天桥。至 2012 年已经建成使用 5 个地块和 4 个天桥，其余仍在建设中（图 1-36）。未来中轴线全部建成后，二层步行平台将建成 10 万 m² 屋顶花园，将实现公交枢纽站、地铁站、大型商业、地下停车库、屋顶绿化广场等复合公共空间二层步行连接，真正实现人车分流的城市规划蓝图。

图 1-34　2011 年市民中心实景

图 1-35　2011 年音乐厅、图书馆及北中轴实景（作者摄）

图 1-36　2012 年中轴线实景

图 1-37　2005 年福田中心区卫星影像图（来源：深圳市规划国土委信息中心）

图 1-38　2011 年福田中心区卫星影像图（来源：深圳市规划国土委信息中心）

4. 福田中心区已形成金融产业集聚的深圳金融主中心

　　2005 年中心区卫星影像图（图 1-37）显示的空地及原高交会场地，自 2005 年起都陆续成为金融企业总部办公用地。至 2010 年，在福田中心区投资建设金融办公总部的金融机构近二十家，中心区已基本实现了深圳总规定位的金融主中心的功能，实现了以金融、贸易等第三产业集聚的 CBD 主中心功能。2011 年福田中心区卫星影像图（图 1-38）显示，除了十几栋金融办公楼和岗厦村改造项目在建以外，其他建筑均已建成使用，福田中心区前三十年规划建设取得了较好效果。2012 年初步统计中心区在建的金融商务办公建筑和岗厦城市更新项目总建筑面积 290 万 m^2，其中金融办公建筑面积 160 万 m^2。未来五年福田中心区即将成为深圳金融主中心的格局已经确定。

　　福田中心区规划建设经历了概念规划酝酿、详细规划探索、市政公建实施和金融产业蓬勃集聚等四个阶段，其城市规划的成功建设与深圳经济迅速发展及城市产业 10—15 年一次转型升级等大背景形势密不可分。福田中心区的建成标志着深圳二次创业城市建设的巨大成就。

1.3　本书的研究目标、方法及创新内容

1.3.1　研究目标及意义

　　福田中心区标志着深圳从特区一次创业的罗湖中心拓展到二次创业的福田中心，是深圳建成的第二个城市中心，它在深圳从自动化向信息化、自主创新等第三次产业转型中吸纳集聚了大量金融总部办公场所而成为深圳金融主中心和行政文化中心。因此，福田中心区在深圳城市规划建设史上有着举足轻重的作用。本书采用黑格尔关于历史三层次研究方法，记载福田中心区过去三十年是

如何走过来的，反思中心区现状为什么是这样的，在总结其经验教训的基础上，创新地提出中心区规划编制和详规实施管理模式，并展望福田中心区未来前景及其在区域经济中的地位作用。

1. 研究目标

全面记载福田中心区规划建设三十年历史资料，理清福田中心区规划决策、规划设计、规划实施的历史轨迹，保存城市规划史料，填补深圳城市规划建设历史的空白。

理性分析福田中心区形成的社会经济背景、开发建设机遇、建设管理模式，认真研究中心区规划编制和规划实施的途径方法，以及市场对规划编制内容的反馈方式及实施成效。找出中心区空间建设和产业形成与深圳城市经济产业转型阶段的对应关系，总结发现中心区规划建设过程中的规律性及经验教训。

创新中心区规划编制内容及规划实施管理模式。总结是基础，创新是结果。本书遵循"理论→实践→理论"的事物发展循环规律，福田中心区（CBD）在前人的城市中心（CBD）理论指导下编制规划，在规划付诸实施的基础上总结反思，又将中心区规划实践理论上升到新的高度，并研究创新中心区规划编制内容与实施管理模式。

2. 研究意义

深圳是世界上少数几个完全按照城市规划蓝图建设起来的城市之一，是中国改革开放的成功实例。深圳经济特区成立三十多年来一直发挥着中国市场经济试验田的作用，是以城市规划引导市场经济，以经济建设带动社会发展的典型实例。深圳特区三十年城市规划建设历史是当代中国城市化发展历史的重要组成部分，具有十分重要的研究价值。福田中心区是中国大陆城市最早规划建设起来的CBD之一，是完全按照城市规划蓝图进行开发建设的重要范例，它作为深圳特区二次创业的空间建设成果的一个典范，其三十年规划建设历史是深圳规划建设史必不可少的部分。

深圳特区三十年城市规划建设历史值得研究，但收集资料难度很大，常常让梦想者望而生畏。因为80年代档案资料十分有限，市政府行政管理机构或其内设机构几番改革调整，且当年规划建设工作者大多年事已高，即使口述历史也只能是片段回忆，难以形成全面系统的历史资料。要客观还原历史的本来面目难度很大。90年代规划建设工作者有的办理退休，有的因工作岗位变动调整，绝大部分人已经不在原工作岗位了，当年的历史除了文书档案比较齐全外，规划成果缺项较多。2000年以后，规划国土管理的信息化程度较高，文书档案和规划成果档案都比较齐全，但频繁的机构调整使在岗人员难以承担如此重任。从历史角度看，本书的出版属于"当代人写当代史"，尽管说不同时代人写历史都有其时代局限性，但当代人写当代史，则需要更多有直观感受者参与撰写，才能把他们自己亲身经历过的时代、亲眼看到或直接听到过的历史，在经过严肃研究后写下来，这实在是一种无可推托的历史责任。

全面记载和系统研究深圳城市规划建设三十年历史是一项如此复杂艰难巨的工作，笔者怀着"从我做起，书写历史"的梦想，把自己亲身经历的福田中心区规划建设历史写出来。因此，福田中心区城市规划建设三十年历史的系统研究和书写，在国内外尚属首例，本书研究成果填补了深圳城市规划建设历史的空白。期望有更多的机构或亲历者将其参与过的深圳某片区的城市规划建设历史写下来，未来将这些重点城市片区的规划建设史"拼接缝合"起来就是一部厚重的深圳城市规划建设历史。

1.3.2 研究方法及内容

1. 第一手资料与第二手资料各半

笔者1985年首次到深圳旅游，1988年第二次到深圳"找工作"，1989年被深圳大学招聘来深工作，至今一直在深圳居住和工作。1992年从深圳大学到深圳市城市规划设计研究院，完成了从建筑师到规划师角色的转变；1996年从深圳规划院到深圳市规划国土局，完成了从规划师到管理者角色的转变。1996年至今一直在深圳市规划国土局（单位名称已几次改变）工作，2000年参加了王芃主编《深圳市中心区城市设计与建筑设计1996—2004》12本系列丛书①的资料组织和编辑校核等工作，2006年出版了个人专著《中央商务区（CBD）城市规划设计与实践》。因此，笔者亲眼目睹深圳从一个小城市飞速成长为特大城市的过程，亲身经历了福田中心区从规划蓝图变成现实的过程。作为福田中心区开发建设过程的规划管理者之一，从亲历者的独特视角研究和撰写福田中心区城市规划建设三十年历史，前十五年（1980—1995年）基于档案资料中"查找挖掘"二手资料，后十五年（1996—2010年）依据第一手资料。在综合研究第一手资料和第二手资料的基础上写成此书。第一手资料与第二手资料各占一半，这是本书的重要特征，也是本书具有一定的历史意义和参考价值的根本。

2. 资料查新及文献综述

《世界建筑导报》1999年第5期专刊"深圳城市规划与建设"，其中刊登一篇《深圳市中心区规划与城市设计》，2001年该导报又出增刊——《深圳市中心区规划与建设》，是一个简要收集中心区已有规划、城市设计、重点文化建筑设计等的专辑。2003—2006年

为撰写《中央商务区（CBD）城市规划设计与实践》一书，笔者曾系统查阅并整理了相关学术论文、硕博论文等上百篇，还翻译了美国、英国、法国等典型CBD的英文资料。例如，2003年，王芃在《中外CBD发展论坛》发表的《深圳市中心区与CBD的发展历程》等文章，王芃主编《深圳市中心区城市设计与建筑设计1996—2004》系列丛书等都为本书提供了全面系统的素材资料。

2008年进行博士论文开题报告后，笔者又通过中国知网（CNKI）等网络查新近十年相关资料文献，增补阅读有关城市中心区、CBD、详细规划编制、城市设计、规划实施、规划评估等相关书籍、论文几十篇，但其中仅少数与深圳市中心区或福田中心区（CBD）有关。例如，笔者2006年《中央商务区（CBD）城市规划设计与实践》一书的第五章第六节简要阐述了深圳CBD城市规划设计与实践；刘逸2007年硕士论文为《深圳市CBD发展模式与商务特征》等。2010年，笔者在中文核心期刊发表《探究深圳市中心区办公街坊城市设计首次实施的关键点》；2011年又分别发表《深圳市中心区中轴线公共空间的规划与实施》《探讨深圳市中心区规划建设的经验教训》。笔者在《注册建筑师》2013年发表《福田中心区的规划起源及形成历程（一）》，2014年又发表《福田中心区的规划起源及形成历程（二）》。此外，其他学者同行公开发表过的有关文章，除数篇杂志论文外，至今尚未发现全面系统研究福田中心区城市规划建设历史的论文或专著，未发现与福田中心区（CBD）规划建设三十年历史有关的出版物。

3. 宏观研究方法

（1）黑格尔历史研究三层次方法

---

① 王芃主编. 深圳市中心区城市设计与建筑设计1996—2004系列丛书[G]（12本）. 深圳市规划与国土资源局，中国建筑工业出版社，2002.

在宏观层面，本书采用黑格尔关于历史三层次研究方法。黑格尔在《历史哲学》中指出了历史研究的三个层次及不同功能[①]，在黑格尔看来，历史研究层次越高，就越有价值，越富有时代意义。本书按照这三个层次逐渐深入展开。

第一层次为白描型历史，描述福田中心区"过去是什么"。通过收集福田中心区过去三十年的规划实践历史资料，并针对现状建成的中心区建筑实物，找出对中心区规划历史的理性解释。但"史无定法"，历史可以有不同的表述方式和解读方式。作者采用客观冷静、无色彩的方式写作，尽量接近客观历史。

第二层次为反思型历史，主要回答福田中心区"现状为什么是这样的"。采用归纳逻辑和实证研究方法对史料进行系统梳理，通过对中心区规划编制到规划实施中关键问题的分析反思，找出福田中心区规划建设的历史成因与现状效果的因果关系，概括提炼出中心区规划实践过程中的经验教训。

第三层次为哲学型历史，主要回答福田中心区"将来干什么"。采用演绎逻辑和实证研究方法，遵循发现问题、分析问题、解决问题的思路，针对中心区规划实践的源头问题"对症下药"，创新性地提出中心区规划编制三阶段理论及规划实施的配套管理模式，并运用其他城市同类实例的观测结果验证新理论和新模式。旨在对规划管理体制进行深度改革。

（2）三层次研究内容的分布

本书研究结构框图及历史研究三层次分布章节详见图1-39。

①白描型历史，通过两部分内容白描记载福田中心区的规划起源、土地征收、概念规划、详细规划、市政道路建设、重点工程建设、市场冷淡、土地储备、市场投资高潮、金融集聚、产业形成等详细发展过程。两部分内容分布：本书附录"深圳福田中心区城市规划建设三十年记事（1980—2010年）"；作者2015年新作《规划探索——深圳市中心区城市规划实施历程（1980-2010年）》。本书附录属于"记事"内容，详细列出福田中心区三十年已经发生的、有案可稽的事件。新作则属于"传记"内容，以福田中心区每年发生的重要事件为线索，记载中心区三十年城市规划和规划实施的历程。上述两部分内容共同构成福田中心区规划建设三十年历史研究的编年史资料，是福田中心区历史研究的基础资料。

②反思型历史，在福田中心区规划建设三十年编年史资料的基础上，本书第二、三、四章分别展开反思和总结，分析中心区现状形成的历史原因，反思其经验教训。第二章分析中心区的地理优势、交通优势、土

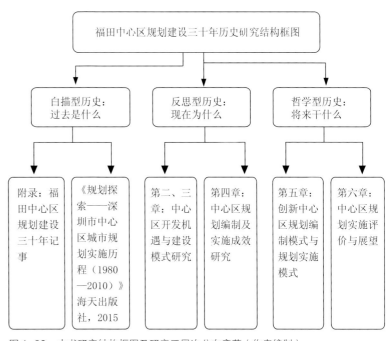

图1-39　本书研究结构框图及研究三层次分布章节（作者编制）

---

① 李开元. 史学理论的层次模式和史学多元化[C]. 历史研究，1986：2-3.

地优势及产业优势等开发建设机遇；第三章比较中心区土地一次开发模式、土地出让模式，反思中心区开发建设管理模式；第四章反思中心区规划编制及规划实施成效，剖析规划实施的典型实例，反思其成败得失及经验教训。

③哲学型历史，在总结福田中心区规划建设经验教训的基础上，从哲学高度构想未来中心区规划编制与规划实施的新模式，并展望福田中心区未来前景。本书第五章创新性地提出中心区三阶段规划编制内容"六六八"理论，提出在规划管理人员配置"柱形"模式的基础上，建立"控规总规划师负责制"及"修规协调建筑师"的详规实施模式。第六章展望福田中心区未来在区域经济中的地位作用，并提出改进中心区维护管理的思路。

4. 微观研究方法

本书在微观层面研究方法上采用历史图景还原、归纳逻辑与演绎逻辑、实证研究法等。历史图景还原法通过福田中心区规划建筑实物的照片及文献资料还原历史过程的真实情景，得出理性解释。归纳从具体到一般，从事实到解释，归纳逻辑指从具体事实到抽象理论的过程，从数据和证据出发推出结论。演绎从一般到具体，从解释到事实，演绎逻辑指从抽象理论到具体事实的过程，通常被理解为归纳的逆向思维。实证研究是哲学方法论中一种彰显正确、揭穿伪装的研究方法。运用实证研究方法，从解释福田中心区规划编制、规划实施的现象出发，找出城市中心区规划管理各环节的一般规律，再用实证研究的假设方法构建中心区规划编制理论和规划实施的理论模式，并对模型进行验证。实证研究的唯一检验标准是客观事实。

"整体规划设计观"研究方法也贯穿于本课题研究的始终。齐康先生提出城市化体系中研究城市规划应运用"整体规划设计观"[①]的科学方法，在理论上从进程、整体、地区、活动、对位、超越上做出探讨，建立一种整体的规划设计观。在具体城市规划、城市设计研究中，从轴、核、群、架、皮等五个方面作出分析，这是一种方法的探索。

进程——城市发展的进程、发展的过程，是一种时间与形态的演变过程，寻求其规律性、性质和特点。例如，本书应用进程方法从研究福田中心区规划建设三十年记事着手，进而研究中心区产生、发展、演变的规律。

整体——从多学科方面研究城市，如从社会学、地理学、经济学、历史学、美学、工程技术等多方位进行整体研究，综合上升。例如，本书以深圳特区社会经济高速发展三十年为年代背景，从社会、经济、文化、城市规划、建筑学、景观学等多学科，整体研究中心区规划编制的超前性及规划建设成就的社会性和经济性。

地区——从地区的自然、生态、人文、政治经济的发展，从地区的社会、历史、科技等方面做出研究，研究地区与建筑相关的特征。同时还要从该城市所处的区位、层次来思索。例如，本书研究深圳特区带状多中心城市的演变过程中，福田中心区的区位优势、交通优势、土地优势等开发建设必然性条件。

活动——研究地区的经济、社会、政治、建设、文化等相关活动及其作用于城市形态的特征，属于一种互动的关系特征。例如，本书研究在20世纪90年代的经济、社会、政治背景下建立的福田中心区开发模式及产生的城市形态，由此形成了中心区建设与

---

① 王彦辉.走向新社区——城市居住社区整体营造理论与方法[M].南京：东南大学出版社，2003：1-2.

CBD 文化的关系特征。

对位——从地区社会、经济、文化、建设的时间差及机遇来做出判断。例如，本书研究福田中心区作为深港连接的重要节点，在香港历次经济产业转型中拥有优先开发的机遇条件。

超前——从城市的发展及其对城市形态的影响，一种超前和可持续发展的理论和实践策划性的探索。例如，本书创新性地提出城市中心区规划编制内容与规划实施管理的新模式，旨在突破当前国内普遍存在的详规实施难的困境，可谓是一种超前的理论和实践的策划性探索。

1.3.3　研究成果的创新内容

本书研究成果的创新性内容，希望能适合国内所有城市的中心区、城市重点片区的详规编制及规划实施工作，具有普遍适应性。

创新性地提出中心区（CBD）城市规划三阶段编制内容"六六八"理论，直观表达详规编制内容。区分规划编制不同阶段的刚性内容、弹性内容，政府控制刚性内容，管好城市的公共空间的公共产品；增加紧密联系市场内容的规划弹性，以实现城市规划的精细化管理，并实现政府与市场的双赢效果。

创新性地提出详规实施管理模式——控规采用"控规总规划师"负责制，实施控规的全过程由"控规总规划师"长期跟踪管理；修规实行"修规协调建筑师"管理制度，实施修规的全过程由"协调建筑师"负责"一支笔"签字把关，实现修规范围的环境优美宜居、建筑群形象整体和谐优美的效果。

2 福田中心区开发建设机遇及优势

每一个社会都会生产出它自己的空间。都市变成了最大的社会实验室。

——（法）亨利·勒菲弗《空间与政治》

深圳特区经济发展与香港经济转型同步衔接，福田中心区开发机遇得益于临近香港的地理优势，得益于深港合作的产业升级。福田中心区是特区带状多中心组团结构中的核心组团，特区早期对外交通条件最好的罗湖组团在深圳开发建设前十五年间土地基本用完，所以必然沿深南路交通轴线往西开发福田组团，福田区的开发策略是先外围后中心。因此，20 世纪 90 年代中心区一直处于"热身"状态，直到 21 世纪前十年才迎来发展高潮。中心区这轮建设高潮恰好遇到了深圳第三次产业转型、金融业创新升级的好时机，于是顺利实现了金融中心的规划功能。

2.1 交通优势：深圳地铁、高铁从中心区接通香港

深圳毗邻香港，深港合作、产业转型等是深圳特区三十多年高速发展的重要因素，也是福田中心区的开发建设机遇。深圳的社会经济发展得益于香港经济的转型发展。香港是世界各地进入中国的南大门，深圳是香港进入内地的陆地主通道，深港合作是深圳特区开发建设的契机。自从深圳特区成立以来，主要依靠邻近香港的地理优势，深港两地不断开展着各种形式的合作，形成了深港互惠共赢的成就。深港合作是深圳开发建设

最重要的优势条件。因此，深圳城市商务中心的位置一直与深港口岸密切相关。

鉴于福田区与香港陆地之间仅一河之隔，且连接距离较短，福田中心区距离深港边境的福田口岸、皇岗口岸约 3 km。因此，特区早期规划从一开始就提出未来深圳全市中心在福田区。香港投资商也独具慧眼，80 年代初就看好了这片土地的开发潜力。

2.1.1 中心区开发机遇取决于多中心组团结构

80 年代末，深圳特区已经显示出前十年建设罗湖中心的不菲成绩。因此，市政府决定 90 年代开发建设福田区。1995 年，深圳规划建设十五年的成就已经受到国内外瞩目，中央提出深圳进行二次创业的新目标。这两个因素都是福田中心区规划建设的政治保证，也是福田中心区规划实施的"天时"。

1. 带状多中心组团结构是福田中心区规划实施的前提

带状多中心组团结构是深圳城市规划建设成功的基础，也是福田中心区规划实施的前提。深圳特区总规确定带状多中心组团结构的过程大致经历三个步骤（图 2-1）：1981 年《深圳经济特区总体规划说明书》确定深圳特区组团式城市结构，并提出初步设想；1982 年《深圳经济特区社会经济发展规划大纲》保留了组团式结构，细化了组团划分；1984—1986 年《深圳经济特区总体规划》

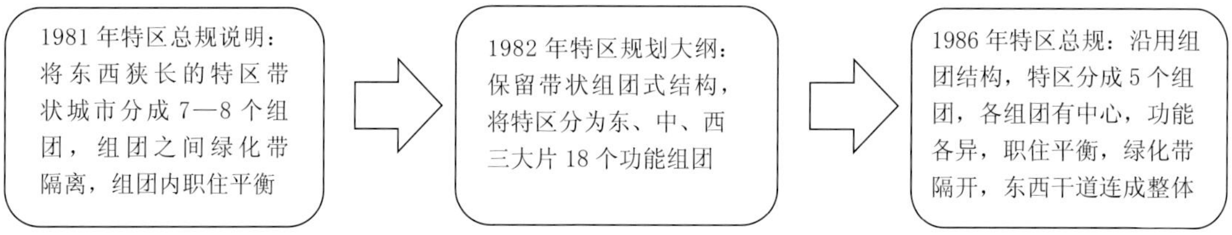

1981 年特区总规说明：将东西狭长的特区带状城市分成 7—8 个组团，组团之间绿化带隔离，组团内职住平衡 1982 年特区规划大纲：保留带状组团式结构，将特区分为东、中、西三大片 18 个功能组团 1986 年特区总规：沿用组团结构，特区分成 5 个组团，各组团有中心，功能各异，职住平衡，绿化带隔开，东西干道连成整体

图 2-1　深圳城市组团结构规划的形成（作者编制）

编制过程中沿用了多中心组团式结构，并对 1981 年和 1982 年的组团划分方式进行整合归并后形成了五个组团，在 1986 版总规成果中予以确定。从此，多中心组团结构成为深圳特区的法定规划内容和重要特征。

2. 带状多中心组团结构决定了福田中心区的开发时机

80 年代深圳特区开发建设的前十年，罗湖中心区已基本建成，城市建设取得显著成效。90 年代初深圳市政府确立了大力发展高新技术产业和第三产业的战略方针，但罗湖中心区的商务楼宇已呈现出饱和趋势，市场需求增量自然溢出到距离罗湖中心区最近的组团——上步工业区的华强组团，以华强北路商业街的形成为重点。在完全没有城市规划指导的情况下，华强北大片工业厂房从 1992 年前后顺应着市场经济规律，进行了"退二进三"的城市更新改造，至 1996 年华强北已经形成繁华的电子商业街。但华强北商业街毕竟是自发形成的商圈，厂房改造为商务的空间十分有限。因此，在华强北路商务空间"饱和"后，市场需求增量又进一步溢出到附近的福田中心区。福田中心区是深圳总规确定的商务中心和行政文化中心，政府也早已做好前期建设准备。

1995 年，深圳特区建设完成了一次创业的目标，提出了深圳特区二次创业的目标，将提升第三产业的服务水平和服务质量，明显表现为商务空间的扩张需求。深圳前十五

年社会经济繁荣发展的成就继续拉开了福田中心区开发建设的序幕，中心区终于迎来了开发建设的机遇。因此，深圳带状多中心组团式城市结构，形成了商务中心由东往西不断延伸和扩张，决定了福田中心区必然在罗湖中心区成熟后、在华强北商圈兴旺后才开发建设的时机。

3. 罗湖中心向福田中心扩张的必然性

作为带状组团式城市的深圳，福田与罗湖为相邻组团，深圳城市中心扩大必然从老城中心的罗湖向西侧福田推移演变，因为罗湖中心的东侧是深圳水库和梧桐山，这是深圳最高的山脉（主峰海拔 943 m），像一个天然屏障将深圳城区与东部海滨分开。从深圳城市发展历程看，福田中心区是 90 年代的一个新开发区。"新开发区，实际上是城市发展区，规划常把它们拉得离城市中心很远，基础设施又需另起炉灶。这种新开发区在行政体制上单独设区，委派副市长直接领导，这给城市统一协调带来困难。"[1]福田中心区恰恰避免了上述问题，它离城市老中心罗湖中心约 3 km，且都位于深南大道上，基础设施建设按照深南大道沿线发展，不必另起炉灶。

至 1996 年，深圳城市核心区的罗湖上步组团基本建成，福田中心区继续进行基础设施建设。深圳前十五年的规划建设顺应了经济的高速发展。但 1996 年深圳加强固定资产投资的宏观调控，投资总量得到有效控制，

---

① 齐康．规划课 [M]．北京：中国建筑工业出版社，2010：8.

投资结构得到合理调整。1996年深圳房地产积压仍较严重，商品房空置面积数仍较大。1996年之前，中心区还是一片空地，呈现荒凉景象。从1996年起开始大规模的快速建设阶段。深圳城市中心从罗湖中心区拓展到福田中心区，是1996年之后建成的第二个城市中心。

4. 深圳已经形成"两主一副"CBD格局

深圳特区三十年城市经济发展迅猛，第三产业用房需求快速增加，城市核心区从东向西每十年扩展一个片区。深圳特区总规采用了极具弹性的带状组团式的规划结构，清晰预测了城市在高速成长阶段的辐射和扩张是非连续性的，是一个个功能相对独立的"量子"在统一的城市空间秩序内的"跃进"①。深圳前十五年的罗湖中心区、后十五年的福田中心区，以及未来的前海中心区佐证了这种非连续性扩张和城市跨越发展中的规划定位准确性。

深圳前三十年规划建设已经形成了"两主一次"CBD格局②，罗湖CBD、福田CBD和华强Sub-CBD。其中，罗湖CBD是80年代特区早期开发时市场主导形成；华强Sub-CBD是90年代"退二进三"产业升级浪潮中自发形成，也是市场主导形成；只有福田CBD是在政府主导下21世纪初形成。这三个CBD均位于深南路城市交通景观主轴线上，而且发展顺序由东向西，与城市扩展的进程及时序较为一致。因此，深圳CBD的演变格局直观反映了深圳多中心城市的演变历史进程。刘逸的研究得出结论：1998年罗湖CBD的商业用地空间已经接近饱和，而且直到2005年，罗湖CBD基本上仍延续着1998年的空间形态。1998—2005年恰好是福田CBD

的形成建设期，在城市空间上不但承接了罗湖CBD的三产溢出空间，而且成为许多商务公司、金融机构、文化机构在深圳二次创业的空间基地。许多公司在深圳前十五年已经顺利发展，在后十五年进入福田CBD企业中，许多是新生代公司，也有一部分为扩展办公用房或者是重新选址建新办公楼。随着福田CBD储备土地的完毕，新的金融需求、商务楼宇需求将在前海中心区集聚，而且前海已经做好了开发建设准备。

深圳城市带状多中心组团结构有利于福田中心区在罗湖中心区商务楼宇饱和之后快速承接溢出的市场容量，福田中心区成为深圳产业转型发展过程中预备好的三产空间。组团空间互不重叠，产业功能也有区分。现在已经呈现出这样的分工局面：罗湖CBD的商业、娱乐功能将大于福田CBD的容量；福田CBD的商务办公总量高于罗湖CBD。未来福田CBD与罗湖CBD将成为功能互补、合二为一的城市核心区。

2.1.2 深圳地铁接通香港，市场投资加快

1. 深圳城市中心演变与深港口岸同步发展

深圳城市中心的历史演变过程与深港口岸的逐步增加同步发展，这非历史巧合，而是深港两地经济产业互动的必然结果。由于深圳经济发展依托香港经济产业的辐射带动，过去三十年的历史证明，深圳城市商务中心的不断增加与深港口岸的逐渐开通有着密切联系。深港最早的口岸是1911年开通的罗湖口岸。1980年之前，深港之间仅有罗湖口岸和文锦渡口岸两个陆路口岸，且都位于罗湖区。所以，深圳特区起步建设从罗湖口岸周围开始。1981年蛇口码头水路口岸开通香港，为蛇口工业区的发展形成交通优势。特区东

① 陶松龄，陈有川. 城市跨越式发展的辨析 [J]. 城市规划，2003，27（10）：13-16.
② 刘逸. 深圳市CBD发展模式与商务特征 [D]，[硕士学位论文]. 广州：中山大学地理科学与规划学院，2007：43.

西两端成为与香港接触最紧密的组团，深圳城市的发展也从东西两端开始，东端 80 年代形成了以罗湖商业中心为核心的八卦岭工业区、上步工业区，西段形成了蛇口工业区。

1982—1983 年，准备开发福田新市区的港商曾设想尽快开通福田与香港的连接口岸。例如，将罗湖火车站的香港铁路直接引入福田新市，或在福田新建货运浅水码头，或开通落马洲接驳香港汽车桥等规划设想。但当时财力有限，市场对商务楼宇的需求量也十分有限，80 年代深圳政府建设重点在罗湖区，福田中心区开发尚不具备客观条件。

位于福田区的皇岗口岸 1989 年开通，深港陆路口岸的重心西移，1990 年成立福田区，福田新市区的开发建设开始起步。皇岗口岸 1994 年实行货检 24 小时通关，2003 年实现旅检 24 小时通关，皇岗口岸的全天候通关为福田区经济发展起到了推动作用。

至 2012 年，深圳与香港之间已经通行的客运口岸共九个，其中有六个陆路口岸（深圳湾、福田、皇岗、罗湖、文锦渡、沙头角）、两个水路口岸（蛇口、福永）、一个航空口岸（深圳机场），另外规划包括福田中心区的（京港高铁）福田站、前海、莲塘等几个客运口岸也将陆续开通。随着深港交通衔接越来越便捷，深圳多中心组团结构全面发展的经济效益也将更加突显。

2. 福田中心区地铁一期选线反复论证，尽量接近 CBD 核心

1995 年初步选定的地铁一期的 1 号线沿深南路（从罗湖口岸至世界之窗），4 号线沿中轴线（从福田口岸至莲花山），两条线垂直换乘站设在水晶岛。由此决定水晶岛预留下来作为中心区未来标志，最后"画龙点睛"。市政府曾经设想市政厅、水晶岛与地铁站同时开工。为了提高地铁对中心区的作用，中心区办公室十分重视研究地铁一期在中心区的线位和站点选址。为了使地铁一期经过 CBD 的两条线（1 号线、4 号线）尽量接近 CBD 人流负荷中心位置，从 1996 年 10 月起中心区办公室曾多次组织地铁办、铁三院（市地铁办委托铁道部第三设计院）市规划院、交通中心等单位共同研究，多轮方案比较。1997 年 4 月下旬专程赴北京征询专家意见[1]，之后由地铁办、铁三院结合专家意见提出了三个比选方案。经专家论证后，将 1 号线（罗湖到福田、南山、机场的主线）南移至福华路，并加密站点；4 号线（2004 年已直通香港轨道东铁线）确定在中轴线东侧，与 4 号线直接换乘。两线在中心区各设三个站[2]，并设 1 号线、4 号线的立体换乘站设在会展中心站，站位范围覆盖 CBD 大片地区。地铁一期在福田中心区的线位和站点设置（图 2-2）与 CBD 功能定位高度吻合，使每个站点更接近 CBD 办公高密度街坊，有利于实现轨道加步行的 CBD 通勤交通模式。

3. 福田中心区已有地铁直通香港，交通优势明显，市场投资加快

2004 年深圳最早开通的地铁一期工程 1 号线、4 号线都经过福田中心区。4 号线从中心区通达福田口岸，行人步行经过福田河上跨桥后到达香港落马洲，就可直接乘坐香港东铁线进入香港市区。深港两地轨道交通在福田区实现了接驳，圆了 80 年代初开发福田新市区时的梦想。而且，从福田口岸沿深圳河向东 500 m 是皇岗口岸，再向东 6 km 是

---

① 1997 年 4 月 25 日在北京召开福田中心区地铁站线布置方案研讨会，出席会议的专家有周干峙院士、邹德慈院士、何宗华、阎汝良、蒋大卫等。关于确认中心区地铁线路站位方案的请示 [Z]. 深规土〔1997〕218 号，深圳市规划国土局，1997.

② 站名均采用现用名。

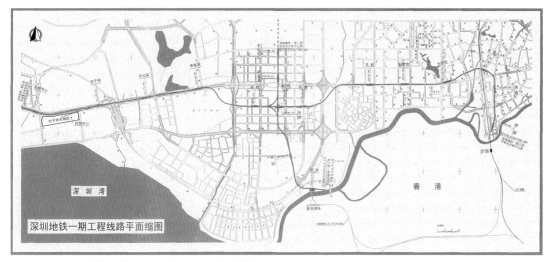

深圳地铁一期工程线路平面缩图

图 2-2　1999 年地铁一期工程图（来源：深圳市地铁办）

罗湖口岸。深港两地边境口岸的逐步增加，使两地联系更加频繁，深圳发展速度更快。2004 年，福田中心区有地铁直通香港后，市场投资中心区更加踊跃，规划建设成效初显。同时，深圳金融产业开始集聚福田中心区投资建设金融总部办公楼。

2007 年以后，新一轮深圳轨道交通规划在福田中心区的轨道线路由两条增至七条（图 2-3），长度由 4.5 km 增加到 15 km，中心区成为全市最重要的交通枢纽之一。至 2011 年深圳地铁二期工程五条线（1、2、3、4、5 号线）通车。至 2014 年，深圳地铁已经通车的五条线中，有四条线（1、2、3、4 号线）均在福田中心区设站点，其中地铁 1 号、4 号线都与香港东铁线直接驳线，深港轨道交通便捷畅通，为福田中心区的开发建设创造了更有利的区位和交通优势。因此，地铁也是福田中心区 1996 年以后能够成功开发建设并成为深圳城市中心的关键因素。

4. 地铁连接福田中心和罗湖中心

地铁一期工程就连接了深圳新老中心——福田中心和罗湖中心，这样的轨道交通布局避免了一个轨道建设的尴尬问题，即投资回收与客流量的矛盾。如果在老城建设轨道交通有现成的客流量需求，可以维持经

常性的营运费用，但由于土地已经流转到二级市场，轨道交通带来的好处，大部分归现有土地使用者，政府投资的轨道建设费难以收回。如果在新区建设轨道，因为客流需求尚未形成，投资风险极大，能否按照交通预测实现轨道客流量是没有把握的，如果需求

图 2-3　福田中心区七条轨道线规划布局（来源：深圳市城市交通规划设计研究中心）

形成过于缓慢，那么经常性的营运费用将难以维持。所以，轨道建设最好的办法是将新老城区连接起来，通过新区的土地增值弥补建设成本；通过老城已经形成的客流量需求，弥补经常性的运营成本[①]。如果轨道建设成本的绝大部分能够通过新区土地一级市场收回，提高价格偿还利息的压力就会大大减少。由此可见，福田中心区与罗湖老城区、华侨城建成区布局位置十分理想，有利于发展轨道交通的建设运行。福田与罗湖两个中心既分又合，总规上认作同一个城市核心罗湖福田核心，且功能互补，主力功能有所区别。罗湖是商业娱乐中心，福田为商务中心。故不会造成此消彼长的情形，而是优势互补，合二为一。

5. 未来前海中心区的开发仍然依靠深港轨道交通

在深圳西部的前海深港高端服务业合作

图 2-4　2010 年高铁福田站在中心区益田路施工现场
（作者摄）

区的规划建设中，深港机场快线经过前海将连接深圳和香港两个机场，未来通车后坐火车 20 分钟可以往来于两个机场之间。深港两地将再添一个便捷通道，从城市硬件设施配置上将有利于更多的资源向前海集聚。预计未来 15—20 年，前海中心区的规划愿景将成为现实。罗湖、福田显示深圳前三十年规划建设成就，前海将展示深圳后三十年规划建设成就。

2.1.3　高铁直通香港，有利于深港 CBD 功能互补

经过福田中心区的地铁、公交线路都按照深圳城市交通规划有步骤地实施建设，中心区交通出行模式朝着"轨道＋公交＋步行"方向发展。福田中心区拥有已通车的四条轨道线和未来三条轨道线而成为名副其实的轨道交通枢纽中心。此外，2006 年确定京广深港客运专线（高铁）在福田中心区设站，相当于给福田中心区增添了一个直达香港的"高铁口岸"，使中心区交通锦上添花。根据国内外城市发展经验，轨道客运交通枢纽地区往往是城市综合服务功能十分突出的节点[②]。

京广深港高铁线从中心区地下南北方向穿过，设福田站，福田站将建成一个类似城市地铁车站形式的地下火车站，以承担深港过境商务客流为主。高铁福田站汇集了深圳地铁 1 号、2 号、3 号、4 号、11 号线站点的换乘接驳，还与城际铁路、公交首末站、小汽车及出租车等多种交通设施及配套服务融为一体形成福田综合交通枢纽站。福田站 2008 年 8 月在福田中心区益田路下明挖动工（图 2-4），由于周围超高层建筑有些已经竣工，因此施工难度很大。至 2014 年已完成土建安装工程，计划 2015 年开通深圳至北京段，2017 年开通深圳至香港西九龙段。此高铁全

①　走向可持续的发展 [R]. 深圳城市发展战略咨询报告 . 中国城市规划设计研究院，2002：66.
②　深圳与珠三角城市协调发展研究 [R]. 深圳城市总体规划修编（2006—2020）专题研究报告之二 . 深圳市规划局，深圳市城市规划设计研究院，中山大学，2007.

线通车后，从中心区福田站到达香港西九龙只需14分钟，为福田中心区到香港增添了新"口岸"。高铁将成为深港公共交通最快工具，福田站是重要的城际铁路枢纽，将成为深圳重要的轨道交通换乘中心。高铁的开通将大大提升福田中心区的综合竞争力，愈加突显了中心区紧邻香港的地理位置和公交优势，福田中心区的金融、贸易、服务等功能集聚将出现新的高潮，同时将进一步巩固福田中心区CBD核心地位。

2.1.4 中心区位于公交走廊，开发成本降低

深圳特区东西向带状城市结构有利于规划建设公交走廊，福田中心区主要位于深南大道公交走廊上（图2-5），其次也位于滨河大道快速路和红荔路主干道的公交走廊上，即中心区东西向三条主干道都位于特区公交走廊上，有利于形成中心区交通规划确定的"公交＋步行"出行比例的规划目标。经过三十年规划建设，中心区现已形成空间规模和产业经济，并成为深圳金融商务活动、休闲活动的首选之地，未来中轴线连通后一定更方便提供公共休闲步行空间，有利于聚集人气。

福田中心区紧邻罗湖老中心，轨道公交步行全便捷。福田中心区建设能够在较低的地价水平上开发，形成轨道公交走廊上的紧凑组团空间，不仅缩短了中心区建成后成活的周期，也增强了中心区的竞争力。福田中心区位于深圳特区几何中心，东邻罗湖中心区，两个中心都位于深南大道上，东西向直线距离约3 km。新老中心地理位置清晰，公交巴士、地铁1号线集中在深南大道上。公交、地铁直达，交通便捷。由于深圳早期从东西两端开始建设，从东端的罗湖中心到西端的蛇口工业区的主要客运线路是深南大道，且深南大道也是通过福田中心区的主干道。所以，无论福田中心区是否开发建设，深南大道的公交走廊已经开通，且必须经过福田中心区，即穿过中心区的公交设施的运行早于中心区的开发时间。由此显示了一个特殊优势：福田中心区是多条公交线路的必经之地，从地理上和心理上都避免了城市新中心的"路远"和"不方便"之嫌，有利于中心区吸引人流、资金流、信息流。

福田中心区在二十多年前就开始规划人车分流的步行系统，迄今虽未能实施二层步行系统，特别是中轴线二层步行系统开发建设十年未完成，时至2012年，深圳市政府有关方面仍在为中心区规划的补充完善实施工作寻找解决方案和落实管理机构。但地下步行商业系统已结合轨道交通线路和站点实

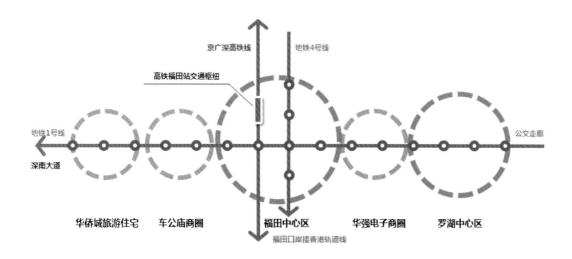

图2-5 位于公交走廊上的福田中心区（费知行制图）

施了70%，未来随着中轴线及两侧步行系统的实施，中心区毋庸置疑会建成适宜步行的CBD。

2.2 土地优势：统征、储备中心区土地

城市空间发展战略中，"合理的空间结构和实施路径，可以大幅度地降低城市扩张的成本，并使城市获得长远的空间结构竞争力。降低成本最主要的办法，就是以低成本增加城市中心区的供给，其中关键就是如何降低拆迁补偿的成本"[①]。所以，福田中心区规划成功实施的首要前提是早期储备土地，拆迁成本低，这是深圳特区三十年规划实践的重要经验。

齐康先生说，"留出空间、组织空间、创造空间"，这是城市规划从编制到实施的必然过程。"留出空间"看似平常简单，但实质操作很不容易，往往需要城市领导者前瞻的眼光和高度的使命感。深圳特区在早期规划建设中做到了第一点。

深圳市大规模征地工作从1980年2月开始，首先征用罗湖区 0.8 km²，深南大道以北 273 hm²（4 100亩）土地。据《深圳市城市建设志》记载：1979—1987年，深圳市共征用各种用地 8 463 万 m²，基本满足了城市建设及工商业发展需要。特区刚成立时，特区内的农业土地极为便宜，因此只要拿出影子地价的很小一部分就可以征用很大一片土地，政府较容易筹措资金大面积征用非城市用地[②]。1986年深圳市政府果断废止了福田新市区整片合作开发协议，成为深圳规划建设史上一段佳话。

2.2.1 福田新市区统征土地

深圳特区规划建设刚起步就预计了土地资源的紧缺。根据1982年《深圳经济特区社会经济发展规划大纲》数据，特区 327.5 km² 的土地范围内，已经建设用地 17.4 km²，可用平地仅 72.6 km²，一半的丘陵地 28.6 km² 可用，其余均为山地、水面、低洼地等[③]。即深圳特区可供开发建设的土地仅 110 km²。因此，特区初期的征地工作显得十分迫切。1987年前福田新市区已使用土地近 20 km²[④]，剩余可供利用的土地面积仅 25 km²。"福田新市区"为1988年以前的曾用名，其范围指福田河绿化带以西、华侨城小沙河以东，南至深圳河、深圳湾，北连梅林山，总用地面积 44.5 km²，与现福田区内大部分用地范围重合。

1. 法律先行

1988年3月，广东省人大颁布了《深圳经济特区土地管理条例》，明确规定土地所有权与使用权相分离的原则以及各种土地权益的内涵，规定了土地使用权按协议、招标、拍卖三种方式有偿有期出让，以及土地使用权可以转让、抵押，明确了产权关系，为特区房地产市场的健康发育提供了良好的条件和契机。特区范围内所有土地均由深圳市政府统一管理，全面实行有偿出让和有偿转让。市政府可以根据公共利益的需要征用农村集体所有的土地，并统一组织城市基础设施的建设与土地开发。根据经济发展的需要，采取公开拍卖、招标和协议三种方式将国有土地的使用权有偿转让给投资者，允许土地使用权的再转让或抵押。1988年4月，全国人大通过了《宪法修正案第二条》，宪法正式确认了土地转让的合法地位。由此，开放的

---

① 走向可持续的发展 [R]. 深圳城市发展战略咨询报告 . 中国城市规划设计研究院，2002：39.
② 走向可持续的发展 [R]. 深圳城市发展战略咨询报告 . 中国城市规划设计研究院，2002：25.
③ 深圳经济特区社会经济发展规划大纲（讨论稿）[Z]. 深圳市城市规划局，1982：6.
④ 闵凤奎 . 深圳市城市规划委员会第三次会议工作汇报 [Z]. 深圳市城市规划委员会材料之一，1988.

深圳房地产市场迅速形成,各项法规、条例相继颁布,房地产开发步入正轨。至1988年底,深圳建立了统一征地、统一地价、统一出让的土地市场,各项配套改革措施落实,进一步完善了土地有偿使用制度。深圳特区房地产业1988年获得了44亿元产值[1],标志着房地产业已经成为深圳经济支柱之一。

2. 1988年统征福田新市区土地

征用土地是城市开发的前提,是一项政策性强、实施难度大的复杂工作。1988年开始统征福田新市区土地。这一行动为后来福田区的规划建设储备了土地,也为福田中心区留出了空间。"城市扩张的本质就是城市的规模效益和中心区拥挤之间的冲突。哪个城市能够低成本提供中心区,哪个城市就可以获得更多的规模效益。"[2]1988年市政府决定开发建设福田新市区,国土局依照《深圳经济特区土地管理条例》依法统征福田新市区内农村集体所有土地,标志着深圳城市建设进入一个新的发展阶段,也拉开了福田新市区的开发建设序幕。

3. 1989年征用福田新区剩余的15 km² 土地

1989年深圳特区土地开发工作的重点是征用福田新区剩余的15 km² 土地,当年安排新征地资金1.6亿元。福田新区一次性征用土地涉及上步区的四个办事处,15个村庄的1 333 hm²(2万多亩)土地,亟须得到市、区政府有关部门的大力支持和配合[3]。

4. 1990年继续大规模征地拆迁工作

1990年深圳城市建设工作重点是抓好征地、拆迁、设计、施工四个环节。福田中心区是深圳历经几次建设热潮预留下来的组团建设用地,但大部分土地属于各村集体土地。农村集体所有制土地的所有权属于村委会,农民个人只享有使用权。根据城市建设和社会经济发展的需要,可以依法征用农村集体所有制土地。由于征地工作进展缓慢,已经影响到福田新市区的开发。如果征地工作解决不了,那么规划实施工作则无法开展。为此,深圳市政府特别重视征地这项工作[4]。在征地工作方面,1990年共征收特区农村集体土地约80 hm²(1.2万亩)。市政府同意福田区岗厦村、新州村、沙尾村、渔农村、上梅林村、下梅林村、水围村、福田村、石厦村、沙咀村、皇岗村土地共766.2 hm²(11 492.956亩),用于兴建福田新市区工程[5]。在区政府的协助下,市政府为了打通彩田路及商业街,1990年初进行了彩田路(岗厦段)范围内房屋拆迁安置的工作。拆迁安置房在岗厦村东、西边两块预留地上安排,实行统一规划、设计,兴建七层住宅套房[6]。1990年市国土局继续对福田新市区范围内农村集体所有土地依法进行统征,但梅林工业区土地已经相继开发,配套生活区用地急待征用开发[7]。

5. 1991年中心区征地拆迁工作继续展开

1991年,福田中心区征地拆迁工作继续开展。例如,1991年1月同意福田区国土局进行彩田路拆迁范围内的首期拆迁该路段9间工人宿舍(建筑面积1 905m²)[8],并在原岗厦村红线内迁建。1991年12月征用福田

① 刘佳胜.令人瞩目的业绩:深圳房地产十年[G].深圳市建设局、中国市容报社合编,1990.
② 走向可持续的发展[R].深圳城市发展战略咨询报告.中国城市规划设计研究院,2002:30.
③ 1989年深圳经济特区土地开发与土地供应计划安排意见[Z].深建计字〔1989〕26号,深圳市建设局,1989.
④ 局务会议纪要[Z].深建业纪字〔1990〕21号,深圳市建设局,1990.
⑤ 关于深圳市国土局统征上步区部分土地的批复[Z].深府〔1990〕5号,深圳市人民政府,1990.
⑥ 关于彩田路(岗厦段)范围内拆迁房屋有关问题的函[Z].深国土字〔1990〕24号,深圳市国土局,1990.
⑦ 征地补偿、安置处理决定书[Z].深国土监察字〔1990〕4号,深圳市国土局,1990.
⑧ 关于彩田路岗厦段拆迁问题的复函[Z].深国土字〔1991〕2号,深圳市国土局,1991.

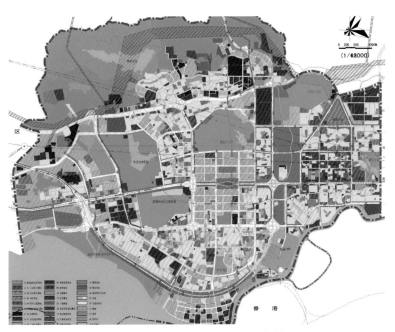

图2-6　1998年福田区土地利用现状图（来源：福田分区规划）

建设城市新中心，形成金融产业集聚。回顾中心区规划建设史上曾经五次预留储备土地，庆幸中心区的成长过程拥有了"天时、地利、人和"三要素。正因为2005年深圳产业转型大力发展金融产业时，中心区还能提供十几公顷"发展备用地"用于CBD商务办公，才赢得了金融产业建设总部办公的历史机遇，确保实现金融主中心的CBD功能。福田中心区规划建设历史上曾经历五次储备用地（图2-7），直到2014年中心区仍有少量的储备用地，能为下一轮经济发展提供有限的商务空间。这不是历史的巧合，而是管理者的远见。

1. 第一次储备土地：1986年收回福田新市区30 km² 土地合作协议

特区开发之初，深圳市政府计划与香港合和公司合作建设福田新市区。1981年11月，深圳特区发展公司（代表市政府）与香港合和公司签订建设福田区合作开发协议，深方提供福田30 km²的土地使用权，合作期限三十年[②]。这是深圳历史上土地面积最大的"卖地"合同。1986年全国经济宏观调控，深圳基建调整为稳步发展，市政府改变了大片合作开发土地策略，果断收回了这份土地合作协议。1986年收回福田新市区土地合作协议，为后来福田中心区的开发建设预留了土地资源，赢得了城市规划实施战略上的主动权。深圳一次创业期间留下的福田新市区这块"宝地"，是特区初期储备用地的最佳案例之一，它成为深圳二次创业城市建设的重要基地。

区岗厦村委会在深南路与彩田路交叉口土地3 hm²（44.7亩），作为深南路与彩田路平交口的工程用地[①]。这一年仍然不断征地拆迁并进行打通福田中心区的主干道等基础设施工作。

2.2.2　中心区五次储备用地

福田中心区规划成功实施的关键在于市政府早期征地、预留土地、储备土地并控制土地的出让时机。1998年福田区土地利用现状图（图2-6）显示直到1998年福田中心区的周边已基本建成，但中心区仍为比较完整的预留储备用地。"先外围，后中心"的开发策略有利于在经济实力雄厚时按规划蓝图

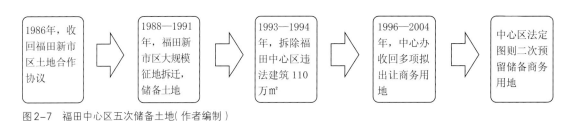

| 1986年，收回福田新市区土地合作协议 | 1988—1991年，福田新市区大规模征地拆迁，储备土地 | 1993—1994年，拆除福田中心区违法建筑110万m² | 1996—2004年，中心办收回多项拟出让商务用地 | 中心区法定图则二次预留储备商务用地 |

图2-7　福田中心区五次储备土地（作者编制）

①　关于征用福田区岗厦村委会土地的批复 [Z]. 深府〔1991〕500号，深圳市人民政府，1991.
②　深圳市城市建设志 [G]. 深圳市城市建设志编纂委员会，1989：202.

2. 第二次储备土地：1988—1991年福田新市区大规模征地拆迁，储备土地（详见2.2.1）

3. 第三次储备土地：1993—1994年大规模拆除中心区违章建筑110万 m²

1993年深圳的地政建设监察工作力度较大，全市直接组织了5次较大规模的违法建筑拆除工作。作为福田中心区开发建设总指挥部的具体办事机构市规划国土局集中力量抓紧福田中心区的开发建设工作，在规划和开发计划的指导下，重点做好土地出让的准备工作，以加速福田中心区的全面开发，争取在1993年进行拆迁和开发动工，要综合平衡土方，尽量避免大量的土方外运，力求降低开发成本[1]。1993年在福田中心区拆除永久性、半永久性违法建筑物60万 m²[2]，拆除各类临时性建筑面积约51万 m²。为中心区第二次预留了宝贵的土地，为规划设计创造了有利条件，也为中心区的开发建设扫除了障碍。

1994年中心区的征地任务仍然很重，拆迁工作十分艰巨。由此可见，深圳前十五年的一次创业过程中，对中心区进行集中征地和大规模拆除违建，并始终坚持节约用地、分期控制出让总量的原则，为后十五年中心区的开发赢得了优质土地资源。1994年中心区仍面临艰巨的征地拆迁任务。拆迁事项举例[3]：①按照规划要求，中心区南部的皇岗山必须取消，其土地征用和实施土方平整等工作（注：此项征地直到2000年会展中心选址到皇岗山及周边地块时才完成）有待抓紧进行。②皇岗工业村的搬迁问题，因拆迁量大，虽然具体安置工作尚未定论，但影响市政建设用地的征地补偿工作已经完善，近期将实

施拆迁。③市机电安装公司改造用地补偿市政道路建设用地部分已经完善，合同期计划于1995年5月拆迁完毕。④深泰水泥厂市政建设用地已由政府下文收回，补偿工作、合同书等已经落实。⑤利建丰制品厂临时用地问题，由主管部门负责下文收地，有关工作按临时用地审批文件执行。⑥荔枝林问题，由征地拆迁办落实征地补偿。⑦岗厦村福华路地段，北区9栋民房等拆迁工作，应按照主管部门1991年深建字〔1991〕197号文"关于岗厦土地征用有关问题的复函"执行。但市局与福田区政府几经协调，已有进展，但仍不能解决福田中心区城市道路建设用地之急需。1997年签订拆迁安置补偿协议书一份（岗厦中心花园用地2 hm²，用于福华路东段拆迁补偿用地）。⑧福田中心区的临时供电、供水问题，给市政建设与土地供应带来重重困难，仍需尽快制定方案。⑨中心区南区13号地块的广宇公司、证券交易广场等建设用地的皇岗河临时河道改造处理工程，力争在1994年10月完成，并向用地单位移交土地，完善政府土地供应工作。因此，直到1996年中心区场地仅有少量建筑，基本一马平川（图2-8），等待开发建设。

4. 第四次储备土地：1996—2004年中心区办公室收回多项拟出让用地

1996年7月，成立中心区开发建设办公室之前，福田中心区的地政管理工作全部在市规划国土局地政处。成立中心区办公室之后，1996年8月7日地政处向局领导书面汇报了福田中心区土地开发及土地出让的情况如下：自1990年实施中心区开发以来，基本完成征地拆迁、土地平整及道路管网的建设。

---

① 局第四次业务会议纪要 [Z]. 深规土业纪字〔1993〕18号. 深圳市规划国土局，1993.
② 深圳市规划国土局1993年工作总结和1994年工作设想 [Z]. 深圳市规划国土局，1993.
③ 关于福田中心区市政建设拆迁工作会议纪要 [Z]. 深规土业纪字〔1994〕37号. 深圳市规划国土局，1994.

图2-8　1996年福田中心区实景（来源:《深圳迈向国际——市中心城市设计的起步》）

中心区总用地413 hm²，其中道路广场及绿化带占地156 hm²，如绿憩用地摊入出让范围，则可出让用地约257 hm²。1996年中心区土地出让可分为以下三种：原有红线及已建成的行政划拨用地26 hm²；（1990—1996年）已批红线用地但未办理土地出让合同的7家用地共8.4 hm²；（1990—1996年）已办理土地出让合同的有12家用地共17.4 hm²。从1996年8月起，中心区办公室多次对已批红线用地但未办理土地出让合同的用地单位进行清理收地。上述1996年已批红线用地但未办理土地出让合同，甚至对已办理土地出让合同但不合理选址的用地单位进行了较大规模的清理。例如，市天骥基金投资公司、南方电力有限公司、市信息发展有限公司、少儿图书馆、史丰收速算研究中心、福田区第二人民医院等项目都先后被收回用地或另行选址。随后的几年内，中心区办公室仍然坚持按照延期不交地价、延期不投资开发、选址不合理的多项用地进行清理和收回。

5. 第五次储备土地：中心区法定图则预留发展用地

中心区办公室管理人员凭着高度的使命感和责任心，敏锐地把握了市场经济的规律，

在1997年规划编制调整中压缩了居住用地，扩大了商务办公用地，保留了部分发展备用地。1999年编制福田中心区第一版法定图则时，在原规划的办公用地一律不得减少，也不得改变功能的原则下，想方设法多预留了几块土地，给那些地理条件、景观条件比较优越的土地预留了弹性发展余地。参见2000年中心区土地出让情况示意图（图2-9），图中白色地块为储备发展用地。其中：33-3号地块（水晶岛）土地性质为文化娱乐用地，规划希望保留到最后实施"画龙点睛"之笔，2009年起该地块用于地铁工程开挖建设；30-1号地块（包括30-1-1、30-1-2号地块）规划为体育产业用地，前些年用于临时足球场，2012年用于儿童医院的临时停车场，未来可做商务办公；26-1-3地块规划为中学用地，实质上1997年规划计算的中学配套已经足额，这里专门多配一所中学，目的是储备用地，至2012年这块地仍然保留为发展用地，未来可做商务办公；3-1、3-2和4-1、4-2

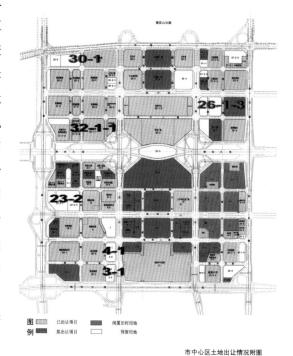

市中心区土地出让情况附图
2000.7

图2-9　2000年中心区储备发展用地示意图（来源:中心区办公室）

地块规划为发展备用地，为会展中心配套服务。32-1-1地块1999年曾作高交会临时展馆，也变成了一种储备土地的积极方式，2005年起确定为深圳证券交易所建设用地。另外，23-2地块规划为发展用地，1998年专门划拨给城管局培植行道树苗，为未来商务办公留有余地，2007年该地块细分成七个小地块出让给金融机构建设办公总部。

事实证明，只有储备用地，才能实施规划，才能建设国际性城市。实现城市规划的根本问题在于掌握土地、预留土地。中心区开发建设早期预留土地的根本原因是早期市场地价低，后期市场地价高。把优质地块预留到合适时机出让，既有利于政府收取合理的地价，也便于规划的调整与实施。

2.2.3 预留土地，等待市场建设时机

深圳的土地紧缺由来已久，至1992年底原特区内剩下可供开发建设的土地不到50 km²。当年已经意识到特区土地资源的宝贵和紧缺。但土地紧缺的实质内涵是城市中心的土地极其紧缺，因此，深圳政府长期有意储备福田中心区的土地。

深圳快速发展的市场经济，给城市规划带来了许多新问题。由于市场经济的不可预知性，使城市规划无法预测什么产业先来或规模多大。因此，规划管理唯一能应对的措施就是预留弹性发展备用地。试想：如果1986年深圳政府不废除福田新市区合作开发协议，那么就没有今天的福田区，更没有福田中心区。城市规划理论分析证明："几乎现代空间分析的所有模型，都可以预言随着城市规模的扩大，城市中心区的价格会随之增加（因为中心区能够从更多的交易中获得更大的剩余）现象。城市整体价格的提高，

是由于中心区价格的提高引起的。"[①]同样，福田中心区早期市场地价低，后期市场地价高，把优质土地保留到成熟期出让，既有利于政府收取合理的地价，也有利于规划的调整与实施。

1. 逾越土地市场需求的"假象"阶段

90年代初期，福田中心区是一片空地，也是开发成长期的开端。特别是1992年邓小平同志"南巡讲话"发表后，深圳特区第二个十年建设高潮来到了，部分省市驻深办、部委办、银行、证券、保险等多达37个单位和部门纷纷希望在福田中心区申请建设办公楼，但鉴于福田中心区总用地面积仅4 km²，且市政占地约1/4，用于兴建办公楼的土地约为50 hm²，可建约67栋办公楼。至1992年申请在福田中心区建设办公楼的单位多达37家[②]，每家申请用地平均达1万—2万 m²。考虑以后还会陆续有单位要求在福田中心区建设，如果再考虑招标用地等，则土地供应更加紧张。正因为福田中心区土地供应少于建设单位的需求，且申请拟建大厦的建设规模普遍小于地块的规划建设规模，不利于有效发挥中心区的土地价值。所幸当时领导极具长远眼光，对这轮申请用地的"假象"高潮持谨慎态度，为十年后福田中心区成功建设预留了宝贵的空间资源。

2. 成长期预留用地，成熟期及时出让

福田中心区开发早期预留多块优质土地主要有以下两个原因：

第一，早期进入中心区的市场投资者相对实力不够雄厚，甚至有些土地投机者寻找机会"炒地皮"；2000年福田中心区（图2-10）进入中期投资阶段，吸引了有一定实力，又敢于冒险的年轻型企业；而后期才是那些"老

---

① 走向可持续的发展 [R]. 深圳城市发展战略咨询报告 . 中国城市规划设计研究院，2002：29.
② 关于福田中心区拟建有关省市等综合大厦项目情况的报告 [Z]. 深规土字〔1992〕334 号 . 深圳市规划国土局 1992.

图2-10　2000年福田中心区实景（作者摄）

谋深算"的成熟型企业投资的时机，他们一定会等到中心区已见雏形，中心区的繁荣已经是不争的事实才进驻投资。这些成熟型企业一旦确定投资，就一定会建设高品质的商务楼宇。因此，直到2002年仍储备着那些位置条件好、交通条件好、景观优越的地块。图2-11显示，至2002年，福田中心区周边已基本建成，但中心区内仍有较多政府控制用地（图中蓝色），留给实力雄厚的企业投资中心区建总部大楼或商务办公、酒店等。

图2-11　2002年福田中心区的政府控制用地（来源：福田分区规划）

例如，原高交会馆位置（32-1-1号地块），最早规划为文化建筑，1999年应急工程为临时高交会馆，2004年待深圳会展中心建成后，高交会馆的原有功能移入深圳会展中心，高交会馆将拆除。2005年因金融中心建设需要，选址深圳证券交易所和若干个银行、基金的办公总部。从历史发展的角度看，临时高交会馆的建设恰好成了中心区预留土地的一种过渡形式。中心区第一轮法定图则确定23-2号街坊为"发展备用地"，2008年多家金融机构进入中心区建设办公楼，该街坊适时调整为商务办公用地。

第二，早期市场地价低，后期市场地价高。把优质地块保留到后期出让，既有利于政府收取合理的地价，也有利于规划的调整与实施。例如，早在1994年市政府确定中心区的商业办公建筑的楼面地价为4 500元/m²[①]，但这个地价明显高于市场定价。为了实行地价杠杆向中心区倾斜的政策，1996年政府规定中心区的协议用地地价反而低于1994年的定价，即中心区的建筑楼面地价标准为：住宅1 800—2 000元/m²，办公2 500元/m²，商业3 000元/m²，该地价标准一直使用至2004年。2006年市场拍卖中心区CBD一块商务办

---

① 关于航天科技大厦用地地价事宜的报告[Z]. 深规土〔1994〕587号. 深圳市规划国土局，1994.

公用地，其楼面地价高达 8 000 元 /m²。

2.3 产业优势：中心区第三产业的形成与金融集聚

"一般而言，中心区产业综合分析内容主要包括三方面：中心区的规划与城市经济的互动规律；中心区的构成与产业构成的互动规律；中心区的发展与城市主导产业的互动规律。"[①]80 年代福田中心区的概念规划定位符合深圳城市经济发展方向；90 年代中心区详规土地用途构成比例符合深圳第三产业发展需求；2004 年之前福田中心区预留储备土地恰好赶上了深圳金融升级创新的机遇，顺利实现了总体规划定位的深圳金融主中心的 CBD 功能。福田中心区产业形成过程说明了一条经济规律：随着中心区第三产业的形成与逐步成熟必然导致金融产业集聚，除非土地供应短缺。因此，福田中心区开发建设进程与城市经济产业发展有着必然联系，要研究中心区开发建设机遇，不仅要研究深圳不同时期经济产业的转型升级，而且要研究深圳经济转型与香港经济转型的密切关系。深港已经形成了合作互动的经济产业关系。

2.3.1 香港经济转型与深圳发展机遇

深圳以及整个珠三角地区的社会经济发展均得益于香港经济的发展。香港是世界各地进入中国的南大门，深圳是香港进入内地的南大门，深港合作是深圳特区开发建设的契机。80 年代香港的"三来一补"启动了深圳工业化的进程，香港的资金和信息造就了深圳外向型经济的雏形。在深圳实际利用外资中，港资占了近 70%；在进出口贸易中，对港澳进出口贸易占了 80%；在"三来一补"企业中，属于港资兴办的占了 90%；深圳的旅游业、房地产业、金融业也渗透着香港的作用。香港的资本、信息和技术需要通过深圳进入内地，香港 80 年代以来经济发展与转型也离不开深圳及珠三角腹地的密切联系。

1. 香港经济三次转型

香港独特的地理区位优势使之从 1841 年至 20 世纪 50 年代的一百多年间，一直是以转口贸易为主的自由港，其航运业、码头仓储业、船坞业、金融业等基本依附于转口贸易。50 年代以后香港经济发展大致经历了三次转型[②]，转型的重要特征是从制造业向服务业的转移。香港在过去的三十年里，专长于服务业的发展，香港服务业 1981 年占 68%，2006 年占 91%[③]，成功地完成了从制造业到服务业的转型，形成了以金融、旅游、贸易、物流为支柱产业的服务中心城市。

（1）第一次转型 1952—1979 年

香港大力发展制造业，经济结构从转口贸易走向工业化阶段。迫于 50 年代至 70 年代末，朝鲜战争和联合国对华禁运的形势，香港开始走上工业化道路，实现了经济的第一次转型[④]。香港集中发展服装等轻工业，发展劳动密集型的转口加工制造业，逐步形成了原材料从国外进口，加工后到国内市场销售的、两头在外的出口加工工业，使香港成为亚洲地区制造业基地之一。至 60 年代末，香港制造工业产值占 GDP 的 30%，香港产品出口的比重由 50 年代初的一成增加到八成左右，这标志着香港经济结构已由转口贸易为主转变为以轻工制造业为主。70 年代，香港

① 杨俊宴，吴明伟.中国城市 CBD 量化研究形态·功能·产业 [M].南京：东南大学出版社，2008.
② 苏东斌，钟若愚.中国经济特区导论 [M].北京：商务印书馆，2010：69-146.
③ 沈建法.港深都市圈的城市竞争与合作及可持续发展 [J].中国名城，2008（2）:46-48.
④ 余一清.香港经济转型问题探析 [J].商业经济研究，2008（24）:101-102.

的制造业也带动了金融、运输、建筑、房地产、通讯等行业发展，使其逐步成为亚太地区国际中心城市。

（2）第二次转型 1980—1997 年

香港制造业北移，内地经济特区推动香港经济成功转型，香港从工业化走向多元化经济结构。中国内地的改革开放为香港的经济发展带来了新的商机，推动了香港经济的第二次转型，也成为深圳开发建设的重要契机。香港的劳动密集型制造业开始大规模北移，香港的电子、制衣等主要制造业部门，已将 70%—90% 的生产加工工序和生产线转移到土地、劳动力成本低下的珠三角地区。深圳因与香港土地接壤、通关最方便而成为其产业转移的首选之地。深圳的"三来一补"工厂迅速发展，在港深之间形成了"前店后厂"的产业格局。内地产品通过香港转运到世界各地，香港的转口贸易、航运、物流业首次受惠。据统计，1979—1999 年的二十年间，香港转口贸易总额从 200 亿港元增至 11 784 亿港元，增长了 58 倍。这也是深圳特区工业化建设的关键时期。大陆的改革开放推动了香港金融业、旅游业和房地产业的发展，香港的服务业占 GDP 总值超过八成。经过这次产业结构转型，初步奠定了香港作为国际贸易中心、国际航运中心、国际金融中心、国际旅游中心的地位。但香港经济从 90 年代开始出现失衡，经济增长主要依赖于金融业和房地产业，而制造业的比重大大下降，产业基础越来越窄。特别是 1997 年亚洲金融风暴后，香港的房地产泡沫破灭，其金融服务业总量也随之收缩，香港国际竞争力水平下降，迫使香港经济进行第三次转型。

（3）1997 年以后第三次转型

香港集中发展服务业，经济结构成功完成了从多元化向服务业主导的再次转型。香港更加注重加强与内地建立更加紧密的经贸合作，极大地推动了香港以转口贸易为龙头的服务业发展。金融、保险、运输、旅游、地产的发展进一步刺激了消费需求和投资意向，并吸引众多人员转向服务业。进入 21 世纪后香港服务业占比大于 90% 以上。2008 年香港制造业占 GDP 比重降至 2.5%，服务业的比重为 92%，近年来，香港产业单一化的趋势比以往更为严重，金融和地产在经济活动中所占份额越来越多，至 2010 年香港金融及保险业、地产、专业及商用服务和楼宇业占了香港 GDP 的 36%，比往年有所增长，表明香港经济结构继续向地产和特殊金融业倾斜[①]。香港从一个轻型产品的加工制造中心演变为亚太地区重要的商贸服务中心。近年来香港经济结构已经摆脱了 90 年代过分依赖于房地产业的局面，它已经发展为高度依赖物流、金融及房地产业的特殊的都市型经济体。香港是典型的都市型经济体，其生产性服务业的不断增强，实际反映出经济机制在向内地转移低附加值经济活动中的作用，本地的生产性服务主要在为分散到其他地方的生产基地从事管理与协调。要保持香港国际金融中心的繁荣，离不开珠三角强大经济腹地的支持。据统计，超过一半的香港服务业从珠三角港资企业受益。随着制造业的转移以及生产性服务业的高速发展，香港已成为全球服务业最发达的地区之一。

2. 深港经济相互依存，城市建设互为机遇

近三十年来，香港经济结构的长期转型是深港两地经济合作的主要基础，即在过去三十年香港专长于服务业的发展，香港服务业 1981 年占 68%，1996 年占 83%，2006 年占 91%[①]，香港已经由区域性城市变成了世界

① 薛凤旋主编.香港发展报告（2012）：香港回归祖国 15 周年专辑 [M].北京：社会科学文献出版社，2012：41-42.

性城市。尤其是，2003年6月中央政府与香港特别行政区政府签订CEPA后，服务业已成为深港经济合作的新亮点。深港合作已经渡过了早期的"前店后厂"模式，因香港金融、港口运输、专业服务等服务业因市场空间拓展的需要，呈现出"北扩"特征，带动和提升了深圳服务业竞争力。可见，深港合作已由过去集中在制造业和加工贸易领域拓展为服务业的深层次合作。2004年6月，深港双方政府签署了《关于加强深港合作的备忘录》以及法律服务、经贸合作和投资推广、旅游、科技等方面的8个具体合作协议，标志着深港合作建立了政府间正式合作机制。2007年香港提出要"与深圳建立战略伙伴关系、共同建设世界级都市"的设想之后，深圳也很快将"建设与香港共同发展的国际大都会"列入了城市总体规划目标。深圳相应地选择了正确的产业定位与香港形成优势互补的国际大都会，这是深港合作的目标，也是市场选择的结果。

深港经济相互依存，香港经济转型为深圳提供了开发建设机遇，特别是1997年以后香港实现了第三次经济转型，香港经济产业从多元化集中向服务业转型，此时也正是福田中心区加快开发建设的阶段（表2-1）。福田中心区CBD功能以第三产业服务业为主，与香港形成合作互动也是中心区的开发建设机遇。中心区之所以能够抓住机遇，有两个关键因素：一是凭借城市规划的前瞻定位；二是土地储备等待市场需求之时。

80年代深圳特区总规就畅想福田中心区是深圳全市的中心，是国际金融商贸集聚之地，现在有了服务产业的最高端金融业的进驻，深港金融业发展存在密切互动关系。福田中心区市场投资的阶段性特征从某种程度上也反映了香港经济转型的特征和金融服务业发展的起伏情况。影响香港金融机构集聚的因素很多，其中国际贸易需求对金融机构集聚影响最为显著，并且呈正比关系。特别是香港回归后，在进出口贸易、转口贸易等

表2-1　深港经济产业转型与福田中心区开发建设阶段对应表

香港经济转型			深圳产业转型			福田中心区开发阶段	
阶段	时间	各阶段特点	阶段	时间	各阶段特点	阶段	各阶段特点
之前	开埠—1950年	转口贸易为主导产业					
第一次	1952—1981年	1952—1970年，从转口贸易转向制造业，1971—1981年工业化向经济多元化	之前	1980年之前	农业经济为主导		
第二次	1981—1997年	工业化转向经济多元化，再逐步转向服务业为主导	第一次	1980—1990年	农业社会向工业社会转型，承接香港制造业的转移	概念规划	总规酝酿中心区，土地征收
第三次	1997年以后	服务业转型升级，成为亚太地区重要的商贸服务中心	第二次	1990—2005年	制造业升级向自动化、大规模生产方式转型	市政工程建设带动市场投资	确定详规、行政文化建筑建设，第一、第二代商务楼宇建成
		金融国际贸易占主导，2006—2008年达到高峰，成为亚太地区金融中心	第三次	2005年以后	从自动化向信息化、自主创新方式转型	金融集聚，成为深圳金融中心	轨道通车，大量金融机构进驻中心区建设办公总部，第三、四代商务楼宇建成

---

① 沈建法. 港深都市圈的城市竞争与合作及可持续发展 [J]. 中国名城，2008（02）：46-48.

方面都和内地有着密切合作。但 1997 年亚洲金融危机中香港受到了巨大冲击，银行等金融机构开始衰退，2003 年 CEPA 的签订促进了货物贸易、服务贸易的便利化，2004 年之后香港金融开始复苏，深圳经济也呈现上升趋势。2005 以后，福田中心区历次预留的发展用地全部配置为金融总部办公用地，这是城市总规定位的功能，也是中心区办公室想方设法预留土地的最好结果。金融总部集聚福田中心区的情况到 2008 年达到繁荣盛世，这时香港金融机构的集聚已经进入一个新的阶段，香港金融中心地位也逐步提升[①]。然而 2008 年底受到全球金融危机的影响又开始衰退。虽然福田中心区金融功能发展的周期和高潮与香港金融的周期性起伏有着密切关系，但 2008 年全球金融危机对福田中心区的波及效应不明显。城市规划确定的金融中心功能，只有等到第三产业成熟时期才能实现，这是不以人的意志为转移的经济规律。

2.3.2 深圳三次产业转型与中心区开发机遇

深圳特区改革发展三十多年来，经济社会与产业生产方式发生了三次重大转变，在较短时间内完成了工业化和城市化进程，创造了前所未有的世界奇迹。80 年代香港经济转型造就了深圳特区"三来一补"工业发展，1997 年香港回归后服务业的转型升级为深圳金融业、高新技术产业、物流业的迅速发展提供了机遇，生产方式从大规模自动化向多样化产品转型和向模块外包与大规模定制方式的过渡。这既是深圳从工业社会中期向工业社会后期、后工业社会经济发展形态的转变，同时也是金融业高速发展时期。以 2003 年 CEPA 签署及实施为标志，深港金融合作进一步加强，吸引香港金融机构后台处理中心落户深圳，就成为深圳市加快金融业发展的战略性选择。金融、物流、文化和高新技术产业被列为深圳经济发展的支柱产业。深圳支柱产业的转型与福田中心区规划建设阶段有一定的对应关系（表 2-2），特别是 2005 年以后深圳金融创新推进与国际化接轨的举措恰好使蓄势待发已久的福田中心区 CBD 实现了金融中心的功能定位。这既是历史的巧合，也是产业发展和市场选择的必然结果。

深圳城市三次产业转型[②]与福田中心区开发建设阶段形成了"不谋而合"的对应关系（图 2-12）。

（1）深圳产业第一次转型（1980—1990 年），由农业向工业化转型

这次转型的动力是深圳廉价的土地、人工等生产要素驱动力。这次转型的特征是一产消退，二产、三产迅速增长。深圳以接受香港制造业的转移为契机，大力发展

表 2-2　深圳支柱产业转型与福田中心区规划建设阶段对应表

	1980	1981	1982	1984	1985	1986	1987	1988	1989	1990	1991	1992	1993	1994	1995	1996	1997	1998	1999	2000	2005	2010
高新技术	传统制造业→高新技术产业											高新技术强大									技术持续健康	支柱产业领跑全市经济
金融业	起步时期				快速			治理整顿			不断规范化发展时期										金融创新国际化	
物流业	前物流时期													物流概念传入				政府重视			物流快速发展	
CBD 形成	福田中心萌芽							CBD 详规						市政建设带动 CBD 兴起							金融产业集聚	

表格来源：作者自制，产业发展内容参考 2007 年 8 月《深圳产业转型报告》。

---

① 陈平，颜超，肖冬红 . 香港金融机构集聚分析 [C]// 陈广汉，黎熙元主编 . 当代港澳研究（第 4 辑）. 广州：中山大学出版社，2011：64.
② 全球生产方式演变下的产业发展转型研究 [R]. 深圳城市总体规划修编（2006—2020）专题研究报告之九 . 深圳市发展与改革局，深圳市规划局，清华大学中国发展规划研究中心深圳分部，2007（23）：96-97.

图2-12 深圳三次产业转型与福田中心区开发对应阶段(作者编制)

以"三来一补"为主的劳动密集型加工制造业和与之相配套的商贸服务业，十年内迅速完成了从一次产业向二次产业和三次产业的转型。深圳三次产业比重从1979年的37.0%：20.5%：42.5%发展到1990年的4.1%：44.8%：51.1%，深圳社会经济形态由前工业社会迈入了工业社会初期阶段。

80年代也是福田中心区发展的第一阶段，特区总规和城市经济发展纲要构思酝酿福田中心区，重点进行中心区的概念规划和土地征收。从早期畅想福田区规划蓝图、整片出租土地给香港开发商的合作开发模式，后来政府收回整片土地，到统一征收原农村集体土地，并在中心区分阶段储备预留了发展用地。政府既保留了城市统一规划、有偿有期限出让土地的主动权，也为深圳组团式开发创造了条件，并实现了规划前瞻性与土地经济性并举的效果。

（2）深圳产业第二次转型（1990—2005年），从传统制造业向高新技术产业转型

生产方式由"来料加工"、装配制作为主的小型化手工作坊制向自动化大规模生产方式转型。这次转型的动力是资本投资、吸引外资等投资驱动力。工业化的纵深发展，使深圳由工业社会初期向工业社会中期转变。90年代起是深圳产业发展二次转型的关键时期，深圳把握住国际上IT产业、信息技术产业的发展趋势，以高新技术为主导，大力发展以电子信息为主体的高新技术制造产业，产业结构得到迅速提升。90年代深圳本土产生了一批著名的高新技术企业，后来逐步形成了包括计算机及其软件、通信、微电子及基础元器件、新材料、生物工程、机电一体化等六大领域的高新技术产业群。

深圳产业二次转型期是福田中心区开发建设的第二、第三阶段，也是市政府财政投资中心区道路市政工程、土地一次开发、公共建筑、文化设施等最集中投资的建设时期。这时期的中心区已经蓄势待发，为市场投资开发做好了充分准备。深圳市场投资商务办公的热点也由罗湖区西移至福田区。

① 90年代初市场显示福田中心区商务开发时机未到

回顾1980—2000年，深圳的工业年平均增长率高达44%，远远高于同样高速增长的第三产业29%的年增幅[①]，这一数据反映出前20年的深圳在区域经济中二产强、三产弱的特征。这也说明深圳政府90年代开发福田中心区的愿望在2000年前尚不具备市场需要的动力。90年代中期市场需求的商务办公空间基本被上步工业区、华强北商业街的城市更新改造"吸纳"了，但华强北能够"腾挪"的旧厂房空间毕竟有限，商务办公投资进一步向西扩展至福田中心区，2000年以后迎来了福田中心区开发建设的最佳时期。

2000年1月，国务院批复《深圳市城

---

① 走向可持续的发展[R].深圳城市发展战略咨询报告.中国城市规划设计研究院，2002：5-6.

市总体规划（1996—2010 年）》，同意将深圳市定位为现代产业协调发展的综合性经济特区、华南地区重要的经济中心城市、现代化的国际性城市。2000 年深圳市"五普"人口已经高达 700 万人，但全市建成区面积仅为 467 km²，城市建设与社会经济人口协调发展的压力明显加大，迫切需要加快城市功能的完善，也增强了深圳加快建设福田中心区（CBD）的紧迫性。

②深圳商务办公市场重点从罗湖区转移至福田区

1990—2005 年，深圳产业二次转型时期是深圳城市建设用地总量递增最快的阶段，深圳城市建成区面积从 1990 的 139 km² 增加到 2005 年的 703 km²，平均每年递增建成区 37 km²。图 2-13 为 1990—2005 年深圳城市建设用地扩张演变图，每五年一个卫星影像图作对比（图中红色为已建设用地，绿色为生态绿地）。"城市扩张的本质就是城市的规模效益和中心区拥挤之间的冲突。哪个城市能够低成本提供中心区，哪个城市就可以获得更多的规模效益。"[1]这时期，福田中心区的低成本土地逐渐成为市场投资的热点。

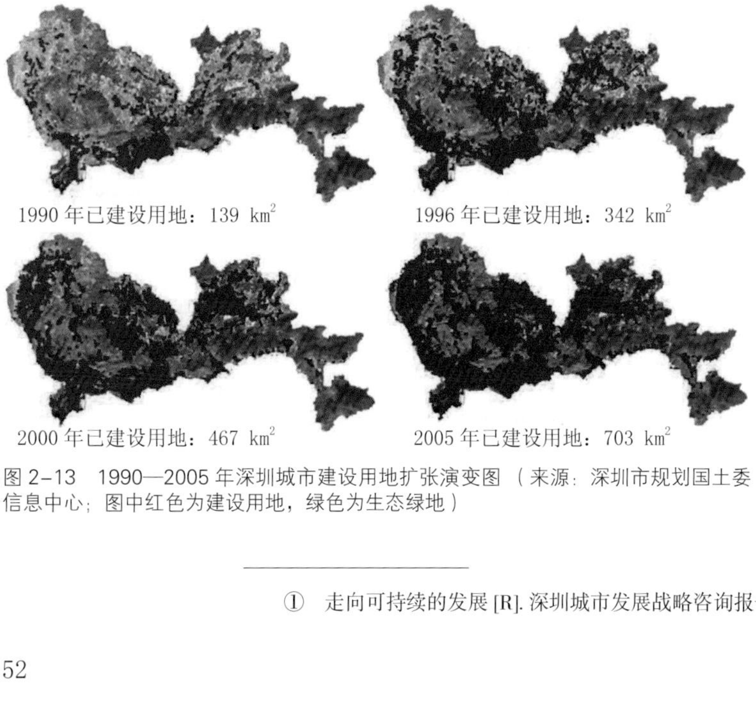

图 2-13 1990—2005 年深圳城市建设用地扩张演变图（来源：深圳市规划国土委信息中心；图中红色为建设用地，绿色为生态绿地）

根据深圳房地产统计年鉴，自 1998 年起，福田区办公楼销售面积占深圳全市办公楼销售面积的 54%，首次超过罗湖区，至 2005 年福田区办公楼销售占全市销售面积的 77%，商务办公市场已经形成福田区的"半壁江山"，可以看出福田中心区的"功劳"之大。

③福田中心区已完成土地一次开发，蓄势待发。

在深圳产业二次转型期间，1991—1995 年是福田中心区市政工程建设阶段，确定了中心区详规及开发规模总量。政府投资建设市政道路基础设施，形成了中心区主次干道路网。为中心区第一代商务楼宇的启动和大规模开发建设奠定了基础。1996—2004 年政府专门成立了深圳市中心区开发建设办公室，这是中心区公建投资集中建设阶段，政府投资行政文化建筑、公共设施等六大重点工程，以加快开发进程，提升规划建设水平。2000 年深圳城市功能定位迅速提升，在城市空间上明显表现出城市中心用地扩张的需求。罗湖中心区的商务楼宇呈现出饱和趋势，福田中心区的商务办公需求开始起步。这时期，福田中心区也完成了土地一次开发建设，由生地变为熟地，具备了市场出让条件。除了政府投资道路市政工程、地铁一期工程、行政文化建筑以外，已经有几家港商和多家国内企业进入中心区投资住宅和商务办公。

（3）深圳产业第三次转型（2005 年至今）从大规模自动化向信息化转型，并向自主创新生产方式过渡

这次转型的动力是信息等高新技术驱动力，方向是自主创新，由依靠资源、资本的经济增长发展到知识创新的经济增长。深圳社会形态由工业社会中期向工业社会后期及后工业社会转变。以 2005 年"十一五"规划

① 走向可持续的发展 [R]. 深圳城市发展战略咨询报告，中国城市规划设计研究院，2002：30.

为第三次转型标志，其核心是优化产业结构、提高效益、集约发展；提升三次产业的比重，突出四次产业（知识产业）的地位，高新技术、金融、物流、文化产业被列为深圳四大支柱产业。

福田中心区多年以来的储备发展用地不仅满足了深圳二次创业的需要，而且满足了深圳产业第三次转型的空间需求。这时期约有二十家金融机构集聚中心区投资建设办公总部，形成深圳金融产业市场集聚中心区的高潮，是中心区形成深圳金融主中心的关键阶段。根据《深圳房地产统计年鉴》2006 年，福田区办公楼销售面积占深圳全市办公楼销售面积的 84%，此后多年，福田区办公楼销售面积一直成为深圳市商务办公房地产市场的主导力量。这是福田区商务办公楼宇建设的黄金时期。

第三次产业转型使深圳全市商务办公需求迅速上升。据深圳建筑普查数据统计，深圳全市拥有商务办公建筑面积 2006 年 1 280 万 m^2，2008 年 2 240 万 m^2，2010 年 3 453 万 m^2，2012 年 3 996 万 m^2，仅几年每年的商务办公面积增长速度很快。福田中心区是由政府主导并规划建设的 CBD，其商务办公的市场需求也大量增加。据实地调研资料显示[1]，至 2006 年中心区已经落成并入驻企业的办公楼共 23 座。大量制造业总部、生产性服务业、分配性服务业已经入驻福田中心区，同时商业设施也陆续配套建设，多项市政公共设施也已经投入使用。福田中心区已经成为深圳办公楼供应量最多、办公环境最佳的地段。这是深圳甲级办公楼集聚密度最高的片区，中心区商务办公用地成为该时期最炙

热的片区。

由于深圳金融业的快速提升，福田中心区金融产业加速集聚。2007—2009 年，福田中心区金融业增加值分别达到了 410 亿元、497 亿元和 564 亿元，约占福田区 GDP 的比重分别为 31%、32% 和 34%，呈现逐年提高的态势[2]。福田区金融业年均增长率快于 GDP，其增长速度在全市、全省乃至全国均处于领先水平。2009 年 1 月，深圳市政府公布了《深圳市支持金融业发展若干规定实施细则》，对在深设立金融总部、一级分支机构或金融配套服务机构的金融机构高管人员设置奖励和补贴办法。面对如此繁荣的深圳金融市场，福田中心区及时调整储备发展用地为金融商务办公用地，适应城市产业转型的需求，福田中心区作为深圳金融主中心的城市功能正在形成。中心区的规划实施不仅仅是高楼大厦、商务办公房地产建设，更重要的是金融贸易等第三产业的集聚。深圳能够在第三次产业转型时期迅速启动福田中心区金融中心的开发建设，得益于过去二十多年中心区土地的储备预留。目前，福田中心区经过近几年发展建设，已基本形成金融服务业、现代流通业、信息服务业等第三产业的三足鼎立局面。

2.3.3 金融产业集聚实现福田中心区功能定位

城市商务产业可划分为金融产业、贸易咨询产业、旅游产业三大部分[3]，商务产业构成的变动推动着 CBD 商务空间结构的变化，但两者在分类上并不是一一对应的。因为金融业的办公建筑空间较为独立，而贸易与专业化服务（广告、房地产、公司、会记事务所或律师事务所等）混合共用办公楼的情况

---

① 刘逸. 深圳市 CBD 发展模式与商务特征 [D].[硕士学位论文]. 广州：中山大学地理科学与规划学院，2007：35.

② 深圳市福田 01–01&02 号片区〔中心区〕法定图则（第三版）现状调研报告（送审稿）[R]. 深圳市规划国土发展研究中心，2011：76.

③ 杨俊宴，吴明伟. 中国城市 CBD 量化研究形态·功能·产业 [M]. 南京：东南大学出版社，2008：168-170.

较为普遍。

1. 福田中心区金融产业培育过程

80 年代香港"三来一补"企业的北移启动了深圳从农业生产转向工业生产的进程，香港的资金、信息和管理经验造就了深圳外向型经济的发展方向。1980 年深圳特区发展纲要明确福田中心区是吸引外资的金融贸易为主的工商业中心。1986 年深圳特区总规明确福田区是特区主要中心，福田新市区中心地段将逐步建成国际金融、贸易、商业、信息交换和会议中心。1990 年成立深圳证券交易所，发行第一张股票，开始了中国发展股份制企业和资本市场的运行。90 年代以深港金融衔接为方向，重点发展金融市场，实现了深圳金融业的跨越。鉴于总规功能定位，90 年代初福田区政府曾几次招商引进金融项目安排到中心区，但因当时商务办公需求量较小，金融市场尚未成熟，所以这几次金融招商均以失败告终。

例一，1993 年 5 月，市政府已经意识到福田中心区在深圳第三产业发展中的"龙头"地位，曾在福田中心区划拨一块 5 万㎡ 的土地，准备建设福田金融大厦①，将福田区证券公司、保险公司、期货公司、风险基金投资公司等区级金融机构集中在这一栋大厦内。此举思路超前，但采用了计划经济模式，且缺乏市场调研和资金渠道的分析研究，结果不可行。

例二，1993 年 9 月，中国原子能深圳公司、深圳广宇工业集团公司、深圳市信息中心、深圳市证券登记公司等四家开发投资单位获得了中心区南区 13 号地块的土地使用权②。但由于 13 号地块临时水电改迁出现问题，原

福华路南侧排洪沟也位于 13 号地块内，高层建筑基础土方开挖势必破坏排洪沟的正常使用，造成雨季洪灾等问题。当年的投资条件不成熟，尽管后来上述问题都在 1994 年得到了修改解决，但四家开发投资单位迟迟未投资，直到 10—15 年后，其中三家单位才正式进驻中心区建设商务办公楼（包括深圳证券交易所）。

例三，1993 年市政府专门讨论研究了金融行业在福田中心区用地问题。会议同意积极支持金融行业的用地，并于 1993 年 10 月划出了用地规划范围，将光大银行、交通银行、中信银行、君安证券、人保公司等五家单位的用地安排在福田中心区 12 号地块内。同意平安保险、招商银行、南方证券等三家单位，另行选址兴建③。事实证明，当时金融行业基本不愿意率先进入福田中心区，上述五家单位分别在其他位置另行建设了，而平安保险也是等待了十几年后，2007 年才正式进驻福田中心区建造办公总部大厦。

因此，90 年代在福田中心区建设金融中心的时机尚未成熟，即使政府迫切推出土地出让，市场也勉强应对，最终另行选址或放弃投资。1993—1995 年，政府重点在中心区投资建设市政道路工程及投资大厦、儿童医院等项目，对开发商产生了一定吸引力。中银花园、大中华交易广场等中心区第一代商务楼宇的投资建设也同时进行。1996 年，中心区完成"七通一平"基础设施后，第一代商务楼宇也部分建成，基本具备了市场资本开发的条件。1996 年以后，福田中心区多次调整规划用地，旨在充足储备商务办公用地。

---

① 关于对要求扶持发展福田金融项目有关用地问题的复函 [Z]. 深规土字〔1993〕271 号 . 深圳市规划国土局，1993.

② 关于福田中心区 13 号地块建筑设计工作协调会议纪要 [Z]. 深规土业纪字〔1994〕29 号 . 深圳市规划国土局，1994.

③ 关于金融行业在福田中心区用地协调的会议纪要 [Z]. 深规土业纪字〔1994〕3 号 . 深圳市规划国土局，1994.

1998年，深圳受到亚洲金融危机的冲击，但市政府加大财政投资力度建设中心区六大重点工程，带领中心区顺利走出亚洲金融危机的阴影。这时期，市场主要热衷于中心区住宅项目的投资建设。至1999年深圳金融形势比较稳定，市场投资中心区商务办公楼宇的热潮开始高涨，1998年至2004年间，房地产商投资中心区第二代商务办公楼逐步建成。至2004年，位于中轴线附近的六大重点工程全部建成投入使用，四个角上分布的住宅项目也分批完成，集中在22、23-1街坊的第二代商务办公楼宇也呈现整体优美的轮廓线，规划蓝图构想的福田中心区面貌初现英姿。

2003年，深圳市大力发展金融产业，政府出台了支持金融业发展、推动保险业创新等一系列规章办法，高端服务业开始集聚福田中心区CBD。2005年以后，由于深圳金融产业迅速上升，中心区的办公用地受到市场青睐，金融企业积极进入中心区CBD投资金融总部办公。随着深圳证券交易所正式落户中心区，招商银行、建设银行、中国建银投资证券公司、中保太平投资公司、南方博时基金、第一创业、华安保险、招商证券、中信银行、中国人寿、国信证券等一批金融企业都积极投资中心区，由此福田中心区形成了金融总部集聚的效应。据统计，2007年

福田中心区实现经济增加值121亿元，其中金融业占35%、商业占30%、其他服务业占23%、房地产业占7%[①]，深圳CBD经济略有起色。至2010年已经确定在中心区建设金融总部大楼的十五家金融机构，办公楼宇占地面积约14万㎡，未来几年将建设金融办公建筑面积超过100万㎡，福田中心区将真正成为深圳金融主中心。

2. 福田中心区经济产业的业态演进过程（图2-14）

深圳产业高端化发展使福田中心区很大程度上承担了城市转型的功能。中心区的核心功能是金融贸易商务。虽为政府主导型的中心区，但其本质功能不是行政中心，而是借助行政力，催生商务产业集聚，最后中心区完成市场化转变，按照市场经济的规律运行。由于金融在经济社会运行中的重要地位，金融机构集聚的内涵往往比一般的产业集聚相对要复杂得多，不仅包括各类金融机构及其与之紧密联系的财务、法律等各类客户，还包括必需的金融基础硬件设施和诸如制度、法律法规等软件设施。金融集聚的发展大多是伴随其他产业集聚化发展而出现的，并不是独立发展的结果[②]。

中心区经济产业的业态演进经历了由制造业办公→生产性服务业→金融业集聚的过程。至2009年，世界500强中已在深圳设立

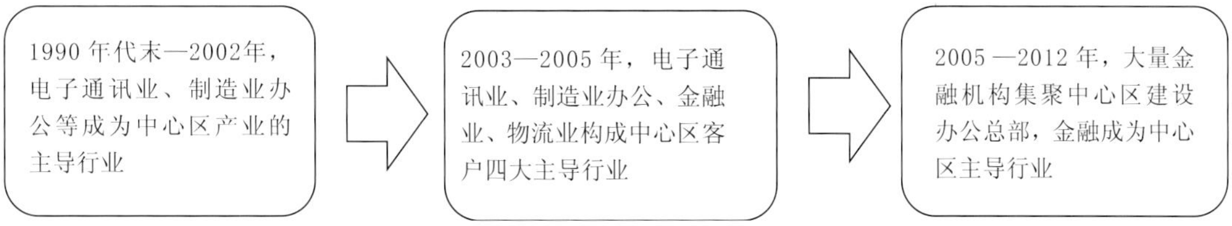

1990年代末—2002年，电子通讯业、制造业办公等成为中心区产业的主导行业

2003—2005年，电子通讯业、制造业办公、金融业、物流业构成中心区客户四大主导行业

2005—2012年，大量金融机构集聚中心区建设办公总部，金融成为中心区主导行业

图2-14 福田中心区产业形成过程示意图（作者编制）

① 福田中心区CBD发展状况的调研报告[G].深圳CBD暨福田环CBD高端产业带国际研讨会资料汇编.深圳市福田区贸易工业局，深圳综合开发研究院，2008：45.

② 陈平，颜超，肖冬红.香港金融机构集聚分析[C].见：陈广汉，黎熙元主编.当代港澳研究（第4辑）.广州：中山大学出版社，2011：58.

总部的企业情况为：10家设立了地区总部、18家设立了企业总部、30家设立了研发中心或采购中心。此外，深圳还拥有224家优秀的本土企业总部（如华为、中兴、腾讯等），占深圳总部数量的64%。同时深圳拥有中国数量最多的基金公司总部，并形成了较有规模的创投总部经济[①]。

（1）90年代末—2002年制造业办公进驻中心区

位于中心区22、23-1街坊的第二代商务楼宇逐步建成，以2002年最早销售的荣超A座、B座办公楼为例，其客户以中小型制造业的办公需求为主，与中心区规划定位目标差距较大。经随后几年运营，客户已经高端化和多样化，从行业类型来看，电子通讯业和制造业是主导行业，金融、IT应用服务、咨询等生产性服务业其次。从入驻企业来源看，外向型特征明显，深圳本土企业较少。

（2）2003—2005年金融业、物流业开始进驻中心区

以2003年CEPA的签署与实施为标志，深港金融合作进一步加强，吸引香港金融机构后台处理中心落户深圳，成为深圳加快金融业发展的战略性选择。深圳金融以产业调整为契机，以深港金融衔接为方向，重点发展金融市场，推进金融管理规范化，实现了深圳金融业的新飞跃。金融改革前进的大步伐也直接反映到了中心区商务办公的形势。期间中心区第三代商务楼宇逐步建成。例如，2004年销售的国际商会中心C座，其进驻客户企业的行业到规模都有质的提高。从行业结构看，金融业、物流业的企业数量快速攀升，与制造业和电子通讯业共同构成中心区CBD客户的四大主导行业，其次是投资、咨询等

其他生产性服务业[②]。有专家推论：一个城市的GDP总值大于人民币4 500亿元，第三产业占GDP比重大于45%时，才是CBD建设的黄金时机。2005年深圳GDP达4 950亿元，第三产业占GDP比重46.6%。事实证明：2004年中心区当年竣工建筑面积达192万m²，累计建成面积达421万m²，占规划总建筑面积一半。在中心区初显雏形后，2005年开始了金融建设的黄金时期。

（3）2005年以后金融机构集聚中心区形成深圳金融中心

福田中心区是典型的"先城后产"模式，先形成中心区居住，公共配套，第一、二、三代商务办公楼，才出现金融产业集聚现象，在规划建设成熟期实现CBD核心功能。深圳特区三十年规划实施中最重要的一条经验是预留土地，把优质土地留到合适的产业发展时机。市场经济的快速发展，给城市规划带来了许多新问题。规划实施应对的有效措施就是预留弹性发展用地。80年代初规划的福田中心区金融贸易产业功能，直到2003年中心区完成了市政建设，城市轮廓线初显雏形后，中心区的土地价值和空间价值才得到了市场资本的认同，市场投资能够在合适时机投入中心区。金融机构开始问鼎CBD，其进驻的数量和速度超过预期。2005年起金融机构纷纷投资CBD建总部办公楼，金融机构的进入是CBD建设高潮的"温度计"。CBD能够最终形成金融产业集聚，这也是中心区成功规划的重要标志。正因为中心区土地的三次重要储备，规划留足了空间，才逐步实现金融功能。

3. 2004—2012年金融业集聚福田中心区，实现CBD核心功能

金融业增加值占GDP的比重可以反映该

① 深圳市总部经济发展空间现状及规划思路介绍[Z]. 深圳市规划和国土资源委员会，2011.
② 刘逸. 深圳市CBD发展模式与商务特征[D].[硕士学位论文]. 广州：中山大学地理科学与规划学院，2007：35.

单位：亿元

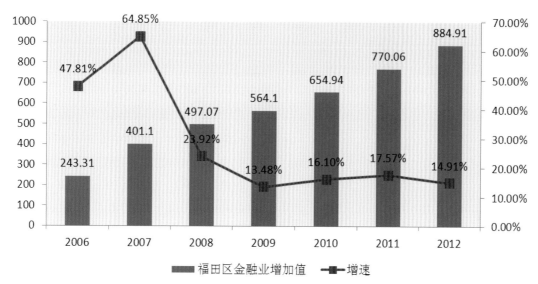

图 2-15　2006—2012 年福田区金融业增加值及增速（来源：深圳市房地产评估发展中心）

市金融业的地位和作用，反映本产业对该城市和对全社会的全部直接贡献。纽约、伦敦、东京三大国际金融中心的金融业增加值占 GDP 总量的比例都接近 20%。当一个产业的增加值占 GDP 的 5%，就是一个地区的支柱产业。2005 年，深圳市政府提出将金融业作为深圳四大支柱产业（金融、高新技术、物流、文化）。2008 年，深圳四大支柱产业占 GDP 比重超过 60%，金融业是近几年深圳第三产业中发展最快的行业。据百度网上统计，深圳、上海、北京三个城市金融业发展情况比较：2009 年、2010 年、2011 年，深圳金融业实现增加值 1 148 亿元、1 279 亿元和 1 562 亿元；上海金融业实现增加值 1 818 亿元、1 931 亿元和 2 240 亿元；北京金融业实现增加值 1 720 亿元、1 838 亿元和 2 055 亿元。深圳近几年金融业增加值上升幅度大，而且和上海、北京前两名的差距在逐步缩小。至 2012 年，北京金融业实现增加值 2 592.5 亿元，占 GDP 比重 14.6%，上海金融业实现增加值 2 450.36 亿元，占 GDP 比重 12.19%，深圳金融业实现增加值 1 819.2 亿元，占 GDP 比重 14.0%，已接

近香港水平（香港金融业占 GDP 的 16%）。

2004 年，福田区金融业增加值接近 100 亿元，由于 2005 年以后深圳金融机构的二次创业新建办公楼集聚福田中心区，使中心区金融业 GDP 平均每年翻番。2004—2012 年 8 年间，福田区金融业增加值的总增长超过 8 倍。从（图 2-15）显示，2012 年福田区金融业增加值达 884.9 亿元，占深圳全市金融业近 49%，占福田区 GDP 比重达到 37%，金融业是福田区的支柱产业，福田区已经成为深圳

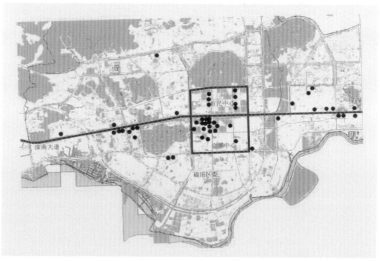

图 2-16　2011 年福田区 50 栋亿元楼分布（来源：《楼宇经济实探——来自深圳福田的报告》）

图2-17　平安金融中心（来源：中心区城市仿真图）

的"金融区"。

　　如今，福田区已成为深圳金融总部最密集区域。据统计，截止到2010年3月，深圳全市51%总部企业、57%金融机构、80%创投机构、65%证券公司、94%基金公司和84%保险机构都落户在福田区[①]。2010年福田区共有商务楼宇398栋，税收超亿元的办公楼有50栋，其中25栋亿元商务楼在福田中心区（图2-16，红框内为中心区），实现税收311亿元，相当于全区税收总额515亿元

的60%，充分显示了楼宇经济作用。从楼宇税收占比看，福田中心区占43%，招商银行大厦（农林片区）占21%，中信城市广场片区占10%，华强北片区占9%等。图2-16显示，福田区税收亿元楼在中心区最密集，其余大多沿深南大道布局在中心区周边，中心区是福田区高档商务办公楼宇最集中片区。2010年4月，在特区建立30周年之际，福田区政府依托已基本形成的中心区及周边高端产业带，提出了实施总部经济和现代服务业"双轮驱动"战略，取得较好成效。以深圳证券交易所、平安国际金融中心（图2-17，CBD楼王，高600 m，建筑面积约40万 m²）为代表的一批金融总部大楼项目正在建设中。2012年福田中心区在建金融办公工程项目共16个，在建金融办公建筑面积约160万 m²，福田中心区即将成为深圳金融主中心。福田区"环CBD高端产业带"轮廓初显，特别是香蜜湖片区（图2-18）和车公庙片区都已成为环CBD商务办公区。2012年统计，世界500强企业中有78家在福田区投资发展，福田区已经形成高端产业链效益。

　　三十年前深圳特区发展纲要酝酿的福田中心区金融贸易中心的功能定位已经实现，

图2-18　2011年福田区环CBD金融产业带（作者摄）

　　①　楼宇经济实探——来自深圳福田的报告（2011）[R]. 福田区政府办公室编，2011：12-28.

城市规划对经济建设真正起到引领作用。福田中心区能够在近几年迅速形成金融产业集聚效应，与深圳市政府积极推行的金融扶持和奖励政策分不开，众多金融机构踊跃投资中心区办公总部，实现了特区总规的金融中心功能，这是中心区规划设计与规划实施的成功标志。福田中心区汇集了地利交通、土地、产业等优势资源，不但与深港口岸（福田口岸）近在咫尺（2004年深圳地铁4号线连通中心区与福田口岸），而且位于深圳东西向交通主轴深南大道上，公交优势大大降低了中心

区开发成本。90年代市政府坚定了开发中心区的决心，早期征用福田区土地并在几次房地产开发高潮中储备了中心区土地。高瞻远瞩的中心区城市规划因为储备了办公用地，才能够在深圳第三次产业转型机遇中抓住金融改革创新的契机，及时实施了中心区以金融贸易为主导的CBD建设。可以说，福田中心区规划蓝图的成功实施汇聚了天时、地利、人和的全方位优势，它必然成为深圳前三十年城市规划建设的代表作。

3 福田中心区开发建设管理模式

> 每一个社会都会生产出它自己的空间。都市变成了最大的社会实验室。
>
> ——（法）亨利·勒菲弗《空间与政治》

本章研究适合城市中心区（CBD）开发建设的组织管理模式，包括组织管理机构与职能、土地开发模式、土地出让模式，以及建成后的运行管理模式等四方面内容。以福田中心区为研究对象，纵观比较国内外几个典型 CBD 的开发建设管理模式，广泛吸取经验教训。广义而言，世界上没有两个相同的城市或中心区，其开发建设管理模式也各有特点，但无论什么管理模式，都以有效实施城市规划并长久保持中心区的生机活力为目标。

3.1 国内外新区开发建设管理模式比较研究

下文以欧洲三个 CBD 规划建设的典型实例巴黎德方斯、伦敦道克兰、柏林波茨坦广场，分别阐明三个不同国家、不同城市在不同时期、不同经济状况下开发建设新区或更新改造 CBD 所采用的不同管理模式，总结 CBD 开发建设管理的经验教训。

3.1.1 巴黎拉·德方斯 CBD 建管模式

1. 拉·德方斯（La Defense）概况

20 世纪 50 年代，巴黎办公楼紧缺，法国政府决定扩大巴黎市区范围，新建一个中央商务区。从 1958 年开始规划建设的拉·德方斯位于巴黎的历史轴线西延段上，是距离罗浮宫 7 km 的郊区"贫民窟"。经过半个多世纪的规划建设，已成为欧洲主要商务中心之一。德方斯总占地面积 750 hm²，分 A、B 两区，首期 A 区开发用地 250 hm²，包括商务区 160 hm²、公园区（以住宅区为主）90 hm²；B 区以行政、文教、居住为主。至 2009 年，德方斯已拥有商务办公建筑面积约 360 万 m² [①]；就业岗位超过 15 万个，进驻了 1 600 个公司，居民超过 5 万人。商务区有 1/10 的面积是开放空间，德方斯商场面积超过 20 万 m²，地面露天雕塑博物馆有 60 多件艺术作品。

半个多世纪以来，德方斯的规划建设过程可谓一波三折，它艰难地度过了三次经济危机，发展了五代高层商务办公楼，分别展示了不同时期的城市经济状况及建筑设计、材料、建造技术等发展水平。德方斯经过五十多年的精心规划建设和管理维护，终于在 2000 年左右到达了辉煌，德方斯办公楼市场需求达到空前高涨，出现供不应求的形势。投资激增，租金和市值都大幅增长。2000 年

---

① 数据来源：Office Property Market Data in figure 2008[J]. DEFEN SCOPIE, Epad Seine Nanterre Arche, Etablissement Public d' Amenagement.

整个巴黎大区办公楼投资总额360亿法郎，其中德方斯办公投资100亿法郎，占巴黎大区投资总量的29%，而且在德方斯投资回报率也处于领先地位。德方斯已成为法国内外投资商寻找商机的必到之处，是欧洲CBD规划建设的成功范例。

2. 德方斯管理机构EPAD及其职能[①]

德方斯经过五十多年精心规划建设，终于造就了20世纪CBD的成功代表作，其开发建设管理模式集中了政府和企业的双重职能，是高效率开发新区和成功管理CBD的实例。德方斯管理机构EPAD成立于1958年9月，是法国政府第一次颁布法令成立的一个工商性质的公共机构，负责德方斯的规划、建设、管理、维护、营运等开发建设管理的全过程。

EPAD作为一个公共管理机构，它的职能包括：征地、获得土地所有权；规划和建设基础市政工程和公共设施；管理旧建筑遗产；出售土地建设权和发放建筑许可证；为德方斯注入生命活力并推动发展；掌握财务运作管理，确保收支平衡，为地方开发和重点工程做贡献。所以，EPAD机构综合了土地管理、规划编制及其实施、建筑管理及市政公共设施的建设等全方位的职能，且必须保证该机构的财务收支在长时期内的平衡，即在德方斯新区开发建设中，政府既不投资，EPAD机构也不赢利，须求得自身资金平衡。这是德方斯规划建设管理体制的核心之所在。

2007年，在德方斯开发建设50周年之际，政府又成立了一个新的公共机构EPGD，接手监管德方斯地区的维护、保养、运营管理以及商业开发，其管理层包括相关行政辖区议会代表。EPGD下设包括巴黎商会的代表及业主和租户代表的咨询委员会，委员会的推荐

和建议对于德方斯的管理和改进起到积极作用。2010年以后，德方斯的经济影响圈还在继续扩大，政府正在对该区域的管辖权进行变革，将德方斯和塞纳河-凯旋门这两个重要的国家经济区融为一个经济发展区——"德方斯-塞纳河-凯旋门"商务区。根据政府制定的城市战略规划，预计德方斯还将新建30万 m² 办公面积和10万 m² 居住面积。由此可见，德方斯开发建设管理机构EPAD成功运行50年，成效卓著，圆满完成了历史使命。虽然EPAD机构最终撤销了，但政府没有将德方斯回归到巴黎其他地区的日常管理中，而是将德方斯和周围两个国家经济区相融合，成立新的机构EPGD进行统一管理，政府赋予EPGD新的管理范围及职能，实际上扩大了CBD范围，更有利于资源整合。这也是德方斯CBD再上新台阶的发展机遇。

3.1.2 伦敦道克兰码头区CBD 建设模式

1. 道克兰（Docklands）地区概况

伦敦CBD是世界级金融中心，由伦敦城（The City of London）和威斯敏斯特（Westminster）构成[②]。由于伦敦金融城面积很小，20世纪70年代已不能容纳所有想去落户的金融机构，英国政府决心扩大金融市场，对伦敦金融城东边8 km处、沿泰晤士河边的道克兰码头地区的金丝雀码头（Canary Wharf）进行更新改造，建设成为新CBD，以缓解老城CBD金融集聚压力，形成了"一城多区"的金融城格局。

泰晤士河是伦敦城市发展天然的东西向轴线，道克兰地区位于泰晤士河市区段的东部中下游，西起著名的伦敦塔桥，东至皇家码头，沿河蜿蜒约13km长，原是一个港口码头工业区，因紧临伦敦市中心，具有较高

---

① 陈一新. 巴黎德方斯新区规划及43年发展历程 [J]. 国外城市规划，2003，71（1）：38-46.
② 杨俊宴，吴明伟. 中国城市CBD量化研究——形态·功能·产业 [M]. 南京：东南大学出版社，2008：27.

的土地利用价值。码头区改造总占地面积约20.7 km²，其中 CBD 建设用地 8.5 km²。道克兰地区另有水域面积 162 hm²，滨水岸线长约88 km。曲折的泰晤士河将这一地区一隔为三，分萨里码头（Surrey Docks）、道格斯岛 (Isle of Dogs) 及皇家码头区 (Royal Docks)。著名的金丝雀码头位于道格斯岛，是道克兰地区的中心，首期开发面积约 30 hm²，是近三十多年来新建的 CBD。

道克兰地区是伦敦港区，它曾经是世界上最繁忙的港口。18 世纪 90 年代它还是一个小规模港口，19 世纪的道克兰地区已经到处是生机勃勃的景象，1964 年发展达到其巅峰。20 世纪 60 年代后期，港口的货物吞吐量开始显著下降，一些码头关闭，经济萧条。至 80 年代初，萨里码头、道格斯岛的西印度码头几乎成为闲置之地。虽然道克兰地区靠近伦敦市中心，但由于交通体系分离，道路网未能将道克兰地区与伦敦其他地区联系起来，至 1981 年，这里的两条主要铁路线也不能直达伦敦市中心，需要转乘。因此从地理上和人们心理上，导致了两地之间的隔离，造成道克兰地区的衰落。70 年代英国政府认识到，道克兰地区的重建是伦敦自 1666 年大火灾重建 300 年后，伦敦乃至欧洲最大的开发机会。

2. 道克兰地区的开发模式[①]

（1）成立城市开发公司（UDC）负责旧区改建

1979 年，英国保守党上台执政，以玛格丽特·撒切尔为首相的新政府，大刀阔斧进行改革，重视发挥市场机制作用，大力推行私有化。1980 年出台了一项新的法律《英国地方政府规划和土地法》，该法授权国家环境部成立城市开发公司（Urban Development Corporations，以下简称 UDC），负责城市开发区的工作，以加快老工业区改造。政府要求简化规划程序，放松规划控制，为吸引私人投资创造有利环境。政府赋予了 UDC 很大的规划权力，它可以越过地方政府进行规划决策，并直接向国家议会汇报。UDC 史无前例地拥有地方政府的权力。最有争议的是该法第 141 项关于土地归属顺序的规定：UDC 经国务大臣和有关部长批准后，可以不经公众质询，强制地获取属于公共部门的土地[②]。在行政关系上，UDC 直接隶属于中央政府，凌驾于地方政府之上。UDC 管辖区域面积大的有 40 km²，小的仅 1 km²。这些 UDC 区域中，除了道克兰等少数区域外，大多数区域的景象比较繁荣，就业规模较大，主要从事工业生产。

（2）道克兰地区开发公司（LDDC）的职责及其运行模式

第一批 UDC 包括 1981 年成立的伦敦道克兰地区开发公司（London Docklands Development Corporation，简称 LDDC）。因为道克兰地区是英国 20 世纪 80—90 年代城市更新的一个缩影，研究 LDDC 的机构组织及运作模式就是研究将城市旧区更新改造为 CBD 的组织管理模式。为振兴道克兰地区而设立的 LDDC，董事会有 12 名成员，都由环境部长亲自任命，其中 9 人来自私营机构，3 人来自当地政府。

LDDC 的工作目标包括：迅速改变道克兰地区的形象，恢复经济；由于国营部门为公司提供的资金有限，因此需利用其财政资源作为吸引私人投资的杠杆；尽可能地多吸收

① Michael Haslam.The Planning and Construction of London Docklands[C]// 邱水平主编. 中外 CBD 发展论坛，北京：九州出版社，2003：229-248.
② 王欣. 伦敦道克兰地区城市更新实践 [J]. 城市问题，2004（5）.

公共土地，进行必要的土地开垦，把当时尚没有合理用于再开发的土地配置给私营部门；修建硬件设施，改善道路和公共交通条件，与伦敦地区的现有水平同步。

LDDC 的四项权力与职责[①]：

第一，拥有一定的财产权。起初财政部每年通过国家环境部门拨款 6 000 万—7 000 万英镑给 LDDC，政府的资金主要用于交通、市政设施建设，LDDC 作为独立掌管开发计划的权力机构，有权为投资商和开发商提供一步到位的服务，但没有制订发展计划的权力，仍由地方政府负责制订计划。

第二，拥有获取土地的权力。政府赋予 LDDC 征收当地土地的权力，通过投资的特殊议会程序尽快从国营部门获得土地，以便完成道克兰地区城区重建的任务。LDDC 拥有道克兰地区约一半的土地。

第三，有法定的规划权力。在英国法定的规划权归政府，但道克兰地区的规划权却交给了 LDDC。1982 年英国政府又设立了道格斯岛企业区（Isle of Dogs Enterprise Zone，简称企业区），赋予 LDDC 企业区权力，为期十年。确定对外来投资者给予税收上的优惠政策权，在企业区内实行减免开发税、不需规划许可等优惠政策，以此吸引私人投资，刺激房地产开发市场[②]。

第四，推销和促进道克兰地区发展的权力。利用其掌管发展规划的权力来影响发展商，并利用自身在道路、道克兰地区轻轨、景区、码头周边和公共空间的投资建设，把握设计和建筑实施的高水平和高标准。

LDDC 的运转资金有三方面公共资助来源。第一，出卖土地获取收益。因为 70 年代末道克兰地区的土地价值几乎是负数，所以，LDDC 以很低廉的价格把道克兰地区的土地收购过来。1985—1988 年期间，道克兰地区的土地价格快速增长，LDDC 从出卖土地中获取较大的收益，快速积累了开发资金。第二，政府提供的有限资金。至 1991 年，LDDC 已经接受了 11.3 亿英镑的政府资助，用于轻轨建设、Jubilee 线路扩建、东伦敦河的交叉口岸建设等。第三，企业区的津贴。1982 年由政府指定成立的企业区，其任务是通过试验减少一部分企业的税收负担，以及放松或加速某些法令和行政手段的应用，统计观察会在多大程度上促进当地工商业的发展。企业区的主要吸引力在于资金和费用的财政补贴政策，私人发展商的补贴由办公室计划实施，而一般居民的补贴则由经济服务部门落实。发展商通过资金资助可以抵扣税务成本，这给了道克兰地区的资产市场很大的刺激和动力。企业区提供的税收减免政策使如此大范围的商业开发形成热潮。

据统计，1981—1996 年 LDDC 用于征地、市政设施、道路交通、环境、社会住房、公司管理等开支总额共计 20 亿英镑。

3. LDDC 取得的成就[③]

LDDC 集中了政府和企业的双重职能：国家环境部授予 LDDC 进行征地、地政管理、城市规划、市政交通建设、建设管理等地方政府职能；同时它又是完全的企业化运作管理的公共机构。这样双重职能的公共机构运行效率极高，道克兰地区的城市更新在政治上、经济上都取得了成功，为英国的旧城改造示范了开发模式。LDDC 从 1981 年成立至 1998 年完成其使命，共经历了 17 年的开发建

---

① Docklands Consultative Committee June 90, the Docklands experiment[J]. A critical review of eight years of the London Docklands Development Corporation.

② 张杰. 伦敦码头区改造——后工业时期的城市再生 [J]. 国外城市规划，2000（2）.

③ 陈一新. 中央商务区（CBD）城市规划设计与实践 [M]. 北京：中国建筑工业出版社，2006：154-156.

设历程，统一负责道克兰地区的城市更新开发工作，取得了显著成绩。

（1）继承与创新相结合。

道克兰CBD不是大拆大建方式，保留了原有建筑、街道结构和空地，并以此为新建项目的重要依据，一般都要求完整保留码头区原有注册建筑（厂房、仓库、民居）的外形，可以改变内部功能，增加了改造建设的难度。在此基础上又增加了116栋新建筑。

（2）成功进行基础设施建设。

LDDC共获得了约8.8 km²发展用地和水域，重新开垦了发展区内约7.2 km²废弃土地，投资修建道路144 km，改善公共交通系统。1984年计划修建道克兰地区轻轨（Docklands Light Railway），全长12.5 km，其中一半以上为高架形式。1987年建成并通车，与伦敦城市轨道交通形成网络体系。

（3）成功进行商务开发建设。

17年间道克兰地区共竣工完成228万m²的商业、办公建筑面积，其中办公楼137万m²。至2003年，道克兰地区首期开发的金丝雀码头的30 hm²用地，一期工程约42万m²办公楼区已经完工，是全欧洲最高也最现代化的智能办公大楼。

（4）大量吸引私人投资。

公共投资吸引私人投资取得成效后，私人投资渐渐兴起，政府投资在重建中慢慢消失，这就是公共机构的作用。截至1998年3月，LDDC运行17年的统计表明，公共部门累计投资总额约18.6亿英镑；私营部门投资额约79亿英镑[①]，公共与私人投资的比例约为1：4.2。

（5）增加就业，社会、经济同步发展。

道克兰地区的就业人数从1981年的2.7万人上升到1998年8.4万人。金丝雀码头

CBD更新改造后提供了约7万个岗位，取得了显著成效。金丝雀码头CBD为旧城更新改造提供了成功的实例，也为伦敦地区的发展注入了新的活力。

3.1.3　柏林波茨坦广场重建的CBD建设模式

1. 柏林波茨坦广场（Potsdamer Platz）概况

波茨坦广场位于柏林市中心偏西南部位，二战前曾是欧洲交通、商业繁忙地段。二战的炮火炸毁柏林80%的建筑，波茨坦广场也遭到严重毁坏。今天的柏林城市90%以上的建筑物都是战后重建，处处可见二战后留存的历史痕迹。波茨坦广场是德国统一后首都柏林最大的城市更新工程，也成为欧洲20世纪90年代重建工程最大的建筑工地。

1945年二战结束，德国战败。德国领土被同盟国分区占领，分别由美、苏、英、法管制，冷战开始。1949年，德国美、英、法占领区合并成立西德，苏占区成立东德；分裂为东、西德国。1961年建起的柏林墙将柏林分为东、西两边，波茨坦广场也被分为东、西两片。从1961—1989年的28年间，柏林墙两侧的区域成了"无人区"。由于波茨坦广场地处美、英、法、苏管辖区的交界处，并有柏林墙横穿广场，因此，冷战期间波茨坦广场成为隔离禁区。1989年，东西德合并为统一的德国，柏林墙推倒后，柏林这座城市再次有机会得以完整。被隔离了28年的东、西柏林及波茨坦广场，终于在1989年后开始了重建的步伐，由冷战隔离区建成柏林繁华的CBD。波茨坦广场规划建设为现代化办公写字楼和商业设施，集中体现柏林作为欧洲及世界大都会风貌的交通、商业及娱乐中心。1991年，德国联邦议院决定，重新将首都从原西德的波恩迁回柏林。新成立的柏林城市规划局，主要任务就是重建柏林，使之胜任德国统一之后

---

①　王欣.伦敦道克兰地区城市更新实践[J].城市问题，2004（5）.

的新首都。

2. 波茨坦广场规划方案

（1）规划理念

关于柏林城市建设传统与现代的争论由来已久，而明确"批判性重建"的规划建筑理念可以追溯到 1987 年为庆祝柏林建城 750 周年而举行的国际建筑展览会。提出"批判性重建"旨在鼓励传统与现代对话，而不是简单地对立。因此，"批判性重建"的思想成为重建波茨坦广场的主旋律。

（2）总体城市设计方案

作为二战后最大的项目，波茨坦广场总建筑面积达 120 万 m²。1990 年柏林市政府举行的波茨坦广场城市设计总体方案国际招标，曾经邀请了世界著名规划师、建筑师和多家世界著名事务所人员参加，他们基于对柏林、波茨坦广场的不同认识，提出了各种风格的方案。1991 年，评委经过严格筛选，确定以德国慕尼黑的建筑师希尔摩（Hilmer）和萨特勒（Sattler）合作方案中标。中标方案是一个相对比较稳妥的方案，它更加注重柏林乃至德国和欧洲的传统，充分反映了德国文化中反对夸张、外部谨慎而又不失内涵的特征。该方案更加尊重原来柏林城市的格局和比例关系，在这个前提下，去构筑波茨坦广场新的街道格局和规划建筑总平面图。该方案保留了紧邻波茨坦广场、八角形特色的莱比锡广场的平面与建筑尺度，并采用了整齐划一的传统街块划分方法。为了满足开发商提高建筑密度的要求，将建筑檐口高度提高到 35 m（后来降低到 28 m，而柏林传统建筑仅 22 m）。该方案不赞成高层建筑，以方块建筑和街道发展传统城市的紧凑空间结构，地面建筑为 5 层。该方案以方块为城市基本建设单元，每个方块大小均为 50 m × 50 m，这样的方块划分，可以满足住宅、商业、酒店、办公以及音乐厅、剧院等多种功能的需求。

短而窄的街道将方块划分开，为步行者提供了十分便捷的通道。

（3）各开发商用地片区城市设计方案

虽然国际招标确定了波茨坦广场总体城市设计方案，但中标方案难以满足投资商的市场需要。由于 1991 年，德国政府确定将柏林城市中心的这块空地重新规划为市中心，柏林政府便将波茨坦广场土地拍卖给了戴姆勒 – 奔驰公司、索尼公司、ABB 和特伦诺 A&T 联合公司等三大世界级跨国公司进行开发建设。拥有了土地开发权的商业集团希望总体方案有利于自身利益，而中标方案很难令他们满意，于是，根据各开发商用地区块的划分，又分别进行各片区城市设计方案的国际招标，但是在竞赛安排和建筑师选择方面，柏林市政府建设局施加了很大的影响。戴姆勒 – 奔驰片区城市设计由伦佐·皮亚诺（Renzo Piano）中标；索尼片区（占地 15.8 万 m²）由赫尔穆特·扬（Helmut Jahn）中标；而 ABB 和特伦诺公司片区由格拉西（Giogio Grassi）中标。

3. 波茨坦广场的开发建设模式

波茨坦广场项目的开发建设模式是政府总体控制和协调管理下的企业投资机制为主导，完全采用市场资金进行城市中心的重建。该项目由柏林市政府负责总体控制，委托欧博迈亚公司进行工程总协调管理。控制委员会由柏林市政府各部门负责人尤其是业务部门负责人组成，由其下的工作委员会具体实施。工作委员会定期召开 20—30 人小型会议，找寻各方所能接受的平衡解决途径。欧博迈亚公司负责协调波茨坦广场工程建设中涉及的政府、区域中不同企业、业主的关系，协调市政基础设施建设、能源供应、道路交通等方面的关系。从操作方式上，波茨坦广场各片区采取单独招标方式确定业主，欧博迈亚公司负责协调政府、企业、业主的关系，协调公共投资与私人投资的关系。

德国柏林 CBD——波茨坦广场，总建筑面积 120 万 m²，包括三个中心：戴姆勒－奔驰片区（Daimler City）、索尼中心（Sony Center）、A&T 中心（Beisheim Center）。从 1992 年 12 月到 2002 年 12 月，历经十年，由波茨坦广场大厦和索尼中心等大型建筑群组成的波茨坦广场成为柏林市新地标。

1993—1998 年，波茨坦广场建起了戴姆勒－奔驰片区，由 18 栋建筑构成，功能包含一个大的购物中心、公共艺术区、娱乐场所、办公楼、商店、居民住房、餐馆等。戴姆勒－奔驰公司下属子公司德比斯投资管理公司，具体负责投资建设波茨坦广场建筑群，该建筑群的规划设计交给多位建筑师和事务所完成，充分体现了现代城市设计指导下的建筑之间的对话与交流。每座建筑都不是以自我为中心的，而是尽可能地去参与公共空间的营造，由此形成了统一又有变化的城市中心形象。建筑群占地 6.8 hm²，建筑面积 55 万 m²，区域内有 20% 是住宅，50% 是办公用房，30% 是混合用房。

索尼公司负责投资建设索尼中心建筑群，2000 年建成开放。该中心占地 2.65 hm²，建筑面积 13.25 万 m²。索尼中心的规划设计实际上被一个巨型建筑所占据，它包括了索尼总部、办公室、旅馆公寓和文化综合体、影院及商店。索尼公司的欧洲总部设置在此。它强调街道立面的延续性和公共空间的界定，寻求把各个单体建筑物统一在城市立面之中。七栋大楼围成的半室外广场宽敞明亮，采用富士山意向的白色椭圆形张拉膜屋顶，是索尼中心最鲜明的标志。这组建筑群还包括一家新的电影博物馆、两家电影院、一家全景电影剧场以及餐馆和展厅、图书馆等。

现状运行情况证明，索尼中心的规划建设非常成功。

A&T 中心由 ABB 公司联合特伦诺公司一起开发建设，该中心占地 1.65 hm²，建筑面积 7.5 万 m²，其中 70% 是办公用房，20% 是住宅，10% 是商业设施。建筑群在严谨划一的区块城市设计的指导下，由重复的栅格墙面和小窗形成单纯立面形式贯穿建筑，成为德国建筑传统的延续。

波茨坦广场的开发建设有雄厚的资金作支撑。三个中心的开发商都是世界级的大企业。奔驰公司是驰名世界的跨国公司，在德国的大型公司中排名第一，财力雄厚。索尼公司的经济实力在全世界赫赫有名。A&T 联合公司是由 ABB 公司联合特伦诺公司一起开发的，发挥了资金组合的优势。然而，波茨坦广场的三个开发商负责的三个中心在整体上缺乏协调性，三个开发商分别按照自己的利益需要规划建设，难以完整落实波茨坦广场总体城市设计方案，是为遗憾。

波茨坦广场规划建设成功的关键首先在于成功的轨道交通规划及实施。柏林波茨坦广场已经拥有特别发达的轨道交通[1]，如地铁、郊区铁路、有轨电车线、快速轨道、慢速轨道等。波茨坦广场成为欧洲重要的交通枢纽中心之一，也就使柏林成为欧洲的经济中心城市之一，波茨坦广场成为区域级 CBD。

3.1.4 国内 CBD 开发建设的四种模式

近二十年来，国内几大城市的新中心区或 CBD 开发建设管理模式，可归纳为四种（图 3-1）：政府集中管理模式、政府分散管理模式、国企市场化运作模式、上市公司管理模式。

1. 政府集中管理模式

即政府全面负责开发建设管理的模式。

---

① 陈一新. 中央商务区（CBD）城市规划设计与实践 [M]. 北京：中国建筑工业出版社，2006：9-11.

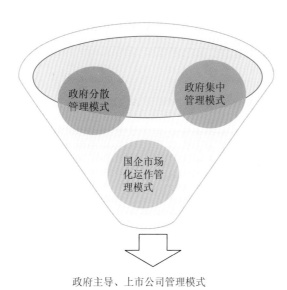

图 3-1　中心区开发建设管理四种模式（作者编制）

政府专门设立 CBD 行政管理机构，负责全面建设和统筹管理 CBD 区内各项工作，管理机构的职能相当于一个区政府职能的"简化版"。以北京 CBD 管理委员会为例：2001 年，北京市政府设立"北京商务中心区管理委员会"的行政机构（简称北京 CBD 管委会），委托朝阳区政府代管，北京 CBD 管委会代表市政府统一行使北京商务中心区开发建设和管理职能，全面统管朝阳 CBD 范围内的土地储备、土地一级开发、公共设施和公共空间的建设和管理，负责规划编制、规划许可、地政管理，以及区内公共区域的物业管理及广告宣传、大型活动的组织承办和商务服务工作。CBD 管委会与北京市朝阳区 CBD 工作委员会合署办公，是一个党政管理齐全、规划建设与城市管理合一的大型管理机构。

2. 政府分散管理模式

政府没有专门设立 CBD 行政管理机构，即按政府相关部门职能分工分别管理 CBD 区内各项工作；或仅在政府某个部门内设立一个 CBD 小型管理办公室，将该部门职能范围内的几项工作合并归口到 CBD 管理办公室。以深圳福田中心区（CBD）开发建设为例：福田中心区的行政管理属于两个街道办、五

个社区管理的管理机构及模式二十年未改变。1996 年，深圳市政府在深圳市规划国土局内设立"深圳市中心区开发建设办公室"，负责福田中心区的规划深化、地政管理和建筑报建等规划实施工作。该办公室仅负责规划国土局职能范围的一部分工作（规划、地政、建筑报建），市规划国土局下属的另一个部门"深圳市土地开发投资中心"负责福田中心区的市政设施的投资建设和土地管理工作。因此，福田中心区开发建设管理模式是松散型的"政府分散管理模式"，即使在市规划国土局内部也尚未形成统一管理的办公室。

3. 国企市场化运作管理模式

即政府主导、国企投资为主体的管理模式。以杭州钱江新城建设管委会为代表：2001 年杭州开始建设钱江新城 CBD，本着"政府主导、企业主体、市场化运作"的指导思想，管理模式是市政府领导挂帅的钱江新城建设管委会和几家国有企业共同实施土地一次开发、市政投资建设。2002 年 2 月，成立钱江新城建设开发有限公司，国有独资，杭州市钱江新城建设管委会为出资人，该公司专门负责钱江新城 CBD 的开发建设。2008 年 9 月，钱江新城核心区向市民全面开放。钱江新城核心区占地面积约 4km²，规划总建筑面积 700 万 m²，截止到 2010 年 8 月，核心区已竣工建筑面积达 271 万 m²，已经报建和正在施工的建筑面积达 409 万 m²。规划实施的速度之快、程度之高均属同类罕见。至 2010 年，该公司经过八年运作后，公司注册资本已增长至 8 亿元，拥有控股广告、工程管理、物业管理、商业、园林绿化等五家子公司和国际会议中心公司、钱新绿城房地产开发有限公司。公司业务涉及配套公建基础设施建设管理、房地产开发、广告、物业管理、通讯管道经营、商业资产经营、园林绿化工程施工等。

4.上市公司管理模式

即以国企起步负责中心区开发建设，逐步走向上市公司的管理模式。以上海浦东陆家嘴金融中心区为代表：上海陆家嘴金融中心区的规划管理主体是政府，政府负责组织总规编制、规划管理政策的制定以及监督实施；但中心区的开发建设以企业为主导。1990年上海市政府批准组建并重点扶持的大型企业——上海市陆家嘴金融贸易区开发公司，主要负责陆家嘴金融贸易区的土地成片开发和城市功能开发，包括小陆家嘴中心区、竹园商贸区、陆家嘴软件园等核心功能区域，完成区域内各类"七通一平"基础设施投资建设，如世纪大道、浦东滨江大道、陆家嘴中心绿地、二层步行连廊等重大市政基础设施的投资建设。起步时政府除了给予公司少量启动资金外，还在陆家嘴划出一部分土地（上有厂房、住宅），由公司低息贷款负责拆迁、资金滚动发展。1997年公司改制更名为上海陆家嘴（集团）有限公司，作为一家上市公司，继续致力于陆家嘴金融贸易区的开发建设。公司主营业务从原来单一以土地开发为主，逐步向以土地开发与项目建设并重的战略格局转型，成为一家以城市开发为主业的房地产公司。二十多年来，该公司管理模式获得成功，为陆家嘴金融贸易区的发展做出了巨大贡献。

比较研究上述CBD开发建设四种管理模式，虽然各有特点，各有其不同社会经济背景条件，但仍可比较鉴别各自利弊，希望找到科学理性的CBD管理模式。按照城市总体规划的方向确定CBD职能定位后，先由政府主导规划，启动市政公建，引导市场投资，以后逐步走向市场化管理。政府做自己该做的事，市场行为全部按市场经济规律进行。

第一种"政府集中管理模式"，政府全面全程负责CBD开发建设和区内管理，将CBD视为一个特定地区，采用类似"行政区"的传统管理模式。这种模式的优点是政府管理力度大，可以长期把握规划建设和管理效果。缺点是行政成本较大，且受到政府换届等行政工作的影响，实现CBD既定目标存在诸多不确定因素。

第二种"政府分散管理模式"，虽然政府主导CBD开发建设的作用仅局限在推进城市规划有效实施，但由于政府层面的工作缺乏统一协调管理，因此难以把握实施进度和实施效果，对实施后的区内管理也缺乏统一管理。

第三种"国企市场化运作模式"，在政府主导下，CBD的土地开发、公共设施投资不再由政府财政大包大揽，而是让CBD土地收益与投入自我平衡、自负盈亏。从全市总体层面看，这种模式可以避免政府过度投资CBD而影响了其他片区的平衡发展。如果负责CBD开发建设管理的国企不以营利为目的，而以国企承担的社会责任为重心的话，这个前提下的第三种模式较接近巴黎德方斯公共管理机构的模式。这种模式必须建立在国企廉洁高效运作的基础上，既发挥了政府行政主导的优势，又有企业经济核算及长远经营的目标责任优势。

第四种"上市公司管理模式"，如果上市公司仍由政府控股，政府仍然承担应尽责任，又把廉洁高效运作的透明公开给市场股民监督，这种模式可视为第三种模式向市场化投资管理过渡的结果。这是一种比较先进、能使政府和企业双赢的模式。

为什么"政府主导＋上市公司"模式最适合CBD开发建设管理？国内现有体制下，完全由政府财政投资的开发建设模式显然已不适应廉洁高效发展的需要；纯粹的国企必须建立在廉洁高效、克己奉公的基础上，又受到政府换届等影响因素，对领导班子要求过于理想化，实现长远发展管理目标的难度很大。只有"政府主导＋上市公司"才能保证公共利益和城市长远目标的前提下兼顾经营者个人利益，才能保证 CBD 开发建设运营的长期效果。因为 CBD 不仅是二十年的开发建设问题，更重要的是未来几十年甚至几百年的长期维护管理，包括城市经营及城市文化的塑造，需要一代又一代人的传承和创新，只有建立一套对管理者公私兼顾的制度化管理模式，才能建设和管理高质量、有持续活力的城市"心脏"——CBD。

3.2 福田中心区开发建设管理机构

3.2.1 管理机构发展三阶段

CBD 作为城市的重点片区，其开发建设管理机构是规划实施的组织保障。任何一张规划蓝图，都无法一劳永逸；任何一项规划实施，都无法永葆活力。只有专门管理机构长期跟踪管理，才能贯彻实施中心区规划，才能在运行过程中不断修补完善，并长期维护管理建设成果，保持中心区的活力。

福田中心区规划建设历经三十四年历史，从中心区开发建设管理机构的角度，可分为三个阶段："中心区办公室前十六年"（1980-1996 年）、"中心区办公室八年"（1996-2004 年）、"中心区办公室后十年"（2004-2014 年）。中心区办公室是深圳市规划国土局的一个内设机构，其组织系统构架见图 3-2。上述三个阶段都在规划国土局管理

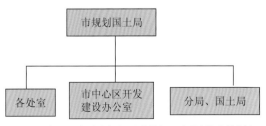

图 3-2 中心区办公室组织系统构架示意图（作者编制）

体系内运行。

1. "中心区办公室前十六年"（1980 年至 1996 年 6 月）

该阶段按照政府职能分工，由深圳市规划国土局负责福田中心区概念规划、征地拆迁、详规设计，由市建设局负责中心区的土地平整及市政道路工程建设，未成立中心区专门管理机构。中心区前十六年管理机构的欠缺，使工作人员、档案资料不能集中归口，使曾经决策过的事项无法让继任者继续执行，造成当年一些重要规划思想未能及时贯彻实施。这是中心区开发建设管理工作的"先天不足"。

任何一个城市规划方案都不会是完美的，规划方案的产生都经过比较、研究、筛选的过程，应选择在当时社会经济条件下，利大于弊并且具有可操作性的方案。如果规划多方案的比较过程、决策思路等不能完整地记载并存档的话，后人就较难理解一个规划方案当时的社会经济条件和选择的理由，后任管理者很难理解原规划方案的核心思想，甚至重复研究以前被淘汰的规划方案，认为其他方案更优；或者，若干年后又重复出现以前肯定过的规划方案，等等情况不一而足，原因都是规划编制和规划实施的过程不连续、管理机构的缺失等。1999 年福田中心区详规及地下空间综合规划国际咨询工作的结果就是管理信息传递不畅的一个实例。1993 年福田中心区规划设计审查意见中确定的"以街坊为单位统一规划设计，做好地上、地面、地下三个层次的详规设计，特别是以南北向中心轴和东西向商业中心为主轴的地下通道的设计，并预留好各个接口"[1]。这个重要信息未能传递给中心区办公室管理者，甚至没有会议纪要。1999 年中心区城市设计及地下

---

① 关于福田中心区规划设计审查意见的情况报告 [Z]. 深规土字〔1992〕223 号，深圳市规划国土局，1993.

空间综合规划国际咨询优选方案再次提出将中轴线地下空间与福华路商业中心的地下空间规划为一个"十"字形的地下街规划方案，该规划成果与1993年的规划思路不谋而合；后人还误认为前人从未意识到要进行福田中心区地下空间规划。如果中心区有专门管理机构连续工作的话，1993年中心区地下空间规划设计思路就不会延期整整六年时间。类似的事例不一而足。

2. "中心区办公室八年"（1996年7月至2004年7月）

1996年深圳市政府为了加快福田中心区开发建设步伐，成立了深圳市中心区开发建设领导小组，下设办公室，为副局级单位，设在规划国土局内，机构编制12人，列入国家公务员管理范围。中心区办公室具体负责中心区开发建设的法定图则、地政管理、设计管理与报建、环境质量的验收，以及对区内整体环境、物业管理实行监督，组织实施和落实中心区的城市设计。

实际上，除了征地拆迁、房地产权证工作归全市统一管理以外，中心区办公室负责福田中心区的规划深化编制、规划行政许可、办理土地出让手续、建筑工程报建、规划竣工验收等全过程管理（图3-3）。在规划国土局内实行"一条龙服务"管理。市政府确定的中心区办公室职能理论上要求中心区开发建设和区内整体环境、物业管理的监督等统一管理，但此阶段中心区的土地开发及现场管理工作由规划国土局下属的深圳市土地投资开发中心负责，未在规划国土局内实行统一管理部门。

2004年6月，深圳市政府行政管理机构改革，市规划和国土资源局分设为市规划局和市国土资源和房产管理局，两局分设时撤销了深圳市中心区开发建设办公室。此时，中心区仅初显雏形（图3-4），区内竣工建筑面积约220万 m²。该阶段为中心区的规划建

设奠定了良好基础。

3. "中心区办公室后十年"（2004年7月至2014年）

2004年中心区办公室撤销后，福田中心区像其他片区一样回到"常规片区"管理模式。中心区规划管理职能由市规划局城市设计处负责，中心区地政管理职能归口市国土资源和房产管理局的有关处室。后因市政府统一实行行政决策与执行分离的原则，2007年市规划局成立直属分局，福田中心区规划管理被分为两个部门：重大项目归市局城市设计处负责管理，一般项目的行政许可由直属分局执行管理。从此，中心区开发建设管理的总协调工作常常由市政府召开协调会解决。

由于该阶段福田中心区无专职管理人员，政府管理力度明显减弱，且出现中心区规划实施前后不连贯的情形。至2014年，中心区竣工建筑面积达820万 m²，企业投资项目的80%已投入使用，但政府投资的中轴线二层步行系统延迟十年未连通。中心区开发建设周期延长，其他相关公共配套设施的建设和管理也明显滞后于市场需求，中心区规划建设出现了政府投资管理力度与市场投资建设进度的巨大反差。

图3-3 中心区办公室管理职能（作者编制）

图3-4 福田中心区2004年实景（作者摄）

总之，福田中心区开发建设管理机构可以概括为"橄榄形"模式：两头小、中间大。中心区开发建设的开头和结尾都被政府管理轻描淡写了，仅中间八年受到了市政府高度重视和集中投资市政公建的配套建设。这种管理机构模式有其深刻的政治原因和历史背景。因此，该实例再次证明空间是政治性的，也是战略性的。福田中心区作为城市重点功能区和形象标志区，理论上应采用建管合一、具有综合管理职能并长期经营维护的管理机构模式。

3.2.2 机构长期稳定是中心区成功建设运行的保证

福田中心区提前的土地储备，超前的规划理念，都必须要一个求真务实的管理团队来实施规划管理。福田中心区开发建设办公室就是这样一个团队。中心区办公室成员怀着历史使命感和精诚合作的敬业精神，其八年高效率工作为中心区规划建设奠基较扎实的基础。

1. 长期稳定的管理机构是规划实施的组织保障

巴黎CBD拉·德方斯的公共管理机构是新区开发建设管理机构的成功实例。德方斯的公共管理机构EPAD集规划、土地管理、建设、运行管理、维护更新等职能于一体，管理运行了50年（1958—2007年），才使原规划蓝图完整实施，并在实施过程中不断增添光彩和活力，使德方斯成为欧洲最著名CBD之一。EPAD运行50年撤销后，2007年德方斯又成立了一个新的公共管理机构EPGD来负责监管德方斯的维护、保养、运营管理，以及商业开发，通过优质维护和运营保持CBD商务活动的兴旺和吸引力。

2. 福田中心区开发建设管理机构模式

福田中心区开发建设管理机构作为深圳市规划国土局的内设机构，除了征地拆迁、房地产权证工作归全市统一管理以外，其他行政业务可分两大部分：前期的土地出让、规划许可、建筑工程报建及规划验收，后期的施工现场管理监管等。

1996年5月深圳市政府（市国土管理领导小组）同意市规划国土局《关于福田中心区开发建设若干问题的请示》，内容包括成立福田中心区开发建设领导小组，下设办公室，设于规划国土局内。同年6月，在市规划国土局内成立了"福田中心区开发建设办公室"，负责中心区前期工作。同年9月，深圳市政府发文"深府〔1996〕255号 关于成立福田中心区开发建设领导小组的通知"。领导小组在市规划国土局设办公室，具体负责组织实施中心区各项政策和领导小组的决定，负责中心区开发建设的法定图则、地政管理、设计管理与报建、环境质量的验收以及对区内整体环境、物业管理实行监督，组织实施和落实中心区的城市设计。

1996年6月，市规划国土局发出通知（深规土〔1996〕349号）《关于成立深圳市规划国土局福田中心区协调办公室的通知》。经局研究决定，成立协调办公室，代表市规划国土局对福田中心区4.1 km²范围的施工与物业行使全面协调管理职责。但由于该协调办公室的编制及经费来源未见明文规定，其相关工作管理的规章制度始终未见公布。因此，协调办公室及其管理工作处于似有非有，有名无实的状况。1997年6月，成立了深圳市土地投资开发中心，其主要职责是：受市政府委托，作为土地资产的代表，进行土地资产经营，按计划运用土地开发基金，组织（项目招投标、工程管理、工程造价审计）土地开发、市政工程、城市基础设施的建设和旧城改造工程。虽然土地投资开发中心的职责是管理全市范围，中心区的市政工程、现场管理也一并移交给该中心负责管理。但毕竟其人力有限，全市工作量大，对中心区的现场管理工作也难以到位。

1991年深圳市政府已经决定第二个十年的开发重点是福田中心区，至1993年福田中心区开发已经进入大规模的拆迁和市政工程"七通一平"的阶段，但仍未成立专门的管理机构。1996年成立中心区办公室，设在深圳市规划国土局内，专门负责CBD范围内的地政、规划、市政、建筑等一系列管理工作，对CBD深化规划、实施建设做出了卓有成效的业绩。但中心区办公室职能工作运行六年后的2001年，正式在编工作人员只有7人（占编制12人总数的58%），3人借用。中心区办公室有编制，却长期不到位，特别是中心区办公室副局级领导职位空缺八年，直至中心区办公室撤销。2004年规划局、国土局"分家"时撤销中心区办公室，中心区管理职责划归规划局的城市设计处。2007年成立规划直属分局，CBD的规划管理又分两个部门：重大项目由城市设计处负责，普通项目在直属分局办理行政许可手续。2009年规划局、国土局又合并，中心区的重大项目仍归城市设计处负责，普通项目的行政许可手续在直属分局办理。中心区规划实施被人为地分成两个部门管理。事实证明，2004年以后中心区的重大项目进展缓慢。例如，中轴线二层步行至今未连通；证交所周边城市设计无法实施；2008年"两馆"方案中标后推延至2012年底才开工建设；水晶岛设计方案2009年国际咨询后确定中标方案，后至2013年初仍未启动等事例不一而足。近几年中心区规划管理缺乏"指挥中心"，统筹协调不力，造成许多项目久拖未成。这是中心区规划实践的深刻教训。

3. 中心区规划蓝图实施后需要长期维护管理

福田中心区主要管理机构——福田中心区开发建设办公室，1996—2004年运行八年后撤销，管理机构不稳定，严重影响规划实施效果。中心区办公室整整运行八年，在新区管理机构中存在时间较短，不符合城市建设周期的要求。即使在当今中国快速城市化时期，一个CBD新区的建设周期至少需要15—20年。如果遇到经济危机，则周期更长。

因为规划实施指从规划蓝图实施到长期维护管理的全过程，决不能以其中瞬间、片段的工作阶段代替规划的实施。特别是政府投资的公共场所的规划实施，不仅指按规划蓝图进行工程建设，而且包括长期维护管理和组织公共活动，使公共空间部分保持长久的活力等全过程管理。因此，规划实施环节包括土地出让、建设工程规划许可、建设工程建设许可、竣工项目规划验收、公共空间的长期维护管理及其活动策划等管理程序。许多地方政府因为缺乏规划实施全过程的理念，造成一个中心区（新城区）才刚刚建设十年、二十年就沦落为"旧城"。由于当年"福田中心区开发建设办公室"是规划国土局内设的一个专业技术管理部门，是一个较"单纯"的业务管理机构，中心区办公室本身没有财务、后勤等设置。中心区项目建成后的现场管理归市城管局，所以，中心区开发建设管理是一个规划、建设、管理分离的模式。作为一个城市中心区，市城管局只负责公共空间的卫生、绿化管理，至今没有运营管理中心区的公共空间的机构。这是福田中心区的遗憾。因此，必须建立一个长期稳定的中心区建管合一的公共机构，既负责开发建设，也负责经营管理公共空间和完善公共设施配套，以保证规划实施的长期效果。

3.3 福田中心区土地一次开发模式

3.3.1 深圳特区不同时期的土地开发模式

1980年，尽管深圳整体投资环境较差，但这里海面广阔，鱼塘遍布，自然条件较好。

市政府面临着把一个小渔村建成特区的历史使命。中央政府能够资助的建设资金极其有限，地方财政又十分薄弱，深圳政府对于城市建设的资金来源缺乏信心。面对困难局面，深圳政府大胆进行土地使用制度改革，在国内率先建立土地有偿使用制度，变以前的无偿无期限使用土地为有偿有期限使用制度，采取租赁土地或委托成片开发收取土地使用费的方法，具体采用外商独资开发、与外资合作开发或成片委托开发三种模式进行土地开发建设。特区实行了优惠的经济政策，有效地吸引了港资、侨资和外国资本到这里投资兴业，特别是港资成为特区早期开发建设的重要支柱。80年代，深圳土地制度改革为特区城市基础设施建设和开发筹措了基建资金，在一定程度上强化了国家作为土地所有者的权益，并拉开了深圳房地产改革的帷幕。同时，深圳土地使用制度改革也为福田中心区开发建设提供了最有利的经济基础。

1. 特区一次开发资金来源

深圳一次创业阶段的城市基础设施建设主要采用了投融资办法，使基础设施和公建配套基本满足特区建设的需要，打破了以前依靠国家财政拨款搞基建的局面。深圳开创的基础设施投融资办法，在许多城市得到了普及应用。1980—2010年深圳市历年房地产开发资金来源统计（表3-1）数据统计显示，深圳特区成立的前12年（1980—1992年），中央政府（国家预算内资金）支持深圳地方建设资金约4亿元，占深圳市前十五年基建、房地产总投资的0.4%，深圳特区开发建设的资金来源主要是外资、国内贷款和自筹资金[①]。1998年以后，深圳市场对于房地产开发的投入资金量较大，并逐年递增。特别是"自筹资金"

和"其他资金"的增幅较大，反映了深圳房地产形势一路高歌猛进的良好经济状况。

深圳二次创业期间，政府财政相对富裕，特区基础设施和公共配套设施主要由政府财政投资建设。因此，作为深圳二次创业的福田中心区，1996—2010年期间的基础设施和公建配套全部由政府财政投资建设，政府财力雄厚了，就很少采用投融资办法。这样的开发模式有利于土地一次开发和基础设施建设，但不利于公共建筑的长期运行管理。

2. 特区不同时期的土地一次开发模式比较研究

深圳特区城市中心的土地一次开发经历了从企业到政府，再到政企合作三个不同模式（图3-5）。

（1）罗湖中心区

1980—1995年开发的罗湖中心区土地一次开发模式为政府和公司合作开发，分两个阶段：初期（1980-1986年）政府划拨土地给国有公司，收取土地使用费；后期（1987年以后）土地招标拍卖，有偿有期使用。

（2）福田中心区

1995-2010年福田中心区完全由政府财政投入土地一次开发，变生地为熟地后，政府继续投资公共建筑设施，然后通过协议、招标、拍卖形式出让用地给开发商，用于市场投资、商务办公等经营性建设项目。

（3）前海中心区

2010年以后深圳大力推进前海中心区开发。作为深港高端服务业合作区，前海中心区采用政府和国有公司一体化运作模式，政府设立前海深港现代服务业合作区管理局。2011年底前海管理局作为全资股东成立深圳市前海开发投资控股有限公司，负责前海土地一级、二级开发，重大项目投资，产业运营等工作。政

---

① 胡开华主编.深圳经济特区改革开放十五年的城市规划与实践（1980—1995年）[M].深圳：海天出版社，2010：23.

表 3-1　1980-2010 年深圳市历年房地产开发资金来源统计 [单位：亿元（人民币）]

年份	本年资金来源小计	国家预算内资金	国内贷款	利用外资	自筹资金	其他资金
1980	1.25	0.33	0.07	0.54	0.31	
1981	2.7	0.23	0.32	1.35	0.78	0.03
1982	6.33	0.47	2.03	1.91	1.72	0.19
1983	8.86	0.44	3.34	2.22	2.45	0.41
1984	15.55	0.21	6.40	2.65	5.80	0.49
1985	27.61	0.43	5.64	3.61	15.61	2.33
1986	19.15	0.5	2.72	3.47	9.47	2.99
1987	21.57	0.27	3.78	3.45	12.02	2.05
1988	34.73	0.27	5.62	5.21	17.14	6.49
1989	43.54	0.12	5.09	13.56	20.28	4.50
1990	58.93	0.27	13.12	19.85	20.49	5.20
1991	77.07	0.2	22.68	17.81	28.60	7.88
1992	117.65	0.05	35.56	13.66	52.29	16.09
1993	189.21		37.65	22.29	99.50	27.66
1994	210.13		31.75	33.44	119.87	24.03
1995	286.9		48.18	51.20	140.37	47.15
1996	187.92		29.46		45.49	112.97
1997	207.66		30.91		61.19	115.56
1998	249.78		60.2	12.5	103.69	73.39
1999	329.44		85.56	13.91	95.94	134.03
2000	387.52		84.09	15.4	125.91	162.12
2001	511.27		129.04	9.99	177.42	194.82
2002	596.1	6.96	152.99	8.62	165.23	262.3
2003	589.7	5.92	163.32	5.23	163.9	251.32
2004	663.35	—	149.33	7.03	197.98	309
2005	694.01	—	159.87	2.38	216.49	315.27
2006	837.85	—	229.39	8.94	174.78	424.74
2007	847.92	—	169.83	11.78	241.43	424.88
2008	754.37	—	289.14	1.49	203.35	260.39
2009	881.76	—	258.83	1.39	171.95	449.59
2010	773.09	—	199.89	10.33	203.97	358.9

数据来源：1980—1995 年数据来自《深圳经济特区改革开放十五年的城市规划与实践（1980—1995 年）》，"本年资金来源小计"包括当年基建投资；1996—2009 年数据来源来自《2010 年深圳房地产年鉴》，"本年资金来源小计"不包括当年基建投资。

图 3-5　深圳特区中心区土地一次开发模式比较（费知行制图）

企形成合力创造深圳新的城市中心，并在特区前三十年成就基础上再创新的开发建设模式。

3.3.2　中心区土地开发模式与深圳土地制度改革

深圳土地使用制度改革四个阶段划分[①]及其特点（图3-6）已经得到官方肯定，笔者尝试研究福田中心区土地开发建设模式与深圳土地制度改革各阶段的对应关系。

1. 深圳土地制度改革第一阶段的土地一次开发模式

土地制度改革第一阶段的1980—1986年，深圳特区率先建立土地有偿使用制度，采取利用外资合作开发、租赁土地给外商独资开发和成片委托开发三种模式，在全国率先收取土地使用费，实现了土地有偿使用制度。改变了长期以来土地无偿无期限使用的做法，用行政划拨方法分配土地，并禁止转让、抵押和出租。1982年实行《深圳经济特区土地管理暂行规定》，规定特区内所有企业、事业用地都必须缴纳土地使用费，开创了有偿使用土地的先例。例如，市政府划拨了大片土地给国营房地产开发公司经营，由他们根据特区总体规划和经济发展的需要，在银行的支持下依靠土地、房屋的商品化经营对土地实行开发建设。这种方法对于特区城市的迅速形成、促进经济的发展和创造良好投资环境起到了积极作用。此阶段深圳土地管理体系是以行政划拨、多头管理、分散经营、成片开发、收取土地使用费为特征的，对于

无偿使用土地是一大改进，但未从根本上改变无偿无期限使用土地的状况。

深圳土地制度改革第一阶段，政府每年收取的土地使用费总额十分有限，特区土地一次开发所需资金仍然匮乏，因此，该阶段特区土地开发（包括中心区）主要采用整片协议出租土地或合作开发模式。根据城市规划和基础设施的要求，本应由政府组织的土地开发成片划给市政府属下的国有房地产公司，由这些房地产公司与国内外投资者合作开发建设和经营，依靠银行贷款，独立经营，采取"滚雪球"方式，一边建房一边出售（出租），逐步积累建设资金。由此改变了城市建设完全依靠国家财政投资基础设施的传统供给模式，促进了特区城市的迅速形成[②]。深圳特区创立之初，这种灵活的土地一次开发模式吸引了许多外商投资。

深圳土地一次开发模式也曾走过曲折弯路，将大片土地划拨给开发商进行土地一次开发，政府不投资城市开发。1983年以前，深圳政府既没有资金，也没有自己专业的城建开发公司，开发建设由深圳特区发展公司、深圳市建设公司、深圳市工业服务公司等单位承担。在这种形势下，政府只能成片出让土地给港商开发，显然这是一种不得已而为之的临时应急措施。然而，这种不投资土地一次开发的建设模式只能在急需开发的少数片区限量使用，作为启动城市建设的"引子"。一旦大范围使用，就会造成城市建设人为"分

图3-6　深圳土地使用制度改革四阶段（作者编制）

1980—1986年：率先建立土地有偿使用制度，收取土地使用费

1987—1998年：建立土地使用权商品化制度，采用协议、招标、拍卖方式出让

1998—2005年：建立土地交易有形市场，经营性用地必须招标、拍卖、挂牌出让

2005年至今：实现产业用地市场化配置，工业用地必须招标、拍卖、挂牌出让

①　深圳国土房产管理改革开放三十年（1978-2008）[G]. 深圳市国土资源和房产管理局，2008.
②　刘佳胜. 令人瞩目的业绩：深圳房地产十年[G]. 深圳市建设局，中国市容报社，1990：15-16.

割"，各开发商划地为"小王国"，不仅影响大型城市基础设施的规划实施，而且流失巨额国有地价。因此，这也是一种"冒险"的开发模式。1981年深圳特区发展公司（代表市政府）与香港合和中国发展（深圳）有限公司签订建设福田新市区合作开发协议，深方提供福田 30 km² 的土地使用权，港方投资 20 亿港元，合作期限三十年。这是一个典型实例，政府供应毛地，把土地成片租赁给港商，由港商负责出资进行土地一次开发及房地产项目的开发建设。

幸运的是，1985年深圳特区成立五周年的建设成绩增添了政府自力更生进行土地一级开发建设的信心。1986年全国经济宏观调控，银行贷款收紧，深圳迅速调整了发展战略，压缩基建规模。市政府收回了与香港合和公司合作开发福田新市区 30 km² 的土地使用权协议并支付相应赔款，为后来福田中心区的开发建设预留和储备了土地资源，赢得了城市规划建设战略上的主动权。

2. 土地制度改革第二阶段与福田中心区开发建设模式

土地制度改革第二阶段的1987—1998年，深圳实现了土地使用权和所有权的分离及土地使用权的有偿有限期出让，并以1987年深圳土地拍卖"第一槌"为标志，探索土地使用权的有偿出让方式。该阶段政府有了大量的土地收入来源，使特区基础设施建设进入良性循环。

由于土地改革第一阶段的重点是由原来土地无偿无期限使用变为有偿有限期使用，每年收取土地使用费，尽管使土地改革迈出了重要一步，但土地资源的配置方式仍为行政划拨，排斥了市场机制的作用，不能发挥土地的最大经济效益；没有理顺土地经营者

与土地所有者的收益分配关系，由此形成的土地级差收益为开发公司所得，房地产公司却凭借对土地的垄断经营获取了巨额利润，导致新的社会不公平、不合理现象。这样的土地管理模式让政府负担过重，市政府靠银行贷款在土地上投入大量资金搞城市基础设施建设，而同期收取的土地使用费小于银行贷款的年利息，使政府的基础设施投资无法回收。城市建设缺乏稳定的资金来源，难以持续运行。因此，第二阶段对土地使用制度进一步改革，变分散、多头管理为集中统一管理，采用协议、招标、拍卖三种办法有偿有期限出让土地使用权，标志着深圳土地有偿使用制度的正式建立，在国内外影响巨大。1987年试点出让五幅地，金额达 3 500 万元，相当于当年特区收取土地使用费总和的 2.5 倍[①]，为城市基础设施投入产出的良性循环打开了新局面。

深圳土地管理工作形势严峻。特区 327.5 km² 内，可供开发利用的土地仅 150 km²，至 1992 年底已划出 130 km²（其中已建成 75 km²）。自从 1987 年实行土地有偿使用至 1992 年，市政府收回的各种地价款不到 50 亿元，若按最早预计的地价款总收入 500 多亿元计算，所占比例还不到 1/10，而土地的利用率却已过半，数目差额巨大。原因是多方面的，因 1987 年以前大量行政划拨的土地，即党政事业单位，包括部队及企业占用了大量的土地；1987 年以后大量的协议用地，加上历史原因形成的土地分割管理和管理不严的情况相当严重，既影响了城市规划建设，又导致了地价收入的大量流失，使土地的价值没有达到预计的水准[②]。1990 年深圳开始房地合一，房管局与规划国土局合并，1992 年成立深圳市

① 深圳国土房产管理改革开放三十年（1978–2008）[G]. 深圳市国土资源和房产管理局，2008.
② 刘佳胜. 令人瞩目的业绩：深圳房地产十年 [G]. 深圳市建设局，中国市容报社，1990：15–16.

规划国土局，统一管理规划国土及房地产市场，并实行市局、分局、国土所三级垂直管理格局，结束了特区起步时土地分割给几大国企管理的局面。另外，1992年7月1日七届全国人大常委会第26次会议赋予了深圳特别立法权，从此具备深圳地方规划国土管理的改革创新立法权。

进入深圳土地制度改革第二阶段，由政府财政投资开发福田中心区。

1988年市政府顺利完成了福田新市区统征土地工作，再次证明深圳市政府在土地制度改革第二阶段的财政实力有所增强。1989年深圳土地开发的重点是福田新市区，土地平整，整片开发。总的原则是由东向西，逐步推移，先路基管线，后路面工程，既留有自然沉降的时间，资金上也易周转。福田新区地下管网，特别是排污系统，要与排海工程结合[①]，使市政管线与总体规划相协调。1989年福田区开发土地面积 4 km²，投入开发基金1亿元，重点进行了梅林、彩电、莲花山、岗厦等工业、居住区及相关城市道路的开发工作[②]。至1989年底，深圳特区经过近十年建设，罗湖区大部分地区已开发；福田区大部分建设用地仍由政府规划控制，建设量较小。福田区除香蜜湖度假村、高尔夫球场及靠边缘的地方有一些建设以外，大部分建设用地未动用[③]。深圳市政府计划第二个十年全面开发福田区，将预留了十年的福田中心区建设按照规划方案逐步付诸实施。

福田中心区自1990年实施开发以来，1993年完成了福田中心区市政详规、市政工程及电缆隧道的施工图设计后，进行市政道

路工程建设的"七通一平"，按计划进行中心区的主要路网施工，年底完成了中心区土地开发，完成了金田南路、益田南路的施工工程，深南大道（中心区段）的 2.4 km 的施工，以及协调中心区9座立交桥的施工等市政工程建设[④]。开始实施中心区主次干道建设。1993年11月完成深南大道福田中心区段施工，并竣工使用[⑤]。市政府为了加快福田中心区市政工程的开发建设，使中心区土地增值、吸引投资者，尽早形成和完善了投资环境。利用土地收益为开发建设筹措资金，以形成滚动式开发模式。至1995年底，中心区市政道路的施工已经完成80%，主次干道路网已基本建成。至1996年已完成了福田中心区征地拆迁及市政工程"七通一平"建设。据不完全统计，1993—1996年，市政府财政投入福田中心区市政道路工程建设资金约15亿元，先进的市政通讯设施为国际性城市的形成打下了坚实的基础。

3. 土地制度改革第三阶段的特征与中心区投资建设

土地制度改革第三阶段的1998—2005年土地有形市场基本建立，实现了经营性用地的完全市场化配置。市政府设立土地交易市场的专门场所，经营性土地使用权的出让以及所有土地使用权的转让都必须在土地交易市场以招标、拍卖、挂牌方式进行，全面开放管理土地有形市场。

该阶段政府财力比较充裕，大规模投入福田中心区的城市设计国际咨询、公建方案招标以及重点工程的建设。1998—2004年市政府鼎力投资中心区公共建筑和市政设施七

① 福田开发区综合开发计划会议纪要 [Z]. 深建业纪字（1989）8号，深圳市建设局，1989.
② 建设局89年工作主要成绩 [Z]. 建设工作简报，第2期（总第19期），深圳市建设局办公室编，1990.
③ 深圳福田区道路系统规划设计 [R]. 深圳市建设局，中国城市规划设计研究院，1990：1-2.
④ 深圳市规划国土局1993年工作总结和1994年工作设想 [Z].1993.
⑤ 深圳经济特区年鉴1994[G]. 深圳经济特区年鉴编辑委员会编辑，深圳特区年鉴社出版，1994:253.

项重点工程（包括会展中心），建设资金约140亿元。特别是2002年施工建设的会展中心（图3-7），带动了一片投资商对CBD的实质性投资，CBD"由冷转暖"。这些状况显示了中心区的规划蓝图是符合深圳政府的财政投资实力的。由于福田中心区规划的市政公共设施的投资额与政府财力相适应，因此政府能够投入大量资金，在1993—2004年顺利完成中心区所有的市政道路工程、公共建筑及其配套设施等工程建设。

4. 土地制度改革第四阶段的特征与中心区开发建设模式的关系

土地制度改革第四阶段的2005年至今，实现了产业用地的市场化配置及土地市场建设的进一步深化与完善。该阶段，深圳工业用地必须全部以公开招标、拍卖、挂牌方式出让。

2005年以后，土地全面进入市场配置阶段，福田中心区市政、公建项目基本全部竣工完成，市场投资出现高潮，金融办公踊跃进入。但中心区剩余办公用地已十分有限，市政府从深圳城市转型的办公市场需求出发，中心区储备的最后5%的土地全部引进金融机构建设办公总部，以定向招标方式出让，投资"门槛"也达到最高阶段。

深圳土地使用制度改革与福田中心区开发建设模式的四阶段进程同步演进（图3-8），中心区规划建设是在深圳城市规划和土地改革的大背景下进行的。同时，土地有偿使用制度也为深圳赢得了土地财政的优势，为福

图3-7 2002年福田中心区会展中心工地（作者摄）

田中心区二次创业空间的开发建设创造了有利条件。

3.3.3 中心区土地一次开发模式探索和经验教训

1. 中心区早期土地一次开发模式探索

深圳毗邻香港的优势地理位置，使深圳的发展过分依赖香港，香港经济的兴衰将直接波及深圳。自1981年下半年起，香港经济因受世界经济影响而出现衰退，导致1982年深圳外资投资急剧下降。香港房地产市场对深圳房地产业影响尤其突出。1982年许多香港企业家认为深圳福田区的地理位置优越，未来前途无量，他们怀着积极参与开发特区的热忱，支持并看好深圳福田发展。合和中国发展（深圳）有限公司就是福田中心区的最早畅想者。

深圳特区成立时百业待兴，土地利用的

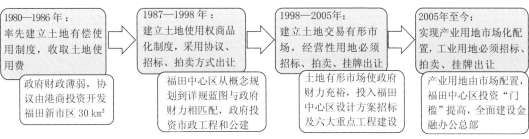

1980—1986年：率先建立土地有偿使用制度，收取土地使用费	1987—1998年：建立土地使用权商品化制度，采用协议、招标、拍卖方式出让	1998—2005年：建立土地交易有形市场，经营性用地必须招标、拍卖、挂牌出让	2005年至今：实现产业用地市场化配置，工业用地必须招标、拍卖、挂牌出让
政府财政薄弱，协议由港商投资开发福田新市区30 km²	福田中心区从概念规划到详规蓝图与政府财力相匹配，政府投资市政工程和公建	土地有形市场使政府财力充裕，投入福田中心区设计方案招标及六大重点工程建设	产业用地由市场配置，福田中心区投资"门槛"提高，全面建设金融办公总部

图3-8 深圳土地制度改革与福田中心区开发建设同步演进（作者编制）

结构发生了很大的变化，农业用地方式逐步向为特区和出口服务的多种经营转化，非农业用地迅速增加，土地商品化、土地使用价值日益提高。但当时市政府无钱进行土地开发，只好出租土地给外商合作开发。1981年明确了深圳特区的城市定位，前来深圳投资开发的外商开始踊跃签订意向书。截至1981年9月底，已签约批准的外资项目约900多项，投资总额约80亿港元[1]。其中包括房地产投资37亿港元、工业交通10亿港元、旅游8亿港元等。因此原城市规划的大部分内容已不能适应新的发展要求，一些港商大财团与特区签订了意向书和协议书，准备承包大面积土地进行整片开发。

1981年11月，深圳市政府属下的深圳特区发展公司与香港合和中国发展（深圳）有限公司签订了合作建设福田中心区的协议，政府提供30 km²土地，合和公司投资100亿元，合作年限三十年。当时设想将福田中心区建设为以工业为主体，兼有商业、住宅、各种文化福利设施以及连接铁路、公路和海运的城市综合区[2]。这是最早提出的开发福田区的设想。

1982—1983年，合和公司曾做过多个福田新市区规划方案（图3-9），提出福田新市区以轻轨交通为主的放射型道路规划，坚持从罗湖站引出轻轨交通干线直插福田新市区中心后接入南头地区（图3-10），要求福田新市区规划人口为100万以上。对于合和公司的规划方案，政府极为重视，先后多次邀请了国内外各方面的专家进行研究讨论。方案提出的在福田新市区主要道路上采用轻轨及同心圆放射型道路系统等内容多次被专家会议否定；专家们认为合和公司的福田新市区规划方案与深圳的整体规划不协调，故未获通过。

由于经济形势的整体调整，1985年全国加强经济宏观调控，深圳压缩开发规模。1986年深圳经济建设处于低谷，市领导高瞻远瞩，制定了统一开发城市、不整片出让土地的政策。80年代初特区成片划拨给港商开发的土地被逐步收回。1981年福田新市区与外商签订的协议已达五年，但投资者并未进行任何开发性建设[3]，合和公司在福田新市区租用的土地上，除了已建设的混凝土工厂并生产混凝土电线杆外，也没有其他

图3-9　福田新市区规划构想（合和公司，1982年）

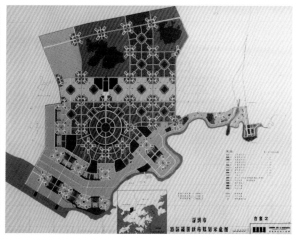

图3-10　福田新市区规划示意图（合和公司，1982年）

① 广州地理研究所主编. 深圳自然资源与经济开发 [G]. 广州：广东科学技术出版社，1986：108.
② 陈铠. 新世纪神话 [C]// 刘佳胜主编. 花园城市背后的故事. 广州：花城出版社，2001：354-357.
③ 广州地理研究所主编. 深圳自然资源与经济开发 [G]. 广州：广东科学技术出版社，1986：318.

建设项目，没有资金投入。福田口岸尚未开通，人流匮乏，市场不景气。1986 年市政府收回了与合和公司合作开发福田新市区 30 km² 的土地协议。尽管当时还没有福田中心区的道路边界，只有一条深南大道临时路，但照片中的"岗厦河园新村"以及莲花山下的"深圳市火车站预制厂"表明了中心区的大致位置，参见 1987 年福田中心区航拍照片（图 3-11）。这次收地行动在深圳城市规划建设史上具有十分重要的历史意义，为深圳城市中心由罗湖向福田的扩展预留和储备了宝贵的资源。

2. 中心区土地一次开发的经验教训

福田中心区开发建设模式是典型的政府主导城市规划和土地一次开发，所有经营性用地（项目）一律由市场资本投资，较充分地发挥了市场经济优势。鉴于早期整片土地合作出让失败的教训，中心区规划实施不再采用一家或几家国企统筹土地的一次开发，而是由政府财政或国土基金负责土地一次开发，然后通过协议、招标、拍卖方式出让经营性用地。政府计划经济的管理痕迹主要体现在公共建筑的投资建设，以及前期土地协议出让和后期的金融用地定向招标等环节，在一定程度上体现了政府主导的意志，这是值得肯定的方面。福田中心区土地一次开发建设虽然完全由政府投资建设，但由于中心区前期缺乏统一管理机构，其土地一次开发过程中出现了以下经验教训。

（1）缺乏统筹机构

福田中心区早期土地一次开发任务主要由深圳市建设局承担，由国土基金支付市政道路建设费用，将生地变成熟地后移交规划

国土局进行土地出让。1993—1994 年福田中心区土地一次开发是深圳市基础设施建设的重点工程之一，政府要求中心区的开发包括征地、拆迁、土方平整以及六条主干道和地下管网工程 1994 年底前要基本完工，建设任务十分艰巨[1]。1994 年 1 月，福田中心区航拍照片显示其主次干道框架已经初显雏形（图 1-26）。但这年中心区临时水电改迁、排洪沟设置、土方开挖等许多问题须在现场协调解决，至 1994 年 4 月，中心区南片区的一些主次干道尚未打通，地下市政设施仍有待完善。例如，金田路、福华路市政道路红线内仍有障碍建筑物等待拆建[2]。虽然当时市政道路工程设计标准较低，并未要求设计相关交通设施，但福田中心区市政基础设施容量按照高方案建设规模作了充足预留。

图 3-11　1987 年 4 月福田中心区航拍照片（来源：深圳市规划国土委信息中心）

① 加快基础设施建设，加快建设领域改革，努力提高城市规划、建设和管理水平 [Z]. 李传芳同志在市委工作会议上的讲话，1994.

② 关于福田中心区 13 号地段建设现场协调会议纪要 [Z]. 深规土业纪字〔1994〕22 号 . 深圳市规划国土局，1994.

1995年由市建设局负责中心区市政道路工程建设，至1995年12月，福田中心区航拍照片显示其市政道路已经完成80%（图3-12）。1997年成立深圳市土地投资开发中心后，福田中心区市政工程及现场监管全部由土地开发中心负责。至1999年，由建设局负责的中心区土地一次开发项目全部完工，并移交给土地开发中心负责现场管理。1999年之前投入福田中心区市政工程等土地一次开发资金共计人民币14亿元①。2001年9月，完成市政工程结算审计工作。但由于福田中

图3-12 1995底福田中心区航拍照片（来源：深圳市规划国土委信息中心）

心区开发前期缺乏统筹管理机构，当年负责建设的某些单位建成道路后就立即撤场，未办理任何移交手续。这些单位有的已经撤销，有的已经变更，市政府相关部门难以找到当初的建设单位。福田中心区建设项目较多，部分开发企业因各种原因占用道路红线，影响交通设施的完善工作，给后续规划建设管理工作造成一定困难。

（2）委托企业建设市政支路的方式不可取

原则上，福田中心区所有市政道路都由政府出资建设，产权归政府。但部分道路出于建设工期的需要，先由开发商垫资修建，建成后移交政府结算工程费。

1996年中心区中海华庭住宅和办公项目建设时，政府将与其紧邻的（市政支路）中心一路北段工程直接委托中海公司同步建设，竣工后由政府全额支付建设资金，并移交政府管理。这是中心区开发初期较少采用的一次开发建设模式。由于该路竣工移交及造价结算等过程的工作周期较长，给后续工作增添了许多麻烦；而且这种一次开发模式存在诸多潜在风险，如果开发商信誉不良，长期拖延工期，导致道路交通不畅，或者建成后长期占用施工场地等，给政府和市民造成长期不便和安全隐患。因此，1997年市政府明确规定，福田中心区所有市政道路一律由政府组织建设，不再委托企业建设。

（3）电缆隧道工程建设周期太长

1994年由市建设局负责福田中心区电缆隧道工程建设。1994年2月，中心区电缆隧道施工设计与地铁1号线可行性研究确定的新洲路站东端地铁隧道，在地下净空高度上进行设计调整，确定修改设计的原则是在满足与上方管线净距的技术要求下，采用电缆隧道上跨、地铁隧道下穿的协调方案。1995

① 关于请予拨付福田中心区土地开发项目结算资金的函 [Z]. 深建函〔2003〕53号，深圳市建设局，2003.

年完成电缆隧道工程土建。随着中心区开发建设的推进，对电力需求越来越大。但直到2003年6月，电缆隧道工程尚未完成，市政府要求主管部门继续组织实施中心区电缆隧道未完工程，建设内容和建设标准维持原设计方案，未完工程所需资金仍由市国土基金承担。2003年由市工务局实施电缆隧道安装工程，2004年完成安装工程并通过验收。由于消防工程设计标准提高、资金不足未实施，市供电局一直未接收该工程。从1994年起至2009年，原施工单位一直派人看守电缆隧道。

2008年12月市政府召开会议，要求市工务署按当前电力安全标准设计抓紧整改，验收合格后移交市供电局管理。直到2009年11月，市政府办公会议还在研究福田中心区电缆隧道的消防与改造工程等问题，该工程整改施工图及设计概算已完成并报市发展改革委审批。该工程建设周期长达十五年不能移交，在一定程度上影响了市政工程配套设施建设，存在重大安全隐患，应吸取教训，今后要避免新建项目在立项、规划设计、施工、验收、移交管理等工作环节上出现脱节现象。会议要求市规划国土委和市工务署就中心区电缆隧道综合利用问题进行研究，尽可能多利用空间资源，避免城市道路破坏，减少市政府投资。

由上述可知，福田中心区土地一次开发建设缺乏全过程管理机构，导致区内环境监督管理工作出现"真空"地带。2008年9月，市交通综合治理办公室提议尽快将福田中心

区各条道路纳入市政管理范围，完善相关交通设施，请公安局交通警察局负责，对中心区所有道路进行排查，找出因历史遗留问题导致道路交通设施不完善的路段，根据道路恢复使用的时间，逐年完善。

3.3.4 政府与市场对中心区的投资

规划编制的全部意义在于规划实施，推动规划实施主要有两股力量，一是政府投资，二是市场投资。这两股力量在福田中心区不同历史阶段发挥着不同作用：早期起步阶段主要依靠政府规划引导和财政投资市政建设；中期成长阶段主要依靠两股力量的有效配合；鼎盛时期主要依靠市场的强劲动力；后期又需要政府完善配套设施。之后将稳定几十年的守业发展期，建立中心区文化事业，逐步积累沉淀中心区历史文化。政府和市场投资这两股力量在不同空间场所也发挥着不同作用。一般而言，中心区的物理空间可划分为公共空间（市政道路、市政配套设施、公共景观活动空间）和经营空间（出让给企业用于市场经营活动）两大部分。政府投资公共空间，市场投资经营空间。政府以推动公共设施建设达到带动市场的目的；市场繁荣又进一步促进经济发展，这是城市产业经济发展的规律。

1. 政府与市场投资福田中心区六阶段分工（图3-13）

纵观福田中心区开发建设的三十年发展历程，中心区开发的资金来源早期依靠政府财政投资；市场资金开始由香港资金过渡到深圳本地资金，再到有大型金融机构的投资

1990—1995年，政府投资先行	1996—2000年，政府投资为主	1999—2002年，政府投资引导	2003—2006年，政府市场投资并进	2006—2010年，市场投资占主导	2010年，市场投资（金融）占主导
·征地，市政道路工程建设 ·市场投资第一代商务楼宇	·六大公建工程建设 ·市场投资住宅	·六大公建续建 ·市场投资第二代商务楼宇	·会展中心、地铁一期 ·市场投资第三代商务楼宇	·市场建设第四代商务楼宇 ·政府建地铁二期、高铁	·市场建设第五代商务楼宇 ·政府建地下空间，两馆工程

图3-13 政府和市场投资中心区六阶段分工（作者编制）

和世界500强企业的进驻。具体而言，政府与市场投资建设中心区的六个阶段中，政府和市场投资中心区的内容不同，项目类型不同（表3-2），所起作用不同，两者的合力推进中心区规划蓝图的实现。

第一阶段1990—1995年，政府投资福田中心区土地一次开发，以市政府财政为投资主体，进行征地、市政道路工程建设；此外，

政府还投资建设了儿童医院、投资大厦（中心区第一栋高层办公楼）；邮政局投资建设了邮电信息枢纽中心（超高层）。企业投资第一代商务办公楼宇，建设了中银大厦（4栋住宅、2栋办公）、大中华国际交易大厦（办公、酒店、公寓及交易大厅等多功能高层建筑群），成为中心区第一代商务楼宇的标志。

第二阶段1996—2000年，政府投资福田

表3-2　福田中心区政府与市场投资项目

序号	建设阶段	政府投资	市场投资	备注
1	1990—1995年	征地、市政道路工程、儿童医院、投资大厦	邮电枢纽大厦、中银花园、大中华交易广场	第一代商务楼宇
2	1996—2000年	市民中心等六大重点工程	住宅：中海华庭、黄埔雅苑、雅颂居、深业花园、城建花园	国企、香港地产投资住宅项目
3	1999—2002年	市民中心、图书馆、音乐厅、少年宫、地铁一期	国际商会大厦、中心商务大厦、时代金融大厦、免税大厦	第二代商务楼宇。遭遇亚洲金融危机
4	2003—2006年	会展中心、中轴线公共空间部分、地铁大厦	香格里拉酒店、新世界中心、凤凰卫视大厦、嘉里办公楼	第三代商务楼宇
5	2006—2010年	地铁二期、高铁站、连通中轴线公共空间系统	深圳证交所、平安金融中心、招商银行、建设银行	第四代商务楼宇。遭遇全球金融风暴
6	2010年以后	推进两馆、水晶岛工程、建设连通地下空间	中国人寿大厦、民生金融大厦、安信金融大厦、生命保险大厦	第五代商务楼宇——金融办公总部大楼

中心区六大重点工程，市场投资住宅开发。政府重点工作在深化完善中心区详规和专项规划同时，开展六大重点工程（市民中心、图书馆、音乐厅、少年宫、电视台、水晶岛地铁试验站）的建筑方案招标和建设启动工作。此阶段是中心区加快开发建设的启动阶段，市场投资遇冷，市政府招商引进的和记黄埔等五家

图3-14　2002年从莲花山顶俯瞰福田中心区（作者摄）

香港著名大企业申请开发中心区住宅及配套项目，普遍对商务办公市场缺乏投资信心；但中国海外建筑（深圳）公司1997年在建设中海华庭住宅项目时，投资兴建了一栋高层办公楼，这在当时算是一个例外。1997年亚洲金融风暴危机时期，四家香港大企业主动撤出中心区投资项目，政府果断决策，邀请几家大型国企进入中心区，接手投资港商退出的住宅用地的开发。深业集团、城建集团、天健公司等几家大型国企进入开发住宅项目。这一阶段的市场投资主要集中在中心区四角部位配套的住宅项目。

第三阶段1999—2002年，政府投资引导市场，市政府全力投资建设福田中心区六大重点公共建筑设施工程项目，至2002年中心区建设工地、整体形象初见雏形（图3-14）。由于受到亚洲金融危机的影响，政府只能降低中心区投资门槛，凡是交得起地价的企业，

无论企业注册资金多少、无论其开发经验如何，都可以申请中心区办公用地。因此从事商务开发的市场资本进入福田中心区，一批不同规模实力的企业投资开发22、23-1街坊12个商务建筑项目（图3-15），掀起了中心区第二代商务楼宇的建设。

第四阶段2003—2006年，政府市场投资并进，中心区六大重点工程建成使用。此外，政府投资的会展中心，是深圳特区成立以来政府投资的一个单体规模最大、投资额最高的建筑工程，成为中心区开发的重要引擎。大型私营企业或股份公司进入中心区办公楼或商业建筑开发，三家五星级酒店开始建设，以香格里拉福田酒店、丽思卡尔顿、嘉里办公楼、凤凰卫视大厦、新世界中心为代表的一大批高档酒店、写字楼快速投资建成，成为中心区第三代商务楼宇，并形成了中心区商务开发的一次热潮。

第五阶段2006—2010年，市场投资占主导，中心区初具规模，金融办公兴起。政府在中心区的投资主要是地铁二期工程和京广深港高铁福田站的建设，以及中轴线公共空间部分的天桥建设。此阶段，金融机构踊跃进入中心区建设办公总部。深圳证券交易所是率先进入中心区的领头企业，随之金融申请机构多达十几家。但由于中心区的办公用地供应量有限，所以政府立即制定金融机构准入投资条件，适当提高投资门槛：不但要求金融机构投资方一次性支付全部地价款，而且建筑面积自用率必须达到60%以上，自用部分在项目竣工后十年内不准对外出售等。此阶段进入以选址中心区1号地块的平安金融中心，以及32-1、31-4办公街坊的深圳证交所（图3-16）、招商银行、建设银行为代表的第四代商务楼宇建设，这批金融机构大都是在深圳进行二次创业、建设第二批新办公楼宇。

第六阶段2010年以后，市场投资金融占主导，中心区金融办公集聚，金融市场投资办公楼的热情继续高涨。但由于土地供应越来越紧张，所以，这阶段的金融项目占地更小，建筑密度更高，公共空间更加紧凑。此阶段进入以选址中心区23-2办公街坊的中国人寿大厦、民生金融大厦、安信金融大厦、生命保险大厦等一批商务办公为代表的第五代商务楼宇建设。此外，地铁二期工程建成通车，政府筹备地铁三期工程。京广深港高铁也在建设筹备中，中心区即将成为金融中心和交

图3-15　2003年福田中心区22、23-1街坊办公楼建设工地（作者摄）

图3-16　2012年深圳证交所建设工地（作者摄）

通枢纽中心。

综上所述，福田中心区虽属政府主导型开发模式，但行政力不是开发建设过程中的仅有要素，而是通过财政投资市政基础设施和公共建筑项目的方式，引导市场资本投入经营性用地的开发建设，政府采取选址规划、规模预测、制定宏伟蓝图、市政投资、基础设施先行、文化建筑先建等一系列主导发展的实施行动。1993—2004年政府扮演的角色是在中心区开发建设前线"冲锋陷阵"，财政和国土基金大量投入福田中心区，市政府、人大办公搬迁入住，以及市级重要文化建筑设施（图书馆、音乐厅、少年宫、广电中心）的竣工使用，强势培育和营造了"城市新中心"的投资环境。市场投资于2004年以后大量涌入，政府引导开发建设的使命随之基本完成，行政力度迅速减弱。所以，福田中心区一次开发和政府投资主要集中在2004年以前的征地、市政道路工程、行政文化等公共设施、地铁等轨道交通以及公共空间建设，企业投资商务办公、酒店、商业等经营项目主要集中在2004年以后。2005年至今，政府转变了角色，成为福田中心区的开发建设的隐形"幕后指挥"，这时期中心区的建设随着市场踊跃投资的动力"惯性"前行，政府主要引导金融业投资中心区，并严格把关投资"门槛"，制定市场准入机制。同时中心区的规划蓝图既适合政府的投资能力，也得到了市场的认可。未来若干年，中心区还将进一步完善公共配套服务设施。真正体现了政府引导市场投资，政府最后完善服务配套的全过程。建成的建筑属性从全部销售（住宅、办公）过渡到部分销售（办公）+部分自用（办公），再过渡到全部出租（办公、商业），最后过渡到大部分自用（金融办公），同时也体现了开发商实力从小到大的清晰轨迹。

2. 政府投资公共配套项目——会展中心投资管理模式

对于会展中心的投资管理模式是一个值得探讨的问题，通常有三种模式：第一种是企业建、企业管；第二种是企业出资建设，无偿移交政府管理；第三种是政府出资建设，委托企业管理。20世纪90年代，深圳政府希望采用第二种模式建设会展中心，几年后未有进展。2001年后，深圳政府采用了第三种模式，于2004年建成了深圳会展中心。

早在1991年，深圳市政府开始进行会展中心的选址。根据会展中心的特点和福田中心区规划布局，拟在福田中心区北部，金田路西、红荔路南布置会展中心，用地约10万hm^2，具体布局可在福田中心区规划中统一安排。1994年，深圳市政府希望由市场资金投资会展中心及其配套的商业、办公、酒店、公寓等，建成后将其中的会议、展览面积无偿交回政府。1994年5月在香港（深圳）房地产展销会上，位于福田中心区北区28-2号、28-4号地块的深圳会展中心作为土地招商项目参展；同年，深圳市政府与美国大帝国际投资有限公司、香港新世界有限公司、香港嘉里投资有限公司等几家公司洽谈会展中心土地出让事宜；1995年又与泰国华彬集团有限公司洽谈会展中心项目，最终因投资方提出的地价与深圳市政府的谈判底价相距甚远，会展中心项目迟迟未能进展。1997年，市政府决定将会展中心换址到深圳湾填海区。1999年底再次提出会展中心换址的要求后，中心区办公室提出了会展中心重新选址回归中心区，以带动CBD开发建设的策略。2000年经深圳市领导五套班子会议审议，通过了中心区开发策略，正式同意将深圳会展中心重新选址在中心区中轴线南端11号地块，并且预留西侧3号、4号地块作为发展备用地（拟建会展中心的配套酒店）。从此，会展中心又回到了中心区。2001年底政府财政投资的会展中心工程开工，2004年建成使用，委托企业（深圳会展中心管理有限责任公司）管理。从2004年至2014年已经运行十年，运行情况良好，每年举办展会100多个，基本处于饱和状态。但由于是政府资产，经营公司缺乏进一步扩大营销的动力机制。例如，地铁1号线"会展中心站"已经通车十年，会展中心地下过厅却长期未连通地铁站出口。这应是政府合理规划、不合理管理的结果。

3. 市场投资经营性项目为原则

政府通过投资商务办公项目带动市场的设想未能实现，亦有违经济规律。中心区建设最终真正以市场投资经营性项目为原则，才取得辉煌佳绩。20世纪90年代，福田中心区商务办公市场欠成熟时，区政府曾希望通过统建方式投资金融办公项目，带动福田金融业的聚集发展，但市场经济规律是不以人的意志为转移的，这种想法未能实施。2005年以后，中心区聚集金融产业的优势已经凸显，金融企业纷纷进驻投资总部办公楼。回顾历史，二十年前政府曾希望通过投资商务办公项目带动市场的做法不可取。

80年代初，特区总规确定了福田中心区金融贸易产业功能，以后历次总规、分区规划对福田中心区的功能定位不变。1993年福田区金融产业开始酝酿，区政府已经意识到福田中心区在深圳第三产业发展中的"龙头"地位，向市政府提出要求扶持发展福田金融十大项目的请示，特别是要求在福田中心区福华路上划拨一块5 hm² 的土地，建设福田金融大厦，将福田区证券公司、保险公司、期货公司、风险基金投资公司等区级金融机构集中在其中。该项目的思维方式是超前的，但采用了计划经济模式，且缺乏建设资金渠道的可行性研究，其结果可想而知。1993年，市政府主管部门专门研究了金融行业在福田

中心区用地问题，会议同意积极支持金融行业的用地，并划出了用地规划范围，将光大银行、交通银行、中信银行、君安证券、人保公司等5家单位的用地安排在福田中心区12号街坊内。同意平安保险、招商银行、南方证券等3家单位，另行选址兴建。事实证明，当时金融行业基本不愿意率先进入福田中心区，上述光大银行等5家单位后来分别在其他位置另行建设了。

深圳金融业实力提升，中心区实现CBD金融功能。实际上，直到2004年中心区初步显露出天际轮廓线，开发建设初具规模后，此时确有一大批金融企业积极问鼎CBD。2005年以后深圳金融业逐步成为四大主导产业之一。2005年起，金融机构纷纷选址中心区，建设金融办公总部大楼，金融机构的进入成为CBD建设高潮的"温度计"。直到2007年，CBD建设时机成熟，平安保险才正式选址福田中心区建造总部大厦。

2009年，福田总部企业和现代服务业分别实现增加值630亿元和780亿元，占GDP达的38.9%和48.1%。各项数据表明，福田生产驱动力已从工业转到总部经济和现代服务业。2010年，福田区产业结构初步实现高端化，用地面积4 km² 的中心区给76 km² 福田区带来巨大经济效益。2014年福田中心区在建金融总部办公大楼达15项，在建办公建筑面积达100万 m² 以上，中心区能够最终成为以金融产业集聚的CBD，这标志着中心区的土地价值和空间价值已经得到了市场资本的认同，这也是中心区规划成功的重要标志。

总之，从中心区投资主体看，政府财政投资市政公共设施，适时完成了中心区的征地、规划设计和市政基础设施、公共建筑的投资建设，有力地吸引了市场资本的投入，同时市场投资本身也反映深圳经济产业发展的脉动。所以，政府带动了市场，市场又反

作用于中心区，使中心区的开发建设进入市场经济运行轨道。

3.4 福田中心区土地出让管理模式

"现代城市不只是就城论城，而是地球中的城市。它的规划带有区域性，是一种大地的规划、大地景观（earthscape），并与土地规划紧紧联在一起。"[1]深圳特区三十年社会经济快速发展推动中心区在近十五年内快速建成，中心区在每个历史阶段的不同开发模式必然与当时的社会经济水平相适应；各个不同时期的社会经济水平又取决于当时的产业形式及其发展水平。福田中心区城市规划始终与土地规划及土地出让模式联系在一起。

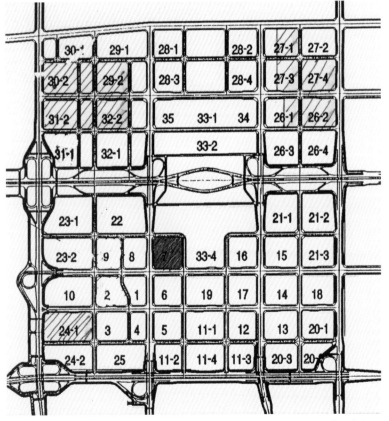

图 3-17　1996 年中心区拟出让街坊（图中红、黄色。来源：福田中心区办公室）

3.4.1 中心区土地出让策略的探索

深圳经过前十五年的规划建设，成就显著。在临近"九七"香港回归和珠三角蓬勃发展的形势下，深圳提出了"二次创业，再造辉煌，建设国际性城市"的行动纲领。福田中心区经过规划设计、统征土地及市政建设后，已经具备了低成本提供土地出让的条件，中心区也早已做好了空间规划准备。1995 年深圳市政府严格控制土地出让规模，目的是加快福田中心区开发，在规划和土地管理政策上向中心区倾斜。为了加快中心区建设步伐，引导资金投入中心区开发建设，充分吸引外资，在特区内严格控制中心区以外的新增办公用地供应量，以形成土地出让的"漏斗"效应，凡是接受福田中心区市场地价标准的用地申请，可简化土地出让程序办理，补报市用地审定会议备案[2]。一系列政策保证中心区成为深圳商务开发重点片区。1995 年 10 月，市政府研究制订《深圳市福田中心区规划实施及开发模式》，提出中心区规范管理、土地开发、土地出让的措施和开发的优惠政策，使中心区开发建设有章可循。

1996 年 10 月，深圳市政府常务会议原则通过中心区首批招商开发项目及优惠政策。市政府抓紧研究制定福田中心区开发办法和相关优惠政策，如适当降低地价及在中心区实行"购房入户"等政策（"购房入户"政策最终未能实施），并采取多种形式，宣传中心区的规划、优惠政策、优越条件、投资潜力，提高中心区的知名度。1996 年规划国土局会议确定：福田中心区土地原则上只给香港大地产商统一开发整个街坊，不出让小块零星用地。这一项措施反映了当时政府在规划管理街坊、实施城市设

①　齐康.规划课.北京：中国建筑工业出版社，2010.
②　关于第七十一次用地审定会议纪要 [Z].深府地纪〔1995〕2 号，深圳市人民政府，1995.

计方面缺乏自信。

1996年前后，政府为了启动福田中心区招商引资，拟定中心区的四个街坊（图3-17）整体出让计划，以对外定向招标、协议用地方式为主，拍卖为辅。早期到中心区投资的以香港实力雄厚的知名企业为主。2000年后，深圳市深化土地使用制度改革，建立了土地房地产交易有形市场，土地使用权出让、转让、租赁等一律进行招标、拍卖和挂牌交易，保证了土地交易的公平、公正和公开。福田中心区土地出让采用拍卖和公开挂牌方式，中心区商务用地也纳入了全市公开出让的范围。

市政府决定加快开发中心区建设，要求规划国土局尽快研究制定一套政策和措施，提交市政府常务会议审议。1999年10月，中心区办公室研究和制定《福田中心区开发策略》，就中心区内各地块和建筑的开发次序、投资策略、项目协调等进行优化，提出几个可能的构思和设想，向市政府批地例会汇报。2000年5月，深圳市领导五套班子会议审议通过了中心区开发策略，正式同意将深圳会展中心重新选址在中心区中轴线南端11号地块。这一重大决策有力推动了中心区开发建设进程，特别是那些签订了土地合同又观望了几年的开发商，2001年以后都纷纷开工建设，2002—2003年中心区兴起了第二代商务办公楼建设热潮。

3.4.2　中心区土地出让模式的探索

1. 办公楼成组"捆绑"开发模式的失败

1998年福田中心区CBD办公街坊城市设计实践之前，规划管理部门对于城市设计的编制及实施都缺乏经验，对中观层面的街道界面、建筑室外公共空间效果，以及微观层面的建筑群外观协调、步行空间的尺

度等缺乏管理经验。在此状况下采用了让若干家投资企业捆绑建设成组建筑群的模式。在街坊整体开发建设的思想指引下，1993年9月，4家企业同时获得了中心区南区13号地块的土地使用权，每家各投资一栋高层办公大楼，准备"捆绑"式同步建四栋办公楼，组成CBD街坊[①]。4家建设单位分别是中国原子能深圳公司、深圳广宇工业集团公司、深圳市信息中心、深圳市证券登记公司。但该项目迟迟未能开工建设。客观原因是13号地块周围的市政工程及临时水电等问题未能及时解决；主观原因是4家企业的资金到位各异、建设进度不同等，很难同步进行，共同建设。例如，委托建筑设计过程中就出现了意见分歧。后来拖延了几年时间，中心区街坊"捆绑"式开发的理想破灭，13号地块被政府收回。

1998年之后，经过中心区22、23-1街坊城市设计的实践，规划管理部门对CBD城市设计的实施积累了经验，增强了信心。从此CBD街坊一旦完成城市设计，就可以划分成小地块出让建设。后来上述几家公司都分别在中心区独立建设了商务办公楼。例如，深圳广宇工业集团公司于2001年在中心区23-1地块独立建了一栋办公楼；深圳市证券登记公司与深圳证券交易所也经历了几次分合过程，深交所2007年在中心区32-1-1地块独立建设了深圳证券交易中心大楼。这一现象在深层次上反映了市场经济发展的客观规律。

2. 首批土地招商项目成片交托有实力的大型开发投资公司

1996年深圳市政府提出将城市建设重点转向福田中心区，并在5—10年内初具规模

---

① 关于福田中心区13号地块建筑设计工作协调会议纪要[Z].深规土业纪字〔1994〕29号，深圳市规划国土局，1994.

的战略目标，最初采用"中心开花，同步建设"的办法组织招商引资，并以此带动周边区域的开发建设。政府确定的中心区首批土地招商的七个项目（图3-18）位于深南大道以南、福华三路以北、益田路以东、金田路以西的范围，全部位于中心区的核心区，属于商业价值最高的区域。按照中心区的详细规划，这七个地块的编号（用地性质）分别为：33-3（商业、服务、交通），33-4（商业、服务、游息），6（商业、金融），7（商业、金融、贸易），16（商业、金融），17（商业、金融、贸易），19号地块（商业、金融、广场）。为了使上述七个项目能顺利实施，还拟定了土地出让方面的优惠条件[①]。但后来由于市场需求不足，这些地块都未能成功出让，

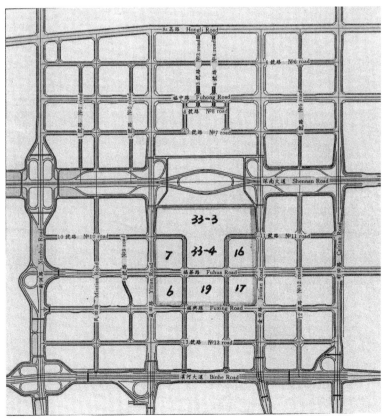

图3-18　福田中心区首批招商地块（来源：福田中心区办公室）

相关优惠政策也未施行。事隔15年后，回顾反思当年首批七个项目土地招商引资失败原因，在于运用计划经济的思路和方法进行市场招商引资，事先没有预测市场需求，未遵循产业经济发展规律。因为1996年在中心区方圆4 km²范围内，除岗厦村原居民（位于东南角）、机电设备安装公司宿舍楼（西南角）、中银花园（东北角）三个居民区分散在中心区的不同方位外，其余几乎是一片空地。而且这三个居民点距离核心区新出让土地的地块平均约1 km。因此，在当时项目区域周围是一片空地，如果先建核心区商业、金融服务业的话，则缺乏消费人群，商务业态难"成活"，这种做法不符合市场经济规律。

3. 中心区开发建设优惠政策[②]

1996年10月，深圳市政府原则同意中心区首批招商开发项目及其优惠政策，内容如下。

①对进入中心区的投资项目，中心区开发建设领导小组组织有关部门实行"一条龙"审批。

②在中心区依法取得土地使用权的投资者，可获得该项目的房地产单项开发权，成立房地产开发企业。

③中心区投资者无须单独申请立项，建设规模由中心区开发建设办汇总报计划局立项。

④中心区建设项目主要以定向招标的形式对外招商。招商对象以境外或香港实力雄厚和知名的企业为主，采取"走出去，请进来"的方式，加快中心区土地招商引资的步伐。

⑤中心区土地出让可给予优惠的条件，对于重点招商项目，在地价及分期支付条件方面给予更为优惠的条件。例如：政府出地，

---

①　关于深圳市中心区首批土地招商项目有关事宜的请示 [Z]. 深规土〔1996〕194号，深圳市规划国土局，1996.
②　关于深圳市中心区开发建设若干问题的请示 [Z]. 深规土〔1996〕176号，深圳市规划国土局，1996.

投资方出资，双方进行利润分成；政府根据投资者的实际销售价，按照双方协商的比例计收地价，土地使用者先支付双方约定的最低地价，其余地价款可在房地产转让时支付。

⑥中心区建设项目对外销售时，发展商免缴内外销地价差。

⑦中心区建设项目第一次转让时，免征房地产增值费。

1996年中心区拟定的地价基准[①]为：住宅用地楼面地价1 600—1 800元/m²；办公用地楼面地价2 500—3 000元/m²；商业用地楼面地价3 000—3 800元/m²。每幅地出让不得低于该地价标准。

4. 购物公园附带设计方案出让土地的模式未成功

福田中心区购物公园的概念最早由1996年核心区城市设计国际咨询优选方案提出，创意性提出CBD高层建筑密集片区规划一座商业购物结合娱乐休闲的社区公园，建筑形态为低层、高覆盖率，将购物中心和市政公园融为一体，是土地复合利用的一种创新类型，设计理念超前。购物公园采用附带设计方案的土地出让模式，是中心区的一次探索，但在时机不成熟、门槛较低的情况下未能取得成功。

（1）购物公园设计方案

由于1996年提出的购物公园构思比较概念化，难以提出规划设计要点进行土地出让，所以，中心区办公室于1997年2月开展购物公园研讨会，邀请几位建筑、园林专家为购物公园的下一步深化设计提出思路。专家们认为，购物公园的性质应强调平民性、文化性、休闲性，做到园中有店，店中有园。商品以土、特、精、小的文化艺术品、旅游用品为主，并设置小吃、餐饮（不得经营会产生油烟的餐饮项目）、咖啡、茶室等，形成一条舒适高雅的商业步行街，并为社会文化艺术团体提供聚会娱乐空间；为公众提供休息、交谈、阅读、观赏、纳凉的花园；为老人、儿童提供适宜的游乐活动项目；为成人提供项目多样的健身运动设施。1997年3月，举行购物公园设计招标，1998年土地出让招标。购物公园四周道路为中心一路、福华三路、民田路、福华一路，跨越CBD的2号、9号两个地块，中间被福华路主干道南北分隔，福华路地下的地铁1号线在此设站。因此，购物公园的地下商业可以直达地铁站，交通十分便利。

（2）土地招标附带设计方案的开发模式

本着更好地实施购物公园方案，1998年8月购物公园土地使用权招标时，要求开发商完全按照定稿的购物公园方案建设，并要求公园休闲部分必须全天候对市民免费开放。政府在土地招标时已经明确该用地红线内的工程全部由用地单位负责投资建设，例如，地块内的地铁出入口由购物公园的投资者出资建设。2001年4月政府要求[②]投资方依照已经批准的购物公园北园施工图进行施工，预留与地铁通道的连接口，并保证购物公园建筑主体与地铁共用的地铁出入口和连接口对公众开发时间与地铁相同。政府在土地合同中明确地块内的小型公交枢纽站采用与建筑复合开发建设模式，按成本价移交市交通局。

2000年购物公园北园建成后，立即分隔为小商铺进行销售，从此成为出租"小店"建筑群。至2011年，在中心区的商务活动已经集聚的形势下仍难"激活"购物公园北园

① 关于进一步落实中心区首批土地招商项目有关问题的请示 [Z]. 深规土〔1996〕385号，深圳市规划国土局，1996.

② 关于明确购物公园北园地铁出入口投资建设方的函 [Z]. 深规土函〔2001〕140号，深圳市规划国土局，2001.

的营商环境，原因在于众多小业主各自为政，难以统一经营、资源共享；另一原因就是土地出让"门槛"太低。

2006 年建成购物公园南园，商业部分未分隔销售。经营品牌"Cocopark"，市场一直很旺，受到众多市民的青睐。购物公园南北两园"南热北冷"的局面，至今未能改变。

（3）招标失败原因

购物公园修规理想化，但现状效果与蓝图相差甚远。如今反思购物公园带土地出让模式，是一个深刻的反面例子。主要原因有两点：购物公园拆分为两个标的进行土地招标；对于投资方的"门槛"过低，没有规定商业经营空间拆分销售办法。这种开发模式脱离了市场经济的发展规律，实践证明是不可取的模式。

第一，购物公园是中心区最早推出的商业项目，1997 年亚洲金融风暴，8 月推出购物公园的土地招标，土地出让时间过早，中心区尚未形成消费人群，市场反应十分冷淡，应标者寥寥无几。政府既对市场缺乏信心，又急于启动 CBD。因此，购物公园土地招标时将 2 号、9 号两个地块拆分为两个招标标的，而且未对开发商的经验、实力设置"门槛"要求，也未进行有关商业销售的细部规定。招标结果由两家投资商中标，一家为国企，另一家为私企，于是形成了购物公园"南北割据"局面。遗憾的是，南北园的建成时间前后相距 6 年，商业业态、经营理念等方面都形成了巨大反差。北园于 2000 年建成后，立即将商业、餐饮、娱乐空间细分售卖给小业主，不利于业态的调整，不利于物业的更新改造，造成至今难以改变"小本经营"的恶性循环局面。南园 2006 年竣工后，没有拆分销售，坚持整体经营，经济效益和社会效果一直较好。由此可见，土地出让的时机和出让"门槛"是项目成败的关键。

第二，在未确定投资方的条件下征集购物公园修规方案，没有充足的市场调研，设计师"闭门造车"杜撰商业规模，规定购物公园的商业建筑面积为 4.7 万 ㎡（其中：2 号地块 2.3 万 ㎡，9 号地块 2.4 万 ㎡），未能充分考虑商业经营的要求。政府采用中标方案作为土地出让的附加条件，实在难为开发商。由于商业规模较小，以致难以发挥 CBD 开发引擎作用。这种在缺乏市场调查研究的基础上，规划师"凭空"确定商业规模的做法实不可取。

第三，中心区办公室撤销后，长期存在对中心区现场实施监管不力的局面。购物公园土地合同中规定跨越福华路的二层天桥至今未修建，人为造成购物公园的南北割裂；土地合同中要求购物公园的所有室外园林及休闲设施无偿向公众全天候开放，至今所剩无几，几乎都成了经营场所。

3.4.3 中心区土地出让的经验教训

1. 土地出让"低门槛"造成"后遗症"

1996 年福田中心区开发建设的市场需求不足，1998 年又遇亚洲金融风暴，市场越趋低迷的情况下，深圳市政府出台的福田中心区开发建设优惠政策在测算市场行情、征询商家意见等方面用力不足，故收效甚微。与"低门槛"出让土地相对应的低地价、支付周期延长等优惠政策给经济实力不足的小开发商提供了进入中心区投资的有利条件，此项举措不但不能推动中心区开发（开发商也不会因为地价便宜而踊跃投资，而是要计算投资回报率及年周期才能得出恰当投资时间的结论），反而引发一系列"后遗症"。如果办公楼宇的开发商资金实力不足，办公楼建成立即分割销售以循环资金链，大厦众多的小业主各自经营，难以长期导向和选择大厦的产业结构，控制和维护大厦的品牌和档次，长远将影响大厦的维护和更新。如果开发商业的商家资金实力不足，建成后也会设法分割销售商铺，难以控制商业的业态和品牌，必然影响长期经营的质量和效果。当然，实力不足的投资商是不敢轻易涉足酒店投资的，因为投资回报期太长。中心区一旦出现这些"后遗症"，要根本扭转这种局面的难度很大。除非有实力非凡的商家可以一举收购整体物业，重新变多个业主为单一业主。这应该是中心区几十年以后的城市更新时代了。因此，"低门槛"出让土地是中心区开发建设的一个教训，未来应竭力避免。进入城市核心地带开发的投资商必须实力雄厚，经验丰富，开发的办公楼宇只租不售，开发的酒店、商业不分割产权，这样才能长期维护中心区优质高端的商务环境。

2. 降低地价无益于引资，引擎项目带动市场投资

1996年确定的土地出让原则"中心开花、以点带面"，具体做法是选择中心区核心区有带动作用的大型项目，市政府给予优惠政策，组织招商引资。在招商对象上选择具有雄厚经济实力的外资企业，以此带动周边项目的开发建设。以大型"龙头"旗舰项目带动中心区开发，本无可厚非，但一定要具体情况具体分析。由于1996年之前中心区除了原历史旧村等少量建筑群以外，基本上是一片空地，周围尚未形成人居环境，试图通过一个大型商务项目带动中心区开发建设的思路过于理想化。1997年中心区现场实景（图3-19）显示，福田中心区人车稀少，翘首以待投资者的关注。因为投资商必须核算项目的投入及产出周期、成本回收周期、盈利周期等，一个"孤岛式"商务项目的投资风险太大，投资者必定拖延投资周期，观望等待投资时机。例如，1998年深圳市政府曾经设想以购物公园（图3-20）的土地出让挂牌带动福田中心区开发，但因购物公园的商业总规模较小，且分成南、北两个园，由两家开

图3-19 1997年5月福田中心区实景（来源：华艺设计公司）

图3-20 1998年购物公园设计模型（作者摄）

发商投资开发，后因购物公园南北两园投资不同步，营运模式迥异，最终未能成为带动福田中心区CBD开发建设的引擎项目，建成运行后实际效果与1998年土地出让时规划设计方案差别较大（图3-21）。

福田中心区的实际投资顺序为：政府引导"先外围、后中心"，开发商选择"先住宅、后商务"，先投资建设中心区"四个角"边上的住宅小区项目，形成一定人气后再投资商务办公楼。福田中心区土地出让过程显示：政府降低地价不能吸引投资，引擎项目才能真正带动市场投资。例如，

图3-21　2010年购物公园实景（作者摄）

1996—2000年，中心区的商业酒店楼面地价一直保持3 000—3 600元/m²。2001年3月，市政府第80次用地审定会议纪要专门针对中心区五星级酒店的地价，给予七折优惠，要求以港币支付，并且一次付清。即中心区五星级酒店的优惠楼面地价为2 100/m²，土地使用年限50年。即使如此优惠的地价，也未能带动中心区五星级酒店尽早上马。直到2000年，市政府决定将会展中心重新选址中心区CBD，2001年会展中心开工建设，2004年会展中心建成投入使用，中心区三个五星级酒店才真正开始实质性投资建设。因此，归纳中心区开发建设的引擎有两个：

①会展中心是带动CBD开发的引擎。2001年会展中心开工建设，极大地增强了投资商的信心，带动了中心区一批商务办公楼和酒店工程的建设。2005年会展中心竣工使用，中心区投资如火如荼。

②轨道交通网络化建设是CBD建设更加有力的引擎。实质上决定开发投资顺序的关键是公共交通，特别是轨道交通。在大中城市新区开发中，不可能在一个大型项目周围建大片地面停车场，地下停车场的空间资源也十分有限，所以只有靠大运量的公共交通、轨道交通把人流引入，才能"成活"大型项目；也只有大型项目，才能带动一片开发。2004年底，深圳地铁一期工程首次通车的地铁1号线、4号线，在中心区设六个站点（五个站台，有一个换乘站）：市民中心、少年宫、岗厦、会展中心、购物公园，其中会展中心为1号线和4号线的换乘站。2004年在会展中心竣工及地铁二期建设如火如荼的形势下，又迎来了CBD商务办公楼和酒店项目建设的第二轮高潮。

此外，福田中心区开发建设还有一个看不见的无形动力，就是深圳经济的快速发展。2000年深圳GDP首次突破2 000亿元达到2 187亿元，2003年突破3 000亿元达到3585亿元，2004年突破4 000亿元达到4 282亿元。这是一个城市CBD开发建设的大背景、大前提。

3. 土地出让合同须明确相邻公共空间的建管模式

（1）中轴线建设模式政企合作，分担"规划义务"

以福田中心区中轴线公共空间为例，与中轴线公共空间连体的商业经营空间的建管模式有两种：

第一种，政府拥有产权、企业经营，中轴线的商业空间由政府出资建设后出租给企业经营。该模式优点是中轴线建设周期短、质量可控，可以"一气呵成"（例如，杭州钱江新城中轴线）。缺点是商业建筑空间不能"量身定做"，在不确定商业的业态和商家营销模式的前提下进行设计建设，难以契合商业经营管理的要求。

第二种，企业拥有产权、企业经营，由企业投资建设和经营中轴线的商业空间。优点是能充分发挥土地市场经济价值，企业能根据市场需要和经营特点进行设计建设，商业成功几率更高、见效快。缺点是与商业相连的公共空间容易"被经营"，公共空间的"公共性"缺乏保障机制，即担心商家受到经济利益驱动，不断蚕食公共空间并降低其品质。

中轴线的建管模式采用政企合作，政府负责中轴线二层公共步行平台的建管，企业负责与中轴线一层和地下商业经营空间的建管。该模式的优点是能兼顾城市长远社会效益和经济效益，在保证公共利益的前提下最大限度地满足市场需求；公共空间作为城市的资源长期由政府负担维修管理成本，保证公众利益。缺点是建设周期长，见效慢，在设计、建设过程中扯皮事情较多，各方建设难以同步（例如，深圳中轴线）。综合分析上述建管模式的利弊关系后可以看出，政企合作模式能充分调动企业和政府双方积极性，最大限度发挥公共空间的经济潜力，政企分担公共空间的投资（翟涛、陈晗，2010 年），可操作性较强。中轴线包容了政府、国有企业、合资公司、民营企业等差异性较大的投资建造和经营实体，其实施难度较大，该模式能发挥不同投资者各自的优势。

理想的模式是政府部门附设一家国有公司，负责投资建设基础设施和大型公共空间，以及维护长期的经营管理，这样才能保证公共空间永久成为大众公共活动的场所，而避免被营业空间所蚕食。这样做的弊端在于：一方面政府投入的人力、物力增大；另一方面市场变化与政府管理的不协调性不可避免。但无论如何，城市公共空间用地的产权应该单一，有利于城市的及时更新改造，保持公共空间的品质与旺盛的活力。如果公共空间的产权一旦分割，就难以同步进行更新改造，难以保持公共空间的品质。中心区的中轴线用地产权虽然已经分割，但所幸的是政府保

留了屋顶二层步行系统的建设权和使用权，遗憾的是缺少管理部门。由于缺乏政府主导的国企全力投资和经营中心区中轴线公共空间，以致使中心区中轴线已经成为各投资方的"私家领地"，使屋顶的公共空间步行系统的范围和面积越缩越小，中轴线屋顶（规划设计是二层步行大平台）最终可能只留下两条步行走道给公众，企业的空间要么用于经营，要么成为设备机房。这是因为缺少政府部门统筹中轴线公共空间的建设管理。如果有部门长期跟踪中心区公共空间的建设实施及后续物业管理的话，则中轴线上的所有商业行为都可以采用租赁方式开展日常经营活动，而不会将中轴线分成几个地块出让给几个开发商投资建设。即使在出让使用权之前已经对详规进行了极其详细的内容解释，而且土地合同中也有足够的条款界定政府与开发商在中轴线公共空间建设管理中的各自职能、权利范围等，也出现了政府对于中轴线建设管理的"真空"空间。

（2）中轴线城市设计须结合投资运营需求才有实施价值

中轴线属公共空间的范畴，其功能性质是结合商业、交通、景观的复合功能空间，企业投资的商业与政府投资的交通、景观等在不同标高层面进行垂直叠加"咬合"。因此，中轴线城市设计的内容深度应有别于经营性土地，应考虑增加投资和运营的多种可能方案，进行成本和受益的量化分析，相应制定不同的空间规划应对方案，以求解决实施成本问题。否则，将形成"静态"规划不能适应"动态"发展的需要，造成规划实践难，运营管理更难的被动局面。中轴线全长 2 km，占地面积 54 hm^2，总建筑面积约 34 万 m^2 的商业、交通、景观的复合空间，不可能全部由政府来投资经营；如果引入企业投资，则必然要修改许多规划环节。因此，

确定中轴线控规后，必须先确定投资方，由投资方共同委托进行城市设计，最终按城市设计成果签订土地合同，以规定各方对于公共部分的权利和义务。

2001—2002年落实了中轴线各地块的投资方，中心区办公室组织中轴线从设计、建设到运营管理的"一条龙"工程项目，期望中轴线设计建设"一气呵成"，但是该项目于2003年初被迫中止。后来，中轴线各投资方独立进行设计和施工。中轴线的分割建设，导致实施周期过长。尽管分割建设的模式也是由投资方委托的，完全按照投资方经营管理需求进行设计，但由于缺乏统一协调机构，原城市设计刚性内容不明确，导致中轴线规划蓝图难以实现。客观原因是该项目规模过大、功能复杂，主观原因在于城市设计欠缺考虑投资渠道和运营管理，规划蓝图不结合市场实际核算经济成本。

总之，城市详规或城市设计制定的公共空间建设管理，必须提前分配到相关地块的土地出让条件中，并在土地出让合同签订之前落实到合同条款中，才能从根本上保证公共空间的实施和管理效果。

4 福田中心区规划编制及实施成效研究

城市规划学，它是一项庞大的、多功能的工程。它是一门不确定的学科，在寻求着它的对象与客观性，但在找到它们的地方，却没有发现它们。它是一种实践，然而科学性则是另外一回事。

——（法）亨利·勒菲弗《空间与政治》

城市规划管理主要包括规划编制、规划审批、规划实施三方面内容。规划编制是对未来蓝图的描绘，是规划管理的技术基础；规划审批是对规划编制成果内容的选择和决策，审批成果是规划实施的依据；规划实施是实现规划成果的过程，是规划管理的最终目标。可见，规划编制内容的技术标准及成果质量是规划管理的首要环节；规划审批水平体现了决策者的历史责任感和前瞻性；规划成果的可实施性是衡量规划编制水平的试金石。要取得较好的规划建设成效，必须抓住规划管理源头问题：规划编制内容的技术标准（即规划编制阶段的划分及其内容深度）。

我国城乡规划法明确城市规划编制一般分总体规划和详细规划两个阶段，中心区规划编制属于详规范围，包括控规和修规，本章所称中心区规划编制指详规编制。

现行详规管理的问题是：控规不能有效塑造城市优美的公共空间；修规难以适应市场经济的变化需求。具体而言，规划成果往往不区分规划研究报告与规划执行图文；规划审批会议纪要内容过于简单，通常只列出原则性审批结果及几条修改意见，并未明确列出审批同意的内容及必须刚性执行的内容。因此，"厚厚"一本规划成果的规划实施过

程中，除定量技术指标必须遵守外，所有定性的规划要求或设计指引则凭借规划实施者的专业水平和职业道德"有选择地执行"，行政程序设计上大大增加了规划实施的难度。如果再加上规划管理机构的改革变动或管理人员的轮岗等不稳定因素，则规划实施成效明显降低。

本章研究福田中心区规划编制及实施效果。内容主要分三节：具体研究中心区规划编制的五要素；以中心区22、23-1办公街坊为例，研究城市设计成功实施的条件，以及中轴线（包括市民广场）从整体到分段实施中的规划失控等经验教训；从中心区规划管理过程及规划实践效果分析反思规划编制的时机与编制内容的关系，以及规划实施过程中可以改进的方面。

4.1 福田中心区规划编制的实证研究

4.1.1 概念规划的连续编制

深圳特区政府早期组织编制的《深圳经济特区城市发展纲要》《特区总体规划说明书》等文本反映出福田中心区规划萌芽过程，图4-1简明清晰地表达了福田中心区从1980年深圳特区发展纲要的提议至1982

年特区发展大纲的规划定位，内容承上启下地形成连续过程。图纸表达"1982 年特区总规简图""1985 年深圳特区年鉴"公布的福田中心区规制方案（图4-2），至 1986 年特区总规正式定稿，福田中心区由朦胧的规划构思到清晰的概念规划，直至 1987 年深圳首次城市设计中形成了福田中心区城市设计篇章。中心区上述概念规划方案最终都汇入到 1988 年福田分区规划的法定规划文本中。福

田中心区概念规划形成过程简图（图4-3），是福田中心区后续详规编制及规划实施最坚实的基础。

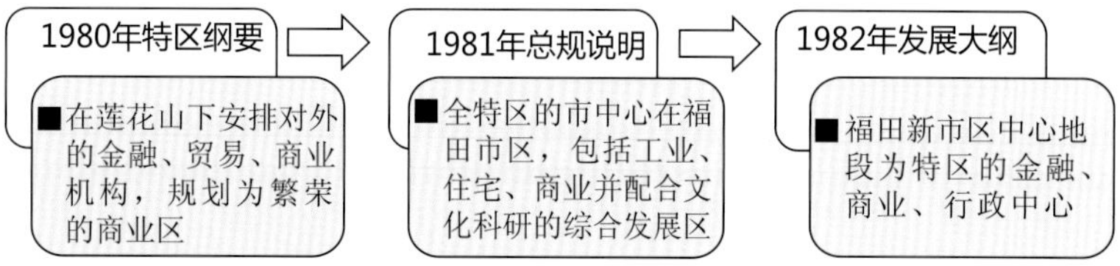

1. 1980 年特区发展纲要酝酿福田中心区

1980 年中央和国务院明确规定深圳要建成一个兼营工业、商业、农牧业、住宅、旅游业等多种行业的综合性经济特区。1980 年 6 月，深圳市经济特区规划工作组编制完成的《深圳市经济特区城市发展纲要（讨论稿）》明确定位"皇岗区（现福田区）设在莲花山下，为吸引外资为主的工商业中心，安排对外的金融、商业、贸易机构，为繁荣的商业区"。这是迄今查阅到的关于福田区的位置及规划功能定位最早文字记载。当时深圳没有福田区，只有福田公社，皇岗区是临时命名。

2. 1981 年特区总规说明提出福田新市区是以新市政中心为主的综合发展区

1981 年《深圳经济特区总体规划说明书》根据特区地形狭长的特点，对以往总规进行了必要的修改和补充，调整了特区总规布局，确定了深圳组团式城市结构的基本布局。各组团间有方便的道路连接，这样的布局既可减少城市交通压力，又有利于特区集中开发。该说明首次提出"全特区的市中心在福田市区"，规划福田新市区可用土地 30 km²，规划功能为工业、居住、科研等，规划人口到 1990 年为 4.7 万人，远期到 2000 年为 30 万。"计划与外商合作整片开发，建成以新市政中心为主体，包括工业、住宅、商业，并配合生活居住、文化设施、科学研究的综合发展区。"

3. 1982 年特区发展规划大纲明确福田中心区为特区的金融、商业、行政中心

1982 年《深圳经济特区社会经济发展规划大纲》明确福田新市区中心地段为特区的商业、金融、行政中心。在新市、罗湖、南头、上步四处中心地段，集中安排商业、金融、贸易机构，建立繁荣的商业闹市区，吸

图 4-1　福田中心区规划萌芽（作者编制）

图 4-2　1985 年福田中心区规划方案（来源：《深圳经济特区年鉴 1985》）

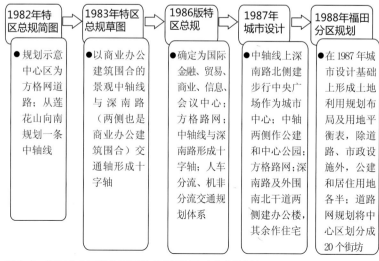

图 4-3　福田中心区概念规划形成过程简图（作者编制）

引国内外顾客，沟通国内外商品贸易渠道，成为在东南亚地区蓬勃兴起的国际商业购物中心之一。该大纲提高了福田新市区规划人口，到1990年由原来的4.7万提高到7.7万，远期到2000年由原来的30万提高到40.5万。规划将轻型精密的工业分布在福田新市区，规划福田新市仓库区，面积约1.4 km²，为中片地区服务；规划福田新市区码头，结合新市区开发，建货运浅水码头，规模待定。并"将香港新建的电气化铁路直接引入新市区，逐步发展到蛇口和赤湾，并新建车站和相应的设施，为便捷沟通深圳香港之间的交通联系"。

1982年深圳特区总规简图（图4-4）显示：福田新市区是特区中心片区，福田新市区的主次干道已经形成大方网格规划方案，从莲花山下向南规划的一条中轴线也有所显示。

4. 1983年特区总规草图第一次出现福田中心区"十"字轴。

1983年特区总规草图显示，从莲花山向南的福田中心区规划了一条主要以商业办公建筑围合而成的景观中轴线，与深南路轴线（两侧也是商业办公建筑围合）形成"十"字轴的雏形。

5. 1986特区总规关于福田中心区规划构想（图1-8）

1986年《深圳经济特区总体规划》对福田区的规划阐述为：福田组团以国际性金融、商业、贸易、会议中心和旅游设施为主，同时综合发展工业、住宅和旅游。重点安排福田新市区中心地段，逐步建成国际金融、贸易、商业、信息交换和会议中心，设立商品展销中心，经销各种名牌产品，形成新的商业区。福田中心区处于整个特区城市的中心位置，路网布置不仅考虑交通功能，也考虑了城市风格。为此，适应带状城市以东西向交通为主的特点，采用了我国传统的棋盘式道路网布局。以一条正对莲花山峰顶，100 m宽的南北向林荫道作为空间布局的轴线，与深南路正交，形成东西、南北两条主轴。在中心区南北和东西各2 km多的范围内，实行比较彻底的人车分流、机非分流、快慢分流体系，形成比较完整的行人、非机动车专用道路系统，并在深南路两侧各设辅助车道及四个导向环岛，在深南路进入福田中心区的东西两端，将出入中心区的车流从干道上分流出来，实行较全面的单向行驶以渠化车流，形成一

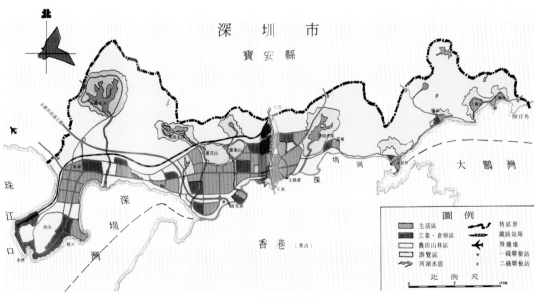

图4-4 1982年10月深圳特区总规简图（来源：深圳市城市规划局）

个不需信号灯控制的渠化道路交通体系。

6. 1987年福田中心区第一次城市设计

1987年由深圳城市规划局与英国伦敦陆爱林－戴维斯规划公司（British Llewelyn-Davies Planning Co., London England）合作提出《深圳城市规划研究报告》。该报告的第三章《深圳福田中心区开发建议》提出了福田中心区的总体构思、土地利用、交通规划、城市详细设计（图4-5）指导方针、详细的风景规划以及实施意见等，主要内容如下：

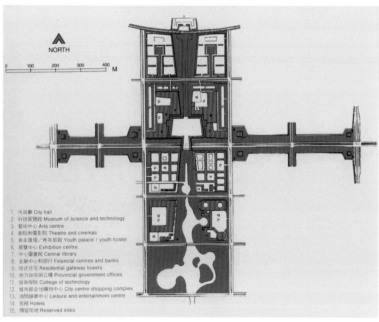

图4-5　1987年福田中心区第一次城市设计（来源：深圳城市规划局，英国伦敦陆爱林－戴维斯规划公司）

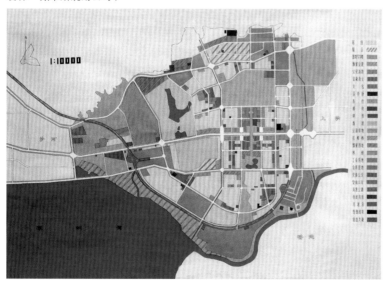

图4-6　1988年福田中心区概念规划（来源：《深圳经济特区福田分区规划》）

① 中轴线是开阔的南北向带状绿地，有秀美的山峰远景。建议在深南路北侧的中轴线上建一个由大型的方形拱廊围合成的步行中央广场，它不仅是福田区的中心，也是整个深圳城市的中心。

② 继承了方格网道路结构，建议深南路及所有其他主要街道作为城市道路设计，在道路交叉口均设置交通信号，与东西环路在南部及中部交叉路口设置立体交叉。

③ 中轴线两侧主要用作城市公建用地和中心公园，大部分作为主要公共建筑用地，且呈南北向排列，从此往北可见高大的山体，南面则是低缓的山地。

④ 拟建两条南北向商业街，设有骑楼的商业街将是福田中心区的一大特色。深南路及外围的南北干道两侧可建办公大楼，其余地带拟作居住用地。

⑤ 在中央广场旁边拟建两栋高层办公大楼，成为深圳最高、最好的高层建筑，控制城市天际线，成为醒目的标志性建筑。此外，在福田中心区的东边和西边入口处拟建两栋塔式高层建筑，以作入口标记。

7. 1988年福田分区规划，标志着福田中心区概念规划定稿

1988年完成的《深圳经济特区福田分区规划》（图4-6）比以往历次规划更加明确福田中心区的概念规划方案，主要内容如下。

① 确定规划布局：金融、贸易、商业、信息交换中心和文化中心沿中心绿带两侧建设，文化中心、信息中心布置在深南路北侧，金融、贸易、商业中心布置在深南路南侧。另外，在深南路的南侧东西两边分别规划两条步行商业街，综合布置购物中心、高档商店及中低档商业。

② 确定用地功能比例，具体制订中心区用地规划功能平衡表。中心区用地5.28 km²，其中居住用地163.07 hm²，公共建筑167.38 hm²，绿

地广场 100.96 hm^2，道路 90.10 hm^2，交通设施 4.11 hm^2，市政公用设施 1.20 hm^2，特殊用地 1.73 hm^2。

③ 道路交通规划，根据路网规划将中心区划分为 20 个街坊地块，基本沿用 1986 年总规提出的中心区棋盘式方格网道路结构，明确中心区的道路交通进行机非分流设计。

1988 年福田中心区概念规划的深度虽已远远超过分区规划深度，对于福田中心区的框架结构性规划内容具有一定的可操作性实施价值，它标志着福田中心区概念规划的定稿，以此作为下一步详细规划的前提条件。

4.1.2 详规方案的明智选择

1989—1991 年福田中心区详规经过了两年多时间的征集方案、综合方案及比较选择，并经过专家会议、深圳市城市规划委员会会议和市政府的多次审议研究。1992 年，市政府确定了福田中心区详规方案，并对中心区开发规模作出了正确的选择。

1989 年深圳市政府首次征集福田中心区规划方案，征集的主要内容是关于中心区的城市设计理念、功能布局、地块划分、中轴线公共空间的形态设计等。中国城市规划设计研究院（简称中规院）、华艺设计顾问有限公司、同济大学建筑设计院、新加坡 PACT 规划建筑公司等四家单位各提出一个福田中心区规划方案①，四个方案普遍重视中轴线规划设计和中心区机非分流规划。1990 年深圳市城市规划委员会第四次会议审议通过了福田区机动车 – 自行车分道系统规划；同年，规划主管部门和市政府各召开了一次福田中心区规划设计方案的专家评议会，对征集的四个方案进行了认真评审。1991 年市政府再次组织对福田中心区规划方案的研究，由同济大学

建筑设计院和深圳市城市规划设计院合作，在四个征集方案基础上提出新的综合方案

图 4-7　1991 年同济大学建筑设计院和深圳市城市规划设计院合作提出的福田中心区综合方案（来源：《深圳市城市规划委员会第五次会议汇编》）

图 4-8　1991 年深圳市城市规划委员会第五次会议研究福田中心区规划方案（来源：《深圳市城市规划委员会第五次会议文件汇编》）

图 4-9　1991 年深圳市城市规划委员会第五次会议会场（来源：《深圳市城市规划委员会第五次会议文件汇编》）

① 深圳市城市规划委员会第五次会议文件汇编 [G]. 深圳市城市规划委员会，1991.

（图4-7）。1991年深圳市城市规划委员会第五次会议（图4-8、4-9、4-10）研究评议了中规院深圳咨询中心（图4-11）、同济大学建筑设计院和深圳市城市规划设计院合作（图4-12）、华艺设计顾问有限公司（图4-13）提供的福田中心区规划方案。会议同意以中规院的方案为基础，吸取其他两个方案的优点进行深化和综合。至此，福田中心区规划方案征集工作告一段落。1992年中规院承担的福田中心区详细规划的工作成果作为中心区详规的定稿。

1992年中规院深圳咨询中心完成的福田中心区详细规划方案（图4-14），提出了高、中、低三种开发规模的比较，即低方案为658万 m^2，就业岗位18万个，居住人口9.5万人；中方案为960万 m^2，就业岗位31万个，居住人口

7.7万人；高方案为1 235万 m^2，就业岗位40万个，居住人口17.2万人。1993年深圳市政府基本确定了福田中心区详细规划的框架，原则同意中心区公建和市政设施按高方案规划配套，建筑总量取中方案控制实施。因此，中心区此后的市政道路工程依据高方案的容量进行设计。迄今看来，这是一个非常明智的选择和决策。

4.1.3 专项规划的深入展开

1993年福田中心区详规的框架获得原则批准后，中心区规划进入了深入细致的专项规划时期，从市政专项规划、地下空间专项规划、核心地段城市设计到CBD办公街坊城市设计等，从多专业、多方面探讨研究中心区规划的科学性、合理性。中心区专项规划是中心区现场施工的专业保证。

图4-10　1991年周干峙院士在深圳市城市规划委员会第五次会议上发言（来源：《深圳市城市规划委员会第五次会议文件汇编》）

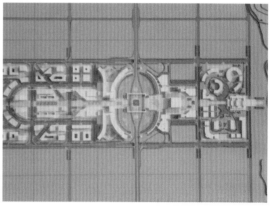

图4-11　1991年中规院深圳咨询中心福田中心区规划方案（来源：《深圳市城市规划委员会第五次会议文件汇编》）

图4-12　1991年同济大学、深圳市城市规划设计院合作福田中心区规划方案（来源：《深圳市城市规划委员会第五次会议文件汇编》）

图4-13　1991年华艺设计顾问有限公司福田中心区规划方案（来源：《深圳市城市规划委员会第五次会议文件汇编》）

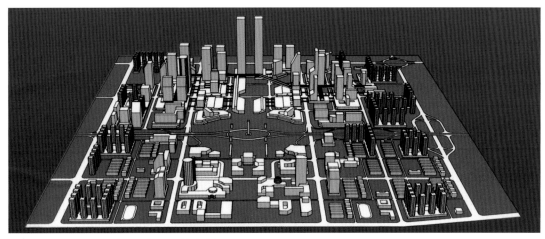

图 4-14 1992 年中规院福田中心区详细规划

1. 1993 年中心区市政工程规划设计

1993 年完成了福田中心区市政工程详规设计、福田中心区市政工程及电缆隧道的设计，并完成了福田中心区中水利用可行性研究工作。完成中心区市政工程施工图后进行市政道路工程建设的"七通一平"，全面铺开了福田中心区现场施工。至 1994 年，福田中心区航拍照片已初现主次干道框架。

2. 1994 年福田中心区城市设计（南片区，图 4-15）

在 1992 年完成的福田中心区详规的基础上，1994 年由规划主管部门委托深圳市城市规划设计院编制《深圳市福田中心区城市设计（南片区）》，既为招商引资作准备，也为政府规划管理工作提供依据。这次城市设计是在没有具体建设项目需求的前提下，由规划师按照规划蓝图、凭借经验构思创造中心区各街坊建筑群的三维空间规划设计，具体编制了南片区每一个街坊的控制性详规和城市设计详图，包括地块区位关系图、地块总平面图、水平与垂直交通组织图、四个沿街面的街景立面图、空间效果图，甚至包括了地块的规划设计要点及有关规定。

事实上，这次编制的福田中心区（南片区）城市设计成果在随后几年的招商引资过程中未能发挥应有的作用，关键原因有三点：

一是部分街坊（地块）的用地性质有所调整；二是部分街坊增加了市政支路，地块再次细分；三是这次详细城市设计的编制过于"建筑单体化"，完全从每个街坊建筑群的形象设计出发，为南片区每一个街坊各设计了一

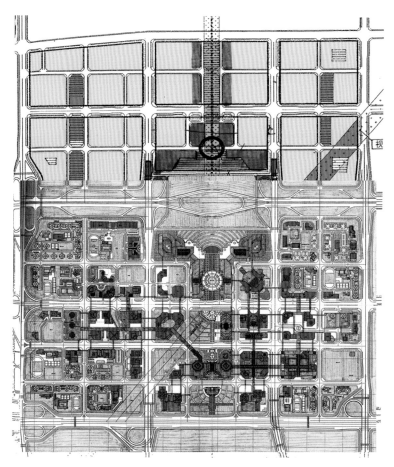

图 4-15 1994 年深规院福田中心区城市设计

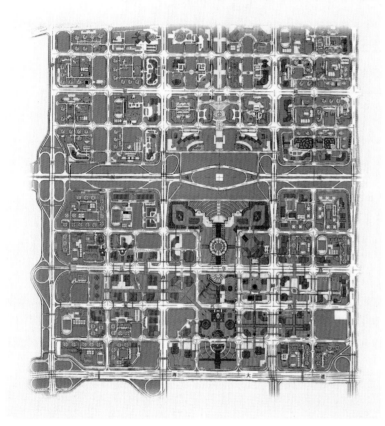

图4-16　1995年深规院福田中心区城市设计总平面图

图4-17　1996年美国李名仪/廷丘勒建筑事务所优选方案

组整体造型优美的建筑群，再从建筑群的设计要求"演绎"出外围四周街道或建筑物的界面长度、建筑高度、退线、人车出入口、二层步行系统等城市设计要求。由此可见，1994年中心区城市设计目的用于招商，却超越了城市设计的深度，在未有投资意向或未落实具体项目的前提下，把公共空间的规划设计提前到了建筑单体的造型等过于细致的建筑外部空间，提前把街坊建筑群的单体造型"固化"了，注定了该城市设计成果的不可操作性。因为任何一个投资者都会有自己对于市场的判断以及对单体建筑的构想，投资者不可能按照规划师意向的建筑单体设计投资建设。作为规划管理者，只能制定有关公共空间的城市设计要求，或者对单体建筑提出统一要求的指引。这是城市设计的初级管理阶段容易出现的问题——对单体建筑管控过严过细。从以往对街坊公共空间的无秩序管理到管得过细，从一个极端走向另一个极端的模式是不可取的。

1995年5月召开深圳市福田中心区城市设计（南片区）成果（图4-16）专家评议会。专家们建议在国际范围内征询福田中心区城市设计方案。于是，1995年下半年至1996年开展了福田中心区核心地段城市设计国际咨询工作。

3. 1996年福田中心区核心地段城市设计国际咨询

1996年对福田中心区核心地段（中轴线两侧1.93 km^{2}范围）城市设计和市政厅建筑设计方案进行了国际咨询，这是深圳城市规划史上一次重要的国际咨询活动。美国李名仪/廷丘勒建筑事务所的方案成为优选方案（图4-17），创造性地提出中心区中轴线公共空间的形态、功能以及立体化设计，采用立体二层步行系统结合地下停车库的方法，比喻中轴线为纽约"中央公园"，根本改变了以往沿中轴线分散布局一系列低层公共建筑的形态，第一次把平面轴线提升为立体轴线的城市设计，落实了中心区人车分流的规划思想。该规划成果包括市民中心建筑设计方案都已付诸实施。这次中轴线两侧公共空间的专项规划设计为深圳详细城市设计提供了一个范例。

4. 1998 年中轴线详细规划设计

中轴线二层绿化步行空间结合地下停车库的立体空间轴线的原创构思由美籍华裔李名仪先生提出，1998 年日本建筑师黑川纪章又深化了中轴线详规设计方案（图 4-18），增加了中轴线的层数，扩大了中轴线的建设规模，形成了一条具备多功能多层次，融公共交通、商业服务、休闲娱乐、生态环保、停车等为一体的生态信息轴。1998 年中轴线详规设计较好地充实了 1996 年中轴线城市设计方案的功能内容，进一步增加了中轴线空间的公众参与度，增强了中轴线的活力。此方案建设实施后一直沿用至今。

5. 1998 年首次进行 CBD 街坊城市设计

1998 年进行福田中心区即将开发 22、23-1 办公街坊城市设计，该项设计抓住了城市设计的最佳时机——已经落实开发商，但尚未签订土地使用合同。设计成果得到市政府同意确认后，立即作为规划设计的控制内容进入土地出让合同条款，也是深圳首次将城市设计指引作为土地出让条件进入土地合同条款的最早样板。十年后，22、23-1 办公街坊城市设计全部实施后取得了较好效果（图 4-19），不仅改善了 CBD 商务办公区环境品质，而且提高了土地价值，也赢得了优美的城市轮廓线和街景效果。实践证明，这项探索是成功的，为深圳城市设计提供了范本和标杆。

6. 1999 年地下空间规划和城市设计综合规划国际咨询

1999 年之前的中心区规划设计都是地面以上的功能和空间形态规划，地下只有市政

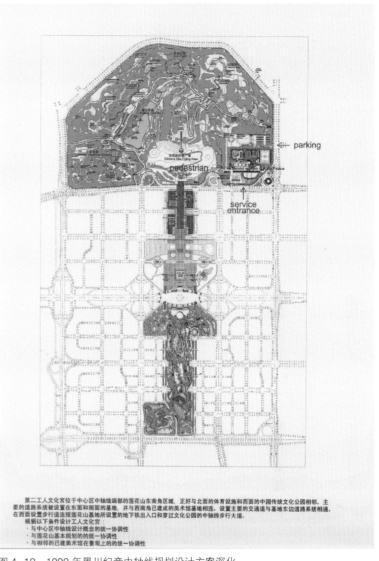

第二工人文化宫位于中心区中轴线端部的莲花山东南角区域，正好与北面的体育设施和西面的中国传统文化公园相邻。主要的道路系统被设置在东面和南面的基地，并与西南角已建成的美术馆基地相连。设置主要的交通道与基地东边道路系统相通。在西面设置步行道连接莲花山基地所设置的地下铁出入口和穿过文化公园的中轴线步行大道。
根据以下条件设计工人文化宫：
· 与中心区中轴线设计概念的统一协调性
· 与莲花山基本规划的统一协调性
· 与相邻的已建美术馆在景观上的统一协调性

图 4-18　1998 年黑川纪章中轴线规划设计方案深化

图 4-19　2012 年中心区 22、23-1 街坊建成后实景（作者摄）

管线的布局，没有地下空间利用规划。直至1999年，迫切需要填补中心区地下空间规划这一空白，同时结合调整地面交通规划，完善公共空间城市设计，使这次专项规划实现全面提升中心区空间形象。从此中心区从地面以上的规划设计进入了地上、地下全面的城市垂直形态空间规划阶段。德国欧博迈亚设计公司提出的方案成为这次咨询的优选方案（图4-20），该综合规划对开发利用中心区地下空间、增加中轴线两侧地下空间的采光通风、调整中心区交通规划政策、美化中

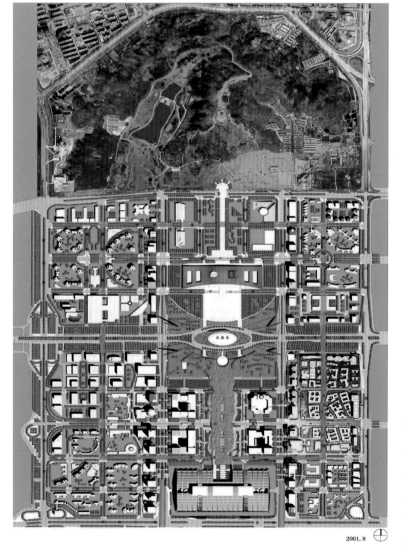

2001.8

图4-20　1999年德国欧博迈亚设计公司提出的中心区地下空间与城市设计综合规划优选方案

4.1.4　城市建筑五要素在中心区的成功实践

　　"快乐的城市是那些具有建筑艺术的城市。"（勒·柯布西耶）建筑群的艺术必须依靠城市设计来创作和控制。中国近三十年城市化高速发展，建设量巨大，但城市规划建筑精品极少。"主要表现在城市要素之间不够协调，城市文化与自然特质没有充分表现，城市特色渐渐消失。我国的城市规划对社会经济的发展、土地资源的利用，以及交通、生态等建设发挥了巨大的作用，但对优化城市环境方面却显得力不从心。规划与工程设计（建筑、景观和市政交通）之间存在着一段很大的真空。当城市建设从追求数量到进入追求质量的阶段，人们越来越多地关注整体形态的完善、环境品质的优化、城市活力的提升和特色的塑造，城市设计也逐步得到重视。"[①]主要原因是国内城乡规划法中没有明确城市设计的法律地位，各地规划主管部门视城市设计为可有可无的"锦上添花"，即使编制了城市设计，也难以落实到规划设计要点之中。换句话说，城市设计的法律规章问题尚未解决，城市规划与建筑设计之间存在一段"真空"，才造成中国当今"千城一面"、公共空间无序、街道界面破碎的局面。城市环境品质的下降是中国三十年城市化高速发展留下的"硬伤"。

　　城市设计属于公共空间设计的范畴，应以空间设计的手法解决交通、景观等资源配置问题。城市设计的核心内容是规定公共空间与建筑单体、建筑单体之间的三维空间形态关系，具体规定每一栋建筑与周围建筑或公共空间景观的定性关系、定量尺度要求。学术界确定城市设计包含宏观、中观、微观三种尺度范围。规划实践中以中观城市设计的使用频率最高。土地出让前编制以街坊为单元的城市设计，规

---

①　卢济威.城市设计机制与创作实践[M].南京：东南大学出版社，2005.

定公共空间与建筑、建筑与建筑之间的规划设计导则，写入土地合同条款中保证执行。例如，一个街坊或若干街坊、一组建筑群的城市设计属于中观城市设计，它是美化公共空间、避免街道界面破碎的重要途径。宏观城市设计属于总体规划范畴，是一种策略性地保留生态廊道、绿化带、水系、景观视廊的定性规划，不涉及公共空间的定量设计。微观城市设计内容包括单体建筑设计及其与公共空间之间的关系定位，例如，一个小地块上布置一栋建筑物，这栋建筑物与公共空间之间的关系定位就属于微观城市设计。综上所述，宏观城市设计完全可纳入总体规划内容，没有必要单独编制；中观城市设计、微观城市设计可归并为修建性详细规划内容，是否单独编制，视具体情况而定。城市设计是详规与建筑设计之间的桥梁纽带，只有深刻认识城市设计的本质性特征，明确城市设计的法律地位，并在规划管理中加强修建性详规的编制与实施，才能从根本上扭转公共空间无序、街道界面破碎的局面。

齐康提出："在具体城市建筑的研究中，我们将从轴、核、群、架、皮等五个方面对城市建筑作出分析，这是一种方法的探索。"[1] 分析这五个方面，体现了福田中心区规划管理控制的五要素，其中轴、核、架这三个要素分别从公共空间系统组织、功能定位、道路系统构架等方面，规划中心区的产业发展类型和二维、三维系统规划布局；群和皮两个要素则从建筑群形象、天际轮廓线以及公共空间界面等方面规划设计中心区。这五个要素紧密关联，相辅相成。尽管功能定位、道路系统构架、产业规划布局等是城市经济发展的基础，但城市形象也是生产力，而且是吸引人气的重要因素之一。一张规划蓝图

需要几代人的持续努力，才能建成经济繁荣、形象优美、生态宜居的城市中心。深圳市中心区规划设计过程始终以规划建筑精品为目标，特别重视详规与建筑工程之间的连接节点——城市设计。中心区从1987年首次进行城市设计，后来陆续开展了十几次规模不同的城市设计，且能够按照时代要求循序渐进地执行城市设计。福田中心区成功实践了齐康先生关于城市建筑"轴、核、群、架、皮"五要素理论。

1. 轴——中轴线一脉相承的规划与实施

勒·柯布西耶提出：轴线是建筑布局中的控制工具，是建筑秩序的维持者。齐康院士把轴线概括为："轴的使命在于组织空间形态。……轴是一种均衡的线性基准，是一种结构简明、概括性强、支持内涵广义延伸的模式。轴具有生长性、开放性、连续性、统一性、均衡性特征。"

福田中心区位于特区几何中心，需要一条轴线来突出城市中心位置，组织空间形态。中轴线犹如中心区的"脊梁"，统领着中心区百栋高层建筑所构成的室外公共空间。中轴线是深圳城市建设三十年历史中规模最大、功能最强、形象最佳、最有代表性的公共空间范例，是中心区规划实施的重要部分，它在深圳城市功能、空间景观中起着举足轻重的作用。中心区中轴线规划及部分实施已有三十年历史，其规划演变历程详见表4-1。中轴线规划始终贯彻在中心区历次规划建设过程中，最终规划确定中轴线为多功能、多层次，集交通枢纽、景观空间、文化活动于一体的立体轴线，长2 km、平均宽度250 m（局部为市民广场，600 m×600 m方形）、占地面积53 hm²（不含天桥），经过多年的规划与实施，现已初具雏形。

---

① 齐康. 规划课[M]. 北京：中国建筑工业出版社，2010.

（1）中轴线在概念规划阶段的酝酿

中轴线规划始于中心区概念规划阶段，其构思最早出现在深圳特区1982年的总规草图中，以莲花山为起点向南"画"了一条轴线。1983年总体规划草图上，特区中心地区莲花山下规划了一条南北中轴线，以商业建筑围合而成的中轴线和深南大道交通轴线形成了"十"字轴。1985年定稿的深圳特区总规正式提出了福田中心区规划方案（图4-2），明确南北向景观轴（中轴线）及东西向交通轴（深南大道）构成的"十"字轴成为中心区清晰的公共空间景观视廊。1986年深圳特区

总规阐明："以一条正对莲花山峰顶的100 m宽的南北向林荫道作为空间布局的轴线，与深南大道正交，形成东西、南北两条主轴。在中心区南北和东西各2 km距离的范围内，实行比较彻底的人车分流、机非分流、快慢分流体系，形成比较完整的行人、非机动车专用道路系统。"1987年深圳首次城市设计研究报告关于福田中心区城市设计篇章中，表明了中轴线是开阔的南北向带状绿地，以莲花山为北起点，在山下向南形成250 m宽的绿化带中轴线，在深南大道北侧的中轴线上建步行中央广场，使福田组团更具特色。

表4-1　中轴线规划演变历程

年份	规划成果	规划建设理念	轴线功能	轴线形态	轴线层数	中心广场形态	备注
1982	总规讨论稿	城市组团中心	景观	南北向轴线	0		
1984—1986	特区总规	福田中心区中轴线	办公、商业等公建带	十字轴线	0	建标志性高层建筑	轴线从莲花山到南端小山
1987	城市设计报告	福田中心区中轴线	公建、商业休闲、住宅	十字轴线	0	低层建筑围合广场	人行天桥跨深南路
1988	福田分区规划	向南北延伸中轴线	公建、商业休闲、公园	强化轴线	0	低层建筑围合广场	轴线从莲花山到深圳湾
1989—1991	中心区规划	福田中心区的中轴线	公建、商业休闲、公园	多样化	0	圆形和方形构筑	咨询方案并综合
1992	中心区控规	福田中心区的中轴线	公建、商业休闲、办公	南北向轴线	0	广场呈圆形，设标志物	增加指向深圳湾的景观斜轴
1995	CBD南区详规	福田中心区的中轴线	公建、商业休闲、办公	南北向轴线	0	设标志塔	南端建两栋摩天楼
1996—1997	核心区城市设计	屋顶绿化中央公园	休闲、地铁站	屋顶起伏跨路	地上1层、地下1层	水晶岛城市雕塑	开创立体中轴线
1998	中轴线详细设计	生态、信息轴线	休闲、商业、地铁	立体、多层次	地上1层、地下2层	广场结合低层建筑	人行天桥跨深南路
1999—2000	综合规划咨询	自然光引入地下一层	休闲、商业、地铁，新增公交枢纽	立体、多层次	地上1层、地下2层	空中"飞碟"观光台	增加南中轴水系
2001—2003	拟实施方案	中轴线建设一气呵成	休闲、商业、地铁，公交枢纽	立体、多层次	地上1层、地下2层	水晶岛城市雕塑	人行天桥跨深南路
2004—2008	分段建筑及景观	北中轴，南中轴建成	休闲、商业、地铁，公交枢纽	立体、多层次	地上1层、地下3层	准备重新招标方案	水晶岛位置地铁施工
2009—2010	中心广场方案	新增地铁线路，重新设计广场	休闲、商业、地铁，公交枢纽，新增办公	中心大圆环	广场南侧局部7层	架空圆环、三栋7层办公楼	圆环形人行天桥跨深南路
2011—2012	广场方案修改	拟出让广场地下空间	休闲、商业、地铁，公交枢纽，办公	方案修改	方案修改	方案修改	方案修改

（2）中轴线在详规和市政建设阶段的规划设计

1989年深圳市政府首次征集福田中心区国际咨询方案，四家设计机构提交的咨询方案中都很重视中轴线规划设计。此后中心区历次规划中始终保持中轴线这条功能景观轴线规划设计的承上启下。1991年福田中心区国际咨询方案的综合、1992年福田中心区详规确定CBD定位、1995年福田中心区城市设计（南片区）等逐年规划中都延续着中轴线的规划设计。至此中轴线一直延续着地面层的平面规划设计，尚未出现立体轴线规划设计。

（3）中轴线在中心区建设起步阶段的深化规划设计

1996—2000年，在中心区全面开发建设阶段，中轴线经过了1996年、1998年、1999年三次国际咨询的深化规划设计。

1996年进行福田中心区核心地段城市设计方案国际咨询，优选方案提出了立体中轴线规划设计。中轴线在经过主次干道的局部路段处高架为二层步行天桥，以形成高低起伏的波浪形立体轴线。1998年中轴线公共空间系统详规设计，在1996年优选方案的基础上做了更多功能、更多层次的中轴线规划设计，在保留中轴线地下停车库的基础上，进一步全部连通中轴线二层步行系统，并增加了地下一层、地下二层商业设计，使中轴线真正成为多功能、多层次的复合公共空间系统。1999年举行中心区城市设计及地下空间综合规划国际咨询，优选方案除了保留1998年立体多功能中轴线规划设计以外，还增加了中轴线东西两侧下沉广场的设计，改善了中轴线地下一层商业空间的采光通风。

（4）中轴线在中心区建设高潮阶段的实施进展

至2000年，中轴线规划方案经过十几年研究和多轮城市设计咨询后终于定稿，市政府开始探讨中轴线"一气呵成"开发建设模式。

2002年，政府部门研究确定中心区中轴线将分成北中轴和南中轴两段建设，其中北中轴将结合市民中心二层平台及轴线最北端上跨红荔路的二层步行天桥同时实施；中心广场及南中轴建立了"3+1"政企合作机制，即三家开发商加一个政府机构分工合作开发建设和运行管理的模式。2003年初，中心广场及南中轴"3+1"合作机制遭遇重大挫折后，不得不暂停以调整规划设计条件和开发建设模式，中心广场及南中轴由统一设计、同步建设，改为各地块分段拼接设计建设的模式，即中心广场及南中轴的三个商业开发地块分开独立设计、独立建设，仅保留二层步行系统的大型屋顶花园统一做景观设计。

2004—2014年的十年是中心区开发建设高潮阶段，但中轴线建设却步履缓慢。2006年北中轴深圳书城中心城店投入使用，2007年南中轴的商业工程怡景中心城开业。2009年中心广场及北中轴作为第三届深港双城双年展的主展场出现在公众面前，中轴线公共空间的艺术展示（图4-21），地下室内展场、二层步行系统的半室外展场以及中心广场的室外展场，显示了中轴线空间设计的多层次和丰富性，取得较好效果。2012年完成北中轴跨红荔路的二层天桥施工（图4-22），开通使用后受到市民和游客

图4-21　2009年中轴线作为深港双城双年展的主展场（作者摄）

广泛称赞。然而，中心广场及南中轴建设过程历经风雨，一波三折，至2015初尚未全部贯通。

福田中心区中轴线规划设计思想一脉相承，但内容形态不断变化。中轴线从景观轴线演变为融功能、景观、交通于一体的完整的公共空间系统，其规划实施是中心区繁荣兴旺的重要元素。尽管中轴线至今尚未全面实施，中心广场方案仍在修改中，南中轴未完成，但中轴线建成后必将成为规模较大、人车分流、屋顶花园式轴线，成为深圳东西

图4-22　2012年中轴线实景（作者摄）

图4-23　2012年中心区作为行政文化核心实景（作者摄）

向带状城市的第一条南北主轴线，将进一步展现CBD的宏伟气势。展望未来，中轴线从中心区开始，还将逐步向南、向北继续延伸，向北连接深圳北站、东莞，向南延伸至深港口岸，它将成为深圳全市的一条主轴线，既主宰着深圳二次创业的城市中心，也是深港"一体化"的金融轴线纽带。中心区中轴线景观与功能的完美结合，可作为成功规划设计的一个实例，也许它的实施需要几十年甚至更长的时间。

2. 核——中心区CBD城市核心功能

"核是城市的中心，城市社会活动的中心，其中有经济活动、政治活动、文化活动、商贸活动、科技学术活动，它具有特定的地位。商业金融活动是现代社会主宰的主要活动之一。大城市、特大城市的金融中心，称作CBD。"[①]深圳历次总体规划、分区规划及详细规划都确定福田中心区是全市以金融贸易为主的核心片区。

（1）核心定位在特区早期总规中确定

20世纪80年代初至今，福田中心区就一直被定位为特区中心、金融主中心。这并非历史巧合，而是由深圳历届领导和规划师们高瞻远瞩所决定的。福田中心区2012年实景照片（图4-23）显示，以市民中心及市民广场为核心的中心区已经在城市空间形象和城市功能上实现了作为整个城市核心的作用。

1980年《深圳市经济特区城市发展纲要》定位福田中心区为吸引外资为主的工商业中心，安排对外的金融、贸易、商业机构，为繁荣的商业区。1981年《深圳经济特区总体规划说明书》提出深圳特区的市中心在福田区，定位为以新市政中心为主体，包括工业、住宅、商业并配合居住、文化设施、科学研究的综合发展区。1982年《深圳经济特区社

---

① 齐康.规划课［M］.北京：中国建筑工业出版社，2010.

会经济发展规划大纲》将福田中心区的定位提升为特区的商业、金融、行政中心。1986年《深圳经济特区总体规划》将福田区定位为未来新的行政、商业、金融、贸易、技术密集工业中心，相应配套建立生活、文化、服务设施。1992年福田中心区详规正式提出深圳CBD定位，以金融、贸易、综合办公楼为发展方向，区内以高层建筑为主。"1996总规"将福田中心区定位为体现国际性城市功能的中心商务区（CBD），为实现区域性金融、贸易、信息中心及旅游胜地的目标提供高档次的设施与空间条件，发展策略是深圳市塑造21世纪城市形象的主要载体。

（2）核心功能的实现

福田中心区经过十二年的概念规划及十八年的边深化规划边实施建设，终于在深圳良好的社会经济条件下实现了规划确定的功能定位，关键是在规划不同阶段都预留了土地，社会经济条件一旦成熟，商务市场一旦有需求，中心区能够供应土地。对于中心区而言，城市核心功能的实现是十分幸运的过程。

"2010总规"提出深圳城市双中心的功能定位，福田中心区和罗湖中心区共同承担市级行政、文化、商业、商务等综合服务职能，前海中心未来将成为第二个中心，体现了城市中心功能的进一步延伸和分工。并且明确福田中心区为金融产业发展的主中心，以罗湖、南山为副中心，培育平湖后台金融服务基地，形成全市金融产业"一主两副一基地"的总体布局结构。

3. 群——CBD建筑群的城市设计

"群是城市之母，是广大市民居住、工作、生产、休息的地方……群是要生长、发展的，

定性质、定规模都是规划者所必须考虑的……群是宏观、中观，也是微观的。"[①]福田中心区规划设计从1987年至今，一直十分重视建筑群的城市设计。

（1）中心区重视建筑群的城市设计

城市不是单体建筑构成的，而是由一组组建筑群组成的。福田中心区规划从1987年起就开始了建筑群城市设计的探索。"天际线是城市的标签，反映着城市的面貌特征，是人们认识和感受城市的一种途径。"[②]深圳前十五年规划建设成果显示：如果仅重视单体建筑的设计，那么，即使多个优秀单体建筑，也难以组成和谐优美的建筑群或城市街区。国内许多城市的新区建筑星罗棋布，然而城市设计成功的例子寥寥无几。特别是办公建筑群因缺乏详细的城市设计，造成每个办公建筑的体量、方位、立面、色彩、室外空间等设计各自为政，建筑与建筑之间"不对话"，公共空间粗放式的规划管理造成城市整体形象的无序状态，"千城一面"的街景比比皆是。做好建筑群的城市设计是规划管理部门的责任。福田中心区非常重视建筑群的城市设计工作。深圳已经建成的罗湖中心区，城市经济上取得很大成功，但城市公共空间缺乏秩序感和系统性，沿街的建筑外观形象缺乏整体协调性。笔者作为当时中心区办公室工作者，殷切期望作为深圳二次创业的CBD规划建设不要"穿新鞋走老路"，福田中心区不应造成"新的罗湖中心区"，于是"勇敢"地改革了既往的二维规划、指标控制式的规划管理模式，开创性地建立三维城市设计导则，有效地组织了CBD办公建筑群体的公共空间设计。1998年开始试点中心区22、23-1办公街坊城市设计，该项城市设计已经

---

① 齐康.规划课［M］.北京：中国建筑工业出版社，2010.

② 斯皮罗·科斯托夫（Spiro Kostof）的观点。参见：王建国主编.城市设计[M].北京：中国建筑工业出版社，2009：84.

付诸实施，具体通过以下三种方式控制办公街坊建筑群整体形象和城市天际线。

① 明确每栋建筑在地块中的布局位置及人、车出入口设计，这样的城市设计就明确了一组建筑群的室外空间形态。

② 明确该街坊每栋建筑高度的控制范围，实现优美的建筑群整体形象。例如，中心区规划要求沿深南大道布置的高层建筑高度控制在 70—100 m；后排的建筑逐渐升高；沿中轴线的高层建筑高度控制在 100 m，后排建筑逐渐升高，使建筑群高低错落有致，建立了深圳 CBD 的形象特征。

③ 统一该街坊所有建筑的立面风格，对裙房、塔楼的立面垂直方向上提出定量的立面收分及立面虚实比例要求，还提供几种可以选择的建筑顶部形式，并对建筑材料、色彩等都作出了详细城市设计导则，避免建筑群整体形象杂乱无章的局面，形成了深圳 CBD 整体形象优美的天际线（图 4-24）。

（2）中心区垂直形态的城市设计

"城市发展是一个多因子共存互动的随机过程。城市格局形态的演进蕴涵着多重力量的交互作用，体现城市垂直尺度的高度形态演化也同样如此。"[1]福田中心区规划从 1987 年起开始城市垂直尺度及建筑群高度形态的城市设计，1989 年征集中心区规划方案，至 1991 年综合优化征集方案的过程中，都十分重视中心区空间形态规划设计，特别是 1994 年专门进行中心区南片区的详细城市设计，对每一个街坊的开发建设都提出了空间形态的控制要求（虽然后来未执行南片区城市设计成果，但该举措说明深圳规划主管部门对城市设计的高度重视）。1996 年首次举行福田中心区核心地段城市设计国际咨询，重点对中轴线及两侧 1.9 km² 范围内的公共空间形态、垂直尺度及建筑群高度分布形态等进行三维空间设计，这次咨询的优选方案确定的二层连续、人车分流步行系统，以及南

图 4-24　2014 年市民广场视角的福田 CBD 建筑群（作者摄）

---

① 王建国 . 基于城市设计的大尺度城市空间形态研究 [J]. 中国科学 E 辑：技术科学，2009，39（5）:830–839.

中轴两侧的建筑群高度控制，一直作为中心区空间形态的刚性控制要求。1999年再次举行中心区城市设计及地下空间综合规划国际咨询，此次优选方案提出中轴线两侧沿金田路、益田路应形成超高层建筑带，以此围合界定或更加突出中轴线公共空间，并在特区东西向交通景观轴上突显这两条超高层建筑带，以形成"双龙起舞"的天际线效果（图4-25）。1999年城市设计的优选方案使中心区的天际轮廓线更具鲜明特征，中心区整体范围内的城市设计和中轴线两侧建筑群形态基本确定。近十几年中心区规划实施也一直按照上述城市设计要求进行规划控制。

4. 架——中心区市政道路和轨道交通构架

"人类的生产、通勤乃至其他各种活动，以及对外交通都要从城市的基本构架出发。从区域大框架来分析，城市的发生、发展离不开构架城市的交通与道路。"[①]福田中心区规划并实施了较好的市政道路和轨道交通构架。

（1）中心区方格网道路构架的确立

新城、新区规划以棋盘式方格路网为第一选择。规律的方格路网布局，不仅方便公众出行，而且提高了商业经营的价值。从商家经营街面铺位的角度看，只有划分为棋盘式方格路网，才能产生更多的"街边""街角"，而这些"街边""街角"都是商家必争的"黄金铺位"，商家的口头禅"金角银边空肚皮"就是非常生动的说明。而弧形不规则路网既不利于汽车交通的组织，也减少了"街边""街角"。所以，在地理条件允许的前提下，城市道路结构尽量采用方格路网模式，除非自然地理条件不允许，则因地制宜选择其他路网结构。

1986年深圳特区总体规划确定了福田中心区的规划构想，同年又编制完成了《深圳特区福田中心区道路网规划》。该规划提出福田中心区采用方格形道路网（图4-26，图中绿色为机动车道，红色为自行车道和人行道），采取人车分流、机非分流的原则，即汽车行驶路线与自行车行驶路线采取完全分离的交通组织方法。中心区的道路分格间距为350—500米。尽管1989—1991年间国际咨询中心区规划方案及其方案综合中，曾有些方案提出中心区弧形道路等不规则路网方案，但后来都被城市规划委员会专家审议否定了，最终确定了中心区方格形道路网。福

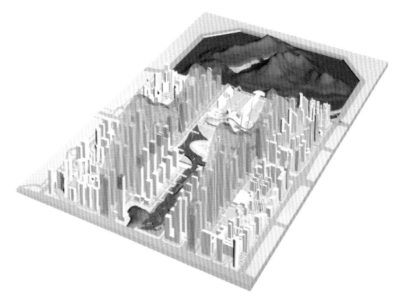

图4-25　金田路、益田路两侧"双龙飞舞"天际线（欧博迈亚公司规划）

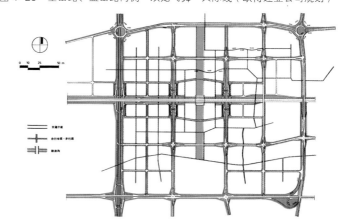

图4-26　福田中心区方格路网（来源：1986年总规）

---

①　齐康.规划课［M］.北京：中国建筑工业出版社，2010.

图4-27 2012年中心区市政道路构架实景（作者摄）

图4-28 中心区已通车的1、2、3、4号地铁线（来源：深圳市规划国土发展研究中心）

田中心区采用方格网道路系统，与特区总体规划相协调，于1996年基本完成市政道路工程建设。在后续十几年规划深化建设中，不断加密中心区市政支路网密度，形成了中心区市政道路构架成功的规划建设（图4-27）。深圳一次创业开发的罗湖区，路网结构不规则，"丁"字路口较多，出行不便。二次创业开发的福田区，则基本采用方格路网，方便了公众出行，提高了片区商业价值。福田中心区市政道路构架的成功规划建设奠定了中心区繁荣兴旺的基石。

（2）轨道交通构架的形成和完善

20世纪80年代初期，深圳CBD规模难以预测，亦无法预测深圳未来轨道线路数量和建设时间。因此，深圳早期总体规划在深南大道中间布置较宽的绿化隔离带，预留了轨道交通空间；在中心区413 hm²用地面积范围内，道路、广场面积197 hm²（占总用地面积47%），在道路绿化带中预留了足够的交通空间。中心区规划成功实践了齐康先生"留出空间、组织空间、创造空间"的理论，此为重要经验。

加密轨道交通线路和站点，一直是福田中心区公交优先的首要途径。1996年深圳地铁一期工程共两条线（1号线、4号线）经过中心区，城市规划师与交通工程师多次潜心研究，尽量使线路和站点接近CBD商务办公摩天楼，接近人流负荷中心位置，尽量加密站点。2004年底地铁一期通车后，给中心区带来了金融办公总部投资的热潮。2007年经过中心区的轨道交通规划新增4条地铁线（2、3、11、14号线）。此外，京广深港高速铁路经过中心区，设地下火车站"福田站"。从此，中心区轨道线路增至7条，新增轨道线长度约10 km。2011年6月，深圳地铁二期工程通车，经过中心区已开通的地铁线增至4条线（1、2、3、4号线），中心区已基本具备了高效便捷的轨道交通出行条件（图

4-28）。至 2014 年，经过中心区的京广深港高铁站"福田站"已经完成土建工程，北京至深圳的高铁近期内通车。福田中心区已成为深圳全市轨道交通线路和站点密度最大的片区，从交通构架上确保了中心区 CBD 的成功运营。

5. 皮——采用城市仿真技术规划控制公共空间界面

"皮指界面，界面对城市、建筑与规划设计都十分重要。"[①]城市街道的界面设计对于一座城市、一个片区、一个街坊都是十分重要的。在我们过往的城市或风景中，凡是能够留下深刻美好印象的地方，都有着具备地方特色、优美和谐的界面。街道或片区的"表皮"或"界面"，看似是表面肤浅的城市设计内容，实质是宜居环境的物质体现。优美和谐的"表皮"或"界面"，并非采用建筑表面的"假立面"形成，而必须通过高水准的城市设计指引实施片区界面的规划控制，以形成和谐的功能内容，采用本土化材料（广泛使用）以及建筑群立面风格的整体和谐；或依靠每位单体建筑设计师遵守职业道德并具有良好的艺术素养，实现界面的优美。

界面连续性元素是公共开放空间的特征，街道在城市公共空间界面中所占比重最大。如果一座城市的规划管理部门特别重视街道的连续性界面设计，经过几代人的积累，就能形成优美的城市空间环境，经过更长时间甚至几个世纪的沉淀，则可造就"历史文化遗产"。这是"表皮"或"界面"的历史文化价值之所在。

福田中心区规划实施过程中十分重视中轴线公共空间界面、街道界面的详规设计或城市设计。从 1998 年起，中心区在城市设计研究和单体建筑设计方案比选阶段，采用城市仿真技术动态模拟街道界面、公共空间的"真实"视觉效果。以先进技术工具事先把控街坊的尺度、街道的界面、单体建筑的尺度和体量等效果，避免了城市设计及建筑设计的尺度失当问题，形成了中心区优美的界面景观。

（1）中心区始终重视中轴线公共空间界面规划设计

1987 年深圳城市设计研究报告中关于福田中心区规划设计内容，已包含了中轴线公共空间的界面景观设计。1989 年参加深圳福田中心区国际咨询方案的四家设计机构提交的方案，都十分重视中轴线公共空间界面的规划设计。如前文所述，中心区后续规划管理中也始终把中轴线公共空间界面的规划实施放在首位（见 4.1.1）。

（2）中心区规划十分重视街道界面的城市设计

1998 年，由福田中心区开发建设办公室组织编制中心区 22、23-1 办公街坊（共 13 栋办公楼）城市设计，并在 13 栋办公楼规划设计要点及单体建筑报建中贯彻实施该城市设计成果，避免各办公楼"各自为政"的局面。这两个 CBD 办公街坊建成后，形成了整体和谐优美的办公建筑群效果，并誉为深圳城市设计的典范。22、23-1 办公街坊的街道界面连续性设计主要表现在街墙、骑楼及建筑立面风格的和谐等三个方面。

① 该城市设计规定 22、23-1 街坊所有新建的 12 栋办公楼（另 1 栋保持现状）都必须采用 14—17 m 高的街墙作为办公建筑裙房的统一元素，街墙统一了人们可视范围内建筑群的立面风格。在规划为街墙的界面处，建筑外墙必须按规定坐标对齐，不允许建筑后退线参差不齐；同时还规定了设置街墙立面的具体措施等。

---

① 齐康.规划课［M］.北京：中国建筑工业出版社，2010.

② 骑楼在 22、23-1 街坊内必须连续不断，办公建筑底层的规定部位都必须用净高 6 m、净宽 3 m 的骑楼连接起来。连续的骑楼步行通道，创造了遮挡风雨、安全舒适的步行空间。骑楼是沟通人行道与建筑底层架空公共走廊空间的元素，较好地衔接了公共步行空间与建筑内部空间的界面渗透。骑楼的做法适合 CBD 办公商业建筑的功能需要，营造了街道公共空间活跃的氛围；既汲取了岭南建筑手法，也是适应深圳亚热带气候特点的最佳步行空间设置。

22、23-1 街坊城市设计规定，沿福华一路、公园环路、连接两个公园的街道（灯笼街），这三条街道的建筑首层必须设计连续的街墙和骑楼，且街墙和骑楼设置位置协同一致，从城市设计层面上彻底解决了 CBD 街道界面的连续性问题。这是一个成功的规划实施案例，规划要求统一尺度的街墙和骑楼作为保持街道界面连续性的统一元素。

③ 该城市设计规定 22、23-1 街坊所有新建的办公楼建筑设计必须采用"立面收分"

处理，除了在 14—17 m 高的街墙位置做收分，在 45 m 高的裙房位置做收分，还必须在建筑总高 80% 的位置做收分。规划要求所有建筑立面的虚实设计必须从下到上由实变虚的过渡方法，要求底部实墙比例大，往上逐渐缩小。

（3）城市仿真技术辅助实现优美的公共空间界面

"尺度与比例的恰当把握是使序列空间产生美感的重要因素。"[①] 如何把握公共空间界面的城市设计尺度？这是规划建筑专业领域的大难题。一个成熟的建筑师尚可凭借自己的经验数据把握单体建筑的尺度，但一个公共空间或一条街道界面的大范围尺度就很难凭建筑师的经验把握了，即使片区或街道周边建筑群模型的制作也只能反映几百米最多几千米高空处的视觉效果，很难事先判断人们在地面上的视觉效果。为了解决这类问题，1998 年福田中心区开发建设办公室引进了计算机城市仿真技术工具，可以在城市设计方案或建筑方案比较研究阶段模拟"建成后的实际效果"，供决策者和设计师们事先动态预览。从此之后，中心区的每项城市设计或建筑方案设计都必须经过城市仿真模拟"实际效果"，得以较好地把握城市设计尺度和界面效果，并应用于建筑单体方案的报建，以确保建筑群的整体空间效果（图4-29）。正因为中心区采用城市仿真技术辅助实现了优美的公共空间界面，才形成当今优美的天际轮廓线。如今，当您置身于中心区的街道、广场、高层楼宇，或登上会展中心平台、莲花山顶时，随处可见优美的中心区公共空间界面（图4-30）。

福田中心区规划编制与实施管理坚持轴、核、群、架、皮五要素控制，取得了较好的城市设计效果。中心区规划自 90 年代率先实

图 4-29　2012 年福田中心区建筑群实景（作者摄）

① 齐康 . 城市建筑 . 南京：东南大学出版社，2001.

图4-30　2014年福田中心区从莲花山顶俯视全景（作者摄）

施控规、城市设计、市政基础容量超前规制，在国内率先采用城市仿真技术对中心区建筑群整体效果、天际轮廓线、街坊尺度、建筑单体尺度等精细化控制，使中心区取得较好的规划实施效果，形成的宝贵经验已推广至深圳全市规划管理。

4.2　福田中心区规划实施的实证研究

详细规划分为控制性详细规划（简称：控规）和修建性详细规划（简称：修规）。根据总规的要求组织编制控规，修规应符合控规。城市中心区规划属于详规范畴，包括控规和修规。对于福田中心区而言，控规即法定图则，其法律地位已确定，规划编制内容下文将探讨；修规即详细蓝图[①]（包括城市设计），城市设计应贯穿在控规与修规两个阶段，控规须制定公共空间景观视廊的城市设计导则，修规须在控规公共空间景观视廊的城市设计导则下制定街坊或地块建筑外观设计的定量要求，这是中心区详规精细化管理的必要内容。

4.2.1　法定图则的实践与思考

1990年，深圳开始探索城市规划体系改革，在学习香港规划管理模式的基础上，在全国城市规划法的大框架下，把深圳市城市规划编制分为五个层次：总体规划、次区域规划、分区规划、法定图则、详细蓝图。这五层次规划体系到1998年5月深圳市人大正式通过地方立法《深圳市城市规划条例》确定了法定地位。从此，深圳的法定图则在法律地位上替代了控规。20世纪80—90年代，土地有偿使用管理市场尚未成熟，详规技术指标的制订或修改曾经成全了许多人发财致富的梦想，也出现了一些行政人员的腐败现象。为此，深圳采用"法定图则"代替"控规"，不仅强调了控规的法定地位，而且实行法定图则草案公众展示、成果交由各界代表（由政府和社会精英成立的深圳市城市规划委员会）共同审批等程序，确保法定图则的公开、公平原则，让公众监督廉政问题。可见，法定图则的编制与实施曾在深圳城市规划管理

---

①　为方便规划界同行的研究交流，本书主要采用《中国城乡规划法》中"控规"和"修规"名称，局部内容根据实际情况采用《深圳市城市规划条例》中"法定图则""详细蓝图"或"城市设计"作为对应阶段。

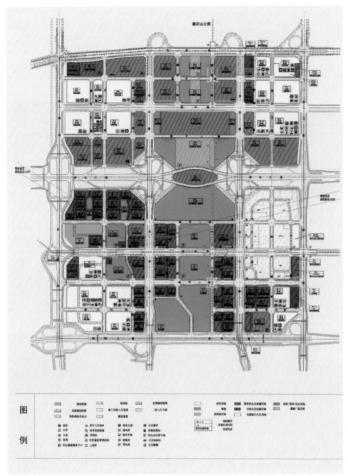

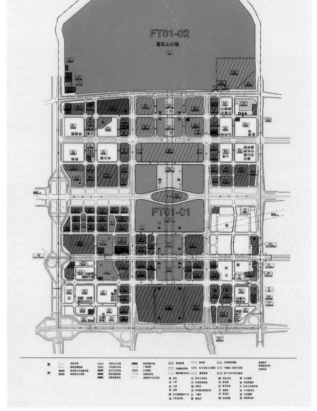

图 4-31　福田中心区第一版法定图则　　　　　　图 4-32　福田中心区第二版法定图则

和社会建设中起到了积极作用。中心区是深圳最早试行法定图则的片区，笔者通过研究中心区近十五年来法定图则的规划实施效果，提出以下改进意见。

1. 法定图则编制审批周期过长，难以适应市场建设需求

（1）中心区第一版法定图则[①]（图 4-31）

1998 年通过的《深圳市城市规划条例》正式确立了法定图则的法律地位。第一个法定图则试点福田中心区法定图则（草案）已于 1997 年开始编制，年底基本完成了该图则（草案），待规划条例正式颁布后，1998 年 9 月中心区法定图则草案（FT01-01/01）向市

民公开展示，吸取公众意见修改后，于 1999 年 3 月形成中心区第一个法定图则（送审稿），2000 年 1 月深圳市城市规划委员会正式签署批准了中心区第一版法定图则（FT01-01/01），这是深圳市批准的第一个法定图则，从编制到批准历时三年之久。

（2）中心区第二版法定图则（图 4-32）

鉴于深圳市场经济发展快、中心区建设速度快，三年的发展已改变了许多规划编制条件，也经历了实施需要的重大项目选址等一系列变更。于是刚批准的中心区第一版法定图则 2000 年 12 月又委托修编第二版。这是一个奇怪的现象：法定图则的批准之日就

① 福田中心区专项规划设计研究. 深圳市规划与国土资源局主编. 福田中心区城市设计与建筑设计 1996—2004 系列丛书 [G]. 第 9 册. 北京：中国建筑工业出版社，2003：9-12.

是修编之时；由于法定图则的编制审批周期过长，无法满足建设项目的需求，2001 年 4 月深圳市城市规划委员会第十次会议批准同意对中心区第一版法定图则个案的局部修改申请，以尽快为规划行政许可提供依据。这是法定图则实施过程中的典型案例边修编第二版边调整个案。2002 年 4 月深圳市福田 01-01&02 号片区 [中心区及莲花山] 法定图则第二版公示，至 2002 年 9 月修改完成第二版法定图则送审稿，2002 年 10 月深圳市城市规划委员会法定图则委员会通过审批，第二版法定图则从编制到批准历时二年。

（3）中心区第三版法定图则（图 4-33）

中心区第二版法定图则在以政府为主导的建设过程中，其方格形道路网、中轴线公共空间以及城市设计空间轮廓线等内容都得到了较好实施。从 2002 年确定第二版法定图则到 2011 年编制第三版的十年间，中心区虽有 18 项个案、36 个地块进行了修改调整，但仅两项个案修改提交规划委员会审批通过，其余调整均以政府会议纪要的形式予以确定[①]。2011 年 1 月政府委托进行中心区法定图则第三版修编，2012 年基本完成了修编草案，如果 2013 年能够审批通过的话，则第三版法定图则从编制到批准历时三年。

2. 法定图则编制范围过大

法定图则编制范围过大，直接导致编制周期过长，深度粗浅不匀。通常法定图则编制范围在 1—5 km²，但根据 2007 年 9 月深圳市规划标准分区调整的有关数据分析，法定图则（相当于控规）"平均编制范围 2.81 km²，最小的为 0.64 km²，最大的为 30.23 km²"[②]。难以想象，5 km² 以上的法定图则如何控制管理？按照城市建设的正常速度，5 km² 范围的规划实施至少需要二十年时间，超过 5 年的控规对于已经出让的用地范围内的规划设计要点生效了；对于尚未出让用地的规划设

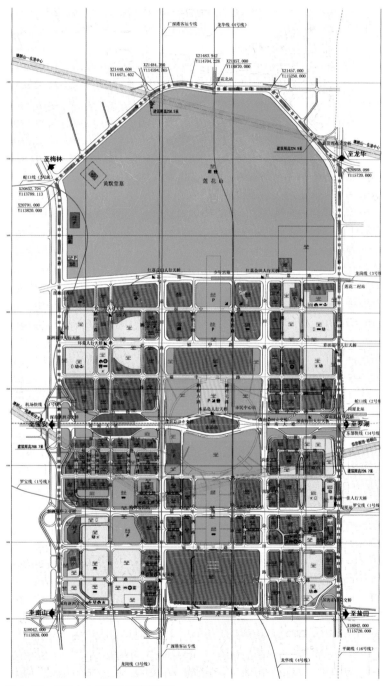

图 4-33 福田中心区第三版法定图则

---

① 深圳市福田 01-01 和 02 号片区 [中心区] 法定图则（第三版）现状调研报告（送审稿）[R]. 深圳市规划国土发展研究中心，2011:49.

② 叶伟华 . 深圳城市设计运作机制研究 [M]. 北京：中国建筑工业出版社，2012:58-59.

计条件，一般需要重新修改审核后才能付诸实施；而且实施过程中市场形势一旦变化，又不得不重新修改。如果法定图则范围超过10 km²、20 km²甚至30 km²的话，则往往需要几代人的建设，怎能用一个法定图则预测和控制几十年建设？因此，法定图则编制范围必须缩小。

按照规划编制单元的划分，往往一个法定图则编制单元的整体修编，造成一次次覆盖、一次次重复编制的结果。无论法定图则原编制范围的土地已经出让多少，一旦重新修编，则修编范围一律与原编制范围重合。此方法弊端，一是已出让土地不再改变规划条件，修编时按用地面积重复收取一次规划费用；二是修编范围大，修编成果不明确区分未出让用地和已出让、已建设用地，后者仅表示为"现状保留"用地；三是修编重点内容不突出。

福田中心区已经历四次控规整体编制及修编。1992年编制福田中心区第一次控规，1998年试点编制中心区第一版法定图则，2002年修编第二版法定图则，2011年修编第三版法定图则。中心区详规编制前后二十年，整体编制和修编共四次，平均每五年修编一次。特别是修编法定图则第三版时，中心区已出让土地面积占98%，已竣工建筑面积达90%以上，然而，这些范围仍然等同于新编范围，意味着该成果的98%是"现状保留"，

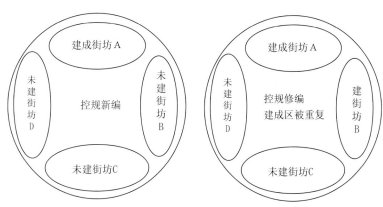

图4-34　建成区在控规中重复修编（作者编制）

重复拷贝那些已建成部分的规划内容。深圳这种做法已沿用了十几年，足以证明详规编制体制的惰性。总之，法定图则（控规）整体修编过程中不区分建成区和未建区，把建成区重复修编（图4-34），却没有重点深化未建区的规划设计，这是极大的浪费。事实证明，没有必要整体修编法定图则，应采用"打补丁"方式局部修编。

3. 法定图则刚性内容过多，造成频繁修编，影响规划实施

中心区第一版法定图则历时三年，第二版图则历时二年，五年期间是政府投资的公共建筑快速筹备和开工建设阶段，图书馆、音乐厅、会展中心等项目的选址都进行过重大调整，甚至中心区最大的公交枢纽站布局位置也几经调整，由于图则的编制审批过程较长，而且法定程序严格，难以动态调整更新图则内容。理性地分析，控规的道路系统规划、公共空间系统规划、市政配套设施规划等，对中心区开发建设起到了引领和控制作用，其他许多内容则必须再加以认真思考。国家明文规定，控规（法定图则）是建设项目行政许可的依据。依据不调整，项目不能审批。结果是控规（法定图则）不但无法指导快速变化的城市建设，反而成了阻碍城市建设的障碍。

纵观深圳法定图则实行十几年来的实际效果，已形成社会共识"法定图则不好用"。法定图则一次又一次修编，其周期之长，不但影响了法定规划的严肃性，而且制约了社会经济发展。法定图则控制的刚性内容过多，一旦进入实施阶段，便显示出与市场需求的诸多矛盾，造成频繁修编，建设项目不得不暂缓搁置，等待法定图则审批后才能颁发建设工程许可证，严重影响规划实施的进度；控规改成了法定图则，核心内容不变，控规原有问题依然存在。由此迫使我们从法定图

则编制的源头寻找解决办法。如果把政府严格控制的内容作为常规不变的刚性内容，尽量减少刚性内容，而把那些可协商内容作为弹性内容，紧随市场需求作适度调整，规划控制更"粗线条"一些，法定图则原则上可不再整体修编。

现行法定图则控制的刚性内容为以下六项。

① 市政道路网（包括主次干道、市政支路）的定位；

② 市政配套项目（名称、规模等）；

③ 公共空间生态景观系统（绿地、水系、广场、景观视廊等）；

④ 地块划分（确定地块面积）；

⑤ 用地性质中类（含土地利用相容性规定）；

⑥ 容积率（确定值或幅度）。

每次修编法定图则，都是根据建设项目的实际需求被动地修改调整。回顾中心区第一、第二版法定图则执行过程中的修改内容，可概括为三类修改事项：第一为容积率调整；第二为用地性质调整；第三为地块划分的合并或细分。中心区实例证明，法定图则的刚性内容过多，造成了规划实施过程中需要伴随着三类事项的调整而修编。法定图则总是跟随实际需求被动地调整，其有效周期太短，这已违背了法定图则的宗旨。

2002年生效的中心区法定图则第二版到2011年第三版修编的十年间，申请修改法定图则的个案有18项，其中申请提高容积率的高达14项（含1项发展用地）。由此可见，法定图则中容积率适宜规定一个弹性幅度范围，以弹性幅度代替刚性数字，在规划片区整体控制建设总规模，局部地块之间的容积率高低可以转移调整，实行片区平均容积率制度，同时建立地价配套政策，容积率超过者则地价累进计收。让容积率也进入市场经济轨道，容积率越高则地价越高，高强度开发者相当于花钱购买周围地块的容积率，以控制整个街坊或片区的开发建设总量。具体操作办法为：土地招拍挂出让之前公布地块的容积率幅度及累进地价计算方法，投标者根据市场行情同时投标容积率和地价，电脑自动计算出每平方米楼面地价，最终价高者得。这样既给市场调节容积率的弹性，也基本保持开发总规模的平衡、地价收益的平衡。因此，法定图则应将用地性质改为"大类"，且土地利用相容性也改为"大类"兼容性规定；这样既避免了法定图则面临市场的尴尬，也减少了修改申请和行政成本，进一步体现"小政府、大社会"的行政管理思想。

4. 应增加法定图则弹性内容，延长有效周期

鉴于容积率和用地性质是法定图则申请修改频率最高的两项内容，此为法定图则应调整为弹性内容的重点。法定图则从编制到批准一般需要三年时间，而且公示后的法定图则草案除了按采纳的公示意见修改外，其余内容不得再改。在这三年周期至下一轮修编期间，所有必要的修改内容只能汇总等待下一轮法定图则修编。法定图则是建设项目行政许可的法律依据，不修改图则，意味着不能许可相关项目建设。如此形成了一个怪圈：法定图则刚性内容较多，规定越具体，建设项目能完全满足规定的内容越少，一旦不一致，必须先修改法定图则，才能办理建设项目的"两证一书"及所有行政许可手续。等完成图则修编，已时过境迁，市场又有新变化，投资者可能面临新的修改申请。如此循环往复，则建设项目无法推进。

通过研究中心区法定图则编制、修编、实施的十几年历程，笔者提出法定图则四项改进措施：一是缩小法定图则编制范围，适宜控制在1—5 km^2；二是修编法定图则采取"打补丁"方式，不做整体修编；三是减少

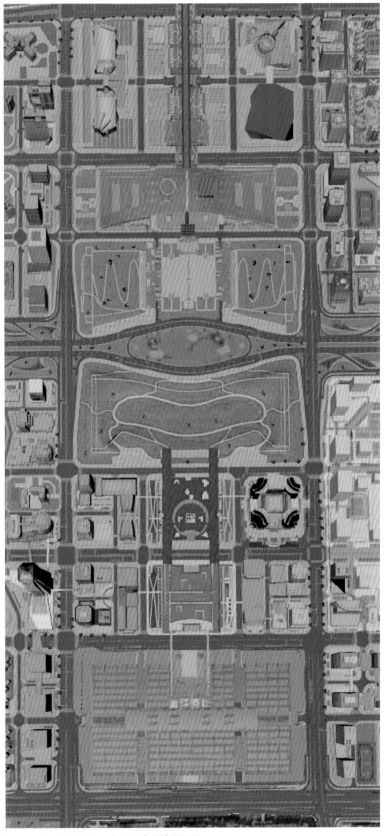

图4-35　2010年福田中心区中轴线平面图

容积率和用地性质（中类）两项刚性内容；四是增加容积率幅度和用地性质（大类）两项弹性内容。以此达到缩短编制审批周期，提高法定图则行政管理的长期效率，增加法定图则的实施内容比例。法定图则的刚性内容越多，修改申请就越多，建设速度就越慢。只有在建立合理的地价政策、经营性用地全部采用土地拍卖方式的前提下，严格控制法定图则的刚性内容，增加弹性内容，才能延长其有效使用周期。

4.2.2　中轴线二层步行系统从整体到分段实施

地处深圳特区中心的福田区因中轴线而显示组团特色。中轴线犹如中心区的"脊梁骨"，统领和串联着中心区百栋高层建筑、公建、广场等所构成的室外空间。中轴线已基本形成，并向南北分别延伸，未来将成为深圳城市的一条南北向主轴线。

1. 中轴线的规划特征（图4-35）

福田中心区规划采用了中国传统的中轴线规划布局，中轴线占地面积53 hm²，北起莲花山，向南形成一条长2 km、宽250 m（中段为方形市民广场，600 m×600 m）的多功能立体轴线。中轴线由北中轴、市民广场、南中轴等三部分组成，包括9个地块，其中政府投资建设3个地块，企业与政府合作投资地块6个，企业投资商业经营部分，政府投资公共空间（广场、绿化休闲、公交站等），政企合作建设中轴线，保证了公共空间的经济性和社会性。

中轴线规划包括功能、形态、文化三方面特征。它是一条有机结合交通设施、商业广场、屋顶花园的多功能轴线，汇集了商业、文化休闲和地铁、停车库、公交枢纽等人车分流的步行轴线；是一条充分利用地下、地面设施和屋顶广场等不同层面的立体轴线；是一条融合中西文化元素于一体的景观轴线。立体中轴线的具体布局为：北中轴共二层（地下一层、地上一层、屋顶广场），南接市民中心二层平台，再南接市民广场；北广场为地下二层（停车库和展厅）与水晶岛地下四层（地铁站厅、站台加商业）接通，南广场地下四层（商业、车库、公共通道等）北接水晶岛，南连南中轴；南中轴为地下三层（商业、车库、公共通道等）与会展中心地下连通。所以，中轴线是地上、地下、屋顶三层面南北贯通的立体轴线，人车分流的二层步行长轴，并用二层天桥连通沿线主要建筑，使中心区成为展示深圳城市形象的最佳步行空间。

中轴线创造了中心区形态的秩序感和一系列景观点。中轴线是由建筑屋顶和过街天桥组成的一条空中景观轴线，轴线"地面"相对标高＋6—8 m，连续2 km长，从莲花山到会展中心的二层步行平台全部连通，沿线由不同高度建筑界面构成不同尺度、不同视觉效果的景观空间，实现了轴线的连续性空间序列，也创造了沿轴线的多个景观点。齐康院士指出："对于轴来说，连续性是轴的视觉特征形成的基本要求。轴所具有的强烈的形式感、秩序感以及动人的轴向空间美都源于这种连续性。相反，如果连续性很差，轴线多次被打断，或轴线缺乏必要的延伸长度，则上述特色必将逊色甚至消失。"从1982年开始构想的这条景观中轴线，经过28年的承前启后，现基本形成了从莲花山至会展中心的一条开敞、连续不断的轴线空间。中轴线使中心区整体形态井然有序，它像中心区的一条"脊梁骨"，串联了中轴线两侧的高层（超高层）建筑，形成了连续的公共空间界面。中心区的办公和商业建筑、交通枢纽靠中轴线串联展示出来。

2. 中轴线详规深度不足，实施效果难把握[①]

由于中心区1992年控规及1997—1999

年法定图则（第一版）只定性中轴线为绿化景观轴线，未定量其配套的商业及公共设施，1998年编制的中轴线公共空间系统详规设计成果，虽然有中轴线地区设计导则，但内容较笼统，缺乏对中轴沿线的景观规划设计的定量要求，缺乏可操作性。1999年中心区城市设计及地下空间综合规划国际咨询的优选方案提议中轴线两侧设置水系，2000年中心区办公室组织进行了中轴线设置水系可行性研究（图4-36），决定取消水系，改为两侧

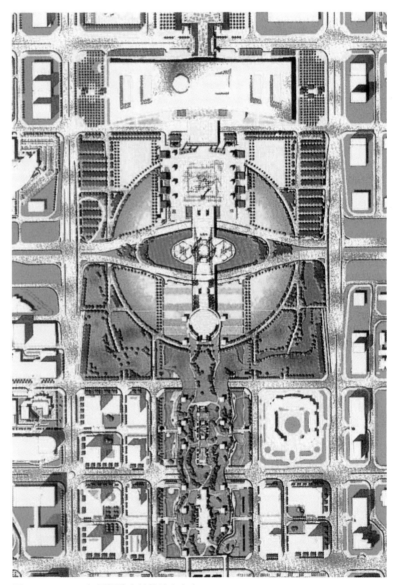

图4-36 2001年深规院中轴线综合方案

① 陈一新. 深圳CBD中轴线公共空间规划的特征与实施[J]. 城市规划学刊, 2011,196(4):111–118.

下沉广场，以改进南中轴地下商业空间的自然通风和采光效果。2001—2002 年，确定了中轴线的投资商后，政府与三家投资方成立了"3+1"设计建设领导小组，目标是协商管理市民广场及南中轴从建筑景观设计到建设施工全过程，保证该项目按规划顺利建设使用。如果这次工作能够顺利实现的话，则中轴线虽然缺乏定量城市设计导则，但也可以在"3+1"统一设计建设中弥补。然而，2003 年初的中轴线事件，再次错失了统一建设中轴线的良好时机，各投资商不得不分段实施中轴线，在未明确中轴线详细设计导则的前提下直接从控规进入建筑设计，导致中轴线从整体到分段实施的计划变更后，规划管理只能按市场需求，丧失具体管控措施。

3. 中轴线分期建设（图 4-37），修规深度不足问题更加突显

　　中轴线建设从"一气呵成"到分段"拼接"，分期实施的过程曲折漫长，使修规深度不足的问题更加突显。2002 年出让中轴线商业开

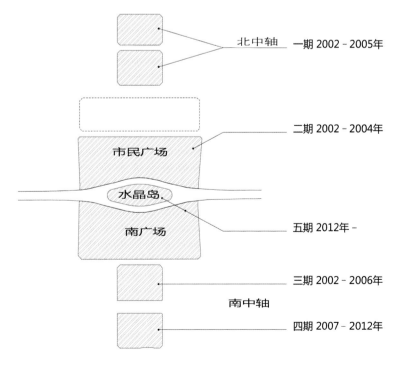

图 4-37　中轴线分期建设示意图（佟庆制图）

发的土地使用权，历经十年，仅形成北中轴至莲花山的连接，市民广场未完成，南中轴断断续续未接通，期盼已久的中轴线"脊梁"尚未撑起，这是中心区规划实施最大遗憾。理论而言，同一时期（3—5 年）建设的片区最理想的方式是整体城市设计，并"一气呵成"建设，这是乌托邦式的理想模式。实际工作中往往采用整体规划设计、分段建设的方式。不同时期建设的片区应在控规的指导下分别编制城市设计。因为城市设计作为修规，在没有获得投资方意愿的条件下编制修规是无的放矢，其成果往往不具有可操作性。所以，中轴线各地块应在控规指导下，根据市场需求编制城市设计，采用"拼接"方法逐步实现公共空间的整体性。1998—2003 年间，中轴线的规划管理目标是将中轴线建筑工程、景观工程和商业业态设计建设"一气呵成"，形成中心区整体形态。中轴线规划设计 1996 年前处于控规阶段，1998 年进入修规阶段。基于政府投资"一气呵成"建设中轴线的前提，设计师迫切希望实现中轴线建筑工程，但缺乏城市设计经验。因此，1998 年中轴线规划设计成果未制定中轴线整体设计控制的定量要求，未达到修规深度。如果中轴线在没有制定详细城市设计导则的情况下直接进行建筑设计，此方式只适合单一投资方"一气呵成"建设中轴线的模式，以弥补修规深度不足的缺憾。

　　事实上，2000 年至 2003 年初，中轴线规划实施一直朝着"一气呵成"的方向进行。2001 年确定市民广场（南）及南中轴 33-4、19 号共三个地块采用政企合作开发方式，企业投资商业，政府投资屋顶广场、天桥和公交枢纽站。为了保证工期，市政府要求三个开发商与政府投资部门（市土地开发中心）共同成立一个临时管理机构，统一委托设计，统一报建、统一建设，协调和管理中轴线投资建设过程中的相关问题。2002 年该临时机

图中文字：
北中轴　一期 2002－2005 年
二期 2002－2004 年
市民广场
水晶岛
南广场
五期 2012 年－
三期 2002－2006 年
南中轴
四期 2007－2012 年

图4-38　2004年南中轴实景（作者摄）

构成立市民广场及南中轴工程开发建设项目小组，并签订合作协议开展工作，朝着中轴线"一气呵成"的目标努力。2002年10月，项目小组共同谈判后，选择好建筑工程、景观工程、商业运营设计等多专业设计团队，正式开展该项目设计工作。2002年政府与三个开发商签订土地出让合同，将公共空间建设管理的权力义务详细写入土地合同，规定2004年建成竣工。该项目设计方案（初稿）于2003年初在第一次汇报会上提出。由于少数专家和领导提出中轴线的商业开发量过大、形态过于复杂（赞成平面绿化轴线）、人工水系规模大、屋顶花园太大、建设及维护费难以控制等问题，该项目被迫中止。中轴线项目遭遇的这场历史性波折迫使其分段"拼接"实施，政府决定中轴线分段建设，各投资方负责各自合同范围内设计施工。

2003年初，中轴线建设"一气呵成"的梦想落空了。虽然中轴线各地块的商业建筑项目可分段"拼接"建设，但作为城市公共空间的二层步行系统还须维持统一的景观环境设计。2003年10月，再次启动中心广场及南中轴景观环境工程设计方案国际招标，期望选出优秀的景观设计方案，来弥补中轴线各地块商业建筑工程"各自为政"的薄弱

环节。2004年，南中轴33-4、19号两个地块的商业建筑投资商按此次景观设计中标方案实施各自地块内的屋顶景观施工建设（图4-38）。由于两个投资方建设进度不一致，33-4地块于2006年建成营业，但19号地块的商业开发建设迟迟未完成（图4-39），直至2014年才建成营业。

北中轴的建设基本顺利，北中轴（33-7、33-8地块）与深圳书城中心城店融为一体，2002年由深圳发行集团投资建设，2006年初竣工使用，开业运行后受到各方好评。在

图4-39　2012年尚未完成的南中轴19号地块（作者摄）

图 4-40　2011 年北中轴接通（作者摄）

图 4-41　2012 年南中轴仍未接通（作者摄）

书城开业三年后，政府结合地铁 3 号线站点投资建设北中轴跨红荔路的人行天桥工程，于 2011 年建成使用（图 4-40）。市民广场（北）由政府建设地下车库（包括部分展厅），2004 年与市民中心地下车库连通使用。中轴线正在准备建设的水晶岛项目，是中心区核心地块的"画龙点睛"之笔，2013 年政府进行水晶岛及市民广场（南）的土地使用权招标，由投资商结合轨道功能开发利用地下空间建设地下商城。这项工程尚需几年时间才

能完成。但该项目至 2015 年初尚未出让土地使用权。

至 2012 年，中轴线工程的北中轴、市民广场（北）、南中轴已建成使用，水晶岛及市民广场（南）未完成建设，南中轴二层步行系统未能连通（图 4-41）。中轴线建设工程十年未能连成整体，导致中心区交通便捷的黄金地段丧失了十年大好商机，也严重影响了中心区整体形象。

4. 中轴线规划实施的经验教训

中轴线建设是福田中心区规划实施的一个生动案例，值得总结反思其经验教训。中轴线规划建设的经验是把握了详规编制最佳时机，规划确定后再签订土地出让合同，通过协商谈判明确开发商在中轴线公共空间建设管理中的权利和义务，明细条款写入土地合同，让开发商承担了相应的"规划义务"。同时该案例可总结出以下教训。

（1）南中轴线商业项目土地出让门槛较低，导致十年未完成

政企合作建设公共空间，选择企业时应设置较高准入"门槛"。中轴线因土地出让过早，开发商实力不足，市场动力不足，导致南中轴建设 2002—2012 年整整十年未完成，未来运营亦不乐观。

中轴线上的商业是深圳最重点商业形象，这些项目的投资商应该选择有丰富成功商业经验的商业公司，而不是房地产开发商。鉴于中心区中心广场及南中轴项目位于深圳唯一南北轴线上的特殊位置，政府从一开始就严格控制其公共开放性和整体效果，不仅政府投资和管理中心广场及南中轴项目的屋顶广场（二层步行系统），而且规定屋顶下面的商业空间不得分割出售，以保证其长期稳定的商业品牌。这些内容也在土地合同上明文规定了。但管理机构改革、干部岗位轮换的速度往往快于市场转换的速度，一旦换了管理人员，则前

面的"白纸黑字"就有可能改头换面地被"执行"。2002 年协议出让中心区中心广场及南中轴的商业项目用地，出让门槛较低，项目股份几经转让；2002 年 7 月政府已经明确该类商业面积不得分割出售，但 2010 年南中轴已有项目申请分割转让，以回笼资金；与会展中心连接的南中轴商业工程项目搁浅十年未完成，至 2014 年 11 月才开始试业，终于完成南中轴步行系统的连接。

（2）北中轴线建筑尺度过大，影响了公共空间整体效果

中轴线的规模、尺度两个问题密切相关。目前从中心区中轴线的现状来看，北中轴开发规模过大，导致尺度过大，二层步行系统屋顶过高，影响了中轴线公共空间的亲民性和对周边商务楼宇服务功能的发挥，几乎成了"自成一体"的商业项目。

北中轴深圳书城中心城店原规划为地面以上一层建筑，但经营方为了争取更多的经营面积，设法增高到二层，使地面以上结构高度达 8.1 m，加上屋顶覆土、栏杆等，最终北中轴的视觉高度达 10 m 以上，造成北中轴的尺度过大，不方便人们平时上下书城屋顶；并且北中轴在城市空间尺度上阻隔了轴线两侧地面空间的流通。北中轴似乎成了纵向躺在莲花山脚下的一座巨型建筑，对两侧的人流不够亲切友好。这是规划管理工作的失误。由于中轴线详规没有定量确定尺度及高度，但管理者认为北中轴线的尺度及高度对于公共空间的效果至关重要，因此，在北中轴深圳书城建筑工程方案设计过程中，在黑川纪章建筑方案与华森设计公司工程实施之间建立专家顾问机制。市规划国土局聘请了几位有威信的规划师、建筑师、艺术家等担任北中轴建筑设计、景观环境设计的专家顾问。虽然于 2003 年 5 月和 6 月共召开了六次深圳书城工程方案调整专家审查会，但最终还是

没能改变北中轴的尺度，被动地迁就了书城甲、乙方的要求。

（3）中轴线详规成果定量内容不足，导致"拼接"建设过程中对各地块的刚性设计要求不明确

中轴线详规虽然通过了几轮深化设计，但成果深度不够，尤其是定量规划设计不明确，仅有建筑总面积规模，没有规定中轴线的高度控制，缺乏了对中轴线公共空间设计的尺度把握，使各地块"拼接"建设过程中对每个地块的刚性设计要求不明确，导致管理部门更改后管理人员对中轴线规划成果的不同理解。最终既没有管理部门的承上启下统一协调，也没有技术成果的明文规定，造成中轴线公共空间效果不理想。

中轴线详规编制不能以最理想的"一气呵成"建设方式为前提，而要以不理想的方式（一个一个地块拼接建设）为条件，详细制定各地块之间定性、定量的设计导则，使中轴线在分期、分地块建设中，能够按照详规确定的设计导则完整实施。规划建筑设计师应尊重前人、尊重历史，根据新形势新要求采用"补台"方式修补和完善规划成果。只有尊重历史，规划蓝图才能越来越完美，片区才能越来越漂亮宜居。中轴线作为中心区公共空间的"脊梁骨"，未来将继续向南连通滨河大道的过街天桥，直接接入皇岗村改造规划的中轴线延伸段，直至深圳湾海边，向北延伸至观澜，未来将成为深圳城市南北向的一条主轴线，这将经历上百年甚至几个世纪漫长岁月才能形成。

4.2.3 市民广场从整体到分块拼接实施

市民广场最早的规划历史可以追溯到 1992 年。1992 年 10 月，深圳市规划国土局发出福田中心区"五洲广场"（市民广场、水晶岛位置）规划设计方案招标的通知，1993 年确定五洲广场地下按商业城考虑，并

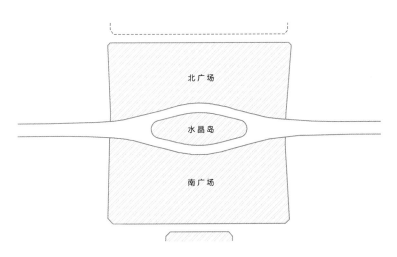

图 4-42　市民广场的三个地块（佟庆制图）

图 4-43　市民广场规划方案（来源：1986 版总规）

协调好地铁出入口和南北通道的设计。这是极具超前眼光的规划决策。1996 年深圳市市中心城市设计国际咨询优选方案提出了市民广场和水晶岛规划设计方案。1998 年中轴线公共空间规划设计又探讨了市民广场和水晶岛的不同比较方案。1999 年福田中心区城市设计及地下空间综合规划国际咨询优选方案提出了新的比较方案：水晶岛观光展示厅以轻巧钢结构架起广场空中瞭望台。直到 2009 年政府结合中心区水晶岛地下新增轨道线，再次举行水晶岛规划设计方案国际竞赛。总之，市民广场及其相关的水晶岛规划设计至今已历经二十多年风雨历程，虽然前后名称有所不同、咨询竞赛方式有所不同，但规划设计目标是一致的：政府和市民都希望在市民广场和水晶岛的建筑或构筑物造型优美，功能上满足连接深南大道南北的步行交通展示观光的作用。市民广场和水晶岛已经承载着深圳这座年轻创新城市的"精神宝塔"或"精神制高点"的历史使命，它将成为深圳城市的标志和"名片"。

1. 市民广场漫长曲折的设计历程

市民广场由三个地块组成（图 4-42），北广场（16.1 hm²）、水晶岛（3.1 hm²）、南广场（17.9 hm²），占地面积约 37 hm²，是中轴线的重要组成部分。三个地块虽然在地面上是独立的，但可以通过规划设计的二层步行系统和地下商业交通空间相互连通。此外，通过二层天桥和地下空间，北广场与市民中心相连，南广场与南中轴连为一体。

市民广场的规划设计和项目实施经历了漫长曲折的过程。最早的市民广场设计方案见于"1986 总规"，构想中轴线与深南大道相交处为南北向条形广场，一栋超高层建筑塔楼上跨于广场中央（图 4-43），其正方形裙房的"四脚"着地，在中轴线和深南大道上形成标志性建筑。"1987 城市设计"

建议在深南路北侧的中轴线上建一个由大型的方形拱廊围合成的中央步行广场（图4-44），这不仅是福田区的中心，也是深圳的城市中心。

1989年征询福田中心区规划方案，各参赛单位提出了不同的广场构思。1991年福田中心区征询方案综合提出了由高层建筑围合的半椭圆形广场方案（图4-45）。1992年福田中心区详规基本维持了半椭圆形广场的形态，但将围合广场的高层建筑改为多层建筑，且在广场中央设置了一个标志构筑物（图4-46）。

1994年中心区南区城市设计中以多层公建围合中央南广场（图4-47），没有进行中心广场的整体规划。1996年李名仪/廷丘勒建筑事务所设计的市民广场方案为水晶岛和

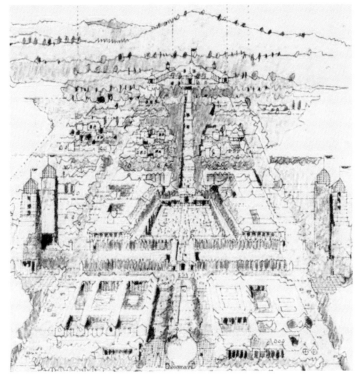

图4-44　1987年中轴线步行广场方案（来源：1987年《深圳城市规划研究报告》）

图4-45　1991年综合方案模型中的半椭圆形广场（来源：同济大学、深规院合作方案）

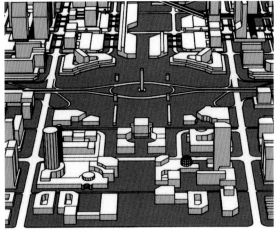

图4-46　1992年中规院中心区详细规划

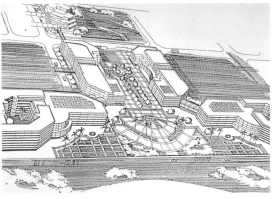

图4-47　1994年深规院中央南广场规划

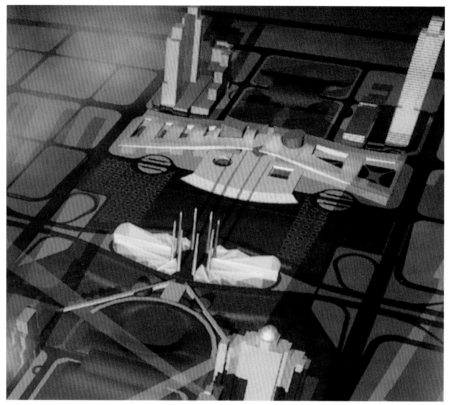

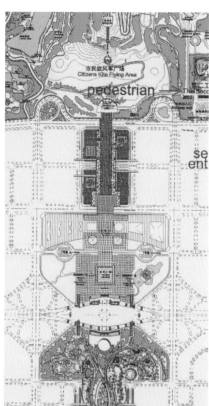

图4-48 李名仪设计的水晶岛广场方案

图4-50 1998年黑川纪章设计中轴线详规方案

图4-49 李名仪设计市民广场上的"树塔"

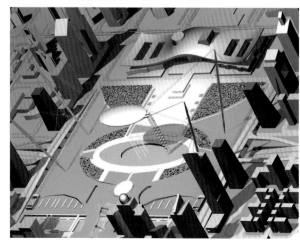

图4-51 欧博迈亚规划的广场空中瞭望台

图4-52 2004年按临时方案实施的市民广场实景（作者摄）

南北广场（图4-48）。1997—1998年，李名仪/廷丘勒建筑事务所联合美国罗兰/陶尔思风景建筑师事务所（Roland Towers）设计北广场方案，目标是北广场景观须与市民中心建筑充分协调。采用深圳市树（簕杜鹃），在深南路北广场上设计六个"树塔"（即修剪成塔状的绿树），不仅与建筑的尺度匹配适宜，还集灯塔和遮阳避雨、休息座椅于一体（图4-49），使宽阔的市民广场增添人性化的尺度和功能；广场地面雕刻世界地图的图形，寓意深圳走向世界。

1998年黑川纪章设计中轴线详规方案，继续沿用了水晶岛广场概念，且增加了南广场的商业、预留功能及其建筑面积（图4-50）。1999年德国欧博迈亚工程设计公司中标的中心区城市设计及地下空间综合规划方案，在水晶岛的"水体"上方150 m高空以轻巧钢结构架起广场空中瞭望台，既为深圳城市标志，也可瞭望城市中心全景，南望香港景观（图4-51）。

2001—2002年，深规院综合了以往方案的特点，研究中心广场及南中轴建筑方案，保留了地面二层和地下一层步行系统在水晶岛的贯通，还提出了地面圆环形步行道。2002年，SOM公司提出三个市民广场草案的比较，探讨了人行系统从二层平台高跨深南大道、从地下整段下穿深南路及从地下局部下穿的三个方案。2004年，日本设计中标市民广场及南中轴景观设计方案，但市民广场现场已经按临时方案实施（图4-52），随后按日本设计的方案进行修改调整，形成了目前的广场景观特点：六座灯塔（兼通风口）尺度太大，好像六栋"小房子"竖立在广场上（图4-53）；广场缺乏遮阳避雨之处。该方案整体实施效果尚未达到和谐统一的理想目标。

2008年，深圳地铁二期2号、3号线开工，经过水晶岛的地下工程须做明挖施工。为了

图4-53　2010年按黑川纪章设计中标方案实施的市民广场实景（作者摄）

图4-54　2009年OMA与URBANUS的水晶岛中标方案

避免未来水晶岛的施工重复开挖建设，2009年2月，市规划局再次启动了水晶岛规划设计方案国际竞赛，公开征集水晶岛地下空间详细方案、地上标志物的概念设计和市民中心广场改进规划三部分内容。市政府希望尽快确定水晶岛设计方案，以便将其地下基础与地铁工程同时施工，并预留相关连接构件。2009年6月，评审水晶岛竞赛方案，荷兰大都会建筑事务所（OMA）与深圳都市实践设计有限公司（URBANUS）组成的设计联合体中标。中标方案（图4-54）为直径600 m的环形天桥，以"深圳眼"下沉空间来体现标志性，环形天桥覆盖了市民广场北、中、南3个地块，环内为有高差变化的步行道，主要

功能是连接深南大道南北广场的二层步行天桥及驻足观光平台，环内配有少量餐饮设施；市民广场（南）地面规划设计3栋六层高办公楼与圆环连接；地下4层与水晶岛的地下空间相连通，功能为信息、展览、商业街、步行通道、车库等。该方案2009—2010年经过多次修改。2011年3月，市政府提出水晶岛项目引入社会投资建设，采用挂牌方式公开出让土地使用权，要求水晶岛设计考虑实施可行性和市场需求，适当调整商业空间布局和规模。2012年5月，市领导要求深化水晶岛方案，暂不考虑高架环，强调地面环形连接，加强公园的公共服务功能。至2013年初水晶岛设计方案仍在修改中。由此反思，2009年水晶岛方案竞争主要目的是确定地下基础工程，以便与轨道工程衔接。但在投资主体不明确、规模不明确、资金总量不明确、经营需求不明确的前提下征询水晶岛设计方案，不免为时过早。

2. 市民广场从整体到分块"拼接"建设的教训与机遇

市民广场（占地面积36 hm^2）规划实施的理想途径是将地上公共空间景观设施与地下商业（包括地下停车库）、地铁工程，"一气呵成"建设，这样既能避免广场多次开挖，又能将地上与地下工程的结构设备协调连接，有效利用资源，减少浪费。但实践证明，"一气呵成"的工程项目原则上只能由一个投资主体完成。市民广场有多种功能复合，通常采用企业投资地下经营性商业项目，政府投资地铁及公共设施的模式。由于地铁也可由社会资金投资，所以市民广场的规划实施模式又分为两种情形：第一种是政府投资地铁工程时统一建设地下商业，然后整体出售（或出租）给企业经营；第二种是企业投资建设地铁（例如，香港地铁建设模式或深圳地铁4号线BOT建设管理模式），统一建设地下商业。

（1）市民广场（北）及水晶岛失去了和市民中心统一建设的机遇

规划实施必须"借力"，必须借助政治、经济的发展势能，顺应其变，顺势而为。但应适时坚持原规划方案的思想核心，在理想与现实之间寻找平衡点，规划实施的过程就是寻找理想方案的现实途径。1996年李名仪/廷丘勒建筑事务所（简称李名仪事务所）获得市民中心建筑设计权，1997年政府委托李名仪事务所设计市民广场（北）及水晶岛。1998年市民中心工程开工建设，市民中心的建设进度要求尽快设计该建筑的前景广场市民广场（北），李名仪事务所联合罗兰/陶尔思风景设计事务所合作设计北广场方案，2000年达到了初步设计深度，后因规划主管部门提出市民广场要整体统一设计建设，故北广场设计方案未批准实施。2002年11月，市政府决定尽快组织北广场地下车库设计及建设，使其与市民中心同步使用，地面以上仍与市民广场及南中轴统一设计。于是委托深圳建筑设计院（市民中心的施工图设计单位）设计北广场地下车库，该车库2003年开挖建设，于2004年与市民中心同时建成使用，但北广场地面按临时方案建设了。

（2）市民广场和南中轴建筑与景观工程"一气呵成"计划"流产"

2001年政府准备将南广场与南中轴的地下商业同时出让给三个开发商投资建设，规划主管部门仍然坚持市民广场及南中轴统一规划设计与建设的思想，2002年三个开发商和政府签订了土地出让合同，并组成了工程项目协调小组，共同选择了设计师，进行设计合同谈判。2003年初，市民广场及南中轴设计方案被专家和领导否定，市民广场和南中轴项目"一气呵成"计划"流产"。2003年不得不进行北广场地面景观临时方案设计，并快速实施了该临时方案。政府认为既然市民广场和南中轴项目难以整体同步建设，但其公共广场、屋顶平台、天桥等景观工程属于政府投资的公共工程，必须统一设计及建设，确保中轴线的环境艺术效果。2003年9月又举行了市民广场与南中轴景观工程设计国际招标，日本设计株式会社中标，现状实景是按照此中标方案实施的（地面为大型礼仪庆典广场，地下2层车库），其六个灯塔尺度过大，似乎六栋建筑竖立在北广场上。

（3）市民广场分期建设迎来新的机遇

规划方案并不是一版定稿、一蹴而就的，它有一个不断生长的过程。2007年之前，北广场作为市民中心的前广场，是最先明确功能定位、最先需要实施的工程；水晶岛作为中心区"画龙点睛"之笔，安排最后设计实施；南广场地上连接中轴线二层步行系统，地下商业与南中轴商业形成一体。

从历史辩证的角度看，凡事都有两面性。2003年，由于市民广场及南中轴工程的波折，没能一气呵成建成中轴线，虽然是中心区规划实施过程的一个历史性遗憾，但同时又成为一个历史机遇。如果2003年建成了中轴线，那么，十年后的今天也许要更新建设了。2003年深圳市只有两条地铁线，且这两条线（地铁1号线、4号线）都经过中心区，也经过市民广场和南中轴。由于2007年深圳市轨道交通网规划方案的调整，中心区新增了五条轨道交通线（2号线、3号线、11号线、14号线、京广深港高铁线），这五条新增轨道线在中心区的站点都在市民广场及其周边。所以，市民广场断断续续的建设又获得了一次修改调整适应新形势的机会。水晶岛及其南广场地下商业可以密切结合轨道站点出入口的设置，重新调整地下空间设计布局，使交通、商业、观光、旅游紧密结合，取得核心区位价值的最优化。

福田中心区轨道站点更加密集，换乘更加方便。核心区（市民广场和水晶岛）的定位有所调整，地下空间的价值也进一步提升。因此，2009年政府再次举行水晶岛规划设计方案国际竞赛。随后几年，水晶岛及中心广场设计方案一直未有定论（图4-55）。直至2015年初，水晶岛的现场所见效果仍体现的是临时过渡方案。地下部分的商业经营与政府轨道交通之间的有效连接，即将通过土地出让招标附带地上水晶岛方案的招标。十年、二十年甚至五十年后，深圳还需要在中心区核心位置增补一些什么功能？当城市发展需要再次提升深圳形象时，水晶岛是最可利用的标志。如果水晶岛地面以上部分留给后人设计建设的话，则是当权者的明智选择。

市民广场曲折实施过程引发了这样的思考命题：如何正确选择规划实施方案？有时为了寻找"优秀"方案，却与"良好"方案"擦肩而过"，最终只能实施"合格"方案。从历史角度反思市民广场的设计与实施过程，分片"拼接"比"一气呵成"更有利于中心区规划实施的与时俱进与发展建设。如果时

图4-55　2011年市民广场实景（作者摄）

间返回十几年，政府理性采用1999年李名仪事务所＋罗兰/陶尔思风景事务所合作设计的北广场方案，在尺度、功能、造型等方面与市民中心建筑的风格气质更匹配，使北广场与市民中心建筑充分协调。因为北广场的首要功能是作为市民中心的前广场，必须与市民中心协调呼应，其次再考虑北广场与水晶岛、南广场等周边景观的协调。后期建设的水晶岛及南广场应与北广场统一协调，使三者形成一个和谐的整体，成为中心区的核心。我们必须坚信一代更比一代强，没有必要让北广场等待后期开发地块统一设计建设。规划实施必须"借力"，哪个项目最需要就先"借东风"实施，切忌为了追求广场的整体性而强硬地统一设计和实施，切忌用行政命令取代客观经济规律，这个教训要深刻记取。历史上许多城市设计精品都不是一次建成的，需要几代人承上启下，不断完善。例如，意大利威尼斯圣马可广场设计及建设过程延续了两百多年，经过数次添加设计、建筑加层等设计"补台"，反映了几代设计师高尚的职业道德，尊重前辈，锦上添花，终于形成了世界公认的广场杰作。

4.2.4　水晶岛规划实施

福田中心区"水晶岛"，位于深圳特区深南大道东西向景观道路的中段位置，它是福田中心区的核心，连接中心区南北两片区的关键"节点"。长期以来，规划、建筑专家把"水晶岛"比喻为中心区最后"画龙点睛"的位置。水晶岛的规划功能定位是福田中心区南北两片区的连接点，公众观光停留点。未来水晶岛建成后必定成为深南大道的新景点，也是深圳城市新地标。因此，水晶岛的地面设计方案的选择过程必须公开讨论，十分谨慎。

1. "水晶岛"规划定位二十年，选择方案须谨慎

水晶岛（1996年之前未命名，曾经作为五洲广场的组成部分）与市民广场密不可分，未来水晶岛的地上、地下必定会与市民广场连成一体。水晶岛独立占地3.1 hm²，是1993年深南大道中心区段建设工程局部"掰开"形成的交通岛，它在中心区的核心位置决定了其地面以上的形象必将成为深圳地标。二十年来，历届市领导、城市规划管理者和设计师们都对水晶岛方案的构思充满遐想。历次国际咨询、竞赛也出现了一些有创意的方案。例如：1996年中心区城市设计国际咨询优选方案提出了"水晶岛"概念设计以及"深圳塔"的替补方案；1999年中心区城市设计及地下空间综合规划国际咨询优选方案，提出了在水晶岛四个角上用钢结构架起来形成"空中瞭望台"概念方案；2009年水晶岛规划设计方案国际竞赛中获得第一名的方案提出水晶岛椭圆形下沉广场成为"深圳之眼"概念方案。

"深圳之眼"概念方案把水晶岛下沉为地下广场，在整个市民广场上空二层高架一个600 m直径的大圆环，跨过深南大道，连接中轴线二层步行系统，广场地面四角规划一批多层与小高层建筑，功能为小型博物馆、档案馆、图书馆等文化建筑与商业、办公楼等。该方案超过20万 m²规模，地下商业面积达13.5万 m²。2013—2014年，政府曾设想将水晶岛和市民广场地下商业进行土地出让，由市场投资。

2. 对水晶岛和市民广场规划实施的建议

水晶岛和市民广场是深圳"画龙点睛"之地，是特区储备了三十年的宝贵土地。展望不远的将来，2017年后，经过中心区的京广深港高铁将直达香港西九龙，中心区即将成为珠江三角洲重要的金融商业中心之一。因此，水晶岛和市民广场作为中心区的核心，政府必须永远保留其地面及其地下空间的产权，使用权可以出让。这应成为水晶岛和市民广场规划建设的原则之一。

（1）水晶岛和市民广场地面上只做临时建筑，产权永远归政府

水晶岛和市民广场项目作为公共文化空间，应立足深圳城市长远发展目标，采用可持续发展的方法规划设计。建议在广场地面上做10年或20年期限的临时公共建筑，政府永远保留市民广场和水晶岛地面以上任何建筑、构筑物的产权。临时公共建筑具文化、商业功能，可以采用企业竞标投资，BOT模式；亦可由政府投资，招标经营管理单位的模式。无论采用哪种投资模式，产权必须归政府。临时建筑到期后拆除，把水晶岛和市民广场这块深圳最宝贵用地留给后人继续创新，建设形象标志，以增加深圳城市活力，提升深圳的国际形象。因此，水晶岛和市民广场地面上只做临时建筑，政府保留产权的历史意义深远。

（2）水晶岛和市民广场的地下空间产权永远归政府

水晶岛的地下空间与七条轨道交通线及其站点连接，现有四条线通车，地下商业空间和地下停车库的未来商机无限。无论采用哪种模式出让地下空间，但产权必须永远归政府所有。

（3）"高门槛"选择投资主体

水晶岛和市民广场是深圳宝贵的城市核心用地，其土地出让必须"高门槛"设置招标、拍卖条件，避免采用挂牌方式，应选择有丰富经验、实力雄厚、责任感强的市场投资主体，以确保该项目的文化价值与商业价值完美结合。

4.3 福田中心区规划建设的经验教训

正如亨利·勒菲弗所言，空间是政治性的，也是战略性的。就整体而言，中心区规划实施必须具备政治、经济、技术和土地四个前提保证，缺一不可。政治保证指规划实施的战略目标、组织机构及管理办法等决策部分；经济保证可分为政府投资、市场投资两种，前者由城市财政收支状况决定，后者由市场经济形势决定；技术保证指技术人员的规划设计及技术规范；土地储备是城市规划实施的根本前提。中心区规划实施区别于其他片区的三个特殊性：中心区有特定边界；有专门管理机构；因区位交通等优势能获得较多的财政投资和社会投资。因此，中心区规划实践成就具有深刻的时代特点和长远的历史意义。

福田中心区作为中国当代CBD先行实例之一，已基本建成但尚未完全实施规划蓝图。分析中心区的成功与失败的各方面经验教训，并进行必要的哲学思考，有助于后代在城市规划实施过程中少走弯路。

4.3.1 规划定位准确，实现金融功能

由于深圳市政府按照先外围后中心的规划建设原则，在特区前十五年的几次建设热潮中，未进行福田中心区土地一级市场开发，使这块"宝地"预留到20世纪90年代末才真正进入房地产市场。这一举措貌似是中心区的"幸运"，实质是政治家的远见。90年代末，政府投资福田中心区六大重点工程，于2004年基本建成投入使用，中心区第一代、第二代商务办公楼宇陆续竣工进入市场销售，取得较好业绩，中心区规划建设初见成效。2005年迎来了福田中心区金融办公总部的建设高潮，开始了中心区规划建设史上第二轮黄金时期。这期间深圳金融产业的快速上升，进入中心区的需求猛增，面对金融市场需求适当调整中心区原规划方案，反映了中心区金融功能建设的时代终于来临。然而，中心区的规划实施不仅仅是高楼大厦、房地产开发建设，更重要的是第三产业的集聚，特别是高端服务

业的引进。深圳能够在城市转型期适时实现中心区的金融中心功能，得益于以往二十多年中心区土地的储备和预留。

随着2005年第一批金融总部选址中心区，2006年京广深港高铁站选址中心区，2007年中心区第三代商务楼宇建成，2007—2009年，中心区金融业增加值分别达到了410亿元、497亿元和564亿元，约占福田区GDP的比重分别为31%、32%和34%，呈现逐年提高的态势[1]。金融业年均增长率快于GDP，其增长速度在全市、全省乃至全国均处于领先水平。

2008年第二批金融总部选址中心区，2009年中轴线公共空间亮相，首创举办深港双城双年展，2010—2014年中心区第四代商务楼宇蓬勃兴建。未来五年，中心区商务办公中金融总部办公建筑面积将达到150万—200万m^2，预计5~10年，内中心区将成为深圳主要金融中心。

4.3.2 弹性规划推进中心区可持续发展

福田中心区的弹性规划主要体现在：市政基础设施总容量采用高方案实施，规划始终预留发展备用地等两方面。

1.市政基础设施总容量采用高方案实施

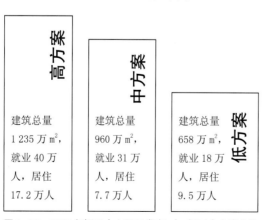

图4-56　1992年福田中心区开发高、中、低三个方案（作者制图）

我们评价一座城市不能只看到可见的"形象"，不可忽视那些不可见的、在地下影响整个城市生产生活的"血管"。这些血管牵动了有形的城市，也牵动了有形无形的城市生活，其结果仍然是有形的[2]。1992年，深圳市政府对中心区地下的市政基础设施容量英明决断，决定了中心区建设运行的"一生一世"，有效推进了中心区社会和经济产业的顺利运行，成为一项成功的跨世纪工程。

城市中心区规划建设总规模不会短期形成，它是一个动态生长变化过程，尤其在开发建设初期要准确预测中心区的建设总量十分困难。1992年，福田中心区详规编制过程中，根据对人口规模的预测提出中心区开发建设总规模高（1235万m^2）、中（960万m^2）、低（658万m^2）三个方案（图4-56）。当时的规划主管部门和市领导都非常明智，原则同意中心区的公建和市政设施按高方案规划配套，建筑总量取中方案控制实施。随后，中心区城市规划及宣传统计一直采用规划建设的建筑总量为750万m^2。截止到2010年底，福田中心区已经竣工建筑总面积达814万m^2，现状共有各类永久建筑物305栋，按用地大类可分为商业、居住、政府社团、市政公用等四种类型，其中商务办公建筑面积377万m^2，占总面积的46%；商业和旅馆建筑面积50万m^2，占总面积的6%；政府社团134万m^2，占总面积的16%；市政公用19万m^2，占总面积的3%；住宅建筑234万m^2，占总面积的29%。至今，中心区的建成规模已经接近原规划"中方案（960万m^2），现场正在施工建设的金融办公建筑大约100万m^2，在建的岗厦城市更新项目规模超过100万m^2，即未来五年内中心区总建筑面

①　深圳市福田01-01和02号片区［中心区］法定图则（第三版）现状调研报告（送审稿）[R].深圳市规划国土发展研究中心，2011：76.

②　齐康.规划课[M].北京：中国建筑工业出版社，2010.

积将超过 1 000 万 m²。事实证明，当年决定
按高方案建设福田中心区市政道路工程（图
4-57）是十分正确的，给后续发展留有足够
的弹性。未来中心区建设总规模还留有余地，
长远可能接近高方案。基本实现 1993 年市
政府决策目标"按高方案控制市政设施，按
中方案控制实施"。由此不得不佩服当初市
领导的高瞻远瞩，英明决策中心区的市政基
础设施按照高方案建设。

2. 规划预留发展备用地（参见 2.2.3）

福田中心区 1996 年之后历次详规十分重
视"弹性规划"原则。例如，在 1996 年福田
中心区城市设计方案国际咨询评议会中，评
委们选择优选方案时，将"弹性规划"理念
放在极重要位置。评委们认为，李名仪事务
所提交的中轴线两侧城市设计方案较其他方
案更具有弹性规划内容，有利于规划实施。
随后几年，福田中心区依据 1996 年国际咨询
优选方案形成的第一版法定图则，同样把弹
性规划置于首位，规划了几个街坊的发展备
用地。

4.3.3 交通规划理念超前，实施过程锦上添花

1. 机非分流交通规划理念超前

中心区交通规划的演变历程：中国城
市规划设计研究院（简称中规院）深圳咨
询中心受市政府规划主管部门委托进行研
究，1986 年 2 月完成了中心区第一份交通规
划——《深圳特区福田中心区道路网规划》。
1989 年 7 月，市政府规划主管部门再次委托
中规院编制《深圳福田区道路系统规划设计》，
规划范围 44.5 km²，1990 年 2 月完成此项成果，
提出机动车 - 自行车分道系统(俗称机非分流)
的规划设计方案。1990 年 3 月，深圳市城市
规划委员会第四次会议审议了《福田区机动
车 - 自行车分道系统规划》和《福田中心区
规划——三家方案：中规院深圳咨询中心、
同济大学建筑设计院深圳分院、华艺设计顾

图 4-57　2012 年按高方案建设的中心区市政道路实景（作者摄）

问公司》。直到 1991 年 9 月深圳市城市规划
委员会第五次会议审议通过了《福田中心区
规划方案》，正式确定了福田中心区采用棋
盘式方格网道路系统规划方案。1992 年 11 月、
12 月，中规院深圳分院分别完成了《深圳市
（福田）中心区详细规划》和《深圳市（福田）
中心区交通规划》。由此可见，1992 年之前
政府进行的福田中心区城市规划及其交通规
划编制工作基本上由中规院承担。1993 年 9
月，市规划国土局批复原则同意福田中心区
详细规划。至此，中心区控规（包括道路网
规划）基本定稿。在此基础上，1994 年市规
划国土局和深规院共同完成了《福田中心区
城市设计（南片）》的详细地块规划设计导则。

随着深圳经济迅猛发展，机动车辆的增
长很快。1991 年底，深圳机动车保有量 12
万辆，1996 年底迅速增长到 22 万辆，交通
方式的构成发生巨大变化。笔者主持中心区
办公室工作期间常说："如果福田中心区交
通规划成功了，则中心区规划已经成功了一
半。"中心区规划工作十分重视交通规划的
超前设计。中心区办公室和交通中心在 1994
年批准的福田中心区详规方案的基础上，进
一步深化中心区交通规划设计，于 1997 年 8
月完成《福田中心区交通规划》成果编制，

该成果对中心区道路系统、停车系统、公交系统、人行系统的规划设计达到国内同类规划的领先水平，获得权威交通专家的好评。在中心区城市设计和建筑项目审批中，交通规划也放在首位。这样的工作思路及方法在当时属于超前的。但后来中心区仅实施了几个机非分流实例（图4-58）就被停止了，这是中心区的遗憾。

2. 开发实施过程中逐步优化交通规划方案

自1996年7月中心区开发建设办公室成立，1996年8月中心区城市设计国际咨询结束，至1998年确立了地面道路交通和地铁线路的规划，这是决定中心区规划成败的核心要素。中心区交通规划在实施过程中逐步优化完善，体现在以下四方面。

（1）深南大道中心区段交通改造方案终于实施

深南大道中心区段与金田路、益田路交汇处的两个立交匝道，在规划深化过程中提出交通优化改造方案，中心区办公室经过多年的组织规划修改和请示实施等工作筹划，终于在2005年完成改造工程，使中心区交通组织进一步得到优化。

深南大道中心区段的道路现状严重分割

图4-58 2006年已实施的中心区机非分流实景（作者摄）

了中心区南、北两片区的车行和人行交通，应当适当改造。自从1996年成立中心区办公室起，到2004年6月中心区办撤销，深南大道中心区段交通改造方案经过整整八年的研究和决策。1997年中心区办公室委托市城市规划交通研究中心对中心区交通进行专项规划设计，提出深南大道中心区段与金田路、益田路交汇处的两个立交匝道的交通组织管理问题，该成果经局内技术会议同意后，又获得交通专家评审会的赞同。

之后经历了较长时间的决策和选择实施时机的过程，2000年市规划国土局向市政府提出深南大道中心区段近、远期改造方案。2001年12月，市规划国土局向市政府专题汇报了深南大道中心区段近期改造方案，审批意见为方案须进一步修改完善，并选择合适的改造时机；近期改造方案成果也落实到中心区法定图则2002年第二版中，获得审批通过。2003年10月，市规划国土局再次向市政府请示已经修改的深南大道中心区段近期改造方案，审批意见是抓紧完成设计工作，待中心广场景观环境方案确定后考虑实施。2004年4月，市发展计划局通知市公安局交警局、市城管办关于调整深南大道中心区段交通改造工程2003年政府投资计划，由市公安局交警局组织实施中心区交通完善工程；由市城管办组织实施福中三路与彩田路交叉口市政工程。2004年5月，市规划国土局再次向市政府请示尽快实施深南大道中心区段近期改造工程，该工程项目已列入2003年国土基金建设计划，改造内容包括拆除深南大道与金田路、益田路交汇处的两个立交匝道；在深南大道与民田路、海田路交汇处分别增设行人斑马线及信号灯。最终于2005年完成了对深南大道与金田路、益田路交汇处的两个立交匝道的拆除及中心区交通改造工程。

（2）公交优先，大型公交枢纽站逐渐接近人流负荷中心

公交优先是福田中心区交通规划的原则之一。至2000年，福田中心区已经规划并落实用地的公交场站共七处，其中首、末站五个，小型公交枢纽站和大型公交枢纽站各一个。中心区建设用地范围内的唯一一座大型公交枢纽站，其规划位置随着大型项目、地铁站点的布局变化而经历几次调整修改，以靠近人流负荷中心。1996年之前，中心区大型公交枢纽站规划在33-4号地块，接近深南大道的公交走廊和水晶岛位置，由于1995年地铁一期（1号线、4号线）经过中心区的线路和站位规划水晶岛为地铁换乘站，将大型公交枢纽站靠近地铁换乘站的规划理念是超前的、正确的。随后经过多次研究、多方案讨论，于1997年确定修改地铁一期在中心区的线路和站点位置，换乘站从中轴线中点（水晶岛）向南侧移动两个街坊、向东侧移动半个街坊，即成为现在的会展中心站。因此，中心区大型公交枢纽站也向南侧移动一个街坊至33-6号地块，位于地铁会展中心站的西北角。至2000年5月，市政府同意深圳会展中心重新选址在中心区中轴线南端，与CBD功能需求紧密结合。经再次研究论证，将中心区大型公交枢纽站位置再向南移动一个街坊至19号地块，与地铁会展中心站无缝换乘。中心区大型公交枢纽站规划位置随着地块功能的调整进行了三次修改，目标是让公交枢纽站靠近人流负荷中心。中心区大型公交枢纽站位置演变成为中心区交通规划成功之处。

由于南中轴19号地块商业项目建设的延期，导致中心区大型公交枢纽站至2014年9月仍未启用。

（3）中心区市政支路不断加密，利于提高土地价值

加密市政支路网规划，是福田中心区交通规划的第二目标。深圳CBD采用方格网道路系统，与总体规划相协调。CBD路网密度能大则大，越大越好。路网密度大具有三方面优点：节约使用土地；政府所得地价收入较高；道路交通微循环较好。反之，如果早期确定的路网密度较小，开发过程中需要加大的话，则政府的建设成本将成倍增长，规划实施的难度增大，速度减慢。这条经验是从深圳CBD近十五年规划实践中总结出来的。

深圳CBD交通规划的道路网密度逐步加大。1992年总路网密度为9 km / km²，其中支路网密度0.9 km / km²；1997年CBD总路网密度增加到16.6 km / km²，其中支路网密度8.2 km / km²；2002年CBD总路网密度增加到18.5 km / km²，其中支路网密度10.4 km / km²。在深圳CBD道路网密度不断提高的过程中，市场经济给我们出了许多难题，当解决了这些问题后才发现，CBD早期规划时路网密度应尽量加大。如果在后续实施过程中再增加路网密度，政府的代价太大。不断加密CBD支路网密度，已成为福田中心区交通规划成功的特点。

（4）中心区轨道交通线路网络支撑步行系统（图4-59）

深圳市轨道交通规划理念超前，特别体现在深圳地铁一期工程在中心区的选线及站点设置方案的确定过程中。从1996年11月至1997年5月，中心区开发建设办公室经过半年多时间的努力，组织市地铁办、铁道部第三设计院、市规划院、市交通中心等单位，对中心区地铁一期工程的线路及站位规划进行了多方案比较和研究修改，前后提出了近十个方案，通过反复比较研究，数次提交专家会议共同研讨，于1997年4月下旬专程赴北京征询周干峙、吴良镛两位院士和有关规划、交通、地铁方面的专家意见，最后由地铁办、铁三院结合专家意见提出了三个关于

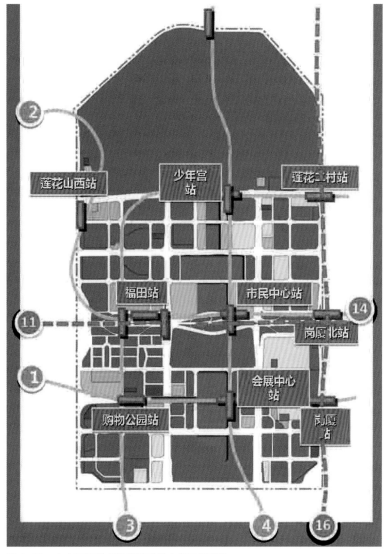

图 4-59　中心区轨道交通线路网络支撑步行系统
（来源：深圳市规划国土发展研究中心）

虽然深圳地铁一期工程总长仅 20 km，但通过中心区长度已超过 4 km，充分说明了中心区 CBD 在全市的交通枢纽地位。地铁二期、三期工程进一步优化中心区轨道线路和站点设置方案，至 2014 年，中心区已基本建立公交和步行系统交通构架。中心区 413 hm² 用地面积范围内已规划了七条轨道交通线路，其中四条线已通车（地铁 1、2、3、4 号线），已建成京广深港高铁站（福田站）。中心区已成为全市轨道交通线路和站点最密集片区，较好地支撑了步行系统。

4.3.4　城市设计成功实施的三要素

城市设计如果在土地出让前一年内编制，城市设计成果能够解决政府和市场的实际问题，并对公共空间景观设计及单体建筑外观制定详细定量要求，那么，该城市设计具备了实施条件。

城市设计既有物质技术特征，又有艺术创作特征，还有更重要的一面，要解决市民工作和生活的基本要求，为大众提供舒适、方便、清洁和悦目的城市环境[1]。深圳城市设计始于 1987 年，至今二十多年，曾做过的城市设计项目数以百计，但能够成功实施的城市设计屈指可数。福田中心区是深圳最早开展城市设计的片区之一。由于实施城市设计是一个漫长而曲折的过程，需要十年、二十年甚至几代人的努力，因此能够清晰记载城市设计实施过程的实例寥寥无几。中心区 22、23-1 街坊城市设计（以下简称该项目）的成功实施是一个典型实例，本节以该项目为例，分析城市设计能够成功实施的三个关键要素。

该项目位于中心区 CBD 办公街坊，四周由益田路、福华一路、新洲路、深南大道围合而成，两个街坊被划为十三个地块，1997

中心区地铁线路、站位修改方案。1997 年 5 月，市规划国土局召开中心区地铁线路、站位设置审定会，确定实施方案：1 号线在福华路地下，4 号线在中轴线绿化带东侧，两条线各设三个站点，其中一个为换乘站，该方案获得市政府的批准。上述选线方案充分考虑了中心区 CBD 商务人流的通勤交通问题，使 1 号线经过中心区段时专门从深南大道南移至福华路，更加接近人流负荷中心。这项举措在当时的交通规划领域是十分领先的。

---

① 卢济威. 城市设计创作研究与实践［M］. 南京：东南大学出版社，2012.

年深圳市国土领导小组用地审定会已经批准十二块空地以协议出让方式给十二个开发商。1998年之前的现状只有投资大厦一栋高层建筑（图4-60），其余十二块为空地（图4-61）。1998年初，中心区办公室根据中心区详规拟定每个地块的规划设计要点，并要求每个开发商提交单体建筑的前期可行性研究及建筑方案构想草图，但尚未签订土地出让合同。结果，各家反馈的建筑方案构想草图出现尖顶、圆顶、平顶等五花八门的建筑造型，有的体量"肥大"，有的"苗条"，不一而足。这些五花八门的建筑方案一旦实施，将不可避免地重演办公建筑群整体混乱、界面空间无序的悲剧。于是，中心区办公室下决心扭转这种局面，创新规划设计要点的管理方法，统一规划设计办公楼群的整体空间形象，详细制定公共空间设计指引，彻底改变公共空间功能与形象不佳的现状。1998年6月，正式启动中心区22、23-1街坊城市设计项目，同年11月完成该项目规划成果之后，中心区办公室不折不扣地将该项目成果作为这两个街坊的每一栋高层建筑公共空间及外观设计的"指挥总谱"。至2001年，22、23-1街坊实景尚处于待开发状态（图4-62）。2002—2009年，这两个街坊的十二栋高层建筑全部建成使用（表4-2），前后仅用十年时间，基本实现了城市设计目标，并形成了中心区第二代商务办公楼。以下进一步剖析该项目从编制到实施的关键要素，由此说明城市设计成果能够实施必须具备三个条件（图4-63）。

1. 编制城市设计的最佳时机是土地出让前

城市设计编制时机恰当、内容详细是有效实施的第一关键环节。该项目成果之所以能够成功实施，第一关键点在于把握了修规编制的最佳时机：已经确定意向的投资方，尚未签订土地出让合同。因为城市设计的主要实施内容是建设和维护公共空间的使用舒

图4-60　1996年22、23-1街坊实景（来源：《深圳迈向国际——市中心城市设计的起步》）

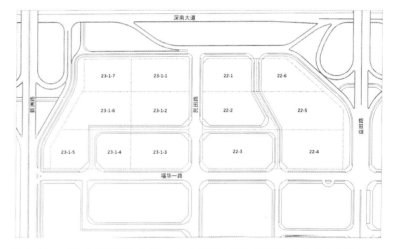

图4-61　1998年城市设计前22、23-1街坊的路网（来源：中心区办公室）

图4-62　2001年22、23-1街坊实景（作者摄）

表4-2 中心区22、23-1街坊办公楼及其建设时间表（作者编制）

序号	地块号	项目名称	用地面积（㎡）	容积率	建筑功能	启动时间	建成时间
1	22-1	投资大厦	5 446	7	办公		1995年
2	22-2	华融大厦	5 652	10	办公、商业	2003年4月	2006年7月
3	22-3	特美思大厦	7 032	9.5	办公、商业、酒店	2001年9月	2009年
4	22-4	免税大厦	8 447	9	办公、商业	2001年8月	2009年
5	22-5	时代金融中心	6 910	7	办公、商业	2002年5月	2003年12月
6	22-6	中国联通大厦	4 675	6	办公、商业	2002年3月	2010年1月
7	23-1-1	兴业银行大厦	4 800	6.9	办公、商业	2002年2月	2003年12月
8	23-1-2	贵州国际大厦	3 743	11.5	办公、商业、住宅	2003年5月	2005年1月
9	23-1-3	中心商务大厦	4 655	9.5	办公、商业	2002年1月	2003年7月
10	23-1-4	国际商会大厦A	4 655	7.5	办公	2001年1月	2002年9月
11	23-1-5	国际商会大厦B	5 571	4.7	办公、商业	2001年9月	2002年12月
12	23-1-6	卓越大厦	3 742	12.9	办公、商业	2002年4月	2004年3月
13	23-1-7	航天大厦	5 572	7.9	办公、商业	2003年4月	2005年7月

适度和视觉艺术效果，而公共空间的营造离不开周边建筑的"硬件"空间与文化氛围的"软件"烘托。一个设施配套完善、景观优美的公共空间只有让周边建筑的使用者共享物业并分担部分投资建设的义务，才能保持其持久的活力。

如果签订土地出让合同后再进行街坊城市设计，则为时过晚，将导致下列四种情形：① 城市设计被束缚"手脚"，可以组织的公共空间余地很小，难以取得较好的城市设计成果；② 即使取得理想成果也需耗费大量资源进行谈判，修改土地合同，把成果中规定的公共空间的建设和管理分摊到各地块的土地合同中；③ 有关公共空间的相关权利、义务等条款未进入相关地块的土地出让合同，详规的实施遥遥无期，甚至最终不得不放弃城市设计实施计划；④ 政府承担公共空间的全部建设资金和物业管理，耗资大，难度大，

效果不佳。所以，编制修规的最佳时间段介于已经确定土地的投资开发商之后和正式签订土地出让合同之前。只有在最佳时间段编制的修规，才能既融合规划师的理想与市场需求，又将公共空间建设和管理的权利、义务合理分配给政府和各开发商，把相关要求直接写入土地出让合同。并且由于城市设计编制过程中已经处理和解决了规划蓝图与市场需求的矛盾，使下阶段建筑单体设计中更容易落实规划设计的要求，以此保证城市设计及时有效实施。

土地出让之前一年内编制街坊城市设计最有效。因为城市设计必须反映出漫长的城市建设过程中的需求，如果早于开发建设3—5年编制城市设计的话，则其成果难以实施，必定要重新修改后再付诸实施。笔者主张城市设计的编制原则是：随编随用、深度到位。城市设计编制的最佳时机是土地出让之前一年左右，且只编制出让地块所在的街坊。如果过早编制，则缺乏明确的市场需求，没有土地使用者的需求指向，城市设计容易变成政府的一厢情愿或规划师闭门造车的结果，理想蓝图难以实现。

编制城市设计的时机和途径，视土地出

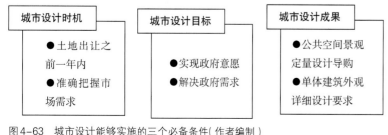

图4-63 城市设计能够实施的三个必备条件（作者编制）

让方式的不同而有所选择。如果土地协议出让，则按本实例方法，在确定开发商但未签订土地合同之前做城市设计。如果土地招拍挂出让则又分两种情况：一是出让地块大于 2 hm²，则可以根据控规提出规划设计要点（出让条件），要求土地投标方带着城市设计方案参加投标，这样一举两得，城市设计既符合控规又能满足开发商需求。二是出让地块小于 2 hm²，则由政府编制街坊城市设计后分块出让。

深圳证券交易所金融片区（原高交会馆场址）的四栋高层建筑及总体城市设计项目就是一个典型例子。因为在土地出让合同签订后编制城市设计，编制时机过晚，导致城市设计成果无法实施。直到 2005 年 8 月，深圳市政府办公会议才确定深圳证券交易所营运中心建设项目规划选址在原高交会馆位置，项目用地面积 3.8 hm²，容积率从法定图则规定的平均容积率 9 降低到 6，并为其配备广场，突出其地位和形象。深交所与周围四个地块共同组成金融片区，市政府于 2007 年、2008 年分别与另外四家金融（银行、基金、保险）公司签订土地出让合同，规划主管部门这才进行深交所金融片区的四栋高层建筑及总体城市设计"4+1"国际竞赛评标会，2008 年底和 2009 年初两次举行该竞赛评标会，2009 年确定城市设计方案后通知五家金融企业，调整修改规划设计要点，但为时已晚，有些项目已经施工。规划主管部门要求深交所修改两个规划设计要点：一是本大楼北部沿红线建一条纵贯东西的架空商业连廊；二是在本大楼东南角建一个与地铁交通连接的下沉式广场型出入口。深交所对此提出反馈意见：第一，北部增设架空商业连廊构思适合城市商业中心，但与金融中心区的要求，尤其与

本大楼安全管理的高标准不相吻合；对本大楼的建筑体型影响很大。第二，在本大楼东南角建一个下沉式广场的设想很好，但设想的提出为时已晚，目前（2009 年 5 月）本大楼地下室结构工程已经完工，如果再作变更，耗费返工重建费用。由此可见，土地出让合同签订后再编制的城市设计难以实施。

2. 城市设计必须编制详细量化内容，写入土地出让合同条款

该项目因其编制时机恰当，深度到位，故能用十年左右时间快速有效实施。中轴线公共空间控规（中心区法定图则）虽然在土地出让前的最佳时机编制，但因规划深度不足，缺乏定量控制元素，在实施过程已延长十年（2003—2013 年）的情况下出现规划失控的尴尬局面。市民广场虽为中轴线的组成部分，但因其占地面积（36 hm²）大、所在位置显要，不仅为市民中心的前广场，而且是中心区的核心，它的设计与实施受到不同年代城市需求变化及政府决策者变化的影响，成为最难实施的实例。

城市设计目的和方法是解决开发建设实际问题的关键。"城市规划侧重土地利用、交通、经济等宏观、二维平面的内容，城市设计侧重中观层面的三维形态、历史文化等社会综合价值与人的感受。"[①]两者合二为一的实施才是完整的城市规划。所以，城市设计成果不是纯粹设计漂亮的公共空间景观，而是基于土地性质、道路交通、城市经济、人的行为模式与市场需求等一系列条件对空间景观的美化设计。简言之，可操作的城市设计成果表现为能够规定一组单体建筑的外部空间环境的详细设计导则，导则能够控制公共空间的功能定位和三维形态的艺术效果，而单体建筑师以这些导则为依据，直接设计

---

① 高源. 美国现代城市设计运作研究 [M]. 南京：东南大学出版社，2006：2.

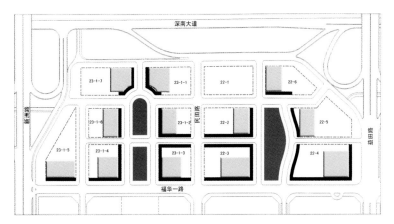

图4-64　1998年SOM 22、23-1街坊城市设计图

建筑的外部公共空间环境。该项目通过公共空间的景观设计途径，解决政府、开发商及公众三方以下三个实际问题。

（1）交通、景观资源公平性问题

该项目划分为13个地块，规划南北向分布三排办公楼，北侧一排建筑临深南大道，周围开敞绿地大、景观好、交通好，形象突出、标志性强；南侧一排建筑临近地铁站、购物公园，交通方便，景观好。由于这13个地块中有4个地块（23-1-6、23-1-2、22-2、22-5）位于中间"夹层"，即南北向都有高层建筑遮挡景观视线，交通、景观条件均无优势，土地价值明显低于南北两排，但"夹层"的单位楼面地价与南北两排相同。开发商们认为这不公平。应考虑如何解决这些地块资源的公平性问题，实现"相同地价，相同资源"。

（2）街道界面、步行系统的连续性问题

连续性是公共空间的重要特征，街道作为城市的开放空间，应建立连续的界面和舒适的步行空间，使中心区形成高品质的工作和生活环境。

（3）办公建筑群中单体建筑形象各自为政问题

深圳前十五年规划建设的最大问题是只见漂亮的建筑单体，鲜有优美的建筑群和天际线。事实证明详规缺乏公共空间定量的三维设计管控，就会形成"千城一面"。那么，应考虑如何设计福田中心区办公街坊建筑群的整体形象。

该项目采用以下三个方法解决了上述三个问题：

第一，加密市政支路和创造两个小公园（图4-64，图中黑色部分为公园用地），解决交通、景观资源公平性问题。该项目设计条件图基于1997年中心区交通规划设计，规划确定这两个街坊划分为13个地块，每个地块面积8 000—16 000 m²，建筑覆盖率不超过45%，即每个地块的室外场地较大。由于支路网密度较小，导致几个地块共用一条支路，有的地块没有直达支路的出入口，各地块的交通条件差异较大，各地块的机动车出入口、行人出入口等尚未明确。1998年，SOM设计公司在22、23-1街坊加密路网，增加两个小公园，按照各地块开发意向，细分地块，加密了支路，使每栋办公楼周围有支路环绕。具体根据中心区方格路网，结合现状民田路、福华一路两条次干路，加密和贯通了两条东西向支路，增加了三条南北向支路，使这两个街坊形成更小地块尺度的交通微循环系统[①]；并在街坊内明确规定人行、门厅出入口及停车场、货运等服务性入口位置。虽然每个地块用地面积缩小为5 000—9 000 m²，但原规划的每栋建筑的总建筑面积不变，覆盖率却增加了一倍。不同支路的功能明确分工，区分主路（布局人行、门厅出入口）和辅路（布置停车场、货运等服务性入口位置）；建筑体量、室外空间景观等都有了明确的设计。该项目通过加密支路网实现了道路交通的公平性。另外布置两个小公园，解决景观资源公平性问题。针对中间"夹心层"用地受到冷落的现实问题，设计师经过现场踏勘、

①　陈一新.中央商务区（中心区）城市规划设计与实践[M].北京：中国建筑工业出版社，2006：83.

座谈研究后，找到了问题的症结点，利用上述支路网的加密调整，在保持原规划确定的各地块的总建筑面积不变的前提下，缩小各地块的用地面积，把原来各地块中分散、不确定的室外空间集中起来设计了两个小公园。小公园作为开放空间，不仅为中心区办公人员提供了休息场所，也具有防灾功能。该成果要求所有办公楼围绕公园布置，使每栋高层建筑都享有朝向公园的开敞空间，克服了中间一排建筑位于"夹心层"的问题，均分景观资源，提高了中间"夹心层"地块的商业价值。采用规划手法基本实现了"相同地价，相同资源"的公平原则。

第二，采用街墙和骑楼解决街道界面的连续性问题。该项目成果规定，沿着福华一路、公园环路，连接两个公园的所有办公楼裙房必须沿街设计 14—17 m 高的街墙，以及净宽 3 m、层高 6 m 的骑楼，街墙和骑楼的布置位置完全一致，从设计源头上解决了街道界面的连续性问题。街墙设计目的是形成这两个街坊连续的街道界面，形成良好视觉效果的街道生活环境，而不仅仅是"修建马路"。骑楼是人行道向建筑底层空间的延续，体现了街道步行空间与建筑商业空间的渗透和统一，有利于建设适合岭南地区气候、温馨的商业氛围。骑楼在该项目内必须连续不间断，办公建筑底层的规定部位都必须用骑楼连接起来。连续的骑楼步行通道，创造了遮挡风雨、安全舒适的步行空间。骑楼使街道气氛活跃，避免中心区办公楼的独立与封闭，它是建筑面向行人、与户外环境沟通的重要措施。中心区街墙和骑楼的统一手法解决了街道界面的连续性问题，并营造了亲切宜人的街道生活空间。

第三，采用详细的城市设计导则解决单体建筑各自为政的问题。该项目成果提出了详细城市设计实施导则，采用定性和定量的方式规定了各建筑外观的详细设计导则（表 4-3），应用及验证了凯文·林奇（Kevin Lynch）关于城市设计的五大组成要素：道路（Path）、边缘（Edge）、地域（District）、节点（Node）、标志（Landmark）。这是城市设计实施导则的关键内容。该项目成果的五项实施导则如下：

导则一（Path）——细分街坊，使每栋高层建筑周边都有市政道路环绕，使人流、车流成为连续系统网络。

导则二（Edge）——所有建筑底层设骑楼，所有建筑门厅沿骑楼布置，所有裙房沿骑楼设计 2 层高的街墙。连续骑楼及街墙成为 CBD 办公街坊清晰的公共空间边界。

导则三（District）——为避免建筑形象各自为政，统一规定所有建筑的立面必须分段，规定各段收分的位置及尺寸、各段窗与墙的虚实比例等，统一的立面元素和风格成为该区域共同的建筑外观形象和鲜明的地域特征。

导则四（Node）——在 22、23-1 两个街坊分别设置小公园，两组高层建筑沿着小公园布置，所有高层塔楼围绕小公园布置。小公园成为 CBD 办公人员的集聚点和活动节点。

导则五（Landmark）——为避免每栋建筑争当标志建筑的杂乱局面，规定每栋建筑高度的浮动范围，并规定这组高层建筑群的最高楼、最矮楼各一栋，形成整体优美的轮廓线。既有具标志性的单体建筑，也有和谐优美的建筑群形象。

3. 规划管理者必须坚定信念，长期贯彻实施城市设计

在规划实施的漫长过程中，由于形势变动，需要一代又一代规划管理者的坚持，才能将城市设计付诸实施。幸运的是，作为深圳中心区第二代商务楼宇，22、23-1 街坊的所有商务、办公建筑在 2000—2010 年十年间

表 4-3　中心区 22、23-1 城市设计指引实施内容一览表（作者编制）

分类	定性指引	定量指引	指引目标或管理要求
开发管理	街坊形成田字格网的街道	细分 13 个地块，面积 3 000—8 000 m²/块	使各地块的交通条件均等
	创建两个社区公园	12 栋高层建筑布置在公园周围，另一栋为标志性建筑	使各地块的景观条件类同，提供室外休息场所
	娱乐街连接两个社区公园	＞85% 临街建筑设商店，娱乐街两侧骑楼宽度 3—5 m，高度 ＜ 14 m	白天允许行车；夜间仅供步行，禁止车行
	鼓励综合功能，配套文化商业		增加社区活力
	大多数车位设在地下车库	辅街地面可少量设停位，但面积不超过地块面积 25%，并不得影响景观	福华一路和公园周边路设为主街，其他为辅街
	车库出入口设在辅街	车辆入口离两街相交的十字路口距离 ＞ 25 m，宽度 ＜ 8 m	
开放空间	必须沿街建连续的街墙立面	街墙立面面高 40—45 m，应跨及所在街面 90% 长度	形成 CBD 街道特征，统一街面要素
	街墙立面的底层建筑高 14—17 m	街墙的底层外墙的实墙面≥40%，商店外墙的玻璃面应有 60%	
	主街的底层布置商场和建筑门厅	主街面的 85% 设商店，商店进深 ≥ 10 m，高度 6—17 m，商店入口间距 ＜ 10 m	商店的门面应包含在骑楼的设计范围内
	沿主街布置连续的骑楼，与人行道连通	规定骑楼宽度 3 m，高度 6 m	骑楼符合岭南气候特征，可遮阳避雨
	提倡步行交通活动	街道两边设置人行道，宽 ＞ 6.5 m，但福华一路等主要街道人行道宽 ＞ 9 m	营造步行社区
	骑楼的墙上安装特制灯	灯高结合建筑立柱确定，灯间距和数量根据骑楼的开间和行人需要的照度确定	所有骑楼的灯具统一风格和造型
	一般街道种单排树，福华一路种双排树	树的间距统一为 7.5 m，位置和间距应与路灯、建筑入口和车道相对应	
	人行道上的花坛种植当地植物	花坛宽 ≥ 2.5 m，长 5 m，尺寸根据人行横道、建筑入口和车道的位置进行调整	
建筑设计	高层塔楼必须错开布置，高低建筑错落		景观资源共享
	建筑正门或大厅设在主街的临街面	入口宽度 5—10 m（或建筑面长度的 15%），高度 6 m，不得超过二层的高度	
	高层建筑楼层应控制建筑后退部位和突出部位	后退或突出部位宽度 ＜ 街道立面宽的 40%，后退 ＜ 3 m，突出不超过立面线 1.5 m	雨篷遮阳篷或其他标志物都应符合类似标准
	塔楼体积变化应按规定的标准控制	街墙立面顶部后退 1.5—3 m，建筑总高 80% 的顶部后退 1.5—3 m	统一建筑立面风格
	塔楼顶部收缩，断面嵌在下面楼层的断面内	整个顶部外壳应后退 1.5—3 m，屋顶上的竖立物高度 ＜ 建筑高度的 20%	屋面材料应与其他部位相同，屋面设备应有遮挡
	规定使用浅色墙面		外墙淡色，不允许深颜色外墙
	玻璃材料采用淡绿色	玻璃占外墙面比例：骑楼 60%，街墙 ＜ 40%，塔楼 40%—50%，顶部适量用玻璃	可局部反光，不允许用高度反光的玻璃
	建筑外部照明提倡多种形式	街墙照明应设在人行道，建筑中央部位可设聚光灯，顶部采用柔和灯光	营造 CBD 不夜城的灯光夜景

全部建成。该项目作为中心区城市设计实施的第一例，中心区办公室对其严格执行城市设计导则的管理过程并非一帆风顺。

22、23-1 街坊城市设计完成后，这两个街坊的十二地块的所有土地出让合同都明确"必须严格遵守 22、23-1 街坊城市设计成果进行建筑单体设计"。但要让已经习惯了没

有详细城市设计导则约束下的进行建筑设计创作的建筑师，在严格遵守定性、定量的城市设计导则的前提下进行建筑设计，并非易事。2000 年开始这两个街坊的第一栋新办公楼设计，中心区办公室推行 22、23-1 街坊城市设计时阻力很大，遭到了投资商和单体建筑师的强烈反对。投资商认为本项目的城市

设计导则对于沿街立面、公共空间等设计条件限定太多、规定过于仔细严格，不符合市场经济的需求，也严重约束了建筑师的创作空间，不利于繁荣建筑创作。面对责难，中心区办公室人员对开发商、建筑师进行耐心说服，举例纽约曼哈顿的区划条例对单体建筑细部设计的诸多限制，巴黎城市建筑群规划通过城市设计制定了十分细致的设计导则，用来约束每一个单体建筑设计。笔者作为中心区办公室的负责人，当时常常对开发商和建筑师们说："我们中心区的办公楼设计要'西装'，不要'时装'，希望造出来后外观看看比较普通平淡，但二十年后看看还是不错，很耐看。"正因为中心区规划管理者的坚定信念，第一栋办公楼设计经过"磨难"后严格执行了城市设计导则，并于 2002 年建成，市场销售业绩极佳，由此让投资商和建筑师们信心倍增，相信这套城市设计导则是一套能够带来很好经济效益和环境效益的"紧箍咒"。万事开头难。由于第一栋办公楼执行城市设计的成功，两个街坊的其他十一栋新办公楼项目都顺利执行了城市设计导则，并取得较好效果。22、23-1 街坊城市设计的成功实施为深圳城市设计奠定了基础，提供了最早的"样本"。

总之，福田中心区成功实施城市设计取决于以下三要素。

① 编制城市设计的时机恰当，在明确开发商后并在土地合同签订之前编制城市设计。

② 权威的城市设计成果，才能经得起时间的考验，才能保证长期贯彻实施。

③ 规划管理者的信念坚定，管理者必须坚定不移和自始至终地执行和实施城市设计成果。

本章重点梳理总结中心区规划编制与规划实施历程中的经验教训，为下一章提出创新中心区规划编制内容及规划实施模式铺垫基础。

5 创新中心区规划编制及实施的理论模式

城市的发展在各个历史时期都有它的形制，形制是无形的法规。再往后，管理者为了管理街区，定了许多条例、规则，对某一城市而言，只要一看就知道是什么时期的法规。

——齐康《规划课》

改革现行详规编制内容及管理模式的迫切性已刻不容缓。现行城市规划管理重控规轻修规，还动辄以"控规全覆盖"作为灵丹妙药，以为控规一旦全覆盖，就能扭转"政府规划跟不上市场变化"的被动局面。事实恰恰相反，由于控规的刚性内容过多，缺乏弹性内容，无法与市场同步变化。况且，"大跃进"式控规全覆盖"运动"，导致控规成果愈加粗糙，使原本难以实施甚至实施效果不佳的控规状况"雪上加霜"。这是近些年几大城市规划管理走过的弯路。

仔细分析，控规中能够不折不扣地实施的内容主要是市政道路、市政配套设施、公共开放空间；能够勉强实施的是有些地块的土地使用性质、容积率；经常申请修改的也是有些地块的土地使用性质、容积率。每次土地出让必然有申请修改用地性质、容积率的需求。这迫使我们反思：控规编制内容到底出了什么问题？

修规在实际管理中较少编制，处于"可有可无"状态，政府期望控规既整片统筹又符合市场需求，即要求控规与修规融为一体，甚至以控规替代修规。然而，中心区规划许可必须以修规为依据（其余片区可以控规为土地出让依据），以项目需求"贴身"编制的修规设计才能取得社会经济和景观空间的

双赢效果。因此，必须尽快扭转控规"过度"，修规"缺位"的局面。创新详规编制内容、改进实施模式，既增添城市精品，又促进经济发展，是关系千秋功业的大事。

本文通过福田中心区规划编制与实践效果研究，分析规划编制内容存在问题的源头，探索规划编制及实施过程的制度化建设问题。本章创新地提出中心区规划三阶段编制内容"六六八"理论，主张控规一次编制（修编只能"打补丁"），政府控制长期不变的刚性内容，将随行就市的弹性内容留给市场调整；修规分街坊编制，"分块拼接"弹性实施。目标是提高规划编制效率、提高规划成果的实施比例，促进社会经济良性循环发展。

5.1 创新中心区详规管理模式的途径及目标

5.1.1 起因："详规实施难"

详规实施包括"控规实施"和"修规（城市设计）实施"两方面。"详规实施难"是创新中心区详规管理模式的起因。

1. 必须改进现行详规编制模式及方法

现行详规管理以控规为核心。为了适应企业"无序"开发占地的需求，一些城市曾推行过"控规全覆盖""法定图则大会战"

等突击式运动，最终不得不以失败告终，导致控规实施难。现行控规编制方法和审批程序未重视土地产权属性及地形地貌的调研，虽然规划师也到现场调研，但深度不足。控规编制一般采用近乎标准化的编制方法"闭门造车"，绘制规划"终极蓝图"，忽视规划对象的多元特性。控规的控制内容及指标体系也基本统一，不区分核心地区和外围片区。这种缺乏针对性的控规成果在面向具体开发项目时必然会遇到诸多矛盾，使控规在实施过程中不得不修改。已有学者设想对控规编制分类指导，针对不同功能地域（如工业区、商务区、居住区）、不同的特性地域（如新城区、老城区、历史街区）及发展的不同阶段（如确定性开发、不确定性开发），采用差别化的编制方法，控制要素的"严格"与"宽松"不一概而论[①]。根据时间、地点、功能不同差别化编制控规，这是有效改进控规的方法之一。修规在现实操作中处于可有可无的状态，真正意义上的修规很少编制。城市中心区应该在控规之后对三维公共空间进行城市设计深化，而修规应包括的竖向规划设计、市政工程管线设计等内容一般不受重视。本书研究了中心区详规改进方法，提出控规整体一次编制，局部修改"打补丁"，修规"分块拼接"，多次编制的办法。

2. 不同地段的土地出让应依据不同详规类型

控规是规划行政许可的法律依据，在城市开发建设中至关重要。但"控规实施难"是全国规划建设行业中的共识，80%以上的控规在使用中都需修改，这说明当前控规编制的科学性不足，至少它适应发展的科学性不足[②]。就城市土地出让环节而言，控规的法定地位及作用已确立，即国有土地出让前必

须依据控规。但因为控规既包含了政府需要控制的内容，也包含了市场可以调节的弹性内容，使许多城市只编制国有土地出让地段的控规；且按既定项目编控规成为普遍现象，说明控规编制的随意性较高，导致控规之间的衔接性不足。必须对现行控规编制方法加以检讨，作出适应性调整和完善，以降低控规编制与实施的制度成本[③]。要解决上述问题可以采取以下方法。

在土地出让之前按照既定建设项目编制的控规方能实施，说明控规的刚性内容控制了国有土地上政府应该控制的市政公共设施内容，而且控制了随市场变化的弹性规划内容。目前控规、修规混合编制内容，导致"控规实施难"局面。解决办法是分清刚性内容和弹性内容，前者属控规，后者属修规。控规的编制目标是在控制好市政公共设施的前提下划分地块，供土地出让使用，涉及建设项目的具体内容应该列入修规编制内容。控规编制可以与土地出让时间脱钩，修规则在土地出让之前编制。这样，既保证政府控制公共产品，又满足市场的需求。

土地出让的规划条件应依据不同详规类型（图5-1），以降低城市规划管理成本。城市核心区、城市中心区应以修规成果为土地出让依据，保证城市规划的精细化管理；其余地段以控规为土地出让依据，保证城市规划管理的效率。

3. "控规实施难"的原因

认真分析近十几年来控规实施情况及其效果，找出了"控规实施难"的三大原因：规划编制内容不当、规划成果审批内容不详细、规划实施人力资源不足等。

① 控规编制内容不当是"控规实施难"

---

① 赵民，乐芸.论《城乡规划法》"控权"下的控制性详细规划 [J].城市规划，2009，33（9）：24-30.

② 段进.控制性详细规划：问题和应对 [J].城市规划，2008，32（12）：14-15.

③ 赵民，乐芸.论《城乡规划法》"控权"下的控制性详细规划 [J].城市规划，2009，33（9）：24-30.

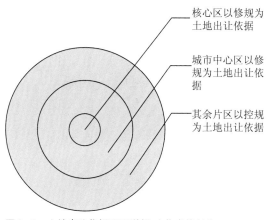

核心区以修规为土地出让依据

城市中心区以修规为土地出让依据

其余片区以控规为土地出让依据

图 5-1 土地出让依据不同详规（作者编制）

的首要原因。控规编制内容不当，一方面造成控规实施时申请修改的比例较大，另一方面，即使严格按照控规实施，实施效果不佳，造成管理者和投资者缺乏实施控规的信心。

控规从开始编制到完成审批的全过程通常需要 2—3 年时间，也就是说，控规的用地性质、容积率是在土地出让前 3—5 年制定的。鉴于市场经济形势快速变化，但控规严格控制用地性质中类、容积率这两个指标，投资者一旦取得土地使用权，多数希望申请修改用地性质、容积率。需避免修改容积率这一经济属性问题采用行政方法解决。为了维护市场公平竞争，凡是通过招拍挂方式取得用地者一律不得申请修改土地出让条件。在土地出让后，这两个指标要么通过合法程序被修改，要么成为开发建设的"绊脚石"。

"控规实施效果不佳"表现为城市建筑的轴、核、群、架、皮等城市设计定性、定量内容不清晰。由于现行控规编制办法没有明确要求控规编制必须对公共空间的形态、界面等三维空间效果进行定量控制，即使严格按照控规实施了，仍然会出现公共空间不连续、不优美、不宜人的实际效果，有的甚至支离破碎，环境品质较差。实际上，实施控规，一方面是政府进行市政道路、公共空间和市政配套的建设，另一方面对出让用地而言，最主要的是执行用地性质、

容积率。因此，现行控规编制内容难以产生优美的城市。

② 规划成果审批内容不明确。这只需规划管理部门发布《详规编制成果审批内容清单》就能解决。长期以来，规划审批内容不具体，审批格式不规范，没有清单或表格列明批准内容、不批准内容；或刚性内容必须实施，弹性内容可以协商等，留给规划执行者的自由裁量权太大。规划实施效果直接受到管理者能力水平、责任心、职业道德等因素影响，无法得到保证。

③ 规划实施人力资源不足，表现为行政管理"重规划审批，轻规划实施"，配置规划实施的人员岗位很少，造成实施规划的行政程序"官僚化"，重视签发"两证一书"，最后签发《建设工程规划验收合格证》，缺乏中间环节督查、实际效果管控等程序，造成控规实施效果普遍不佳。

4. 控规编制及管理问题的因果关系形成"问题链"（图 5-2）

① 控规编制内容不区分政府与市场职责 → ② 从编制到审批周期过长 → ③ 刚性内容和弹性内容界线不明 → ④ 刚性内容过多造成实施难 → ⑤ 市场多变造成修改多 → ⑥ 个案调整或整体修编频繁 → ⑦ 建成部分重复修编 → ⑧ 针对未建部分的规划修编内容不突出。

控规编制管理"问题链"直接导致了控规实施难的现状，主要原因在于控规刚性内容过多，跨越了政府管理公共产品的界线。本章通过理清政府与市场职责分界线，重新划分控规与修规的编制内容，达到"控规管

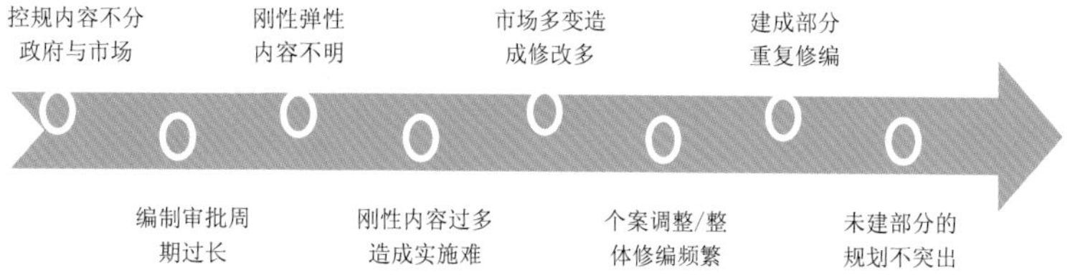

控规内容不分政府与市场　刚性弹性内容不明　市场多变造成修改多　建成部分重复修编

编制审批周期过长　刚性内容过多造成实施难　个案调整/整体修编频繁　未建部分的规划不突出

图 5-2 控规编制管理"问题链"（作者编制）

长期，修规应万变"的目标，实现既精细化城市管理，又激发市场经济活力。

5. "修规实施难"问题的因果关系

① 修规编制范围过大→②编制时机不适合（过早或太晚）→③编制者实际经验不足→④成果内容不详细，过于概念化、通则性→⑤修规成果实施难→⑥频繁修编→⑦审批结果未明确实施内容。此七个环节形成"问题链"在修规管理中具有普遍性且不断循环往复，其根源问题在于编制范围过大，关键问题是成果内容不详细。要解决这条问题链，必须建立一套全新的详规编制管理模式。目标是"控规管长期，修规应万变"，让政府的控规管理公共产品，长期有效；让修规面对市场经济的变化，适应弹性调节。

5.1.2 思路：分清政府与市场的分工界线

笔者通过长期规划实践和调研思考后，提出以下三个思路：第一，控规内容宜粗，控规的刚性内容应限定在市政公共领域，不能牵涉市场变化因素。第二，修规内容宜细，所有涉及市场变化的内容一律编入修规。第三，政府实施控规为主，控规整体编制、长期有效实施；市场实施修规为主，根据土地出让市场需求，分街坊编制修规，近期有效实施。

1. 详规编制内容必须划清政府与市场分工界线

详规编制目的是政府既要精细化管理城市，又要激发市场经济的活力，详规要发挥政府和市场两方面作用（图5-3）。因此，详规编制内容须明确划分政府与市场的分工界限，政府管公平，市场管效率，政府与市场各司其责。公平为效率提供基础，效率为公平保持活力。2006年《城市规划编制办法》施行以来，其实施效果受到了众多城市规划管理部门的质疑，主要原因是该办法没有划清政府与市场职权分工。本文提出规划管理

中政府与企业的职责分工（图5-4）。

① 政府在城市规划管理中的职责是提供城市骨架体系（市政道路及配套、市政供应、公共空间生态景观）、功能分区及提供综合、公共配套设施（文化、教育、体育、卫生）。其中，政府单方面能够完成的职责是为城市提供两大类"公共产品"：第一类是城市骨架体系（市政道路、市政供应、公共空间景观）；第二类是市政配套设施（文化、教育、体育、卫生）。其他则须依靠社会各方面的力量通力合作，才能建立优美宜居城市。

② 开发投资企业（市场）在城市规划管理中的职责是遵守政府制定的公共空间规划设计及管理准则，做好项目的投资建设及物业管理工作。

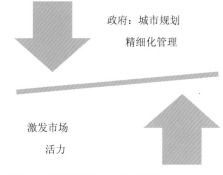

图 5-3　详规编制目的（作者编制）

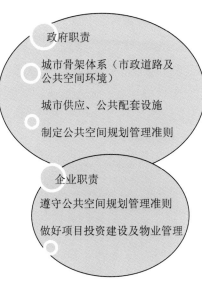

图 5-4　规划管理中政府与企业职责分工（作者编制）

2. 区分控规和修规的职责范围

笔者通过研究，提出了详规编制成果中政府与市场的角色分工示意图（图5-5），并指出：控规是政府长期控制城市发展形态的工具，控规编制内容应全部由政府控制和负责实施，规划内容以二维平面规划的形式表达为主（例如，市政道路、市政配套、用地性质大类）；控规不必包括市场调节变化的内容。修规在严格遵守控规内容的前提下，以适应市场变化的弹性内容为主，例如，用地性质中类应由市场决定。修规以三维空间规划的形式表达。只有明确划清政府职责与市场调节的界线，才能划分控规和修规的编制内容。

应区分控规和修规的职责内容，区分规划不变内容和可变内容，明确在中心区规划管理中，政府和企业的定位和分工，政府管规划不变内容，市场主导可变内容；让控规以刚性的长期有效内容为主，才能保持市场的灵活性。既然政府为城市提供和管理公共产品，控规必须控制的就是城市长远的公共产品，即市政道路及公共配套、维护公共空间环境品质、制定建筑外部空间设计准则等，因此政府主导负责控规。

5.1.3 方法：控规管政府公共产品，修规满足市场需求

1. 政府主导控规，控规管长期不变的公共产品

在政府城市规划管理职责中，只有公共产品是城市长期不变的元素，如果控规能控制城市长期不变的元素，只管公共产品，则就能"独善其身"、长期有效，避免不断修改、避免建设项目的变化因素。政府管好自己该管的事，其他可以交给市场，交给社会管理。

城市是石头的史书，城市规划的管理效果反映一个时代政治、经济和科技文化发展水平。总规实施是一个长期演变的过程，必然经历若干次经济危机、产业兴衰或社会变迁。《城乡规划法》规定总规的期限为二十年，但未规定详规期限。因此，控规期限可理解为长期有效，直至下一轮修编或城市更新。某个片区控规的实施是一座城市在特定时代规划建设的作品，具有城市文化价值，不应轻易更新改造，必须保存时代特色，保留城市记忆。因此延长控规的有效期，保证控规贯彻实施，十分必要。当人们走进一个城市，就能看到不同时代、不同特点的片区风格；这种片区特色保留年代越久，则城市的历史文化沉淀越深，城市越具有魅力。试想，如果控规随着时代的变迁不断被修改，则很难保证控规的完整实施，那么，整个城市就可能成为不同时代规划建筑的"大拼盘"，其结果可能是城市呈现出杂乱无章的空间形态。

2. "控规管长期，修规应万变"

为了实施详规，必须区分政府实施的内容及要求投资商实施的内容。一旦分清了这两部分，自然分清了控规和修规的界线。前

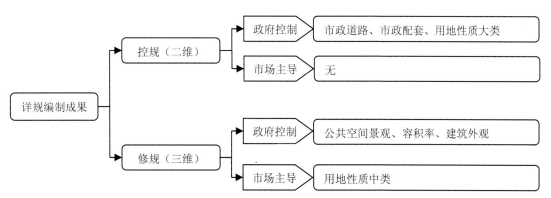

图5-5 详规成果中政府与市场的角色分工（作者编制）

者是控规内容，后者是修规内容。政府控规"一套图"负责市政道路、市政配套设施、生态景观等长期不变的内容，市场主导与时俱进的建筑功能。

由于我国现行的详规编制方法起源于计划经济年代，尽管近十年根据市场经济发展努力调整，但"骨子里"的东西根本没变。控规以刚性内容为主，留给市场的弹性内容很少。在市场经济时期，投资建设主体的多元化和建设行为的市场化，使建设项目的设定由单一的国家计划转变为市场启动，市场项目的随机性和灵活性对土地利用规划造成很大挑战。开发商进入便要求改变土地性质和开发强度，市场成为衡量城市规划合理性的标尺。与其被动适应，不如积极主动创新，政府掌控和维护公共资源、公众利益；弹性内容尽量留给市场灵活调节。既然市场变化很快，不以人的意志为转移，就必须区分规划中的不变元素与可变元素，控规以不变元素为刚性内容，才能长期有效；修规相应可按照市场变化"随编随用"，以实现"控规管长期，修规应万变"目标，这样就解决了控规与市场投资的矛盾。

3. 修规必须遵守控规，并解决建设项目的实际问题

修规是解决政府刚性规划与市场弹性需求之间的最佳"连接扣"，修规必须在遵守控规前提下，解决开发建设项目的实际问题。编制修规应以解决市场需求的实际问题为切入点，统一规划建筑群的公共空间，营造优美的宜居环境。

既然修规面向市场开发建设需求，因此，修规内容应给市场开发保留足够的弹性内容，便于建设项目在几十年生命周期内能够适应市场的千变万化。建设项目在遵守建筑外部空间设计准则、按照行政规划许可的内容实施开发建设的都能做到利国利民。例如，政府控制中心区规划建设的市政道路框架和生态景观空间框架；修规根据市场需要在土地出让之前按街坊编制，细分地块，深化公共空间规划设计，使修规"现编现用"，保持市场经济的"鲜活度"。

5.1.4 目标：控规整体长期稳定，修规局部适应变化

1. 控规应长期有效，不做整体修编

现行控规编制及修编的情况是这样的：控规第一版整体编制，实施一部分；第二版再整体修编，再实施另一部分；以此类推。理论上说，控规可以无限次数地修编下去，直到全部地块都建成。其实，现行控规的修改多数为两大类，第一类是公共产品的修改，第二类是地块功能或指标的修改。理性思考，第一类公共产品的规划最好在控规第一版编制时一步到位，成为终极目标的城市"公共产品"。第二类地块功能或指标的修改，原本没有必要列入控规编制内容。综上所述，控规是可以长期有效实施的，不必作第二版、第三版修编。

现行做法是：如果建设项目的具体内容、技术指标不能完全符合法定图则的话，必须先申请法定图则的个案修改，再进行规划行政许可。修改法定图则（提高容积率、改变用地性质等）必须经过修改论证、编制、公示、批准等程序，一般需要2年左右时间，漫长的图则修改过程往往延误建设时机。表面上看好像过了一遍程序，维持了行政公开、公正的原则，实质上尚未建立利益公平机制。因为提高容积率或改变用地性质所带来的巨大经济利益尚未形成合理的社会分配机制；由此所带来的负面效应也未形成理性的补偿方法。上述做法不但增加了行政成本，影响了开发建设，还造成一定负面效应。社会各界开始怀疑法定图则的实际作用。因此，现行法定图则个案申请修改必须找到新的解决办法。

现行控规修编不区分建成用地和未建用地，采用"大片"整体修编，建成用地与未建用地一起重复修编的管理办法。不仅对建成用地重复规划计费，而且因扩大了修编范围，造成规划师不能集中精力潜心规划未建用地，现状与规划混为一谈，新编内容不突出，新旧成果深度一致、混为一图。这种荒谬的"惯例做法"必须彻底改革。例如，2011年中心区法定图则第三版修编时，中心区已建成90%以上，可修编范围与第一版新编范围一致，建成街坊被重复。第三版法定图则修编的理由是"部分地块的规划设计进行了多轮调整"，实质是将这些地块的规划调整结果纳入第三版法定图则。以建设项目调整局部地块的规划设计，再反推修编法定图则，这种逆序式规划编制不符合客观规律，更不符合城市建设需要。上述控规编制的现实问题、主要原因及解决办法可归纳为表5-1。

2. 控规应"大片"编制，整体实施

（1）控规是政府提供的城市公共产品，应"大片"编制，整体实施，才能保证其长期有效性

控规的编制范围通常是几平方公里，在这样尺度的范围内"大片"编制，既能贯彻总体规划的系统性，又能适度深化片区范围的公共产品规划设计，协调整个片区的市政公用配套和公共空间环境，过于分散或小范围的控规将失去整体协调作用。

（2）控规负责中观层面的公共空间体系规划，城市设计成果不应纳入控规

创新详规管理模式首先要理顺规划编制的顺序。详规的编制程序一般是先编制控规，再编制修规，从上层次到下层次依次编制。上层次成果作为下层次规划依据，但这种科学的规划编制程序在现实中常常被"变通"应用。深圳近十年详规编制管理中常常出现控规与修规逆序编制的现象（图5-6）。在深圳法定图则中表现为：有些片区的法定图则与城市设计同时进行编制，有些即使不同时编制，也常常将城市设计成果纳入法定图则，造成法定图则不同街坊（地块）的表达深度不一致。凡是已完成城市设计的部分，表达内容更细致。这种控规与修规的逆序编制现象也曾出现于福田中心区的规划编制过程中。例如：1996年举行中心区中轴线两侧的核心地段（1.9 km^2）城市设计国际咨询，这次城市设计相当于在中心区核心地段编制修规；1998年进行中心区22、23-1地块城市设计。这两项城市设计成果都被纳入了1998—1999年编制的中心区第一版法定图则中。类似情况曾反复出现。控规与修规的逆序编制现象，恰恰说明控规的公共空间系统性规划设计的欠缺，才需要深化设计的修规返回弥补。因此，控规不仅应做自己的公共空间规划，而且要定量规划，确保城市公共空间的舒适优美。

表5-1 控规编制现实问题及其解决办法（作者编制）

序号	现实问题	主要原因	解决办法（创新编制内容）
1	控规实施难	控规刚性内容过多，弹性不足	区分控规、修规，控规只管公共产品
2	编制周期过长（2—3年）	编制用地范围过大	缩小范围，控规整体编，修规分块编
3	控规的刚性内容过多	控规、修规内容混合，不编修规	新增控规弹性内容在修规中确定
4	控规频繁修编	土地出让后要求改功能、提高容积率	控规确定土地性质大类、容积率幅度
5	对建成街坊重复修编控规	控规、修规内容交叉混合，缺少修规	控规修编"打补丁"，修规必须编
6	控规实施效果差	对公共空间缺乏定量规划设计	控规中增加公共空间定量规划设计
7	城市空间界面混乱	缺修规，缺少单体建筑外观设计导则	分街坊编修规，拼接修规
8	详规一套图管理难	不能包含用地性质中类、容积率数值	控规一套图，须加公共空间定量设计

图 5-6　控规、修规逆序编制现象（作者编制）

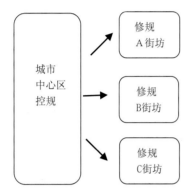

图 5-7　控规整体编制，修规分块拼接示意图（作者编制）

3. 修规应"小块"拼接，适应市场变化，逐步实施

本书使用说明中已注明，本书将"城市设计"等同于"修规"。

（1）从《拼贴城市》到"拼接修规"

《拼贴城市》的著者美国柯林·罗（Colin Rowe）和弗瑞德·科特（Fred Koetter）倡导反乌托邦式的整体城市设计理论，他们认为城市是一种大规模现实化和许多未完成目的的组成[①]。整体设计和整体无设计，都是同样"整体的"。拼贴城市目的是驱除幻象，同时寻求秩序和非秩序、简单与复杂、永恒与偶发的共存，私人与公共的共存，革命与传统的共存，回顾与展望的结合。从中文词意上说，"拼贴"指有意或无意地覆盖部分内容，因此笔者提出"拼接"而非"拼贴"。"拼

接修规"意味着不重复、不覆盖任何内容，将独立设计的各部分拼接起来，形成整体片区的规划蓝图。福田中心区控规整体编制，城市设计应采用街坊式小范围编制"拼接修规"方法（图 5-7），在控规的基础上根据土地出让进程需要逐步分街坊（地块）动态拼接，而不宜采用通常"终极蓝图"模式的整体编制的方法。

（2）中心区城市设计实施过程验证了"拼接修规"方法

纵观福田中心区详规编制与实践过程，证明了"拼接修规"比较符合中心区修规编制与实施的客观要求。中心区规划从 20 世纪 90 年代一直坚持乌托邦式整体实施中轴线详规、开发建设"一气呵成"的思路，直到2003 年初，"一气呵成"建设中轴线的理想破灭，才不得不采取分块拼接设计、分块实施的方式。中轴线规划实施过程中的不确定性、阶段性等表现特征，证明中心区规划蓝图不可能完全按照理想进程整体实施，在现实因素驱动下，不得不分割成许多小地块，逐步修规设计逐步实施。中心区修规小范围编制、分块拼接的创新方法，既可以克服修规编制周期过长，又能避免建成地块重复编制等问题，提高规划的编制和实施效率。

中轴线和市民广场从整体到分段、分块实施的实例，足以证明"拼接修规"不是规划师的主观选择，而是客观现实的必然过程。正如黑格尔的名言："凡是合理的都是存在的，凡是存在的都是合理的。"福田中心区的城市设计实施历程证明"拼接修规"是符合规划建设客观规律的方法。实施修规犹如缝制一件衣服，按照已确定的规划设计好的图纸（控规图纸），分部分块缝制拼接。实施周期越长，控规成果的权威性要求越高，管理

---

① （美）柯林·罗，弗瑞德·科特. 拼贴城市 [M]. 童明译. 北京：中国建筑工业出版社，2003：100.

难度越大。如果一张规划蓝图的实施时间延续几代人的话，则不但规划成果应经得起时间考验，而且高度要求后人具有高度的职业道德和专业水平，能够在漫长历程中既尊重前人的劳动，又修补完善，锦上添花。

4. 调整现行详规编制内容，正确认识"一套图"管理思路

本书提出详规编制内容现行模式（图5-8）的三个种类（控规、城市设计、修规）应回归控规、修规两阶段，即本文提出的详规编制内容创新模式（图5-9）。对现行模式详规内容修改的核心内涵为以下三项：一是现行控规中确定的"土地性质中类"应改为"土地性质大类"，由修规确定"土地性质中类"；二是现行控规中确定的"容积率（数值或幅度）"应改为"容积率幅度"，由修规确定"容积率数值"；三是在控规、修规阶段都应增加经济估算，即规划必须算经济账，才能提高实施比例。笔者认为，通过上述内容改革创新，能从规划编制源头上根本扭转"控规实施难"局面。"一套图"可以做规划实施管理的依据，但这套图不是现行控规，更不是修规，而是改革创新后的控规。

福田中心区规划实践过程中曾经构想采用规划详细蓝图"一套图"作为长期规划管理的依据。那是在中心区规划经历了1996—2001年间详规、交通规划、重大项目选址等深化、变化后，已经处于相对稳定状况的情况下，2002年中心区开发建设办公室提出规划中心区"一套图"管理思路。当年中心区办公室委托规划设计单位编制福田中心区一套详细蓝图（相当于修规深度），希望借鉴中心区22、23-1街坊城市设计的成功经验，编制一套可操作的，并且在未来几年内作为中心区建设项目的规划设计要点管理依据的详细蓝图。本质上说，中心区办公室希望这套详蓝能够补充法定图则对公共空间定量规

划设计的不足，理论上是可行的。但由于规划师实践经验不足，无法完成高质量的成果，仅做了几个街坊的城市设计就匆匆结题了。后来中心区办公室2004年撤销，致使中心区首次详细蓝图有始无终，未完成编制和审批程序，难以发挥应有作用。十年后回首中心区这段遗憾经历，才清醒地认识到：福田中心区 4 km² 建设不应该用一套"固定"详细蓝图管控，它必须与时俱进。详细蓝图应在遵

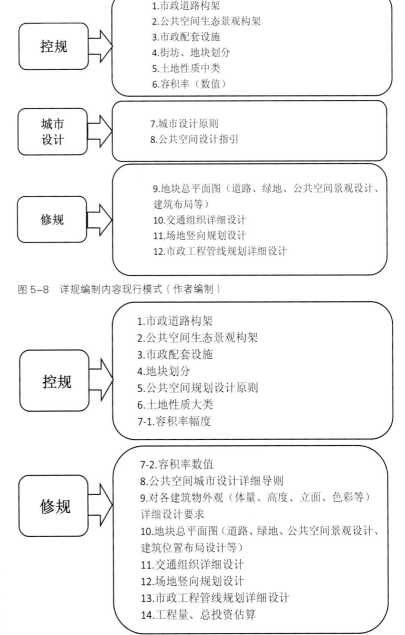

图 5-8　详规编制内容现行模式（作者编制）

控规
1. 市政道路构架
2. 公共空间生态景观构架
3. 市政配套设施
4. 街坊、地块划分
5. 土地性质中类
6. 容积率（数值）

城市设计
7. 城市设计原则
8. 公共空间设计指引

修规
9. 地块总平面图（道路、绿地、公共空间景观设计、建筑布局等）
10. 交通组织详细设计
11. 场地竖向规划设计
12. 市政工程管线规划详细设计

控规
1. 市政道路构架
2. 公共空间生态景观构架
3. 市政配套设施
4. 地块划分
5. 公共空间规划设计原则
6. 土地性质大类
7-1. 容积率幅度

修规
7-2. 容积率数值
8. 公共空间城市设计详细导则
9. 对各建筑物外观（体量、高度、立面、色彩等）详细设计要求
10. 地块总平面图（道路、绿地、公共空间景观设计、建筑位置布局设计等）
11. 交通组织详细设计
12. 场地竖向规划设计
13. 市政工程管线规划详细设计
14. 工程量、总投资估算

图 5-9　详规编制内容创新模式（作者编制）

守控规框架的前提下以市场弹性内容为主，并不断适应市场开发的需求。至于2002年中心区那套详细蓝图是否完成审批，其结果是一样的。即使完成审批了，后来金融用地的开发需求当年很难预见。换句话说，如果详细蓝图的容积率由定量数值改为幅度，用地性质由中类改为大类的话，其规划深度处于控规和修规之间，即中心区规划设计"一套图"应采用控规的用地性质分类和容积率表达，采用修规的公共空间规划设计深度。总之，"一套图"应是控规内容中增加公共空间规划设计的定性定量指引。控规"一套图"应控制市政道路规划设计、市政配套设施布局和公共空间定性定量规划设计（图5-10），不能控制用地性质中类和容积率数值，相信经过编制内容改良后的控规"一套图"能够实现规范化管理。

上述研究表明，详规管理问题的根源在于规划编制内容，改进创新的思路在于分清政府与市场的职责。政府管控规，控规管城市百年不变的公共产品。创新的技术方法是控规须"大片"整体编制、整体实施，修规应"小块"编制逐步拼接，分步实施；最终目标是实现"控规管长期，修规应万变"。

5.2 创新中心区三阶段规划编制内容"六六八"理论

"人类最高的智慧就是创新、创造，不然人类不会进步。"[①]本节主要研究作为新城区开发建设的中心区规划编制阶段的划分及其内容。中心区详规应在总体规划和分区规划指导下分别编制控规和修规。虽然总规和分区规划确定了中心区的功能定位、市政主次干道路网、公共空间景观系统、重大市政

公用配套设施等内容，但由于中心区的位置、功能、景观等都十分重要，如果从总规的基本框架直接进入控规编制则跨度过大，有必要在控规之前增加概念规划阶段。

本书将中心区规划编制分为概念规划、控规（法定图则）、修规三个阶段，目的是使中心区规划编制由总体到局部，由中观到微观深化规划的过程更简明清晰，显示规划内容承上启下，并创新地建立各阶段规划编制的规范化内容，区别各阶段刚性、弹性内容，增强规划可实施性，提升规划实施成效。

本书将中心区规划三阶段编制的核心内容概括提炼为"六六八"理论（图5-11）。

5.2.1 第一阶段：概念规划——六个网络系统

在总规或分区规划指导下，概念规划比较不同方案在市政道路系统、交通规划、用地功能布局、公共空间景观系统、地下空间系统等方面的优劣，同时必须估算需要政府财政投资的资金总额。根据政府预计的财政投资规模，厘清不同类型方案的利弊，集思广益，最终决策和优选概念规划方案，以确保今后不再反复修编概念规划，不走"回头路"。因此，优选概念规划方案是选择中心区规划发展方向的关键阶段。如果规划方向

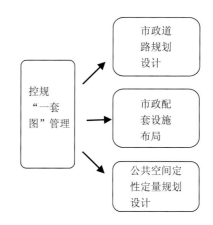

图5-10 控规"一套图"管理示意图（作者编制）

---

① 齐康.规划课[M].北京：中国建筑工业出版社，2010.

选择不当，则城市的未来将付出巨大代价。

1. 概念规划编制六项内容

　　概念规划是中心区规划编制的第一阶段，编制范围为整个中心区，要求一次完成整体编制，力求不重复修编。概念规划的核心内容是在城市总体规划或分区规划确定的指导思想原则下，进行中心区六个构架系统的概念规划：

- · 市政道路网构架（路网）
- · 轨道交通网构架（轨网）
- · 市政工程地下管网系统（管网）
- · 公共空间景观、水、绿地系统（绿廊）
- · 地下空间开发利用系统（地下系统）
- · 空间形态概念规划

　　此外，概念规划的核心规划内容还必须包括中心区功能定位、土地利用性质（大类）、市政配套设施、开发规模总量预测、居住人口、就业岗位、用地功能平衡表等具体内容及其相关说明及推导依据。表5-2简明扼要地表示了概念规划编制内容。

2. 福田中心区概念规划核心内容简述

　　回顾反思福田中心区的规划编制历程，1980—1988年是中心区概念规划阶段，其功能定位、主次干道路网、市政工程管网、公共空间景观系统等核心内容至今未变，其开发规模总量预测、居住人口、就业岗位、市政配套设施、用地性质等规划构思内容根据经济形势发展需求处于变化调整过程中。以下为中心区概念规划阶段有关核心内容的具体确定过程。

（1）功能定位自始至终不变

　　1980年的"特区发展纲要"规划未来的福田区为以第三产业为主导的金融、贸易、商业服务区，1981年的"总规说明"提出全特区的市中心在福田区。迄今三十多年来，福田中心区从最早规划的金融、贸易、商业

概念规划　整体编制：六个构架系统

- ·市政道路网构架（路网）
- ·轨道交通网构架（轨网）
- ·市政工程地下管网系统（管网）
- ·公共空间景观、水、绿地系统（绿廊）
- ·地下空间开发利用系统（地下系统）
- ·空间形态概念规划

控规　整体编制：八项内容

- ·用地性质大类
- ·整体毛容积率及街坊容积率幅度范围
- ·公共空间规划设计导则
- ·市政道路交通规划设计
- ·市政配套设施规划布局
- ·地下空间开发利用指引
- ·拆迁量、土方量估算
- ·财政投资额估算

修规　分街坊编制：八项实施内容

- ·交通组织详细设计（包括各地块人、车出入口的位置、数量等）
- ·地块容积率数值
- ·总平面规划设计布局
- ·城市设计详细导则[包括公共空间的绿化、水系、广场、公共通道、骑楼、退线等设计要求；对各建筑物的外观（体型、高度、立面、色彩）设计要求）]
- ·地下空间规划设计
- ·市政工程管线详规设计
- ·场地竖向规划设计
- ·市政配套设施规划布局

图5-11　中心区规划三阶段编制"六八八"理论（作者编制）

表5-2　概念规划内容（作者编制）

规划内容	核心内容	构思/预测	备注
功能定位		√	
用地性质（大类）		√	应标明禁止的大类
轨道交通网系统	√		轨网
主次干道路网系统	√		路网
市政工程及地下空间系统	√		管网
公共空间生态景观系统	√		绿网
生态水系统	√		水网
景观视廊系统	√		视廊
市政配套设施		√	
开发规模总量预测		√	
居住人口		√	
就业岗位		√	
用地功能平衡表		√	

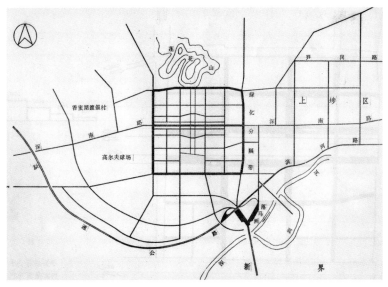

图 5-12　1986 年中心区道路网规划
（来源：中规院《深圳特区福田中心区道路网规划》）

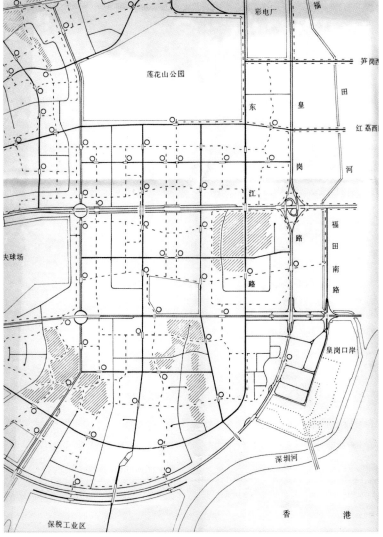

图 5-13　1990 年福田区道路系统规划
（来源：《福田区机动车自行车分道系统规划》）

服务区到现实的金融中心 CBD、全市行政文化中心，城市规划的功能定位贯穿始终，中心区成为深圳总规实施的优秀案例。

（2）确定主次干道路网

主次干道路网是概念规划阶段必须确定的核心内容。福田中心区 1986 年的"福田中心区道路网规划"（图 5-12）确定主干道，到 1990 年福田区道路系统规划（图 5-13）仅增加彩田路（图中东江路）为主干道，其他主次干道至今未变。可见，福田中心区概念规划阶段确定的主次干道路网一直贯穿于中心区规划建设的全过程，后来中心区控规和修规阶段仅加密了市政支路网。

（3）公共空间生态景观系统是概念规划的核心内容

中心区中轴线规划概念由来已久，中轴线的构思最早出现在深圳特区 1982 年的总规草图中（图 5-14），以莲花山为起点规划了一条南北向轴线（即"中轴线"）。1986 年特区总规正式提出了福田中心区规划方案（图 5-15），明确南北向景观轴（中轴线）及东西向（深南大道）交通轴构成的"十"字轴为中心区主要的公共空间景观视廊。中心区概念规划阶段确定的中轴线公共空间系统不但长期贯彻实施，而且 2007 年规划局还组织进行了"深圳中轴线整体城市设计研究"，将中轴线南北拓展成为深圳南北向主轴线，但此规划尚未进入实施阶段。保持中轴线公共空间的整体连续性和完整性，这是历史赋予的使命。

5.2.2　第二阶段：控规——六项刚性内容

中心区概念规划之后可直接编制控规，这是在投资者不确定时编制的详细规划。控规编制主要包括三项内容：对公共产品的规划设计、针对土地出让的地块划分和经济估算。

1. 控规编制内容

① 对公共产品（城市骨架体系：市政道路、市政供应、公共空间生态景观；市政配套设施：文化、教育、体育、卫生）的规划设计。

② 针对土地出让的地块划分。虽然控规不针对具体建设项目，但必须根据开发出让模式来决定划分地块的大小，从而把握土地出让及开发建设的大方向。

③ 经济估算，平衡土地一次开发投入和地价收入的资金总额。中心区控规原则上应整体一次编制，长期有效。今后即使局部街坊需要修编，可采用"打补丁"方式进行。因此，控规编制必须减少对建设项目的刚性要素，以适应市场的复杂多变。

2. 控规划分刚性内容与弹性内容的标准

刚性内容指不受市场经济变化影响，由政府投资并长期管理的控规内容。无论城市经济起伏变化，产业升级换代，这些内容作为一个城市必备的公共产品持久稳定不变。弹性内容指控规内容中必须与时俱进，与市场经济密切联系的部分内容。划分刚性内容与弹性内容的标准是区分政府与市场的职责，凡属于政府必须提供的公共产品（如市政道路、市政配套设施）或政府须长期控制的城市面貌（如公共空间景观）等，都应列入刚性内容，除此之外可由市场选择或与开发商协商实施的控规内容属于弹性内容。

3. 六项刚性内容

"城市规划设计是城市管理者的政府行为，即在一定的城市土地上，科学合理地配置城市所需求的各种必要以及发展所要求的设施"。[①]控规编制必须包括的刚性内容属于政府要提供并合理配置的公共产品。本书创新地提出中心区控规的六项刚性内容。

图 5-14　1982 年总规草图中的中轴线示意（来源：孙俊先生提供）

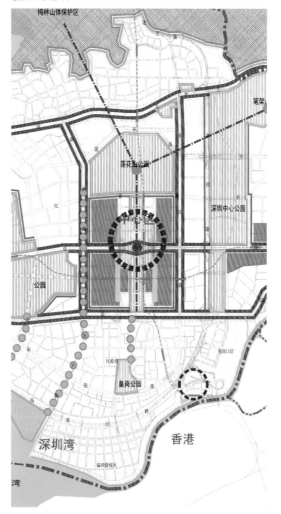

图 5-15　1986 版总规中的中轴线

---

① 齐康. 规划课［M］. 北京：中国建筑工业出版社，2010.

（1）用地性质（大类）

政府组织编制的控规只能确定用地性质大类，引导城市发展的产业布局或考虑职住平衡、市政设施、公共空间的规划，用地性质的中类、小类应该由市场开发选择决定，投资者应根据投资时的市场行情计算投入产出经济效益后，决策用地性质的中类或小类，及其所反映的不同建筑功能比例在空间上的分布。

（2）市政支路网（路网）规划

在概念规划已经确定中心区的主次干道基础上，进一步确定支路网及慢行系统（包括步行道、自行车道）的位置、道路断面设计。

（3）市政管线工程及地下空间规划（管网）

市政管线工程是政府投资建设并管理的重要内容，市政管线要结合地下空间统一规划设计。地下空间规划政府规划控制内容，有效开发利用地下空间改善城市环境。政府必须充分利用地下空间，解决中国城市化进程中特大城市的市政设施配套问题，集中建设地上、地下复合集中城市，发展立体化三维城市，谋求城市的重新建设，已成为今后城市规划的重要课题，也是特大城市发展的必然趋势。垂直型城市空间扩大，地下浅层作为地上人类活动空间的补充，如地下街、大楼地下层、停车场以及连接各设施的地下通路网络；地下中层（位于地下浅层与深层之间）用于地铁、公路、下水沟、电气通讯管道、共同沟等，作为交通、生活、能源干线铺设的线状空间得到利用；地下深层不适于人类活动，可建设下水处理场、垃圾焚烧工厂、能源成套设备等基础设施。[1]政府必须重视地下市政工程管网、地下市政配套设施、地下轨道交通线路、地下公共空间等内容的规划设计。

（4）生态水网系统（水网）的规划设计

在综合评价中心区现状生态资源条件的基础上，在尽力保护原生态环境的前提下，进行生态水网系统的规划设计。这是十分重要的控规内容，在现行规划编制中往往被忽视或弱化了。

（5）公共空间景观系统的规划设计

公共空间生态景观是控规必须编制的"体系导则"[2]内容，将绿地、水系与街道、广场等开敞空间组成城市优美的生态景观视廊，定性定量规划"体系导则"控制开发。

（6）市政配套设施规划设计

控规必须规划中心区的文化、教育、体育、卫生等公共设施的规模及布局，这是政府必须提供的公共产品，应完善配套服务设施。

4. 弹性内容

（1）容积率

控规编制要确定各地块的容积率，这是个大难题。笔者虽经多年调研和思考，仍不得结论。现提出两种弹性容积率方法供参考。

一种是采用香港城市规划管理方法——"片区容积率，区内统一"。在《香港城市规划标准与准则》中确定城市分区，再确定各区的不同土地性质的标准容积率，即在同一片区、同一种土地性质的用地上的容积率是统一的，在同一片区内的容积率实行"一刀切"，营造了市场公平机制。如果由于市场经济变化，产业更新升级等时代变迁因素，需要调整"片区容积率"，则实行"普调容积率"政策，提高整个片区的容积率；甚至某个片区若干次"普调容积率"。但凡是申请更新改造的建筑项目都享有采用最新"普调容积率"结果的权利。香港已经建立了一套较成熟的市场经济体制下的容积率管理办法。

---

① 赵鹏林. 关于日本东京地下空间利用的报告书 [R]. 深圳市规划国土局，1999：25-27.

② 卢济威. 城市设计创作研究与实践 [M]. 南京：东南大学出版社，2012：5.

另一种方法是"开发总量控制、街坊平均容积率、超额双倍地价"的设想。在政府控制中心区开发建设总量的基础上，控规计算分配各街坊容积率幅度范围或确定各街坊的平均容积率。在土地出让之前，由规划土地管理部门结合市场需求行情决定待出让地块的容积率数值；也可以考虑在土地出让竞标过程中，由开发商（投标人）根据市场行情和投资实力在容积率弹性幅度范围内选择容积率数值，虽然这种方式增加了现场竞标和定标的难度，但值得尝试。采用弹性容积率方法，政府必须制定不同容积率数值与地价挂钩的方法，特别是超过平均容积率的地价收取办法。例如，要求超过平均容积率的上浮建筑面积部分缴纳双倍地价，且须贡献一定数量面积的公共空间给公众使用等，这样既符合土地有效利用的原则，也符合土地级差地租的经济规律，并且把开发商增加容积率的利益在政府和公众中合理分配。用经济手段解决市场经济问题，既能实现政府的目标，又能适应市场的需求。

（2）政府财政投资总额估算

在中心区控规编制中，应估算15—30年内实现这张控规蓝图所需政府财政投资的总额，包括土地一次开发建设所需资金（征地拆迁费、市政道路工程建设费）、市政公共配套建设费（文化、教育、体育、卫生等公共设施的投资规模）；同时测算每年政府财政支付的能力。如果再深入一步，还可测算财政投资与市场投资的比例，测算财政投资与地价收入平衡度等。

如果专门成立中心区公共开发建设机构，采用独立经济核算，则要求在20—30年或更长时期内取得土地一次开发建设费、市政公共配套建设费与地价收入的经济平衡。

（3）其他弹性内容

其他弹性内容包括居住人口、就业岗位、用地功能平衡表等，具体内容见表5-3。

5.2.3 第三阶段：修规——八项实施内容

修规，顾名思义，修建性详规，是开发建设之前的详细规划，即在基本明确市场投资类型、土地出让时间的前提下针对街坊或地块编制的。修规应加强公共空间城市设计量化内容，使城市设计真正起到控规与建筑单体设计之间的"链接"作用。现实状况中，常常因为城市设计（修规）空缺或内容不够详细，导致控规与建筑单体管理之间的"脱节"现象（图5-16）。修规既要遵守控规的要求，又要结合市场开发需求。修规应小范围、分街坊、分地块编制。本书研究修规是在中心区"分街坊编制修规"的前提下进行，不包括1 km²以上大范围编制的修规。根据安排

表5-3 控制详规内容（作者自制）

规划内容	刚性内容	弹性内容	备 注
用地性质（大类）	√		
整体毛容积率及街坊容积率幅度		√	预测开发规模总量
主次干道、支路网	√		路网，包括自行车道、步行道
市政管线工程	√		管网
地下空间规划	√		
公共空间生态景观	√		绿网、水网、开敞空间、天际线等体系导则
市政配套设施	√		独立占地的设施类型、规模
财政投资与市场投资、地价测算		√	确保在政府财政能力范围内
居住人口		√	
就业岗位		√	
用地功能平衡表		√	

的土地出让先后顺序分别编制修规，实现修规拼接的目标。只有在土地出让前编制修规，才能既落实控规的要求，又准确预测和反映市场需求。

修规目标是"一落实一增加"。"一落实"指在编制范围内落实控规对公共产品的规划设计要求；"一增加"指结合编制范围内项目和市场经济的需求，增加建筑群、公共空间界面等规划设计，对各单体建筑设计提出具体定性定量的设计指引和要求，使修规在遵守控规的前提下适应市场经济发展需要，并营造优美的城市公共空间和建筑群整体形象。

研究修规，必须厘清三个问题：第一，谁编制？第二，何时编制？第三，如何编制？

1. 谁编制？——谁投资，谁编制

谁编制的修规才具有实施价值？既然修规是用于规定和引导开发建设项目的实施内容的规划，必须结合控规的要求与市场投资者建设意向编制修规，那么，委托编制修规的甲方应是修规范围内的投资实施主体。只有投资者，才会考虑实际供需情况。凡是没

有投资者参与的修规，充其量只能算是政治业绩或"纸上谈兵"，这样的修规成果难以指导实际开发建设，不具备可操作性。因此，确定修规编制主体的原则是谁投资，谁编制。

修规编制主体有政府或土地投标企业两种，在不同情况下选择不同的修规编制主体（图 5-17）：一是街坊整体出让的用地，可以出让土地后由开发商编制修规或在土地招标时要求开发商附带修规方案投标，修规方案的优劣作为技术评标的重要内容；二是街坊分割为几个小地块分别出让给不同开发商时，应由政府编制修规后再分块出让，并且出让条件中包含开发商必须遵守的城市设计导则和有关公共空间的规划义务。如果街坊土地整体出让，或者一次性出让土地大于 2 hm²（例如中心区大型综合体、居住区等），可在土地招标时由投标方带着修规方案竞标，修规方案与地价的报价额都参加商务评标；或可先出让土地，再由开发商编制修规。如果街坊土地分割出让，则由政府编制修规，再分块出让，地块与地块之间的公共空间由政府按修规实施。但无论谁编制修规，中心区修规不应整体编制，而应采用拼接修规的方法，以街坊为编制单元，编一个项目，拼接一块，避免重复编制已实施或已出让土地的部分。修规成果都必须经过法定程序批准后实施。

图 5-16　控规、城市设计、建筑设计三者关系（作者编制）

1. 街坊土地整体出让，由开发商编制修规

2. 街坊分割几个小地块分别出让给不同开发商 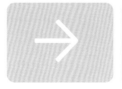 由政府编制修规后再分块出让土地

图 5-17　修规编制主体的选择（作者编制）

2. 何时编制？——土地出让之前编制最佳

何时编制的修规才可能付诸实施？修规做得太早难实施，做得太晚亦难实施。修规成果必须得到投资者充分肯定，才能不折不扣地实施。因此，在落实投资者或者明确市场投资意向后编制的修规才有可操作性。鉴于修规重点内容是"一落实一增加"，落实控规要求，增加对编制范围内各单体建筑设计的指引和要求，故只有当投资者意向清晰时才能编制出符合实际需求的"一增加"内容成果。

（1）针对不同的修规编制主体

修规编制主体有政府或企业两种情况，这里主要讨论政府负责的修规编制时机。政府必须在土地计划出让的当年（或一年内）组织编制修规，在土地出让程序之前完成审批，并将修规有关公共空间设计建设内容落实到土地合同中。如果修规编制时间过早，尚未明确市场投资意向，设计师难以调研投资方的需要，只能根据政府的指令任务书"闭门造车"，造成修规成果与市场需求脱节，出现一些成果核心内容是研究建筑体量及建筑群组造型、外部公共空间形态等"唯美"主义方案，没有解决市场投资者的实际诉求问题。这样的修规成果不在少数。如果修规编制时间太晚，则难以实施。例如，在完成土地出让合同之后，政府再组织编制修规，修规成果所规定的公共空间实施内容难以进入各地块的土地出让合同条款，而导致无法实施。由此可知，政府编制修规的最佳时机是土地招拍挂出让之前，并保证修规成果关于公共空间的实施要求具体写入土地合同条款中，才能保证实施。另一种情况是土地投标（投资）企业负责编制修规，可以在土地投标过程中或中标后编制，属于市场行为，符合控规的规划要求即可。

（2）针对不同的土地出让方式

中心区土地出让方式分协议、招标和拍卖三种形式。第一种协议出让土地方式的修规最佳编制时机，是在确定投资开发商之后、签订土地合同之前；第二种招标及第三种拍卖出让方式，都应区分大地块或小地块两种不同情况。如果土地大于 2 hm²，则可把土地招标与修规招标合二为一，要求开发商在投标土地使用权时，进行市场调研，制定地块所在街坊的修规。让投标者带着修规方案投标土地使用权，评标时应在修规与地价之间作出科学而长远的选择。如果土地小于 2 hm²，

则应由政府编制修规后再招标或拍卖土地。

3. 如何编制修规？——四个注意点

第一，在遵守控规的前提下深化规划设计，即控规的内容完全照搬照抄，再结合土地出让的市场需求深化设计修规八项实施内容。

第二，修规编制范围宜小不宜大。中心区必须做城市设计（修规），且应采用"拼接修规"方法，在控规后根据土地出让的时间顺序逐步展开修规。为什么不赞成大范围编制城市设计，而主张采用街坊（地块）小范围编制城市设计、"分块拼接"的编制方式？十几年来，笔者经历了许许多多城市设计竞赛或编制成果，凡是大范围（有些大到十几平方公里以上）编制城市设计的项目都是难以完成的，因为范围太大，难以掌握土地权属或现状情况，即使有上层次规划（控规），也无能为力，不能针对现实问题提出可实施性规划设计。如果没有上层次规划，则该城市设计的最终结果往往变成"概念规划"，甚至无法达到控规深度，更谈不上修规深度。因此，实践经验告诉我们：大范围编制城市设计的风险很大。如果规划范围在 10 km² 以上，只能做概念规划；如果规划范围 10 km²以内（最好不超过 5 km²）可以做控规；如果规划范围 1 km² 以内（最好不超过 50 hm²）可以做城市设计。在中心区做城市设计，规划用地范围宜控制在 5 —20 hm²；如果是公共空间的城市设计，则应根据公共空间实际占地面积确定修规范围。中心区办公街坊原则上不宜搞大范围（一般不超过 20 hm²）的修规。福田中心区规划实践经验证明：凡是中心区城市设计以街坊为编制单元，根据土地出让时间进度要求，分块编制，逐步拼接，待中心区基本建成时才形成一张"完整"的修规蓝图。这是中心区实施的第一轮详细蓝图，相对稳定一段时间（三十年或更长时间），

未来城市更新时再开展第二轮"拼接修规"。以此循环往复，规划水平不断提高，城市文化、城市活动积累百年以后，中心区就成为适宜工作、适宜活动、适宜生活的中央商务活动区了。

第三，修规编制内容宜细不宜粗，且必须突出公共空间城市设计内容。"现代城市设计的发展势在必行，可以从观念层次形成各专业共享的环境价值观，从操作层次成为二维的城市规划向三维的专业工程设计过渡的桥梁。"[1]为了解决详规实施效果不佳问题，修规的三维空间规划设计必须深入细致，既要落实控规对本街坊公共空间的设计要求，又要深入制定本街坊各建筑物外观设计的细部要求，才能形成优美的城市景观环境，才能使土地经济价值最大化，实现中心区规划建设精品。因此，城市设计的实施及维护管理在城市面貌中起着举足轻重的作用。现行详规管理主要问题是：二维控规与单体建筑工程之间缺少详细的三维城市设计要求，控规内容反映在规划许可证上的刚性内容仅为建筑功能及容积率等指标、道路交通出入口等，缺乏对公共空间尺度与比例的定量设计指引，造成城市街道界面凌乱、公共空间支离破碎，这种粗放式开发建设是对土地资源

的极大浪费，也不利于环境保护和城市建筑文化的传承。所以，修规编制应制定各单体建筑设计的详细，结合开发需求的三维城市设计指引和要求，才能创造出整体优美的街坊或建筑群，才能营造城市美好的公共空间艺术效果，增加城市的魅力。

第四，以街坊城市设计为例，修规编制必须制定以下八项实施内容（表5-4）。

① 交通组织详细设计（包括各地块人、车出入口的位置、数量等）；

② 地块容积率数值；

③ 总平面规划设计布局；

④ 城市设计详细导则（包括公共空间的绿化、水系、广场、公共通道、骑楼、退线等设计要求，对各建筑物的外观设计要求）；

⑤ 地下空间规划设计；

⑥ 市政工程管线详规设计；

⑦ 场地竖向规划设计；

⑧ 市政配套设施规划布局。

本书提出创新中心区三阶段规划编制内容"六六八"理论，从规划编制源头上彻底划清政府与市场的界线，要求政府在城中心区概念规划阶段整体编制好六个网络（轨网、路网、管网、绿网、水网、视廊）系统规划；控规阶

表5-4　修规编制实施内容（作者自制）

内容	实施	参考	备注
用地性质大类（中类）	√		政府编制用大类，企业编制用中类
地块容积率幅度（数值）	√		政府编制用幅度，企业编制用数值
总平面图及空间规划设计	√		
交通组织设计方案	√		人、车出入口及停车的位置、数量
落实控规对本街坊公共空间设计要求	√		绿化、广场、水、公共通道、骑楼、退线等
竖向规划设计	√		
落实市政配套设施、市政工程管线及地下空间设计	√		市政配套设施、市政管线位置、容量、管径
制定本街坊各建筑物外观设计要求	√		单体建筑造型、高度、立面等地块导则
技术经济投资估算		√	估算工程量、政府与市场投资额比例

---

① 卢济威.城市设计机制与创作实践［M］.南京：东南大学出版社，2005.

段也应整体编制，此阶段政府的职责是管理市政道路、市政配套设施、公共空间定量规划设计等三项城市公共产品，重点制定六项刚性内容（用地性质大类、路网、管网、地下空间、公共空间生态景观、市政配套设施）规划设计；修规应分街坊编制，在遵守控规的前提下深化公共空间生态景观及街坊内各单体建筑外观设计要求，具体制定八项实施内容。

5.3 创新中心区规划实施的理论模式

深圳特区的崛起得益于地缘优势、政策优势和制度创新。近些年，在政策优势淡化后，深圳之所以还能保持较好发展势头，根本上依靠机制创新。详规长期缺乏有效实施机制，如果规划管理停留在市政交通—规划设计—建筑工程的各阶段行政许可，犹如"铁路—警察，各管一段"模式，那么"各自为政的专业设计组合只能使城市环境形态成为无序、混乱的拼凑，当然与环境的和谐、统一相距甚远"[①]。规划设计终将成为"虎头蛇尾"的漂亮蓝图，城市建设将成为后人的"城市垃圾""建筑垃圾"。因此，政府需制定规划编制、规划实施、后续管理等"一条龙"机制，切忌管理力量从规划编制到规划实施的渐弱，从规划实施到维护管理的渐弱。这两个减弱将使高投入、高起点的规划付之东流。这是中国改革开放三十多年城市规划精品寥寥无几的根源问题。

在城市规划管理的现行体制框架内，本书提出中心区规划实施的新模式，这种实施模式的理论假设具有创新机制的探索价值。

5.3.1 创造规划实施管理的长期连续模式

1. 两套不连续的规划"班子"导致详规难以实施

任何一个详规蓝图的实施都依靠技术班子和管理班子这两套"班子"，较理想的是这两套班子合一，且长期跟进管理。但福田中心区三十年的规划实践历史表明，中心区的规划管理无论技术班子还是管理班子都是临时班子，导致中心区规划编制内容和管理内容"十年一次轮回"，不断被"否定之否定"，出现终点回到起点的尴尬局面。

福田中心区的中轴线详规实行人车分流、"竖向分层"交通，这个规划思想早在1991—1993年已经被技术层面和管理层面两套班子确定，"规划对CBD核心区实行人车交通'竖向分层'。地面层为机动车活动面，人流在地面以上二、三层活动。核心区内所有公共建筑的主要人流出入口设于地面以上二层，有垂直交通直达地面和地下各层，方便乘客上下联系。核心区内各街坊之间设置统一标高的过街联系廊，组成CBD核心区的架空步行系统"[②]。这是一个"立体城市"的规划设计。

至2003年（1993年之后的十年），市政府召开"福田中心区中心广场及南中轴建筑工程与景观环境工程概念设计汇报会"，中轴线二层步行系统方案却被技术层面和管理层面两套班子质疑否定了，理由是中轴线不应该形成二层架空步行系统，应该做更多绿地，必须减少二层平台下的商业建筑面积；中轴线二层步行系统跨过深南大道会影响城市景观，应尽量多做一些绿地。实质上，这是对1993年以来中心区承上启下规划方案的一次重大转折性的质疑否定。令人费解的是，从1993年到2003年，前后十年审议中轴线规划设计方案的专家技术权威是一致的，即使同一技术权威也难以保持中心区规划思路

---

① 卢济威. 城市设计机制与创作实践［M］. 南京：东南大学出版社，2005.
② 刘泉. 特区城市中心区规划的一次实践——深圳福田中心区规划 [J]. 城市规划，1994：2,34.

的连贯性，更何况管理班子已换届，更难保证对中心区规划管理思路的前后衔接。后面的决策否定前面的情况也屡见不鲜。然而，历史似乎又给中心区规划开了个玩笑。2009年，再次举行"福田中心区水晶岛规划设计方案国际竞赛"，中标方案构思用一个直径600 m的二层高架的圆环"深圳眼"连接中心区的核心区——水晶岛和中心广场南北两片。如果说，2003年质疑否定了"一条"中轴线二层步行系统跨过深南大道的话，那么，2009年中标方案用"两条"二层步行系统跨过深南大道。这是中心区规划历史的十年轮回，还是巧合？

2003年之后再过十年，直至2013年中轴线二层步行系统的规划建设尚未完成，特别是中心广场的设计方案令人遐想，应该采用"一条"或"两条"二层步行系统跨过深南大道？二层步行系统下面的商业建筑规模多大合适？这是颇具争议的问题。中轴线规划实施二十年是一个典型标本，其规划思想的反复和实施过程的曲折值得深刻反思。中轴线二层步行系统规划思想经历了"否定之否定"过程，通过中轴线二层步行系统实现中心区南北两片的人行连接，既给市民营造了城市核心区的公共开放空间，也给游客提供了一个精彩的CBD旅游观光点。这是大势所趋，也是时代的必然。

详规实施难，不是福田中心区的个案，是全国普遍现象。一个片区的规划编制到规划实施总是"隔三差五"地更换技术人员和管理人员，上层决策领导也是定期或不定期地换班，导致：①规划重复编制，决策反复，前面确定的规划思路不能贯彻，后面再编制"新版本"规划；②规划难以深入，总在进行概念规划；③规划难以实施，因为新人缺乏动力去完成前人的空间规划使命。由此可见，详规实施难是一种制度性"缺陷"，不

是规划师能够解决的问题，这是当今详规管理的关键问题。

与上述情况形成鲜明对照的是香港规划署的管理模式，正是技术层面和管理层面这两套"班子"合一的典范。香港规划署800人，其中200多人是规划师，负责政府法定规划的编制。规划编制与规划管理人员是同等身份、同等待遇，技术与管理高度合一。高度融合的规划编制和管理体制，使香港的规划编制逐步深化，规划管理同步到位，出现有序的建设发展和宜居的社区环境。

2. 规划实施环节力量不足，规划管理"虎头蛇尾"

现行规划管理由于规划实施环节的管理人员较少，一般仅配置少数几位工作人员负责管理几十或上百平方公里土地范围内的规划行政许可，"一线干事"人员严重不足，造成管理者缺乏现场考察，缺乏跟踪服务，造成详规管理的"表面化""形式化"现象。人均几十平方公里管理范围无法保证管理质量和效果。长期以来，规划主管部门每年负责规划编制的年度计划立项，负责把编制项目委托或招标给规划设计单位，由规划师现场调研、拟定规划方案，送主管部门开会讨论，修改后再讨论、再修改等，经几次"回合"形成送审稿，按审批程序公示和报会审批。在整个规划编制审批过程中，公务员往往只听汇报、"纸上谈兵"，甚至不看现场，对于规划编制投入精力较少。完全依靠规划师提出方案、修改意见、处理公示回复等。其实，规划编制是技术知识和管理经验的混合产物，公务人员必须深入参与规划编制，才能及时反馈规划实施中的问题，避免规划编制、规划实施"两张皮"管理模式，从源头上扭转"控规实施效果不佳"局面。因此，要根本改变规划管理力量从编制到实施的渐弱，从实施到管理的渐弱的状况，必须创新管理人员配置模式。

3. 创新规划管理人力配置结构，应由"橄榄形"改为"柱形"模式

现行规划管理部门的内设机构人员配置存在轻规划编制、重规划审批、轻规划实施的模式，可以形象地概括为两头小、中间大的"橄榄形"模式。管理机构中投入规划编制、规划实施的人力少，多数人力集中在规划审批环节。比较理想的模型应为"柱形"，即平均分配规划编制、审批、实施三环节人力资源，甚至可以加强规划编制、规划实施环节的人力，以提高城市规划品质。深圳规划国土局是一个职能综合、规模较大的政府管理机构，中心区又是市政府二次创业的重要基地。可是，中心区开发建设办公室的编制仅12人。从1996年中心区办公室成立到2001年底，中心区办公室在职在编工作人员仅7人，中心区三维仿真室向市规院、市政院、信息中心借用4人。至2004年6月中心区办公室撤销时，中心区办公室在职在编工作人员为7人，借聘2人，由此可见一斑。中心区办公室运行八年始终未配齐12名工作人员，长期处于缺编超负荷工作状态，规划管理"一线工作"人员配置严重不足。笔者通过在实践中观察思考后，认为必须改变现在的规划管理人员配置"橄榄形"模式，创新地提出"柱形"和"加强柱形"（加强"柱头""柱基"）模式（图5-18）。将规划管理工作过程三阶段（规划编制、规划审批、规划实施）形象地比喻为一根"柱子"的三等分，"柱基"为规划编制，"柱身"为规划审批，"柱头"为规划实施。不仅应同等重视规划编制、规划审批、规划实施三阶段工作，而且应加强公务人员在规划编制和规划实施阶段的配置。我们只有改革人事配备模式，才能更好地发挥资源优势和人才优势，充分利用规划编制经费及规划编制成果，创造更多的城市规划建设精品。

4. 详规"完整实施"+"精心管理"="城市规划精品"

现行规划实施管理模式，由于管理机构改革频繁，管理部门职责多变，管理人员轮岗等原因，造成详规实施"虎头蛇尾"，规划思想难以贯彻执行。即使有些片区实施了详规蓝图，但因缺乏长期有效维护管理，最终效果仍然不佳。规划管理部门常常把公共产品的规划实施视为工务局、交通局、建设局的事项，把规划实施后的管理误认为是安保、环境卫生工作，而缺乏对公共空间的人文环境运营的意识，造成规划实施不成功的实例比比皆是。

新加坡的城市规划管理模式带来规划成功实施的例子比比皆是。事实说明：一个规划方案只要完整实施，精心维护管理，并建立使用过程中不断修补规划方案缺陷的工作机制，满足使用者与时俱进的功能要求，那么，任何一个合格的详规方案都能产生优良结果。例如，新加坡20世纪60年代建设的公共组屋——大巴窑居住区，是新加坡建屋发展局（HDB）负责征地、规划、建设到物业管理的居住区。由于HDB负责组屋居住区的终身建设、维护、更新等工作，在大巴窑居住区建成运行五十多年后，2011年仍继续添加多层停车库（使原地面停车位上楼，以此增加绿化面积），改造公共设施，不断完善街道

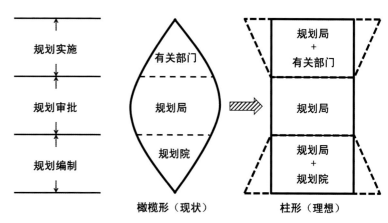

图5-18　规划管理人力配置模型图（费知行制图）

艺术小品和社区文化等，使五十多年的老居住区仍然广受青睐，人丁兴旺。新加坡的规划实施证明：一个"合格"规划方案，只要不折不扣地实施，精心维护管理，不断修补完善，就能成为一个优良的规划精品；反之，一个"优良"规划方案，如果不能完整实施，或者建成后没有科学的维护管理机制，则最终可能成为规划"不合格"产品。因此，完整实施、维护管理、不断修补等可持续管理方法，是规划成功实施的要素。

5.3.2 "控规总规划师"负责制

1. 实行"控规总规划师"负责制的必要性

齐康老师说：规划无序。目前，城市建设中各自为政的现象日益突出，一些城市的总规划设计师往往就是这个市的书记、市长，没有充分发挥专家的作用。他指出，建筑设计对于专业的要求相当高，没有专业知识作依托，根本设计不出一个像样的作品。所以他强调，在城市建设规划上要花大力气去研究，而一些技术上的执行把关应该交由技术专家来做。

控规实施效果不佳，究其原因是："城市是一个错综复杂的复合体：既有确定的有序的一面，也有随机和无序的另一面；既有可度量的因素，也有很多无法度量的因素，系统中的各要素是互相渗透、混合重叠的。由不同专业设计的城市要素，无法实现城市这个复杂系统的有序运转，也不能满足城市生活的多样性与环境和谐统一性的追求。"[①]因此，控规实施必须确定总指挥，"控规总规划师""缝合"各自为政的专业设计之间的"空隙"，实现规划建设的理想效果。

2. "控规总规划师"的职责

目前控规管理机制存在问题是：缺乏专门负责某片区控规管理的机构及其工作程序、

操作标准、执业人员资质要求等机制，机构不稳定（频繁的机构改革），人员不稳定（频繁的工作轮岗），专业背景参差不齐，又缺乏专业岗位培训，造成城市规划实施既缺乏制度标准，又缺乏"师徒"传承，导致城市建设付出巨大的成本代价。针对现行规划管理人员配置，应从"橄榄形"改为"柱形"或"加强柱形"，让公务员深度参与规划编制，并具体负责规划实施。本书创新地提出"控规总规划师"（图5-19）负责制，这是实施控规的人员制度保障。目标是每个控规规划范围内必须指定专人负责控规实施，实现"控规总规划师"对建设用地规划行政许可（规划设计要点）和建筑工程设计报建的"一支笔"审批的"总归口"管理制度，并长期跟踪监督规划实施效果。这个措施将产生"三个有利于"效果：一是有利于城市，使每项财政资金编制的控规能够付诸实施；二是有利于发挥公务人员自身的专业优势，增加工作成就感；三是有利于组织机构对公务员业绩的考察和奖惩。由此可见，中心区规划实施必须建立"控规总规划师"负责制，长期跟踪

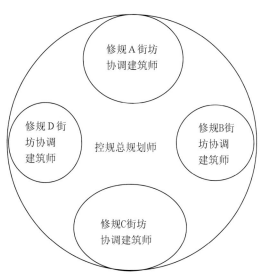

图5-19 "控规总规划师"与"修规协调建筑师"的管辖关系示意图（作者编制）

---

① 卢济威.城市设计机制与创作实践[M].南京：东南大学出版社，2005：3.

建设、维护管理，才能产生城市规划精品。

"控规总规划师"的职责是全面负责并深度参与控规片区的控规编制、规划实施全过程，具体管理控规六项刚性内容及相关弹性内容，涉及片区内所有街坊的修规编制及管理，区内所有修规的编制、审批等事项，必须由"控规总规划师"同意后方可通过批准，实行各环节"控规总规划师""一支笔"签字把关的工作机制。该片区的任何建设项目必须经过"控规总规划师"的同意签字才能行政许可，"控规总规划师"的管理方法职责清晰，让更多的公务人员享受工作的乐趣和成就感。

"控规总规划师"的职责：

① 参与控规范围内分街坊（地块）的城市设计招标、评审及中标方案的确定；

② 负责控规范围内政府承担的公共产品的实施管理；

③ 主导控规实施后，长期不断的修补和维护管理。

3. 建立"控规总规划师"的人事奖励制度

在城市规划管理部门内应建立"控规总规划师负责制"的人事制度。如何选拔"控规总规划师"？人事管理制度中必须明确"控规总规划师"岗位人员的职责、教育背景、工作经验、管理能力等要求。

（1）选拔任用"控规总规划师"的两种方法

第一种是在公务员分类中建立"控规规划师"技术类管理办法，明确其相应的职位等级，实行特殊岗位津贴，并与工资标准、工作质量标准、工作业绩评价、奖惩以及职位晋升等挂钩。让权力与责任挂钩，避免规划管理中人浮于事或出现管理"真空"地带等不良现象。具体采用任命或竞选两种方式均可：在公务员中选拔任命具有相关专业资质和管理经验的技术人员为"控规总规划师"；或让公务员自愿报名，以竞选方式，择优选用。

第二种是从社会上高薪招聘"控规总规划师"，实行"聘任制公务员"，聘期为5—10年，年度考核优良者应尽量延长聘期，使控规完整实施；年度考核不合格者解聘，并扣除相应薪金。

就上述两种办法比较而言，第一种办法更佳。因为"控规总规划师"承担重要的社会职责，不仅需要公务员的敬业与奉献精神，而且是十年、二十年长期为控规片区进行规划实施总把关的重要工作岗位，采用公务员管理方法是一种更好的制度保障。

（2）为有突出贡献的"控规总规划师"树碑立传

"控规总规划师"的个人工作业绩应与社会声誉紧密挂钩。在控规范围内的开敞空间公共活动场地上建立社区文化基地，传播社区历史文化；标注任职十年以上"控规总规划师"姓名，为有突出贡献的"控规总规划师"树碑立传，以此作为推动建立实施城市规划精品的有力措施之一。

5.3.3 城市设计"协调建筑师"制度

1. 实行城市设计"协调建筑师"制度的必要性

深圳开展城市设计工作起步较早，从1987年首次编制深圳城市设计至今二十多年以来，估计已经编制过的城市设计成果超过百项，但能够完整实施的城市设计却寥寥无几。究其原因，本书4.3.4已经说明城市设计成功实施必须具备三个条件：编制时机恰当、城市设计成果权威和一个信念坚定的城市设计实施班子。上述三个条件中，"实施班子"最重要。有了"实施班子"，就能够选择恰当的编制时机，并选择合适的设计师编制出权威的成果。这个"实施班子"就是"城市设计协调建筑师"，可以是政府部门工作人员，也可以从社会购买服务，组成城市设计项目管理班子。总之，只有建立一套城市设计实施制度，才能有效实施城市设计成果。

无论政府或企业当城市设计编制的甲方，政府规划部门都应主导城市设计评标，保证城市设计在控规确定的框架下深化，并保证城市设计的贯彻实施。

2. 借鉴法国城市设计实施办法（"协调建筑师"制度）

笔者 2001 年在法国进修时专门研究了巴黎城市规划实施管理的实例，主要经验是协调建筑师制度。以巴黎市中心塞纳河左岸工程（位于巴黎十三区）为例，该工程规划面积 130 hm²，用地范围沿塞纳河左岸 2.5 km 东西向狭长布置。左岸地区原为仓库区、码头区和铁路站场用地，长期处于无人居住的废弃状态。1985 年巴黎市政府决定采取以公共机构（SEMAPA）开发方式，大股东为巴黎市政府，占 57%，中央政府、巴黎大区、国营铁路公司占 30%，建设管理机构占 12%，其他投资占 1%；巴黎市长出任董事长。左岸地区的规划设计进行了多次竞赛，法国著名建筑师佩罗（Dominique Perrault）和鲍赞巴克（Christian de Partzamparc）也参加了竞赛，1990 年确定规划设计方案。规划将 130 hm² 用地划分为三大片区，每片（占地几十公顷）再进行规划设计（相当于修规）方案竞赛，中标的建筑师即为该小区的协调建筑师。协调建筑师负责小区内每栋建筑层高、阳台、屋顶形式、建筑立面、色彩、材料以及每个建筑的室外场地设计（车库出入口位置、人行道、室外铺地）等细部设计的协调。例如，一个小区由十二栋楼组成，通常每栋楼由不同建筑师设计，则协调建筑师必须保证这十二栋楼的单体设计符合中标的规划设计原则，形成一个环境宜居和谐优美的小区。每栋楼的建筑报建首先由协调建筑师同意后，SEMAPA 公司确认，政府才颁发建设工程许可证。

例如，左岸玛塞纳（Massena）小区是一个以居住为主的特别发展区，该小区将在十年内建成。SEMAPA 公司于 1996 年组织了规划设计竞赛，来自法国境内外的五家设计机构参加了竞赛，根据专家评审确定法国建筑师鲍赞巴克的方案为中标方案。中标方案确定了该小区建筑设计的几项原则：

① 确定各地块的土地性质、用途；

② 确定各地块建筑高度，建筑总高度不超过六层；

③ 建筑向南侧设计开敞空间，建筑必须面向区内小花园；

④ 部分玻璃屋顶必须面向区内小花园开放；

⑤ 学校必须向小花园开放。

在上述几项原则下，该小区每栋建筑的层高、阳台、屋顶形式、建筑立面、色彩、材料以及每个建筑的室外场地设计（车库出入口位置、人行道、室外铺地）等设计细部都必须经过协调建筑师统一负责的协调指导设计，最终才能得到政府的建设许可。

鲍赞巴克作为玛塞纳小区的协调建筑师[①]，还制作了小区规划设计模型，研究小区建筑空间关系，参与 SEMAPA 公司与获得单体建筑开发权的业主组织的建筑设计竞赛，与竞赛获胜的建筑师共同协商建筑设计的具体细部问题。2003 年，基本建成的玛塞纳小区住宅避免了大尺度的体量，形成狭窄的街道、围合形街坊、私密性内院，具有自由、灵活、错落有致的布局，住宅外观色彩富有活力，体现了巴黎建筑文化的多样性和对传统街道格局、城市肌理的延续，是一个成功的修规实施案例。

3. "城市设计协调建筑师"制度的建立

为了实施城市设计，必须建立"协调建

---

① 乔恒利 . 法国城市规划与设计 [M]. 北京：中国建筑工业出版社，2008：76—87.

筑师"制度，才能形成优美的城市环境和建筑群整体效果。

（1）"协调建筑师"的职责

以权威的城市设计成果作为城市设计范围（街坊）内每一栋单体建筑工程设计的"指挥总谱"，负责街坊内每一栋建筑工程的总平面、造型、出入口等协调统筹，以形成优美和谐片区环境为宗旨。

（2）"协调建筑师"的产生办法

"协调建筑师"产生办法可以有两种：从公务员中选拔和购买社会服务。

第一种办法：从公务员中选拔。即政府组织城市设计招标，中标方案修改后形成街坊城市设计"指挥总谱"，由政府选拔公务员做"协调建筑师"。从公务员中选拔的方式可以参考"控规总规划师"。两者区别在于，

"协调建筑师"比"控规总规划师"的负责范围小、任期短。

第二种办法：购买社会服务。根据土地出让实际需要，及时进行城市设计招标，中标的主笔设计师及其团队即为城市设计"协调建筑师"。政府规划主管部门应建立相应的城市设计"协调建筑师"聘任制度，赋予"协调建筑师"相应的社会职责，建立诚信档案。这种方式明确划分了政府和社会、市场的分界线。

总之，为了保证完整实施控规，必须建立"控规总规划师"负责制；为了保证修规实施效果，必须建立城市设计"协调建筑师"制度。以创新管理制度，创造更多城市规划建设精品。

6 福田中心区规划建设成就及评价

城市规划有时候以经验的方式呈现，有时候运用确定的科学概念（人口统计学、经济学、地理学等），有时候又以跨学科的方式运作。

——（法）亨利·勒菲弗《空间与政治》

6.1 福田中心区规划建设的成就及初步评价

福田中心区可谓幸运福地，其城市规划与实践三十年历程汇集了"天时、地利、人和"三个优势：初期深圳改革开放、中期深圳经济高速发展、后期深圳金融业转型创新等机遇都给中心区提供了"天时"；中心区邻近香港、位于特区几何中心，又拥有相对充裕的土地储备等"地利"优势；几届富有使命感和超前眼光的领导者和规划师，以及富有责任感的中心区办公室工作人员是中心区的"人和"条件。

福田中心区三十年规划建设成就归纳为四个方面（图6-1）：中心区框架全部按规划实施；建成中心区五代商务办公楼宇；实现深圳金融主中心CBD功能；基本实现中心区"轨道+公交+步行"的交通规划。福田中心区前十五年伴随着深圳总体规划、福田分区规划的展开分步进行概念规划、详规、控制性详规及市政设施，中心区规划编制的前瞻性是规划成功实施的基础；后十五年作为深圳二次创业的空间基地进行了重点开发建设，现已基本建成。中心区之所以能按照规划蓝图实施，得益于深圳几届市领导的高瞻

远瞩，得益于深圳城市规划委员会专家的指导。中心区80年代规划定位超前，80年代末90年代初提前征地储备，90年代中建设市政公共设施，为中心区开发建设奠定基础，21世纪初商务办公投资进入中心区，2008年前后金融总部办公投资中心区，轨道交通线路大幅增加，至2014年中心区已按照规划蓝图基本建成，已建成五代商务办公楼，已实施金融中心CBD，已实施"轨道+公交+步行"交通规划。福田中心区已经成为深圳金融商务中心、行政文化中心、交通枢纽中心。

6.1.1 建成五代商务办公楼

1. 中心区商务办公楼分代的意义

"城市发展是一个多因子共存互动的随机过程。城市格局形态的演进蕴涵着多重力量的交互作用，体现城市垂直尺度的高度形态演化也同样如此。美国学者卡洛尔·威利斯曾经对芝加哥与纽约的近代和现代高层建筑形态发展及其分布进行比较研究，并将其

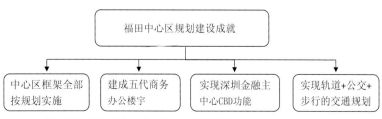

图6-1 福田中心区规划建设成就简图（作者编制）

差异解释为标准的市场规律和特定的城市状况共同作用的产物。"①深圳商务办公楼的投资建设和三产集聚是市场经济规律和深港产业转型发展的共同作用的必然产物。近二十年来，随着深圳土地供应市场逐步紧缩及商务办公楼利润最大化的驱动力增强，呈现中心区高层及超高层办公楼越建越高，体量越来越大、覆盖率越来越高等发展趋势，这些都是由城市经济发展和深圳特定条件所决定的。

福田中心区已经竣工及在建的高层商务楼建筑面积约占规划办公面积总量的90%。参考借鉴法国巴黎德方斯CBD五代高层商务办公楼分代的特点②，根据福田中心区办公楼的建设时期、建筑外观形态特征或租售方式等可以划分中心区五代商务办公楼宇，但每一代办公楼的差异性是顺应市场需求和开发商销售策略而形成"分代特征"的。城市规划不能"刚性"规定商务办公建筑的标准层面积大小和内部平面格局，甚至容积率和规划设计要点也应反映市场的动态特征。但无

论如何分代，形式的选择对于建筑乃至城市来说，不应简单地被看作表面性的事物，而应被理解为一种价值取向，一种态度，一种较为综合的判断③。不同时期的建筑形式反映所处时代的经济状况、文化价值取向，也体现投资者和建筑师的审美观。

例如，位于22、23-1街坊第二代商务办公楼宇是小体量办公楼，这是当时开发商的实力和市场需求在规划设计中的反映。如果规划设计要求建设大体量办公楼，但市场需求不足时，则开发商一定想方设法找政府"公关"，要求改变规划设计要点；反之，如果规划设计要求建设小体量，但产业发展和市场需求已经上升到一定水平时，开发商一定会申请提高容积率，扩大建筑体量。因此，CBD办公建筑体量由市场经济发展规律决定。

2. 福田中心区五代商务办公楼的特征（表6-1）

第一代商务办公楼始于1993—1996年，深圳政府决心启动中心区开发之初，第一批投资建设的办公楼宇包括企业投资的中银花

表6-1　福田中心区五代商务办公楼特征

分代	开发期	街坊	建筑面积（万m²）	高度（m）	建筑特征	入驻企业行业	租售方式	项目举例
第一代	1993—1996	8-2、16、27-2	4—15	100—180	占地较大，标准层较大，体量较大	电子通信、制造业	销售	中银花园、大中华交易广场、投资大厦、邮电枢纽
第二代	1997—2002	22、23-1	3—6	100—150	占地较小，标准层较小，体量较小	制造业、电子科技通讯	销售	商会大厦、免税大厦、联通大厦
第三代	2002—2007	6、7	4—10	100—230	占地较大，标准层较大，体量较大	制造业、电子通信、银行、物流	自用、租	新世界中心、凤凰卫视、嘉里办公楼、香格里拉酒店
第四代	2006—2011	32-1、31-4	8—30	150—600	占地较大，标准层较大，体量较大	金融业、服务业	自用、租	深圳证券交易所、平安金融中心、招商银行、建设银行
第五代	2012—	23-2	4—8	100—180	占地较小，标准层中等，体量中等	金融业、服务业	自用、租	民生金融大厦、国银金融、中信银行、安信金融大厦

① 王建国.基于城市设计的大尺度城市空间形态研究[J].中国科学E辑：技术科学，2009，39（5）：834.
② 陈一新.巴黎德方斯新区规划及43年发展历程[J].国外城市规划，2003，18（1）：38-46.
③ 郑炘.建筑形式问题辩析[J].中国科学E辑：技术科学，2009，39（5）：869-873.

园、大中华国际交易广场以及市财政投资的投资大厦、邮电枢纽中心（图6-2）等。第一代商务办公楼的特征是建筑占地面积较大、建筑体量较大、标准层面积较大。这些特征反映了当时政府对于建设中心区的高起点、高标准的宏大决心，也反映出90年代中期深圳经济极速增长的形势。

第二代商务办公楼产生于1997—2002年，是中心区开发建设遭受了亚洲金融风暴的沉重打击后逐渐复苏过程的产物，以批量建设出现的22、23-1街坊的商务办公楼（俗称"13姐妹"）为典型代表。因1998年完成该街坊城市设计后签订土地出让合同并相对成片开发建设，所以第二代办公楼宇整体造型和谐，天际轮廓线比较优美（图6-3），并且市场反应较好，反映了中心区第二代办公楼的市场定位和规划水准。因当时仅有中小型企业希望进入中心区办公的市场需求，大型企业的办公楼主要以罗湖为中心，所以第二代办公楼的特征有：占地较小、容积率较低（大致幅度3.5—7.0，平均为5.0）、规模较小、外观体量小，单体建筑面积约3万—5万m^2（其中仅2栋办公楼面积达7万m^2）、建筑高度约100 m，内部办公空间划分较小，销售对象为深圳本地中小企业。尽管第二代办公楼形成周期较长，前后跨度长达十几年，但是每栋楼建成后空置率很低，较快被市场消化。

第三代商务办公楼产生于2002—2007年间，因中心区六大重点项目（行政办公、文化建筑）陆续建成启用，地铁一期通车，加上第二代办公楼销售业绩甚佳，于是，许多投资者目光转向中心区，出现了第三代办公楼（图6-4）的建设热潮。实施的项目有凤凰大厦、嘉里办公楼、香格里拉酒店、地铁大厦、新世界中心等。其特征是占地较大、建筑规模增大、体量增大，单体建筑面积7万—8万m^2，建筑内部空间出现较大分隔，从形态

图6-2 第一代办公楼：邮电枢纽大厦（作者摄）

图6-3 2005年第二代办公楼实景（作者摄）

图6-4 2012年第三代办公楼实景（作者摄）

图6-5　2014年第四代办公楼平安金融中心实景（作者摄）

图6-6　2012年岗厦村改造工地实景（作者摄）

上反映出市场需求较大面积、更高品质的办公空间，销售形式主要为开发商自用和出租，销售面积数量较少。

第四代商务办公楼兴起于2006—2011年，这是金融总部投资中心区建设办公楼的热潮。吸取以往的经验，市政府制定了金融机构进驻中心区的较高门槛，对其业绩、自用比例等都作了严格规定。以2006年深圳证券交易所正式落户中心区为标志，2007年深圳平安国际金融中心落户中心区1号地块（为规划的CBD楼王），随后几家银行、证券、基金、保险等公司选址在深交所的周围建设办公总部。第四代办公楼特征为占地面积较大，建筑体量较大，建筑规模大，建筑总面积8万—30万 m^2，建筑高度150—600 m，出现建筑摩天楼，建设标准较高，采用节能环保材料较多。该阶段显示中心区建设周期中最有竞争力的公司已成功进驻，市场需求空前踊跃。例如，平安国际金融中心2009年开工奠基，计容积率建筑面积38万 m^2，总建筑面积45万 m^2，共118层，建筑高度超过600 m，2014年底结构封顶（图6-5），将成为深圳最高楼。

第五代商务办公楼为2012年后开工建设的一批办公楼。例如民生金融大厦、国银金融大厦、中信银行大厦等金融保险机构主要集中在23-2街坊建设办公总部，另有岗厦村更新改造项目也将建设一批商务办公楼（图6-6），图中部施工项目为在建岗厦村更新改造工程）。由于中心区土地资源越来越珍贵，所以，第五代办公楼用地普遍紧缩，单体建筑占地较小，建筑规模较小（4万—8万 m^2），覆盖率较大，建筑体量适中。第五代办公楼已经接近中心区商务建设的尾声，中心区未来剩余的办公用地已屈指可数。

3. 中心区五代商务办公楼反映的时代背景

中心区五代商务办公楼的特征从城市物质空间发展进程角度真实地反映出深圳当时

社会经济背景，反映了每一代办公楼开发建设时期的城市规划水平、土地供应、经济形势及市场需求状况。中心区五代商务办公楼的开发建设轨迹及特征与深圳经济发展节奏和脉搏息息相关。以下简要分析每一代办公楼开发建设时期的社会经济情况。

第一代商务办公楼开发建设处于1990年代中期，当时深圳经济阔步前进，集中力量开发福田中心区成为政府的重要目标。政府已经完成福田中心区征地拆迁工作，并完成基本市政道路工程施工。因此，这时期政府单方面迫切希望出让中心区土地，尽快吸引市场投资主体开发建设福田中心区。但是，由于罗湖商务中心仍有余量空间，华强工业区已被市场主动改造为商务区，投资商眼光仍然停留在罗湖和华强，尚未关注福田。况且，这时期福田中心区详规对公共空间、街坊尺度、建筑尺度等尚未制定详细的规划导则，造成早期投资中心区商务办公楼的项目是在中心区空旷土地上、缺乏背景参考尺度的规划建设，由此形成中心区第一代办公楼单体占地较大，建筑体量较大，有些甚至一个项目占一个街坊建设一个建筑群的概念。

第二代商务办公楼始于1997年亚洲金融风暴时期，市场经济萧条，在房地产市场前途尚不明朗之际，办公需求市场也较小。由于香港房地产市场严重下跌，使原先协议谈判开发福田中心区的一些投资者望而却步，纷纷退出土地。但是，也有一些港商仍然坚守开发福田中心区的住宅项目，基本不敢问鼎商务办公楼宇。这时期，只有国内一些"年轻型"企业敢于投石问路，果断投资中心区22、23-1街坊的商务办公楼，于是，产生了中心区第二代办公楼。由于第二代办公楼严格按照22、23-1街坊的详细城市设计实施，该城市设计定量规划了街坊公共空间尺度和建筑单体的体量及位置。因此，中心区第二

代办公楼呈现出占地面积较小、建筑规模和体量较小，建筑标准层和内部分隔也较小，以利于销售给中小型企业做办公用房。

第三代商务办公楼建设于2002年以后，亚洲金融风暴的阴影逐渐散去，深圳特区经过二十多年规划建设，全市GDP已接近3 000亿元人民币，经济已跨上一个新台阶。随着第三产业办公市场的兴起，越来越多的实力型企业开始关注中心区，中心区商务办公用地出让形势已经扭转为市场热、政府紧的局面，因此，办公用地出让门槛逐渐提高，办公楼的规模和档次也随之提升。中心区第三代办公楼呈现出占地较大、规模较大、体量较大的特点。

第四代商务办公楼建设背景为：2006年以后深圳全市GDP已超过5 000亿元人民币，2007年深圳人均GDP首次突破1万美元，深圳进入了CBD开发建设高潮阶段。这时期，深圳金融业大幅度改革创新，几年内迅速在全国金融界异军突起，金融业在GDP中比例上升速度很快，一大批实力雄厚的金融机构进入中心区建设办公总部。因此，中心区第四代办公楼彰显出高档次、高规模、高容积率、大体量、自用为主等特征，形成深圳金融办公楼的制高点，也实现了中心区规划的1号地块商务办公摩天楼制高点——平安金融中心。

第五代商务办公楼建设背景为：2009年以后中心区存量土地已经十分有限，土地资源更加紧缺。但是，2009年金融业已经成为深圳的重要支柱产业，深圳全市金融业总资产达3.36万亿元，实现增加值1 148亿元，占GDP达比重达到14%，再创历史新高。在此形势下，金融机构希望继续集聚中心区，迫于中心区办公用地数量越来越少，不得不将地块进一步细分为更小地块。因此，中心区第五代办公楼呈现出占地较小、容积率较

图 6-7　2014 年福田中心区 CBD 办公楼实景（作者摄）

年份	建成（万 m²）
1995	3.2
1996	29.5
1999	6.2
2000	31.3
2001	55.3
2002	39.2
2003	64.0
2004	192.5
2005	57.2
2006	87.6
2007	64.9
2008	37.4
2009	28.1
2010	63.7
2011	40.5
2012	8.0
合计	808.6

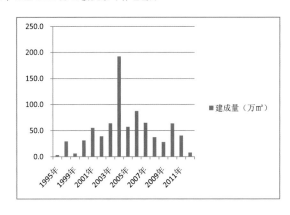

图 6-8　福田中心区历年竣工建筑面积统计图表（佟庆编制）

表 6-2　2011 年福田中心区现状建筑用途分类表（编制：佟庆）

序号	建筑功能		建筑面积（万 m²）		所占比例（%）	
1	商业服务业	商业		42.0		5.17
		商业性办公	426.1	376.6	52.43	46.34
		旅馆		7.5		0.92
2	居住	二类居住	233.9	233.1	28.78	28.68
		三类居住		0.8		0.10
3	政府社团	行政办公	134.4	44.3	16.50	5.45
		文化		79.0		9.72
		体育		6.4		0.79
		医疗	18.6	4.4		0.54
4	市政公用	市政		18.6	2.29	2.29
	合计		814.4		100.00	

注：根据建筑二调数据及现场调研综合分析统计，现场踏勘时间为 2011 年 1 月。

高、规模中等、体量中等、自用为主等特点，开发商在单位建筑面积上的投资也越来越多，办公用房价格也越来越高。

6.1.2　中心区建成情况统计

福田中心区的规划建设很大程度得益于高起点、高标准的规划。如今，中心区 CBD 整体形象优美（图 6-7），实现金融中心功能，它已成为深圳建设现代化国际性城市、区域经济中心城市战略目标的重要空间基础和精神载体。中心区规划建设从 1993 年中心区市政道路工程建设开始，至 1995 年开始每年（1997、1998 年除外，由于亚洲金融风暴）均有一定数量的竣工建筑面积，福田中心区历年竣工建筑面积统计图表见（图 6-8）。

1. 福田中心区现状建成情况统计

截至 2011 年 1 月，福田中心区现状建筑总面积 814 万 m²，其中商务办公建筑面积 377 万 m²，占建筑总面积 46%，详见表 6-2。此外，2012 年在建金融办公建筑面积约 100 万 m²，岗厦村更新工程建筑面积超过 100 万 m²。截止到 2012 年底，中心区已竣工建筑面积 826 万 m²，占规划总建筑积的 3/4。未来五年内，中心区竣工建筑总面积将超过 1 000 万 m²，商务办公面积将超过 500 万 m²，成为中等规模 CBD。

中心区规划的市政道路全部建成通车，形成系统的路网体系。中心区南边为滨河大道快速路。经过中心区 9 条主干路分别为深南大道、新洲路、彩田路、红荔路、福华路、福中路、金田路、益田路和莲花路。共有 8 条次干路：民田路、福华三路、福中三路、福华一路、福中一路、海田路、中心五路和中心四路。由于岗厦村的改造，海田路在福华三路到深南大道之间的路段尚未建成。主次干路交叉路口均划有斑马线，设有交通控制信号灯。中心区还有支路 18 条，多为生活型道路，道路均为水泥路面，路宽多为 9 m 以上，路况较好。所有支路都设斑马线，部分道路设信号灯。中心区现状道路网密度详见表 6-3。

开发强度，中心区以高开发强度区为主，毛容积率（不包括莲花山）为2.0，建筑物密度为18%（不包括莲花山）。据深圳市规划国土发展研究中心"深圳市中心区法定图则（第三版）现状调研报告"统计，中心区现状开发强度详见表6-4，由于莲花山公园用地占中心区近1/3的土地面积，加上中轴线公共空间及其他街坊绿地等形成疏密有致的景观空间。因此，中心区用地容积率低于1.0的占总用地比例接近50%，但容积率高于5.0的占总用地比例超过36%，局部地块的开发建设为高层高密度利用模式。

建筑高度，中心区现状建筑物按层数可分为1-3低层、4-9多层、10-33高层、34层以上超高层四类。表6-5统计数据显示，中心区低层、多层建筑约占20%，高层、超高层接近78%；商务办公建筑主要以高层、超高层建筑形式为主；公共建筑、居住建筑以多层、高层建筑为主；其他市政、文化、居住配套设施以低层建筑为主。

公共设施配套较完善，福田中心区已建公共配套设施100余处，可分为行政设施、文化设施、体育设施、教育设施、医疗卫生设施、商业设施等六大类。其中行政办公设施7处、文化设施6处、体育设施6处、教育设施11处、医疗卫生设施2处、商业设施70余处。详见表6-6。

2. 福田中心区地下空间规划建设情况

随着中心区地上建筑物的施工和相关市政道路、地铁工程的施工进展，福田中心区2010年地下空间开发建设已基本形成规模，详见图6-9（图中普蓝色为地下空间已建成地块，深蓝色为在建地块，浅蓝色为已批待建地块）。据深圳市轨道建设办公室的初步统计，中心区中轴线及两侧相关地块可以连通的地下公共空间（不含其他地块独立的地下

表6-3　福田中心区现状道路网密度一览表〔编制：佟庆〕

道路等级	道路里程（km）	路网密度（km/km²）	深圳标准（km/km²）	满足标准程度
快速路	0.94	0.24	0.4-0.6	严重不足
主干路	15.81	4.00	1.2-1.8	满足
次干路	10.95	2.78	1.6-2.4	满足
支路	10.69	2.71	5.5-7.0	严重不足
合计	38.39	9.73	8.7-11.8	满足

注："路网密度/深圳标准密度≥1"时为"满足"；"0.6≤路网密度/深圳标准密度<1"时为"不足"；"路网密度/深圳标准密度<0.6"时为"严重不足"。

表6-4　福田中心区现状开发强度一览表〔编制：佟庆〕

序号	容积率项目	净用地面积（公顷）	占总用地比例（%）
1	≤1.0	118.27	19.11
2	1.0—3.0	81.67	13.20
3	3.0—5.0	24.96	4.03
4	5.0—7.0	14.75	2.38
5	7.0—9.0	7.65	1.24
6	9.0—10.0	4.35	0.70
7	>10.0	9.91	1.60
8	道路用地	155.48	25.13
9	莲花山	186.68	30.17
10	在建及其他用地	15.08	2.44
	合计	618.80	100.00

注：依据现场踏勘和地形图资料综合分析统计，现场踏勘时间2011年1月。

表6-5　福田中心区现状建筑高度分类表〔编制：佟庆〕

序号	建筑层数（层）	类别	建筑面积（万m²）	占总建筑面积比例（%）
1	1—3	低层	78.22	9.60
2	4—9	多层	95.12	11.68
3	10—33	高层	367.67	45.15
4	>34	超高层	273.39	33.57
	合计	——	814.40	100.00

注：根据建筑普查数据及现场调研综合分析统计，现场踏勘时间为2011年01月。

表6-6　福田中心区已建公共配套设施一览表〔编制：佟庆〕

序号	类型	数量	占地面积（hm²）	备注
1	行政办公	7	0.14	居委会4处、警务室3处、社区服务中心1处、社区服务站2处
2	文化设施	6	9.82	图书馆、博物馆、美术馆、少年宫、音乐厅、社区图书馆各1处
3	体育设施	6	3.05	足球场1处、网球场2处、篮球场3处
4	教育设施	11	7.88	幼儿园7所、小学2所、中学1所、九年一贯制学校1所
5	医疗卫生	2	2.53	综合医院1所、社区健康服务中心1所
6	商业设施	70	——	

注：依据现场踏勘和地形图资料综合分析统计，现场踏勘时间2011年1月。

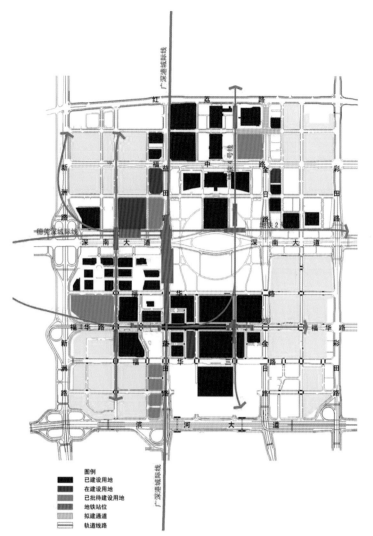

图 6-9　2010 年福田中心区地下空间建设进度示意图
（来源：深圳市轨道建设办公室）

停车库）的总建筑面积约 80 万 m²，其中一半已经建成使用。例如：福华路地下商业街一期工程全长 660 m，总建筑面积 2.7 万 m²，90 年代结合地铁 1 号线福华路段明挖工程施工建设，现已营业。福华路地下商业街二期工程全长 450 m，总建筑面积 1.3 万 m²，也是结合地铁岗厦站规划布局的，未来将实施规划。

3. 福田中心区已经实现了规划蓝图

　　城市设计的成功实施创造了优美的城市天际线。例如，从中心区南端会展中心观看中轴线及两侧商务办公楼景观蔚为壮观（图 6-10），2012 年从中心区北端莲花山顶俯瞰中心区天际轮廓线舒展优美（图 6-11），或

在地面街道、建筑物任意楼层的任意视点也都能看到中心区高层建筑群与开敞的公共空间形成了疏密有致城市景观界面，中心区已成为深圳 90 年代规划实施的代表作，是深圳城市的一张"名片"。

　　在深圳特区"三十而立"之年，中心区规划虽未全部实施，但是已成为展示深圳二次创业规划建设水平最集中区域，对提升城市形象、完善城市功能、优化产业结构、增强城市竞争力等都发挥了重要作用。中心区的规划实施成就得到社会各界的广泛认可，由此也激发了应尽快完善中心区二层步行系统、局部支路及相关配套服务设施的强烈愿望。

6.1.3 中心区规划建设的初步评价

　　福田中心区规划建设了三十多年，应该作一个阶段性初步评价。但迄今未见官方或民间对其全面评价。本次作为深圳城市规划建设系统中的第一次民间评价，在深圳市房地产评估发展中心的配合支持下，首次进行中心区进行规划实施的阶段性评价，也是深圳改革创新的一次有意义的探索。

　　福田中心区是规划"人工打造"CBD 的成功实例。90 年代末，深圳市政府邀请来自世界各地的规划建筑专家参与中心区规划设计时，曾有专家坦率提问：国外 CBD 是随着城市经济发展由市场推动逐步形成的，深圳能够"人工打造"CBD 吗？2012 年福田中心区已建成建筑面积 808 万 ㎡，其中商业办公旅馆类建筑占 52%（商务办公建筑面积 376 万 ㎡，商业和旅馆建筑面积 50 万 ㎡），而且，在建金融总部办公建筑面积达 100 多万 ㎡，中心区已经实施以金融中心为主导的商务、行政、文化、商业、休闲等综合功能 CBD。然而，中心区仍有在建的建筑面积 200 多万 ㎡，另外 3 条轨道交通线及二层步行系统等公共配套设施尚在建设中。因此，如今要对中心

图 6-10　2014 年从中轴线南端会展中心看中心区实景（作者摄）

图 6-11　2012 年从莲花山顶俯瞰中心区优美景色（作者摄）

区规划实施进行全面评价，为时过早，笔者在此仅作一个阶段性评价。

1. 详规实施评估尚未建立标准

规划实施评价研究源自于 60 年代西方。由于其本身具有较多政策科学研究特征，可以说属于政策研究的范畴。至 90 年代中期，西方学者经过大量的实证研究后，否定了以往把规划实施结果作为唯一标准的评价方式，开始强调对规划编制和实施过程的合理评价，即对产生结果的要素、条件以及实施机制、程序更为关注。如果整个规划制订和实施的过程以及对其所进行的控制和引导的标准被证明是最佳的，那么规划与最终结果的一致性将不是评判的最终和唯一标准[①]。

城市规划评估工作在中国刚刚起步，相关的法律依据是对总体规划的评估依据，国家层面尚无对详规评估的法律规定。2008 年颁布的《中华人民共和国城乡规划法》明确规定应定期对总体规划实施情况进行评估，经评估确需修改规划的方可按照规定的权限和程序修改总体规划。各地对总体规划评估根据城乡规划法有所展开，但尚未建立详规评估标准及相关规定。因此，对中心区（新区或重点片区）详规评估既没有法律制度，也没有技术标准，一般由政府委托咨询机构对详规实施成效作一个阶段性评价，其表述往往是简略性的。

在规划评估的启蒙阶段，《深圳市城市规划条例（修改稿）》率先起草了对详规的评估条例：规划主管部门应定期对法定图则

---

① 王宇. 城市规划实施评价的研究 [D]. ［硕士学位论文］. 武汉大学城市设计学院，2005：17–21.

实施情况进行评估，并根据评估情况进行动态维护，一般为五年一次。福田中心区规划编制实施了二十多年，至今尚未有任何形式的评估。本书仅从概念、定性的角度对中心区规划实施作一个阶段性评价，也是十分必要的。鉴于笔者以中心区规划管理参与者身份做评价工作，难免欠缺客观立场（深圳市房地产评估发展中心作为第三方评价的工作正在进行中），但主观上尽量避免。本次评价仍不失为一次铺垫性的基础工作，为后人的研究提供一个开端。

衡量一个建筑工程优劣的标准是实用、经济、美观三方面；衡量一个城市规划成败的标准为社会、经济、环境三方面。要评价福田中心区规划实施后社会、经济、环境三方面成效，必须用定性、定量的评价方法，深圳市房地产评估发展中心正在着手福田中心区规划实施的社会经济环境综合效应评估工作。在此只能对中心区规划编制、规划实施进行简要评价。对福田中心区规划实施后的社会效益、经济效益和环境效益的评估方法也在思考摸索中，期望能对中心区规划实施社会效果（建筑空置率、公众聚集度等），刺激城市经济增长的作用（经济效益、建成周期等），物理环境（通风、噪音控制等）进行全面评估，但工作刚起步，故不展开相关内容。

2. 对中心区规划编制的初步评价

（1）福田中心区规划编制的成功之处

主要体现在概念规划、交通规划、城市设计三方面。中心区规划设计具有以下五个特点。

第一，重视交通规划对中心区发展的引导和支撑，未来中心区是各种交通方式最为密集的地区，有七条轨道线经过中心区并设停靠站，使中心区具有最好的通达性。

第二，坚持了以人为本的理念，规划了完善的人车分流的步行连廊系统，使行人在区内活动更加便利。

第三，规划具有浓厚的人文色彩，中轴线的规划和公共建筑，都力求反映中国文化的内涵。

第四，绿色环保的先进理念，整个中心区的公共绿地面积占总面积比例超过 30%，这在寸土寸金的中心区非常不易。

第五，高度重视土地的多功能立体化开发，规划对地下空间开发十分重视，大幅度提高了中心区土地利用效率，也使中心区各功能连接更加便利紧凑。

总之，中心区规划是一个完善的具有远见的规划[①]。

（2）中心区规划编制的理想和前瞻性

从 1984 年提出福田中心区概念至 2002 年完成法定图则编制及修改，历经 18 年时间，期间中心区的规划范围基本未变（仅东侧道路界线有变化，早期曾以皇岗路为界，后来一直以彩田路为界）；中心区的功能定位从未改变；中心区的规划建设规模经历了一个发展过程，但从未突破 1992 年福田中心区详规确定的高方案（市政设施按高方案 1 280 万 m² 配套，建筑规模总量取中方案 960 万 m² 控制实施）；中心区的空间形态规划承上启下（方格路网、中轴线）从未颠覆；中心区按规划蓝图基本实现。这些足以说明中心区规划编制的科学理性，规划实施的有效性。

（3）符合成功市中心规划设计的原则

美国学者波米耶（Paumier）在《成功的

---

① 深圳市中心区 CBD 发展状况的调研报告 [G]. 深圳 CBD 暨福田环 CBD 高端产业带国际研讨会资料汇编. 深圳市福田区贸易工业局，深圳综合开发研究院，2008：32，46—47，59.

市中心设计》①一书中曾论及城市中心区开发的原则，概要引述如下：

土地使用多样性原则——福田中心区的中轴线复合功能空间是土地多样性的典范，办公、酒店、公寓、展示、商店等功能的复合多样性在中心区规划管理中已经有十几年历史。

提升土地开发强度原则——福田中心区早已实践在地铁站点周围提高土地开发强度，最典型的实例是中心区1号地块，由于它位于地铁1号线购物公园站的上盖建筑，从1998年中心区起规划调整时就规定1号地块为不限高、不限容积率的商业办公用地。

提供便利交通原则——深圳中心区的交通规划始终以人车分流、公交优先为原则，除了常规交通规划外，中心区4 km²拥有七条轨道交通线经过并设停靠站或换乘站，未来是深圳公交最便捷到达的地区。

创造方便有效的联系原则——福田中心区建立中轴线二层步行体系，并与东西两侧CBD连接起来，形成较完整的二层步行系统；另外，在中轴线和福华路地下商业街形成"十字形"地下步行商业街。

建立正面意象原则——从1998年起，福田中心区城市设计形象、天际轮廓线都一直采用城市仿真技术来控制每一栋单体建筑的尺度和建筑群空间协调关系。

对照上述诸原则，福田中心区城市规划设计是一个成功实例。

3. 规划实施机制及程序

中心区规划实施机制是个薄弱环节，1996年成立福田中心区开发建设办公室，运行八年。作为中心区管理机构，中心区办公室立足长远并结合实际开发建设需要，通过一系列的详规深化、交通规划、城市设计、景观设计等专项规划，至2014年已实施了大部分规划内容，中心区已成为深圳市城市规划设计最为完备的片区之一。但由于2004年撤销了中心区办公室，管理机构和管理队伍的不稳定，严重影响规划实施效果。一方面，对规划管理者的资质要求无标准，客观上造成许多工作前后不衔接，加大了行政成本，降低了行政效率，延长了开发建设周期。另一方面，详规编制"不详"，规划实操细则"不细"，难以避免不同人员在实施规划中的"走样"，造成建设工作的浪费和失误。这是中心区规划实践的教训。

深圳中心区经过十几年开发建设，至2014年仍处于"市场热、政府冷"的建设高潮阶段。虽然中心区竣工建筑面积达80%，但规划实施仅一半，尚需进一步完善公共配套设施（例如，步行系统、街道休闲设施、户外广告标识等），才能全面展现规划蓝图。近些年政府对中心区重视不足，造成中轴线二层步行系统"久拖未连"，中心区整体形象受损。但中心区即将成为华南地区的区域金融中心指日可待。

4. 对中心区规划实施过程的评价

（1）规划实施的动力源泉

纵观福田中心区城市规划与实施三十年历程，观察规划实施的动力源泉，大致可分为前二十年政府主导规划及市政公共设施投资，后十年以市场投资开发建设为主。

中心区规划开发前期，政府通过理性规划和高强度集中投入，建设各类市政基础设施，逐步吸引企业投资。后期出现了办公用地供不应求，建成的商务办公租售价格居高不下等情况，政府已经成功地吸引了市场投资力量，中心区顺利实现了由政府主导到市场主导的交接转移过程。未来几年中心区的

---

① 王建国主编.城市设计[M].北京：中国建筑工业出版社，2009：200.

企业投资继续加大，逐步完成中心区第五代商务办公楼宇建设。因此，中心区的经济效益也已进入高速增长时期；而且，中心区的运行动力还将出现新一轮转移过程。政府将继续大力投资二层步行系统等公共设施的配套工程，并加强维护监管中心区的日常运行。但策划公共文化休闲活动更重要，应该让中心区真正实现中央休闲商务区的功能。

（2）两次金融危机对中心区的影响

福田中心区规划建设过程中已经历两次经济危机的考验。

第一次是1998年亚洲金融风暴，危机爆发时对香港房地产市场影响很大。1996年成立福田中心区开发建设办公室后加快中心区开发，这时尚处于幼年期的中心区遭受较大挫折。1998年亚洲金融危机导致福田中心区原先谈判的几家开发投资商退出拟出让土地。例如，四家港资公司在危机来临后决定放弃在中心区的投资项目：香港恒基公司和新世界发展公司两家公司放弃准备投资的住宅项目；香港中旅集团、香港新信集团两家公司放弃准备投资的商务办公项目。他们撤出中心区投资的理由都是因为亚洲金融风暴，对福田中心区未来前程及深圳经济形势信心不足。亚洲金融风暴使中心区开发投资出现几年拖延和迟缓现象，中心区开发建设刚起步就遭遇了第一次经济危机。

第二次是2008年全球金融风暴。这时，中心区开发建设已经处于成熟时期，加上深圳城市产业结构相对比较合理，中心区商务办公楼虽然已经建成办公楼70%，但没有出现空置率升高的现象，商务办公用房的销售和出租一直处于稳步发展状况。市场这一"无情的温度计"显示福田中心区开发建设和规划实施整体上是成功的，基本符合市场经济发展规律。所以，2008年全球金融危机对中心区开发建设影响不大。

5. 规划实施周期的预测

深圳中心区规划编制的前瞻性是规划成功实施的前提。从中国当代城市建设历史的角度看，一个片区城市规划建设的基本周期为三十年。例如：前十年打基础，铺垫市政交通设施，进行公共设施的完善与配套，吸引开发资金；中间十年为大规模土建工程施工阶段；后十年是完善配套、营造景观环境和开展文化活动的时期。假设在三十年基本建设周期中城市经济健康发展的前提下，CBD能够初具规模和人气；如果周期中遭遇若干次经济危机，则城市经济进入慢速增长或萧条期，则CBD的基本建设周期更长。观察深圳中心区的三十年基本建设周期，对照实际结果，检验基本建设周期划分的可行性。

（1）深圳中心区前十年（1989—1998年）是中心区建设的起步阶段

1989年之前中心区处于总规层面和分区规划层面的研究阶段，因此，作为基本建设周期的前十年，中心区应从1989年福田中心区首次征集概念规划方案算起，在深圳总规和分区规划的指导下进行概念规划，确定片区的功能定位、道路骨架和用地功能布局。之后经过1992年控规、市政工程规划设计，1996年完成了中心区市政道路工程的80%，第一代商务楼宇启动，直到1998年政府投资的中心区六大重点工程（行政、文化建筑和地铁试验站）启动，这才完成了中心区第一个十年的起步，奠定了中心区开发建设的良好开端。

（2）深圳CBD中间十年（1999—2008年）深化控规修规，建设市政设施

从1999年第二代商务楼宇启动，之后经过控规的修改深化、多个专项规划研究设计、第二代商务楼宇建成，第三代商务楼宇建成直到第一、第二批金融总部选址中心区等，中间十年展现了商务楼宇等土建工程大规

模建设的繁荣场景，是中心区成长最快速的十年。

（3）深圳 CBD 后十年（2009—2018 年）全面实施规划，形成金融商务中心

这是中心区完善配套设施，建立配套服务，建立中心区文化活动的关键十年。随着金融机构办公总部的陆续建设和竣工使用，中心区的商务客流将与日俱增，要求完善配套设施的市场呼声将日益上升。在市场的推动下，政府将再次投入人力、财力完成中心区设施，并开展丰富多样的商业活动和公益活动。

6.1.4 规划建设成功的因素

中心区经过三十年的规划与实施，现已基本建成。2004 年至 2014 年是市场投资建设中心区的最高潮阶段，该阶段中心区竣工建筑面积由 200 万 m² 增加到 800 万 m²，平均每年建成建筑面积 60 万 m² 以上。这阶段中心区从初具规模到基本建成阶段。

城市空间的开发建设既是政治的需要，也是经济发展的需要，中心区成功规划建设也离不开政治和经济这两个关键因素。福田中心区规划实施成功的本源归纳为五个方面：一是早期储备土地，拆迁量少，开发建设成本较低；二是中心区紧邻罗湖老城中心，在公交走廊上建新区，交通便捷，容易"成活"；三是中心区规划蓝图与政府财力相匹配，市政设施和公共配套先行有力度；四是预留发展备用地，在城市转型时仍能提供商务办公用地；五是中心区金融贸易规划定位符合城市产业升级需要，顺应市场规律，建成了金融 CBD。

1. 深港合作是中心区开发建设的机遇

深圳的发展离不开香港，福田中心区的开发建设及其产业成长过程是在深圳城市社会经济快速发展的大背景下形成的，是香港经济产业转型、深圳经济产业不断升级的结

果。深圳经济三十年快速发展，给中心区的规划实施提供了史无前例的"幸运时代"，使之能在短短十几年内基本建成规划蓝图，并实现优良的城市空间品质和较高的社会经济价值。

2. 中心区成为深圳二次创业的空间基地，这是规划实施的政治保证

机遇是为有准备者准备的，中心区规划蓝图提前就绪、财政资金集中投资等使中心区赢得了 21 世纪前十年的高潮建设时机。深圳特区一次创业在罗湖，二次创业在福田。福田中心区成为深圳市政府 90 年代投资建设的重点基地，迄今为止，深圳市最重要、最大型的行政文化建筑、会展中心等集中在中心区。政府对中心区市政基础工程和公建配套设施的及时投入，使之具备了"万事俱备，只欠东风"的开发条件。凡是产业转型中需求增加的商务办公，或是企业二次创业中需要再建的办公总部，只要是与市场需求密切相关的第三产业的扩张内容，都能够及时选址中心区。中心区及时抓住深圳历史上几次产业转型的机遇，满足了迅速扩张的商务办公需求，实现城市 CBD 功能区域。

3. 规划理念超前，是规划实施的技术保证

中心区能在一片希望的田野上建成 CBD，得益于超前理念的规划蓝图，得益于城市组团结构规划。中心区概念规划的准确定位、市政设施的高容量建设、人车分流和公交优先的交通规划等都铸成了中心区的成功建设。

4. 储备土地是实施规划蓝图的关键

中心区规划得再好，如果没有土地储备，也无法实施规划蓝图。1990 年成立福田区后，中心区成功进行了三次大规模征地拆迁，提前储备土地，并且在各建设阶段采用规划手段限量供应土地，使中心区土地一直保留到了深圳金融业腾飞之际，才真正实现了 CBD

功能。早期出让的商务办公用地在市场经济规律作用下逐步优化入驻的产业客户，淘汰附加值低的产业，满足高端服务业的空间需求。

5. 交通规划的成功

中心区早期的交通规划理念超前；中期的交通规划及时细分地块、增加市政支路，以及较好地布局了地铁一期工程的线位和站点；后期的交通规划将经过中心区并设停靠站点的轨道交通线增加至七条，从城市"硬件"上保证了中心区的公交出行比例，对中心区"轨道＋步行"的交通模式的建立起到了锦上添花的作用。

6. 城市设计的超前及仿真技术的首创应用

中心区是深圳城市设计的先行者和样板。从1987年首次城市设计至今二十多年，中心区一直十分重视城市设计与实施。特别是1998年在国内第一个建立城市仿真系统用于城市设计的研究及实施，采用城市仿真既能从片区总体形态上把握街坊尺度（即城市设计的尺度），又能从建筑方案选择过程中把握城市设计的实施效果，保证每一个新的单体建筑设计方案在外观尺度、造型上与周围环境协调。城市仿真系统从1998年至今一直实质性应用于中心区的建筑方案评标和工程设计报建工作的过程中，并发挥了巨大作用。

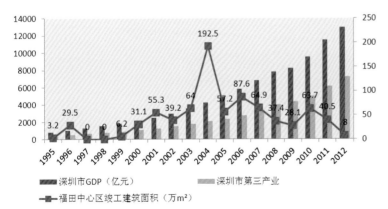

图6-12　中心区历年竣工面积与深圳GDP及第三产业值对比
（来源：深圳市房地产评估发展中心）

7. 城市产业结构的适时提升是实现中心区CBD成功建设的关键

福田中心区成功建设为CBD，得益于深圳经济的腾飞和产业结构的快速提升，图6-12显示了中心区历年建筑竣工面积与深圳市GDP及第三产业值的对比关系。中心区规划蓝图虽然提前准备就绪，但要实现其金融中心功能，必须具备"市场需要商务办公、需要金融办公"这两个前提条件。首先，早期罗湖能够供应的商务办公楼在90年代已处于饱和状态，市场需求开发福田中心区以提供新的办公用地，深圳核心区十几年办公用地的紧缺造成中心区2004年出现建设竣工建筑的峰值；其次，深圳2005年以后金融产业腾飞，金融办公空间迅速扩张，出现金融办公场所供不应求的现象。两者促成中心区金融中心的实现。

城市经济活动的变化要求物质设施与之适应，城市商务空间的建设规模取决于城市产业经济发展的需要。在影响商务空间设施数量的产业因素中，贸易、金融，专业化、服务业的产业规模越大，发展速度越快，城市用以容纳它们的设施空间也越大[①]。参见表1-2内容显示：1995年深圳GDP仅840亿元，市场尚未产生对商务空间的需求，中心区开发完全靠政府推动，1995年之前福田中心区竣工建筑面积仅3万 m²；1996年深圳GDP首次超过1 000亿元，中心区竣工建筑面积近30万 m²（以住宅、公建为主）；1997—1998亚洲金融风暴，中心区竣工面积为零；1999年经济仍处于金融风暴阴影之中，中心区竣工面积近6万 m²（以住宅为主）；深圳GDP2000年首次突破2 000亿元大关；2003年GDP突破3 000亿元，深圳经济迅速发展，中心区建设量大幅攀升，每年竣工面积30万一

① 杨俊宴、吴明伟. 中国城市CBD量化研究形态·功能·产业 [M]. 南京：东南大学出版社，2008：157.

60 万 m² 不等；2004 年深圳 GDP 突破 4 000 亿元大关，深圳经济产业转型进入更高发展阶段，当年中心区竣工面积 192 万 m²，是市场投资最集中阶段；2005—2011 年深圳经济持续上升，金融业转型发展到新阶段，众多金融机构纷纷投资中心区，形成中心区金融产业集聚的大好形势，这期间中心区每年竣工面积 30 万—60 万 m² 不等，其中商务金融办公建筑占主导，中心区开发进入黄金时期；2012 年虽然深圳经济形势很好，全市商务办公空间需求量仍较大，但中心区商务办公用地所剩无几，2012 年中心区竣工面积仅 8 万 m²，显示中心区开发建设已接近尾声。

6.2 福田中心区经济评价

福田中心区经济评价，主要从投入、产出及效益三个角度进行分析。投入主要从政府和企业的投资金额及其投资比例进行分析；产出主要从中心区土地出让价格、房地产价格及租金变化趋势角度进行分析；效益主要从国民生产总值（GDP）、税收及对福田区辐射效应等几方面进行分析。

6.2.1 中心区政府投资与市场投资比例分析

城市规划编制的全部意义在于规划实施。推动规划实施主要有两股力量，一是政府推动，二是市场推动。这两股力量在深圳中心区不同阶段发挥着不同作用：早期起步阶段主要依靠政府引导和推动；中期成长阶段主要依靠两种动力的有效配合；鼎盛时期主要依靠市场的强劲动力；衰败时期又需要政府完善配套、推动城市更新等措施激发新的活力。另外，这两股力量在不同空间场所发挥着不同作用：一般而言，中心区的物理空间可划分为公共空间（市政道路、市政配套设施、公共景观活动空间）和经营空间（出让给企

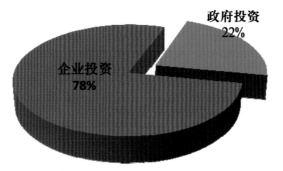

图 6-13 福田中心区政府、企业投资强度
（来源：深圳市房地产评估发展中心）

业用于市场经营活动）两大部分。政府投资公共空间，市场投资经营空间。政府以推动公共设施达到推动市场的目的；市场又进一步促进经济发展，促进社会繁荣。这是城市产业经济发展的规律。

根据深圳市房地产评估发展中心测算，截至 2012 年底，福田中心区投资总额约为 680 亿元，其中，政府投资约为 150 亿元（不包括征地费），占总投资 22%，企业投资约为 530 亿元，占总投资 78%，政府和企业的投资强度见图 6-13。以中心区 4 km² 土地计算，每平方米土地上获得总投资额约 17 000 元，其中政府投资约 3 750 元，市场投资约 13 250 元。政府投资和市场投资比例约为 1∶3.5。

图 6-14 为政府和市场对福田中心区逐年投资额的比较示意图，政府投资 80 年代少量费用指规划设计费、地质勘探等；90 年代投资主要是市政道路的"七通一平"等基础设施，以及六大重点公共建筑设施的前期费准备；1998 年以后政府主要投资市民中心、图书馆、音乐厅、少年宫等公共建筑及地铁一期工程建设，1998—2004 年是政府投资中心区最集中的时期；2004 年以后公共建筑建成使用，政府继续投资地铁二期工程，其他投入较少。2012 年以后虚线呈上行趋势，表示政府应增加投资完善二层步行系统及道路标识等公共服务配套。市场投资主要指企业对自身拥有物业的建设开发费用，包括前期费和土建安

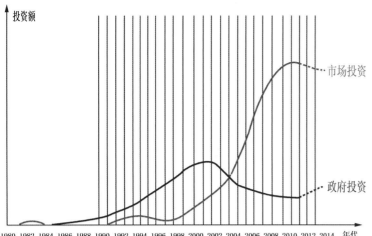

图6-14 政府、市场逐年投资额比较（作者编制）

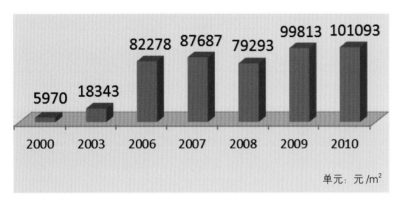

图6-15 福田中心区土地交易价格（来源：深圳市房地产评估发展中心）

装工程建设费等。市场投资从2000年进入高速增长阶段，经过12年的持续大量投资，预计2012年以后还将持续3—5年的高投入，直到金融办公建筑基本建成，之后将逐渐减弱。

6.2.2 中心区土地出让价格趋势分析

深圳中心区是政府90年代重点开发和建设的中心城区，是深圳市行政、文化、信息、国际展览和商务中心。早在1994年市政府确定中心区的商业办公建筑的楼面地价为4 500元/㎡，但这个地价明显高于市场定价。

为了加快中心区的建设步伐，充分吸引投资，政府实行了地价"杠杆向中心区倾斜"政策，中心区土地协议出让，执行较优惠地价标准，引导资金重点投入中心区的开发建设。1996年10月，深圳市政府常务会议原则通过中心区首批招商开发项目及优惠政策，

政府规定的协议用地地价低于1994年定价。1996年起中心区地价标准即楼面地价为：住宅1 800—2 000元/㎡，办公2 500元/㎡，商业3 000元/㎡，该地价标准一直使用至2004年。2004年起中心区实行土地出让的招拍挂政策，商务办公、商业物业的土地价格和楼面地价均上升为深圳全市的较高水平。2006年市场拍卖中心区CBD一块商务办公用地，其楼面地价高达8 000元/㎡，在十年内中心区地价提高了两倍之余。

根据中心区2000—2010年政府出让土地交易数据，中心区地面地价已由2000年的5 970元/㎡持续上升至2010年的101 093元/㎡（图6-15），中心区地面地价近十年内增长了15倍。

6.2.3 中心区房地产价格趋势分析

得益于中心区超前理念规划及政府、企业持续十几年的投资建设，中心区近十年来房地产价格基本稳步增长，2009年受到全球金融危机影响略有下降。截至2012年10月1日，根据深圳市房地产评估发展中心采用城市房地产整体估价法的评估结果，福田中心区已登记商品性质房地产总市值达17 831 100万元（图6-16）。其中，商务办公用途房地产市值7 740 009万元，占总市值的43%；住宅用途房地产市值5 809 644万元，占总市值的33%；商业用途房地产市值4 281 447万元，占总市值的24%。

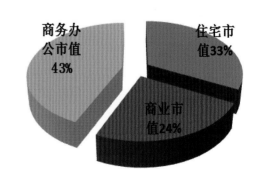

图6-16 福田中心区房地产市值评估
（来源：深圳市房地产评估发展中心）

1. 商务办公房地产价格趋势分析

福田中心区作为深圳 CBD 所在，是深圳甲级写字楼最为集中的区域，其商务办公楼的价格也是全市各片区中最高的。随着中心区开发建设的深度推进，各类基础设施和公共设施的逐步配套，在土地出让价格攀升、大量高端办公楼不断上市的背景下，中心区商务办公楼售价在过去几年中迅速上升，售价由 2003 年 1.08 万元 / ㎡ 上升至 2011 年 6 万元 / ㎡，年均增幅为 23.6%（图 6-17）。当然，2003 年中心区销售的主要是第二代办公楼，销售对象为中小型企业或成长型企业。2006 年中心区第三代商务办公楼开始进入市场，设计建造标准有所提高，且自用比例增加，租用比例增加，销售比例减少，2007 年办公楼售价上升速度较快。2008—2009 年受到全球金融风暴影响，中心区商务办公楼售价略有回落。2010—2011 年深圳金融业大举进入中心区，高档办公楼市场售价上扬，两年内售价翻番。

2. 住宅房地产价格趋势分析

根据市场需求，中心区四个角部住宅开发建设先于商务办公楼，主要在 1997—2002 年间已基本完成住宅开发，且以高档楼盘为主，面向在 CBD 内工作和进行商务活动的高收入群体。随着公共设施、轨道交通等各类基础设施配套逐步完善，住宅房地产售价在过去几年中增长迅速，售价由 2003 年的 0.8 万元 /m² 上升至 2011 年的 4.37 万元 /m²，年均增幅为 23.8%（图 6-18）。中心区住宅是深圳住宅楼盘中位置居中、交通便捷、配套齐全的高端产品，备受青睐。

6.2.4 中心区房地产租金趋势及空置率分析

检验深圳中心区的市场化运营效果有两个标准[①]：一是中心区大规模商务办公和商业建筑面积（累计面积 420 万 ㎡）能否被深圳房地产市场所消化；二是能否吸引高品质客户入驻而成为深圳最高端的经济集聚区。

据《深圳房地产年鉴》统计，2011 年福田区办公楼现楼空置面积仅 0.18 万 m²，商业用房现楼空置面积 12.3 万 m²，虽然未得到福田中心区商务办公和商业用房的空置面积，但由于福田全区现楼空置面积较小（图 6-19），因此可以推理中心区的商务办公和

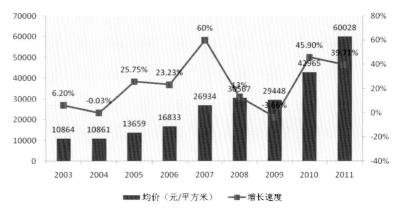

图 6-17 福田中心区办公售价变化情况（来源：深圳市房地产评估发展中心）

图 6-18 福田中心区住宅售价变化情况（资料来源：深圳市房地产评估发展中心）

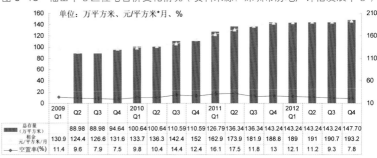

图 6-19 2009—2012 年福田区甲级办公楼存量、租金和空置率（来源：深圳市房地产评估发展中心）

---

① 刘逸．深圳市 CBD 发展模式与商务特征 [D].[硕士学位论文]．广州：中山大学地理科学与规划学院，2007：43.

商业建筑销售和出租形势均较好，空置率不高，中心区市场发展已进入正常有序轨道。据某房地产公司 2008 年统计，入驻中心区的企业客户逾 2 000 家。其中，商业贸易 400 多家，以 IT 为主的高新技术产业 380 多家，各类实业、风险投资企业 250 多家，律师、会计师、认证、管理咨询等专业服务业 200 多家，地产业 100 多家，金融业 70 多家，航运物流 80 多家，其他类型 300 多家。中心区 CBD 已成为全市规模最大的商务中心，福田区已出现了环 CBD 高端产业带。截止到 2008 年 8 月，共有 92 家世界五百强进驻福田中心区，分别是微软、瑞银、渣打银行、诺基亚、Ａ Ｂ Ｂ、金佰利、SONY、花旗银行、三菱电机、东芝、NEC、佳能等及数十家如招商银行、平安保险、

建行、中国建银投资证券责任有限公司、太平保险等国内金融企业总部。

1. 商务办公房地产租金趋势分析

福田中心区作为深圳的 CBD 日益成熟，开发项目品质定位较高，区位优势明显。中心区商务办公租金也代表了深圳市商务办公租金的最高水平，租金由 2003 年的 82 元 /月·m² 上升至 2013 年 的 154 元 / 月·m²，年均增幅为 8.1%。图 6-20 反映出 2003—2005 年中心区办公楼租金下滑趋势，原因是 2004 年中心区建成竣工 192 万㎡，其中除了大量公共建筑竣工使用外，大部分为商务办公楼，集中增量供应造成办公租金下降。2008—2009 年全球金融危机严峻时期，中心区商务办公租金没有明显下降，2010 年中心区竣工建筑面积达 63 万㎡，其中大多数为商务办公楼，这年集中进入市场供应量较大，租金有所回落。不过，经过一年时间的市场消化，2011 年租金又重呈升势，比 2010 年增长 35.87%，此后呈现稳步增长态势。

2. 商业房地产租金趋势分析

福田中心区的社区规模、人口数量及消费档次优势明显，随着周边环境的改善和社区人口的快速增长，不仅商铺售价上涨迅速，租金也节节攀升，租金由 2002 年的 110 元 /月·m² 上升至 2013 年的 358 元 / 月·m²，年均增幅 17.3%（图 6-21）。

3. 住宅房地产租金趋势分析

中心区住宅主要面向在片区内工作和进行商务活动的高收入群体。随着中心区文化设施、公共设施及道路交通等各类基础设施配套完善，中心区住宅租金水平也处于深圳市较高水平，租金由 2003 年的 44 元 / 月·m²上升至 2013 年的 85 元 / 月·m²，年均增幅 8.6%（图 6-22）。

4. 中心区空置率分析

根据市统计局的数据，2008—2011 年，

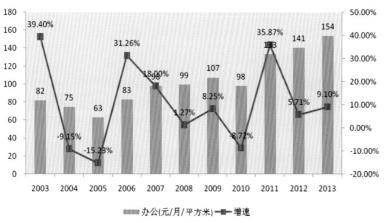

图 6-20　福田中心区办公租金变化情况（来源：深圳市房地产评估发展中心）

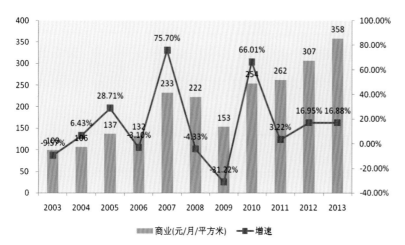

图 6-21　福田中心区商业租金变化情况（来源：深圳市房地产评估发展中心）

福田区的办公楼空置面积分别为 6.76 万 m²、3.73 万 m²、0.88 万 m²、0.18 万 m²，呈现逐年走低趋势，开发商申请批准预售的办公面积逐年减少。在全市新增供应较小的影响下，新增需求不断消化存量物业，使得全市甲级办公楼空置率进一步降低。2012 年，随着东海国际中心、卓越世纪中心等楼宇逐渐被消化，福田区甲级办公楼空置率降至 7.8%，创 2010 年以来新低。由此可见，福田中心区办公楼空置率较低。

另外，据深圳市房地产评估发展中心抽样调查统计，2012 年福田区中心区的甲级办公楼的入住率保持在 92% 的水平，空置率在 8%，中心区准甲级办公楼的入住率在 94%—95%，空置率 5%。

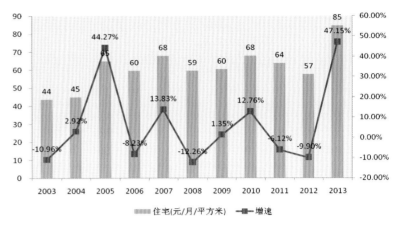

图 6-22 福田中心区住宅租金变化情况（来源：深圳市房地产评估发展中心）

6.2.5 中心区经济效益分析

1. 福田中心区生产总值（GDP）趋势分析（图 6-23）

从宏观经济效益分析，深圳中心区高强度投资后，其效益正在逐步释放，GDP 是衡量宏观效益的重要指标。

以深圳全市土地面积 1 991 km²，福田区土地面积 78 平方千米计算，2006 年福田区 GDP 达 1 164 亿元；每平方千米土地 GDP 产出达 14.9 亿元，为深圳全市平均水平的 4.9 倍；2007 年福田区 GDP 达 1 313 亿元；每平方千米土地 GDP 产出 16.8 亿元，约为全市平均水平的 4.8 倍。2011 年福田区 GDP 达 2 099 亿元，每平方千米土地 GDP 产出 26.9 亿元，稳居深圳全市八区之首位，是深圳平均水平的 4.6 倍。2012 年深圳全市 GDP 总值 12 950 亿元，GDP 地均集约度是 6.5 亿元 / km²。2012 年福田区 GDP 达 2 374 亿元，GDP 地均集约度 30.4 亿元 / km²，约为全市平均水平的 4.7 倍。

福田中心区 GDP 值逐年上升，以中心区土地面积 413 hm² 计算，2007 年中心区 GDP 值为 121 亿元，地均集约度是 29.29 亿元 / km²；2008 年中心区 GDP 值为 190 亿元，地

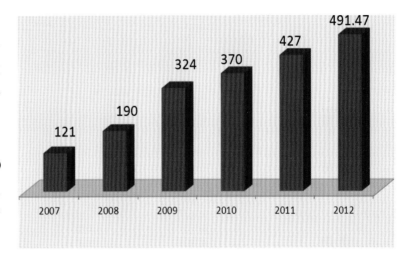

图 6-23 福田中心区 GDP 值（来源：福田区统计局。深圳市房地产评估发展中心编制）

均集约度是 46 亿元 / km²；2009 年中心区 GDP 值为 324 亿元，地均集约度 78 亿元 / km²；2010 年 GDP 值为 370 亿元，地均集约度是 89 亿元 / km²；2011 年 GDP 值为 427 亿元，地均集约度是 103 亿元 / km²，2012 年 GDP 值为 491.47 亿元，地均集约度是 119 亿元 / km²。因此，福田中心区 2012 年地均 GDP 是 2007 年的 4 倍（图 6-24），是福田区 2012 年地均 GDP 的 4 倍，是深圳市 2012 年地均 GDP 的 18 倍。中心区是经济效益高地。

2. 福田区 GDP 增长迅速，中心区辐射效益突显

中心区 CBD 的高强度投资的区域辐射经济效益正在逐步释放，近十年来，CBD 所在的福田区经济效益呈直线上升趋势。福田区 GDP 值从 2001 年的 565 亿元逐年上升，在全

国六大城市的中心城区（包括北京东城区、上海黄浦区、南京玄武区、宁波海曙区、广州越秀区和深圳福田区）中，福田区2009年以GDP达1 623亿元，税收430亿元的成绩稳居第一。2010年福田区GDP达1 855亿元，至2011年福田区GDP首次跨越2 000亿元大关，达2 099亿元；到2012年达2 374亿元，2001—2012前后11年计算，福田区GDP年

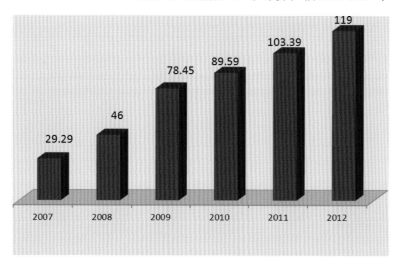

图6-24 福田中心区GDP地均集约度（来源：深圳市房地产评估发展中心）

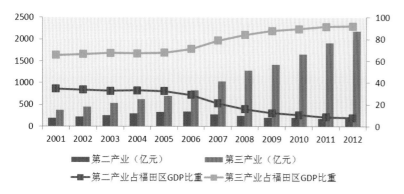

图6-25 福田中心区第二、第三产业值及各占福田区GDP比重（来源：福田区统计局。深圳市房地产评估发展中心编制）

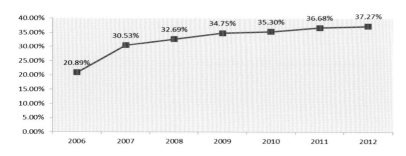

图6-26 福田中心区金融业增加值占福田区GDP比重（来源：深圳市房地产评估发展中心）

均增长38%，远超全市平均数。中心区近十几年开发建设，其GDP占福田区GDP的比重从0提升至20.7%，中心区对于其周边的经济带动效益十分显著。

2012年，福田区GDP总值2 374亿元，其中第三产业2 186亿元，占92%。金融业885亿元，占第三产业的40%；批发和零售业489亿元，占22%；其他服务业545亿元，占25%。可见，金融业已在福田区经济产业结构中占主导地位。福田中心区在2004年度竣工建筑面积达到峰值后，福田区GDP及第三产业占GDP的比重明显逐年上升（图6-25）。福田区金融业增加值占福田区GDP比重由2002年的11.87%上升到2012年的37.27%（图6-26）。十年时间，中心区金融业已发展成为福田区的支柱产业，并且是深圳经济发展的重要引擎。

福田中心区CBD的硬件开发建设已逐步进入尾声，CBD的集聚效应逐渐提高，同时CBD对周边的带动作用也显著增强，表现在中心区CBD对周边地区的服务功能得到很大提升，特别是服务、信息、要素等之间的交换将更加频繁，其辐射力将进一步增强。中心区的竣工建筑规模反映出CBD功能的强弱水平。随着建筑竣工面积的增长，福田区GDP和第三产业产值也逐年稳步增长，中心区引领福田区经济成效显著。

3. 中心区税收增幅大，占福田区比例两年增长1.6倍

根据统计资料，福田中心区2008年税收51.1亿元，占福田区总税收的26%；2010年税收133.9亿元，占福田区总税收43%。中心区经济贡献是福田区的半壁江山。

4. 福田区财政收入和税收增长较快

福田中心区经济的不断发展和财富的不断增加，带动了福田区财税收入的快速增长。一般预算内财政收入从2002年的20.74亿元增加到2011年的91.66亿元，九年内增加值

超过四倍（图6-27）。福田区税收由2002年的118.9亿元增加到2011年的652.2亿元，九年内增加值超过五倍（图6-28）。

2006年福田区地均税收集约度为2.77亿元/km²，约为全市平均水平的3.8倍。2007年福田区税收地均集约度达3.83亿元/km²，约为全市平均水平的3.1倍。两项指标均居深圳六区首位。

2011年福田区财税收入大幅增长，辖区税收总额652亿元，比前一年增长26.6%，地均税收集约度为8.3亿元/km²，成为深圳市单位用地产出最高的城区，福田区税收总量和增速均位列深圳各区之首，充分体现中心区高端服务业集聚发展的质量和效益。福田区总部经济、楼宇经济等新型经济形态在国内处于领先水平，其对辖区税收推动作用尤为明显，是转变经济发展方式的重要路径，也为辖区GDP达产出税收率奠定了坚实基础。

5. 福田区产业结构变化

近十多年来，福田区三次产业结构呈波动性变动，体现政府在寻找适应未来经济发展方向的产业结构。图6-29反映福田区近十几年第二、第三产业各占GDP比重。从三次产业总产值构成比重看，第二产业增加值占福田区整个国民生产总值的比重不断下降，第三产业占福田区整个国民生产总值的比重则由2001年的67.7%提升至2011年的91.5%，与深圳市产业结构的宏观发展趋势是一致的。

6.3 福田中心区未来展望

从中国当代城市建设历史的角度看，一个片区城市规划建设的基本周期为三十年。例如：前十年打基础，铺垫市政交通设施，进行公共设施的完善与配套，吸引开发资金；中间十年大规模土建工程施工阶段；后十年

是完善配套、营造景观环境和开展文化活动的时期。假设在三十年基本建设周期中城市经济健康发展的前提下，CBD能够初具规模和人气；如果周期中遭遇若干次经济危机，则城市经济进入慢速增长或萧条期，则CBD的基本建设周期更长。观察福田中心区的三十年基本建设周期，对照实际结果，能够能够检验基本建设周期划分的可行性。

福田中心区三十年规划实施过程中曾出

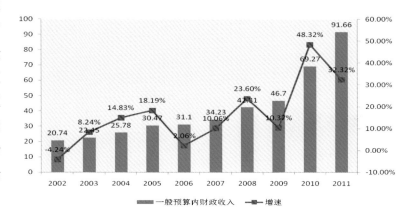

图6-27 福田中心区一般预算内财政收入（来源：福田区统计局。深圳市房地产评估发展中心编制）

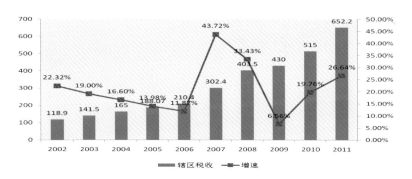

图6-28 福田中心区税收（来源：福田区统计局。深圳市房地产评估发展中心编制）

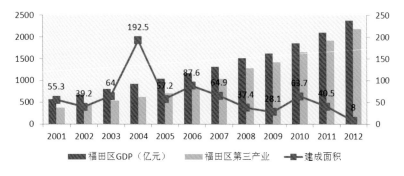

图6-29 福田中心区建筑竣工面积与福田区GDP及第三产业值对比（来源：福田区统计局。深圳市房地产评估发展中心编制）

现过三个转变：投资者从小型房地产企业到大型企业的转变；从商务办公楼销售为主转变到自用或出租为主；从普通商务办公到金融总部办公的转变。这些转变现象恰好说明中心区在不同开发阶段的市场反映效果。"城市规划要注重发展与控制，保证有前瞻性、超越性和可持续发展。"①

福田中心区经过三十年的规划建设，其城市空间建设及经济产业发展已经位于较高平台，同时也走到了新的发展起点。中心区已成为展示深圳二次创业的成就和体现现代城市建设水平的标志片区，它对提升城市形象、完善城市功能、优化产业发展环境、增强城市竞争力都具有重要意义。中心区未来必将成为深圳城市 CAZ 和深港区域性金融中心的重要组成部分。

6.3.1 从 CBD 到 CAZ 的必然过程

2011—2015 年福田中心区金融总部办公楼宇和岗厦村改造项目工程投资建设继续顺利发展。从莲花山顶广场鸟瞰中心区近五年（图 6-30）的整体形象也有所渐变，未来五年是福田中心区金融总部的产业功能强化阶段，大量金融办公总部将建成启用，金融产业增加值占福田区 GDP 的比重将进一步提升，将迎来福田中心区产业功能成熟阶段。如果政府能尽快完善中心区二层步行系统的投资建设，整理广告及街道环境，则中心区能成为软硬件齐全、形象优美的国内 CBD 的典范。福田中心区从早期规划构想到基本建成经历了三十年时间，现在已实现 CBD 城市定位。未来社会发展必将给它注入精神文化"灵魂"，远期必将实现 CAZ（中央活动区，Central Action Zone）的城市功能。

1. CAZ 和 CBD 的区别

"作为现代城市多元化经济的反映，CAZ 和 CBD 的区别主要在于功能的多样化和土地的混合使用，也在于面积的扩大及其对整个城市及区域经济文化影响的扩大。这样，城市中心区从现代化之前的商业商务混合功能，统称为市中心；到工业化时期的功能分区，出现单一为商务使用的 CBD；又到后工业化时期在更高层面上商务、商业、生活、生产、娱乐、交通枢纽等混合使用的 CAZ，表现为一个螺旋形发展的轨迹"。"英国 2002 年提出《伦敦规划》初稿时首次使用 CAZ 名称，伦敦 CAZ 的面积比原 CBD 扩大了，功能也大大增加了。CAZ 中包括一批具有特殊重要性的功能活动：中央政府的办公机构、企业总部和外交使馆、伦敦最集中的金融和商业服务部门及贸易办事机构、专业服务部门、各种组织机构、通讯、出版、广告和媒体。其他主要的用途和活动，例如与零售、旅游、文化、娱乐等也集中于 CAZ 中。"②城市中心区在不同历史时期随经济产业转型而演变，从老城的市中心演变为 CBD（或新区），又从 CBD 演变为 CAZ，既反映一个城市从一产到二产，又从二产到三产的升级转型过程，也体现这个城市的经济辐射影响力不断增强的过程。这是小城市发展为中型城市、大型城市、特大型城市的必然轨迹。

2. 福田中心区从 CBD 到 CAZ 名至实归

86 版深圳特区总规定位福田新市区是未来新的行政、商业、金融、贸易、技术密集工业中心，相应配套生活、文化、服务设施。1992 年中心区虽被控规定位为 CBD，但其规划功能包括商务中心、行政中心、文化中心、商业休闲及相应的居住生活配套，多种功能混合程度完全符合 CAZ 的定义，只不过当时

---

① 齐康.规划课［M］.北京：中国建筑工业出版社，2010.
② 张庭伟，王兰.从 CBD 到 CAZ：城市多元经济发展的空间需求与规划[M].北京：中国建筑工业出版社，2011：2-3.

2011 年

2012 年

2013 年

2014 年

2015 年

图 6-30　2011—2015 年福田中心区实景（作者摄）

还没有CAZ的名称罢了。

2004年深圳制定《深圳实施文化立市战略空间发展规划（2005—2010）》确定以建设现代文化名城为城市发展目标，重点建设"两城一都"，即图书之城、钢琴之城、设计之都。中心区为高雅艺术片区，从中轴线会展中心至莲花山的两侧布局了图书馆、音乐厅、少年宫、当代艺术馆和规划展览馆等众多文化艺术公共建筑；而且中轴线本身串联了书城和众多展览空间，可以定期举办各类文化交流活动及城市历史展示活动。以中轴线为依托打造"城市客厅"。中心区不仅仅是用钱建造起来，更重要的是文化生态的营造；中心区是城市的中心，也是当代市场经济的文化结晶。中心区的规划功能配置也是比较完善的，其行政中心、商务中心和文化中心"三合一"结合模式也被多个城市效仿。

福田中心区从规划构想到初步实施经历了近三十年时间，走过了梦想萌芽、蓝图规划、市政工程建设、框架结构实施、轨道增线、产业形成、金融功能实现等过程。中心区已经成为深圳的行政中心、文化中心、商务中心和交通枢纽中心，并且配套7万居住人口，中心区提供了深圳最大规模的公共休闲活动空间，为商务活动、公众和游客都提供了最便捷的地铁公交和服务配套完善的公共休闲空间，而且保证了居民生活的便利。实际上它已经具备CAZ的综合功能，所以，福田中心区从CBD到CAZ是名至实归的必然，也是深圳从工业化时代走向后工业化时代的必然。

3. 中心区将成为深圳的交通枢纽中心

深圳地铁在中心区布线设站的1、2、3、4号线已经通车运行。随着京广深港高速铁路福田站的建成（计划2017年通车），以及未来地铁11、14、16号线的建成，中心区的交通构成将呈现出多样化、立体化形式。便捷的公交出行及跨区域的城际轨道线的直通，强大的交通枢纽网络为中心区的社会经济发展提供基础设施保障，并全面提升与香港的合作水平，强化深港都市圈的国际地位和竞争力，提升深圳在珠三角地区的中心城市地位[①]。

深圳已通的地铁1号线至5号线中有4条线经过中心区，现已通车的深圳地铁4号线在福田口岸与香港东铁线的落马洲支线接驳对接，从深圳CBD到香港中环的轨道交通时间约1小时。预计广深港客运专线2013年通车。展望未来，随着京广深港客运专线的通车，深圳到香港的交通时间将缩短为20分钟，中心区的金融商务活动与香港金融中心将实现更近距离连接，为深港金融合作提供更有效的交通设施接轨。几年后穗莞深客运专线的通车也将进一步便捷深圳至东莞、广州的出行交通，加强深圳与珠三角城市的联系。这些重要的城际轨道交通线都在福田中心区设站，无疑突出了深圳CBD的交通枢纽地位。事实上，随着深港机场轨道线的连接，深港交通一体化是必然趋势（图6-31），福田中心区已经成为深圳轨道交通线路最多、站点最密的片区，中心区即将成为深圳的交通枢纽中心。

4. 中心区将成为深圳规模最大的地下商业城

尽管中心区目前已经完成的地下商业和交通公共空间规模还十分有限，主要利用了各单个车站和单体建筑的地下空间，然而，车站之间的地下空间并未利用或连接起来，而且最大量的地下空间仍然集中在各单体建

---

① 深圳市福田01-01&02号片区〔中心区〕法定图则（第三版）现状调研报告（送审稿）[R]. 深圳市规划国土发展研究中心，2011：63.

筑物的地下车库，尚未形成较为完整的地下网络系统。未来几年经过中心区的轨道线路全部建成通车后共有14个停靠站，其中包括6个换乘站，和1个由地铁1、2、3、4号线与京广深港专线福田站在市民广场地下及其西侧形成的巨大型换乘区。中心区地下城的构成将以中轴线地下街、福华路地下街为两条"十"字交叉轴，占地几十公顷的巨大型换乘区将成为这两轴的强力"黏合剂"，由此形成中心区"两轴一片"的地下空间格局，也是迄今已经规划的、深圳最大规模的、融合轨道交通、公交、商业、娱乐、休闲于一体的地下交通商业城。

5. 中心区已成为深圳重要的旅游观光景点

中心区的独特轮廓线是城市的名片，其突出的形象标志，必将成为深圳的旅游胜地。中心区建设已经形成的南北中轴线将向两端进一步延伸，未来将成为深圳城市的一条主轴线，向北连接深圳北站，向南连接香港。深圳与香港在空间上将形成一条金融轴带。

中心区的规划实施是一个历史发展过程，从"中心区硬件"①的规划实施，到文化软件的建立，最终到城市生活氛围的形成，是一个漫长的过程。这个过程短则三十年，长则五十年。所以，在这个漫长过程中的不同历史阶段对中心区的各种不同评价都是可以历史性包容的。这里引用张宇星的观点："受到香港世界购物中心的影响，深圳的大型、高档商业在世界名牌的消费数量上远远与深圳城市等级不相称。中心区的商业至今未能形成，许多人到深圳名店看，再到香港去买。另外，会展中心现在是生产性展览，还未进入市民生活层面。预计今后将更多地展示生

图6-31　深港轨道交通连接示意图（来源：深圳市城市交通规划设计研究中心）

活品，让市民参与地更多，让会展像博物馆一样，市民离不开展览馆。"

综观福田中心区规划实施历程，进一步验证了齐康院士关于城市规划应"留出空间、组织空间、创造空间"的经典话语。其中每项规划、每个阶段都紧跟深圳城市经济发展的各阶段需求，始终贯穿土地经济、详规与交通规划三条主线。

如果将福田中心区三十年规划建设过程粗略分段的话，则可分为三大阶段：第一个十年政府储备土地、构思蓝图；第二个十年政府投资土地的一次开发和重点公建，建立营商环境；第三个十年重点是市场投资大批商务办公楼宇。下一个十年的重点在于完善

①　本书"中心区硬件"指不同标高的三种网络：地面网络（路网、绿网、水网）、地下网络（市政管网、地下空间网络）、空间视网（公共空间景观视廊）。

配套设施、提升公共服务，长远目标是建立中心区商务和文化的环境氛围，使中心区成为吸引人气的"形神合一"城市活动中心。

20世纪末，美国第五届城市土地研究会市长论坛上，与会者提出了21世纪城市中心区功能与活动的典型构成[①]：一些高级教育和研究机构（缺）；2个博物馆；1个表演艺术中心；1个公共图书馆；4家近2年比较流行的新式餐馆；居住小区较5年前有所增长；1处大型公园；1家大医院；政府机构集中；至少拥有1种专业运动项目的举办权；至少每年举办3次重要的群众性活动。对照上述标准，中心区除了高级教育研究机构缺乏外，其他均符合21世纪城市中心的要求。而且，中心区的功能布局较之其他地区更注重空间紧密性，即将功能相近的设施，尤其是商业、服务业集中在中轴线上，这不仅有利于商业设施的整体运营，相互补充，也有利于人们活动的连续性。由此可见，福田中心区未来完善设施后将成为深圳最具吸引力的地区，它一定会成为深圳的城市中央活动区（CAZ）。

6.3.2 将成为国内重要的金融中心

根据国务院批准的《珠江三角洲地区改革发展规划纲要》和2003年CEPA的精神，要构建广东更为开放的金融体系，推动香港现代金融业向珠三角实体经济的延伸，建设广州、深圳两个区域金融中心。自2003年以来，深圳市出台了支持金融业发展、推动保险业创新等一系列规章和操作程序。经过多年的市场培育和政策扶持，深圳已逐步确立了国内重要的金融中心城市和金融创新中心的地位。根据2007年《深圳市金融产业布局规划》（图6-32）和《深圳市金融产业服务基地规划》，深圳金融产业的总体布局为"一主两副一基地"：即以福田中心区为金融产业发展的主中心，以罗湖、后海为副中心，以平湖为金融后台服务基地。福田区抓住了深圳证券交易所迁入的契机，搭建金

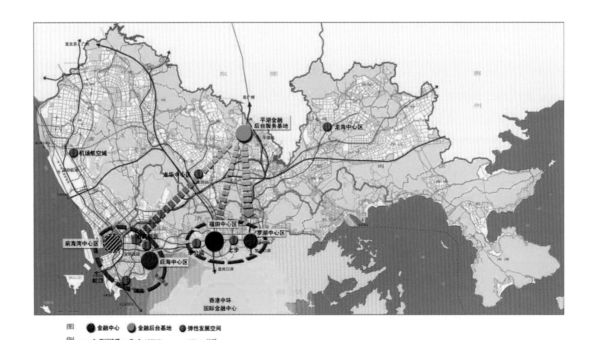

图6-32　2007年深圳金融产业布局规划（来源：《深圳市金融产业布局规划》）

---

① 王建国主编.城市设计[M].北京：中国建筑工业出版社，2009：201.

融业市场交易平台,强化证券、保险、基金、期货等产业人流、物流、信息流等要素资源在空间上的聚集;通过金融服务业的聚集,提高投资资本的聚集能力与区域的对外辐射能力,建设保险、证券、基金等机构集聚中心。福田中心区不仅可以承接香港中环CBD的金融业外溢部分,承担外资金融机构的部分后台业务,而且在全市结构中仍然起着罗湖中心区、前海中心区不可替代的金融核心作用,平湖金融后台服务基地将为福田中心区起到支撑作用。

《深圳市城市总体规划(2010—2020)》总规布局的"深圳中部发展轴由福田中心区通过广深港客运专线向南联系香港,向北联系东莞,构成莞-深-港区域性产业聚合发展走廊,充分发挥福田中心区的辐射功能"。总规将福田区定位为:在承担全市行政中心、文化中心功能的基础上,未来发展成为国内重要的金融中心和商贸中心,国际著名的电子成品中心和国际知名的会展中心。深圳是中国主要城市中土地面积最小的城市之一,未来发展依靠法治化建设和第三产业、高端服务业的发展,福田中心区的金融贸易功能及第三产业服务功能将在全市产业转型中发挥越来越大作用。十几家深圳金融机构正在福田中心区集聚投资建设办公总部。2012年深圳金融业增加值1 819亿元,占全市GDP的比重为14%,位居全国第三。预计未来,深圳市将全面升级金融业发展系列优惠政策,创新金融业态及模式。因此,福田中心区是深圳总规和金融产业规划定位的全市最重要的金融中心,也将成为为中国重要的金融中心。

福田中心区经过十几年开发建设,至2014年仍处于"市场热、政府冷"的建设高潮阶段。虽然中心区竣工建筑面积达85%,但规划实施仅一半,尚需进一步完善公共配套设施(例如,步行系统、街道休闲设施、户外广告标识等),才能全面展现规划蓝图。近些年政府对中心区重视不足,造成中轴线二层步行系统"久拖未连",中心区整体形象受损。但中心区即将成为华南地区的区域金融中心指日可待。

6.3.3 将成为深港区域性金融中心的组成部分

香港是中国目前唯一的国际金融中心,具有较强的融资能力和资本运营能力,但必须建立在强有力的产业支撑基础之上才能发挥作用。因此,香港需要以珠三角和内地强大的制造业为基础,深圳是香港和内地之间的桥梁和纽带,深港两地进行金融合作与创新,是香港发挥自己的优势,带动内地经济发展的必要举措。深港只能组成一个金融中心,深圳金融业定位是成为一个"承接香港、辐射内地的区域性金融中心"[①]。与北京、上海、广州等地不同,深圳不是一个独立的金融中心,而是以香港为主体的国际金融中心的一个组成部分,是连接香港与内地的金融桥梁。所以,深港金融业合作最终目标是打造一个世界级国际金融中心。2012年6月,中国社科院发布《全球城市竞争力报告》显示,在全世界500个城市排名中,香港的综合竞争力排名第9位,是中国排名最前的城市。历史证明:深圳的战略价值重点是香港(《深圳城市总体规划修编(2006—2020)》专题研究报告之二,2007年)。

香港是世界上最具活力的国际金融中心之一。自2004年起,香港已取代东京,成为亚洲第一股权融资市场。在世界排名前100家银行中,71家在香港有业务活动。此外,香港也是最开放的保险中心之一(香港2030

---

① 查振祥.深圳高端制造业发展路径研究[M].北京:人民出版社,2010.

规划远景与策略，2007年）。香港金融业独具特色，拥有综合的金融机构及市场的网络。"香港金融业具有市场机会、法制健全、金融人才聚集和金融创新能力强的优势，有非常发达的投资。同时，香港在债券市场、商品期货市场、外汇市场、黄金市场、理财与财富管理市场、伊斯兰金融市场、石油、投资等领域也具有优越的基础和发展优势。"（姜增伟，2009年）

由于在香港的国际金融贸易自由港和特别行政区地位中，深圳起到了分流香港商务产业的作用，因此香港国际金融中心带动了深圳金融产业的崛起。深圳的战略价值重点是香港，香港是深圳主要投资来源地。例如，1997—2007年港资企业投资福田区34.3亿美元，项目3 617个，分别占实际利用外资的39.8%、引进外资项目的49.3%。福田区的各方面优势吸引部分在港金融机构在此设立地区总部和产品研发中心、客户中心、金融数据备份中心等，使福田区成为香港金融机构的后方支援中心。

从福田中心区到香港边界仅3 km距离，区内公交设施完善，7条轨道线在中心区设站，地铁4号线已通过福田口岸与香港地铁网对接，深圳机场、火车站距福田仅30分钟和15

分钟车程，且已有地铁1号通达。前往蛇口港、盐田港20—30分钟可达。作为内地与香港CEPA具体成果之一的京广深港高铁2017年通车后，福田中心区到香港西九龙仅14分钟，深港将成为"半小时商务圈"，进一步增加福田中心区的客流量和吸引力。中心区为深港高端服务业的合作提供了得天独厚的区位优势条件，依托香港国际金融中心的辐射作用，福田中心区必将成为深港区域性金融中心的重要组成部分。

2010版深圳总规明确将"深圳与香港共同发展的国际大都会"确定为深圳未来重要的城市定位。深港位于亚洲地理形状的中间枢纽，是沟通亚洲上下的桥梁。深港合作的意义不仅在于深圳和香港两地之间，深圳良好的区位优势，在华南地区实施经济国际化战略中起到"中继"作用[①]。金融业作为现代服务业的高端产业，在现代产业体系中发挥引领作用。

6.3.4 需要精心维护管理中心区

1. 政府必须精心管理中心区

福田中心区的规划、建设及管理过程大致经历三个阶段（图6-33）：政府投资基础设施（包括城市规划设计、征地，建设市政基础工程及公共建筑配套设施）；市场投资开发建设（商务办公、商业酒店、住宅配套）；政府经营城市（包括策划文化活动、完善配套设施、持续更新改造）。实际上，福田中心区规划建设三十年已经历了前两个阶段。2015年中心区物质空间的高品质规划、高质量建设成效已经呈现（图6-34），未来需要政府策划文化活动、完善公共配套服务设施，重点加强第三阶段城市经营管理。

（1）中心区已基本实施规划蓝图的建设

福田中心区规划从构思萌芽、概念规划、

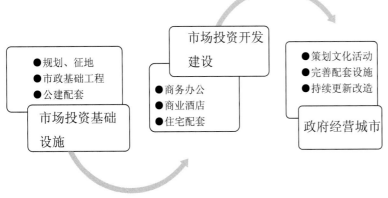

图6-33　福田中心区规划建设管理三阶段（作者编制）

---

① 苏东斌，钟若愚.中国经济特区导论[M].北京：商务印书馆，2010.

图6-34 2015年福田中心区实景（作者摄）

详细规划、专项规划到实施基础工程，至今已成功建成了85%建筑面积，且实现了金融CBD功能。中心区三十年规划建设虽然已经实施了大部分规划内容和决策事项，但仍有一些未能完成事项。福田中心区的建设发展成就，很大程度得益于高起点、高标准的城市规划，它完全有希望成为深圳建设现代化国际性城市、区域经济中心城市战略目标的重要空间和精神载体。

（2）配套设施有待进一步完善

目前中心区活力不足，原因是缺乏完善的配套实施。政府必须提供更好的公交设施、便捷的就餐服务、完整的二层步行系统和空间景观环境，才能让市民有舒适的文化活动和步行环境；让游客有更安全的休闲活动环境。虽然中心区已建成总规模的80%，但规划设计的实施却不足一半。例如：①中心区南区规划二层步行系统总长度约4 500 m，除中轴线二层平台已建南北两段外，其余大部分尚未实施，使建成的高楼大厦仍然处于各自为政的松散状态；②地下空间系统连接还剩余大量的实施工作；③十年前已规划的景观环境设计迄今尚未实施，灯光及广告等景观工程也未实行有效的控制与管理。因此，目前中心区的空间建设现状与城市规划的效果还有相当大的距离，只有不折不扣地实施

中心区规划，才能将中心区建成深港高端服务业合作基地。

（3）维护保养中心区

政府负责规划实施"硬件"及产业政策等"软件"管理，使中心区成为深港合作发展金融贸易产业的重要空间基地。有人认为如今福田中心区的物质空间建成了，政府只需维持日常的城市管理。这是一个错误的观点。如果按照原有模式管理中心区的话，那么，再过十年中心区就演变成一个"旧城"。其实现状已有此迹象。中心区未来能否完善配套设施，能否成为深圳繁荣的CBD，关键在于建立中心区"特别护理"管理机制。"特别护理"内容除了一般意义上的城市管理（安全、卫生等内容）外，中心区必须创新制定公共空间、建筑外立面的维护保养管理规定和操作规程，定期配置维护保养经费来源、实施办法和奖惩措施等，使中心区公共空间的视觉效果长期稳定，延缓新区"衰老"周期。

（4）政府精心管理中心区才能形成CAZ

新区成长，需要时间。城中心区从开发、成形到聚集人气，需要一段较漫长的过程，短则三十年，长则上百年，才能形成商务、旅游、文化等氛围，才能获得大众对中心区的内心认同。十五年前召开的"深圳市城市规划咨询会"上曾有专家提出：罗湖上步分

区可以说用十年时间建设了一个新城，又用五年时间发展成为旧城，要吸取这个经验教训，应在福田中心区和其他片区的建设中加以避免。从中心区建设管理现状来看，由于缺乏专门的管理队伍，中心区规划细部得不到实施，且广告标识系统的管理也进入"失控"状态，加上市政道路、地铁施工等原因迟迟未连通的市政道路，中心区似乎也有"穿新鞋，走老路"的可能。如果政府不特别重视中心区的管理，则再用 5—10 年时间，中心区有

图 6-35　2010 年福田中心区广告、标识设施的无序现象（作者摄）

可能发展成为"旧城"，历史的遗憾仍有可能重演。

2. 中心区需要精心管理的内容

虽然中心区的规划实施已初见成效，但环境效果仍有"天壤之别"。山顶看看：气势磅礴，天际线优美；但地面走走：步行未成系统，环境景观比较凌乱。政府必须完善后续配套设施并全面经营福田中心区，才能真正实现规划目标。

（1）建立有影响力的生产要素市场

CBD 的生产要素、人才要素和资本要素的集聚度和影响力取决于城市本身的地位和影响力。深圳 CBD 受到区位条件限制和政策资源的限制，其发展存在一定的不足之处。目前 CBD 尚缺乏有影响力的生产要素市场，但深圳证券交易所营运中心即将启用，股票市场也将随之建立。除了金融产业外，为了进一步提升 CBD 的发展水平，建议将现有会展中心的一部分功能结合每年的展览内容安排改变为商品交易市场，吸引更多的公众参与，并使会展中心成为深圳市民日常生活的不可缺少的设施。

（2）规范户外广告、道路标识、景观标识等管理，实施精细化城市设计

图 6-35 显示中心区建成的 22、23-1 商务办公街坊内广告、街道护栏设施、路灯小品等随意拼凑，花费巨资建设起来的新区又呈现"旧城"模样。

（3）完整实施中心区 2003 年街道环境设施设计

十年前已经完成中心区街道环境设施设计，包括广告牌、公交候车亭、垃圾桶、座椅、路灯与人行道铺装等精致协调的设计成果，如今建设实施的时机已到。应尽快营造中心区高品质的步行空间系统，营造优美的视觉景观效果。加强灯光夜景管理，提升中心区夜晚活动人气，提高中心区整体环境品质。

图 6-36　2013 年北中轴二层步行平台实景（作者摄）

（4）建立中心区雕塑、建筑小品的建设与管理机制

这是一项长远的管理工作。例如，中轴线北段急需按照原《福田中心区城市雕塑规划2002年》实施，而不应随意布局临时"广告圆筒"方式破坏城市景观（图6-36）。与之形成鲜明对比的是：法国巴黎德方斯CBD地面露天雕塑有60多件艺术作品，正是这些城市艺术品点缀着CBD每个公共空间，使其生机盎然，让人流连忘返。

（5）组织公共文化艺术活动，给中心区公共空间注入文化元素

正如法国社会学家、都市研究专家亨利·勒菲弗所言："每一个社会都会生产出它自己的空间，期望展示出一种物理空间、精神空间和社会空间之间的理论统一性。"福田中心区前三十年的规划建设成果带有特区强烈的时代特征，已经证明了勒菲弗的前一句话，中心区建成的现状空间是特区规划建设管理水平的历史标签；如果中心区后三十年能够完善公共服务设施，能够在中轴线等公共开放空间上组织更多的公共活动，以此吸引更多的人气，活跃都市生活氛围的话，则中心区必将展示物理空间、精神空间和社会空间的高度协调统一，成为验证勒菲弗理论的又一实例。

首先，中心区可在商务办公楼裙房中增设各类小型专业博物馆、展示厅等，包括建立中心区规划展室，收集模型资料，收藏城市文化等，或政府出资建设管理，或发动社会团体、市场投资投资，并制定相应的优惠政策加以引导和扶持文化事业，让中心区成为展示深圳文化的窗口，使深圳的城市文化进一步向国际化城市靠拢。其次，政府应在中心区组织丰富的人文活动，给中心区空间"硬件"注入"灵魂"，逐渐形成CBD、CAZ文化特色，这是政府最重要的工作之一。

（6）档案完整保存，延续城市文化

1996年中心区办公室成立起步运行时没有技术资料和管理资料的交接，仅从城市设计处复印了一份中心区土地出让位置图作为地政管理的参考底图。关于福田中心区准确、系统的档案资料从中心区办公室成立之日开始，经过多方努力，多年努力，坚持不懈地收集以前每一次规划设计成果资料、市政工程扩初和施工图资料、土地出让、历史用地红线等资料，经过一年的努力终于基本摸清情况。该办公室有效运行了整整八个年后又予以撤销，后续的规划实践管理工作由市局城市设计处兼管。机构撤销时没有任何的档案资料交接工作。幸亏原中心区办公室保留了八年完整的资料予以正式出版印刷，才避免了历史悲剧的重演。

1996年中心区办公室成立后，一方面尽量收集中心区办公室之前历史上所有关于"福田中心区"的城市规划及文书档案资料；另一方面认真汇集中心区办公室之后的CBD所有经历的专项规划、详规、建筑设计方案、评审会纪要、修改意见的落实，以及实施方案等技术资料、管理文件，并将之全部整理归档。直到2002年完成汇编《福田中心区详规与建筑设计1996—2002》十本专业丛书，由中国建筑工业出版社正式出版发行。2003—2004年，又后续出版了两本丛书，总共完成十二本丛书的出版工作。这十二本专业丛书完整地记载了CBD从1996至2004年的全部规划设计、建筑设计资料及其组织管理工作过程及其相关资料。这是迄今为止全国新区建设中唯一正式出版的一套完整的城市规划资料。这套丛书成为中国改革开放三十年来CBD规划建设的最完整的资料。为深圳规划建设三十年的城市文化建设增添了宝贵的新篇章。

巴黎德方斯在它的大平台中轴线的核心

位置设立了一个小型的规划模型资料展览馆，展示德方斯50年以来规划的变迁；记载建设过程的重大事项；同时也出售该区的宣传资料、规划资料、建筑实录等。让所有的游客了解德方斯的过去、现在、将来。笔者曾向领导提议将莲花山顶小型展室作为中心区展厅，收集中心区以往的规划模型、标志性公共建筑模型、保留部分展版，有利于人们经常回顾反思以往走过的历程，逐渐提高城市规划水平，保障中心区长期连续有效地实施城市设计。遗憾的是，这个建议未被采纳。迄今，中心区资料除了已经出版的12本丛书以外，其他也是"海里捞针"，散落四处。

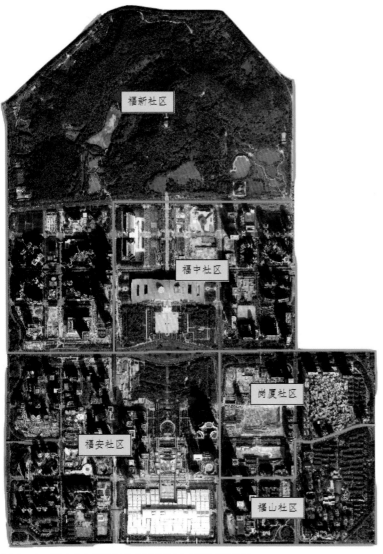

图6-37　福田中心区被划分为五个社区（秦俊武制图）

中心区作为如此好的一部"规划活教材"，一个城市发展的缩影，因为缺少一间模型资料室，2004年中心区办公室撤销后无人续写，无人关注，让深圳这座城市又一次丧失建设城市文化的机会。这是深圳规划长远的遗憾。

3. 建议成立一个新机构"福田中心区街道办公室"，全面负责中心区营运管理

虽然福田中心区是按规划蓝图实施的少量实例之一，直到2014年，它的建设工程量已经超过85%，但政府对于城市设计（特别是公共空间环境景观）的实施比例不足一半。中心区初期政府投资引领市场，近十年中心区市场投资兴旺起来后，政府配套设施的建设管理力度明显滞后，政府管理的缺位造成历史遗憾。目前中心区金融产业尚在形成过程中，且中心区归属于福田、莲花两个街道办、两个派出所、五个社区的管辖范围（图6-37），中心区缺乏统一管理和营运机构。究其原因是政府只重视规划建设，不重视城市经营。如果从管理机构的设置、管理办法等着手，目前福田中心区没有采纳十五年前专家的忠告，则有可能使福田中心区踏罗湖中心区的覆辙，形成新的遗憾。

2004年管理福田中心区的专职机构"中心区办公室"撤销后，中心区管理工作不再受到政府的特别重视，像其他普通片区一样被纳入规划国土管理系统的日常工作中。福田区政府为了加强营销中心区CBD的宣传力度，曾于2005年和2006年两次组织政府团队到香港会展中心召开"福田CBD推介会"，借助香港国际化平台提高中心区的国际知名度。2008年福田区政府又隆重举行"深圳CBD暨福田环CBD高端产业带国际研讨会"，邀请国内外城市规划、产业经济、市场营销专家聚首福田区研讨以福田CBD为核心的环CBD高端产业带的形成，加强舆论造势，促进了CBD高端客户的集聚。但是，中心区办公室撤销十年后未成立新的管理机构，长此以往，作为特区二次创业新建的中心区，10至20年内将呈现"旧区"景象。

为了加强福田中心区的维护管理工作，建议市政府应归并现在的两个街道，打破五个社区的管理界线，重新建立新的街道办——"福田中心区街道办公室"，统一管理维护中心区整体形象，统计相关社会经济文化活动数据。"福田中心区街道办公室"不仅负责中心区城市空间的"硬件"管理，而且负责城市运行的"软件"管理，精心管理中心区，使之真正成为深圳的CAZ，成为国内重要的金融中心，成为深港区域性金融中心的重要组成部分。

虽然中心区未来可出让土地仅约2%，但区内尚有大量在建项目，导致部分城市道路封闭隔断，且人流、物流混杂，区内交通、治安、卫生等城市管理跟不上。为了提升深圳城市中心的核心区管理水平，应借鉴巴黎德方斯（2007年德方斯管理机构EPAD运作50周年完成了开发建设历史使命后，政府仍然成立了一个新的公共机构EPGD，负责整体经营监管德方斯的维护、保养、运营管理及商业开发）和北京中心区管委会的经验，成立一个中心区维护和运营管理机构，统一负责中心区公共空间的维护管理和营运。新的协调机构的工作重点是经营中心区，包括完善配套设施建设，根据实际需要调整纠正现状不足，策划和组织公共文化活动，美化公共空间绿化环境，达到高品质管理、高效率运营的目标。

城市"硬件"在十年、二十年后难免开始老化，但只要城市"软件"不断更新，即使百年老城，也能焕发青春的活力。政府应有专门管理部门策划中心区公共空间的文化活动，不断创新、与时俱进，使其富有城市特色和文化内涵。有序组织市民和游客的活动，创造特别的人文景观，让中心区不但成为CBD，而且成为中央活动区（CAZ），成为全市精神文化场所。未来城市的竞争既是人才的竞争，也是文化的竞争，这就是城市软实力的竞争。一个城市的"硬件"建设是有极限的，而"软件"建设是无止境的。福田中心区拥有全市最大规模的公共空间中轴线，只有精心策划组织活动，才能进一步彰显深圳国际化城市、旅游城市的魅力。

6.4 结语

深圳三十年（1980—2010年）凭借临近香港的地理优势，抓住了香港经济转型的良好契机，成功进行了三次经济结构转型，走过了其他城市上百年的城市化过程。深圳特区是按照规划蓝图建设起来的城市，福田中心区现已建成3/4规划建筑面积，是按照规划蓝图实施的最佳城市实践区之一。中心区既保持了规划前瞻性，又适应了市场发展需求，不断探索市场经济体制下城市规划与时俱进的创新模式。中心区在深圳第二次产业转型中政府完成了市政设施"七通一平"和大型公建的建设。由于取得第二代商务办公楼和住宅配套建设的市场成功，而赢得了第三次产业转型中鼎盛发展建设金融中心的机遇，实现了主要金融中心的功能定位，实现了政府与市场投资的协调发展，取得了较好的社会经济效益。这是中心区的幸运，也是深圳市场经济客观运行的必然结果。

福田中心区（CBD）全面建成运行后，将成为深圳最大的金融贸易中心、行政文化中心和交通枢纽中心，不仅对深圳自身建设现代化国际城市起关键作用，而且对于整个珠江三角洲未来经济发展，对于深港经济衔接，形成香港—深圳—广州国际性城市带，都将产生深远影响。

附录　深圳福田中心区城市规划建设三十年记事（1980—2010 年）

1980 年

2 月

2 月　深圳市大规模征用土地工作开始，首先征用罗湖区 0.8 km²、深南大道以北 2.7 km² 土地。

5 月

5 月 6 日　深圳市城市建设规划委员会成立。

5 月 14 日　广东省建委组织的广东省深圳市城市规划工作组共九十余人到深圳现场绘制经济特区建设的蓝图。规划目标以工业为主，同时发展贸易、农业、旅游业。规划把城区范围扩大至 60 km²，2000 年规划人口 60 万。

5 月 16 日　中共中央、国务院发文，同意广东省所划的深圳特区建设范围。强调一定要作好总体规划，分片分期进行建设。

6 月

6 月 11 日　深圳市经济特区规划工作组完成的《深圳市经济特区城市发展纲要》（讨论稿）记载："皇岗区设在莲花山下，为吸引外资为主的工商业中心，安排对外的金融、商业、贸易机构，为繁荣的商业区，为照顾该区居民生活方便，在适当地方亦布置一些商业网点，用地 165 hm²（注：当时没有福田区，福田区当时属于皇岗区的范围）。"

7 月

是月　深圳市城市规划设计管理局成立。

8 月

8 月 25 日至 26 日　深圳市委常委会通过了城市总体规划和各项专业规划。仅用三个月时间就编绘了总体规划功能分区图，供电、供水、排水、通讯、交通、煤气、环保、园林绿化等图，以及罗湖、上步、笋岗、水库新村、南头、布吉等小区规划图。

8 月 26 日　全国五届人大常委会通过和颁布了《广东省经济特区条例》，正式宣布在深圳、珠海、汕头设置"经济特区"，深圳经济特区正式成立。该条例首次提出"境外客商使用经济特区土地，要交纳土地使用费"。

9 月

9 月 12 日　广东省城市建设局报告省人民政府《关于深圳特区城市规划工作的报告》（粤城字〔1980〕37 号）省建委组织的广东省深圳市城市规划工作组于 5 月 14 日到深圳现场进行工作，于 9 月 12 日工作结束，工作人员返回原单位，其余工作由深圳市建设规划委员会办公室办理。

10 月

10 月 10 日　成立深圳特区土地管理委员会。

是月　成立深圳市城市规划设计管理局。

12 月

12 月 8 日　国家进出口管理委员会副主任江泽民视察深圳特区，这是深圳经济特区成立后，中央高层领导第一次来深圳视察。

是月　修通深南路由蔡屋围至车公庙一段，其中福田至车公庙路宽 15 m，即通过福田中心区范围的深南路只修通了 15 m 宽的简易路。

是年　"深圳市基本建设计划项目表"列出"规划设计局"1981—1985 年计划投资 150 万元，完成罗湖小区、上步区（包括现福田区）公用工程规划设计。

1981 年

1 月

1 月 7 日　深圳市建设规划委员会办公室局向市革委会报告《关于福田公社上步大队社员建房用地规划安排的请示报告》（深规字〔1981〕006 号），根据市总体规划的要求，经研究，计划上步大队社员建房用地安排在大队的六个点，核算该大队社员建房共 365 户。

4 月

4 月 14 日　国务院副总理万里视察深圳特区时说，建设一个新城市，首先要把总体规划搞好，总体规划批准了，就是法律，不准乱盖房子。基建要按程序办事，先地下，后地上，先把道路系统定下来，然后就定地下管线。深圳应当搞得更漂亮一些，要建设一个真正现代化的、科学性的新城市。

5 月

是月　基本完成深圳经济特区总体规划，当时全特区人口规划规模按 1990 年 30 万人，远期 50 万人考虑。

6 月

6 月 5 日　深编字〔1981〕27 号文《关于规划和设计分为两个独立单位的通知》，原属规划设计局领导的市联合设计勘察公司，现划出为独立单位，市规划设计局改称为市规划局，这两个单位均归口市基本建设委员会管理。

7 月

7 月 20 日　成立深圳市土地管理领导小组，由市委、市政府、罗湖区及 11 个政府部门的负责人组成。领导小组下设办公室，职能是加强市区内的土地管理。

8月

8月24日 省委、省政府《关于深圳特区范围内私人建造住宅问题》批复，明确指出：土地属国家所有。特区范围内的土地必须有计划地开发利用，由特区政府统一经营管理。

10月

是月 深圳市委政策研究室、市规划部门会同有关单位对特区人口、社会、自然情况等进行全面调查和预测后，开始组织编写与城市总规关系密切的《深圳经济特区社会经济发展规划大纲》。

11月

11月20日 深圳市规划局完成《深圳经济特区总体规划说明书》（讨论稿）规划用地范围327.5 km²，规划考虑到1990年人口规模达到40万人，至2000年达到100万人口。根据特区狭长地形的特点，总体规划采用组团式布置的带形城市，将全特区分成七到八个组团，组团之间用绿化带隔离，每个组团工作地点与居住地点就地平衡。

11月23日 深圳经济特区发展公司与香港合和中国发展（深圳）有限公司签订建设福田新市区的协议，深方提供30 km²土地，港方投资100亿元，合作年限30年。

11月28日 深圳市基本建设委员会关于上步小区（包括现福田区）"五通一平"广场尽快上马的座谈会纪要，会议提出加快上步小区"五通一平"的规划、设计、征地、拆迁、施工的步伐。

12月

12月24日 广东省五届人大常委会第十三次会议通过和公布《深圳经济特区土地管理暂行规定》，从1982年1月1日起执行。

1982年

1月

1月1日 开始实行《深圳经济特区土地管理暂行规定》，规定特区内所有企业、事业用地都必须缴纳土地使用费，开创了土地有偿使用的先例。

3月

3月20日 深圳编制完成《深圳经济特区社会经济发展规划大纲》（讨论稿），选定城市组团式结构作为深圳城市建设总体规划的基本布局。

4月

4月1日至8日 市政府召开《深圳经济特区社会经济发展规划大纲》（讨论稿）评审会，应邀参加会议的有北京、上海、南京、杭州、厦门、沈阳、广东、广州等省市的高等院校和研究所的经济、计划、城建、规划、法律、外贸、化工、地理、地质、农业、环保、交通运输、社会科学等方面的专家、教授及工程技术人员共73人。

5月

5月5日至12日 深圳市规划局邀请了部分国内专家（清华大学郑广中、华南工学院罗宝钿、南京市规划局陈福瑛、陆紫薇、广东省城建局邓赏等五位专家）参与《深圳经济特区社会经济发展规划大纲》评审会，之后进一步研究修改和调整总体规划。

7月

7月26日 深圳特区发展公司、市工商联筹委会联合举办《深圳特区社会经济发展规划及对特区意见》的研讨会，邀请香港工商界部分知名人士参加。

8月

8月10日 合和中国发展（深圳）有限公司提出《福田新市发展规划纲要》，规划目标为发展工业、商业、住宅、旅游，吸引一部分香港人来深圳定居。规划从深圳火车站到福田区中心建造轻轨交通，为由九广铁路来深的香港人士提供便捷的交通。未来随着皇岗落马洲口岸的开发，轻轨与元朗的轨道交通相连，使之成为一个快速的交通系统。规划福田新市建立较密的轻轨交通网，规划在30 km²内敷设长达70 km的轻便铁路，每隔750~1000 m设一个车站。此系统沿道路中央以半沉管方式通行，到十字路口时，轻便铁路则下降至道路以下穿过，从而不影响各类路面交通工具运行。福田新市中央设商业区；沿深圳湾、深圳河设工业区，以利浅水驳船装卸货物；住宅分布市内各处。

是月 同济大学徐循初教授与研究生陈燕萍、俞培玥等到深圳编制交通规划，对深圳交通发展进行了预测，还重点研究了福田区轻轨交通方案。徐循初教授认为：如果合和公司《福田新市发展规划纲要》提出的轻轨建成，可以承担福田区的全部客运交通，但作为特区交通体系而言，轻轨并不能承担福田区以外的所有客流；且深圳当年的客流量较小，不足以支撑轻轨的客流量；以及轻轨造价、运营成本较高，投资回收年限尚需40年至50年。因此，建议暂不建轻轨，至多保留其用地（由火车站经福田到南头、蛇口），今后GDP提高了再考虑建造。

9月

9月14日至16日 市政府邀请香港有关经济、城市规划设计方面的专家学者32人参加评议《深圳经济特区社会经济发展规划大纲》（修改稿）。

9月20日 香港27名专家学者应邀来深评议《深圳经济特区社会经济发展规划大纲》。

10月

10月4日 市政府公布施行《深圳经济特区土地使用费（暂行）缴纳办法》。

是月 市城市规划局编印《深圳经济特区总体规划简图》。

12月

12月3日 市政府向中央、国务院、广东省委、省政府、省特区管理委员会上报《深圳经济特区社会经济发展规划大纲》送审报告。

12月27日　深圳经济特区当年兴建的29条城区干道，已经有18条建成通车。

是年　市政府颁发了《深圳市建筑工程招标投标暂行办法》。

1983年

1月

1月4日　广东省政府通知，经国务院（1982年12月21日）批准，恢复宝安县建制。宝安县辖16个公社和光明华侨畜牧场，县府设在西乡。宝安县由深圳市领导。

3月

3月15日至20日　福田新市区路网规划座谈会邀请了上海交通大学、天津大学、北京建筑工程学院、武汉城市建设学院、交通部第一公路设计院（西安市）、重庆建筑工程学院等六所院校以及广东省建筑设计院、武汉钢铁设计院、六机部九院、特区建设公司等单位的教授、专家、总工程师等共14人和深圳市规划局的同志共同研究福田新市区路网规划。15日下午专家们到福田区范围内查看了地形和建筑现状。16日至17日就深圳市区路网系统和合和公司提出的福田新市区规划方案进行了充分讨论，会议同意福田新市区以方格型路网为主；东西向生活性干道至少要有两条，大运量的交通应形成明确的环路；道路横断面型应结合地形和自然环境，断面不一定用对称式。专家们认为：轻轨适用于长距离、大运量、低能源的定向交通。由于深圳规划布局呈组团形式，大量交通要求在各组团内平衡，如果福田区内全部考虑轻轨交通的话，则交通流量不足、距离太短、与道路交叉次数太多，对行人和自行车交通均不利，且工程量浩大、建成后维护管理困难。因此，在一个区域内应考虑综合性交通，不宜采用单一的交通工具。会议建议在规划中应考虑预留轻轨用地，在沿深圳河地带布置为宜。经过两天讨论，各位专家集思广益，18日大家动手勾绘了福田新区路网草图，为深圳市道路规划留下了新的方案。

3月30日　市城市规划局汇总1982年4月、5月、8月以及本月的规划道路专家研讨会意见。主要内容为：首先城市布局与结构功能要合理，目前深圳特区布局采用组团式是合理的，它可以分散与减少城市交通流量，可是在规划中东西向仅有一条深南路为生活性干道是远不能适应需要的，应该增设1—2条为好；同样货运性干道也应该考虑二条；在铁路与主干道相交处一定要设立体交叉。其次，专家们一致认为福田区的道路网布局应该与总体规划相结合考虑，功能上要明确，系统要清晰，线路要便捷。合和公司提出的福田新市区同心圆放射型道路系统与总体规划不相适应，不利于交通的疏散；还提出了福田新市区轻轨交通为主的公交系统，考虑到总体规划大纲指出到2000年福田区规划人口30万人，仅在福田30 km²建立轻轨线路较短，不够经济。另外对高速公路穿过中心城的方式等也提出了建议。

5月

5月17日　深圳市建筑顾问委员会成立。周鼎为主任委员，罗昌仁、邝辉军、杨芸、黄远强、佘畯南、莫伯治为副主任委员，戴念慈为顾问委员会名誉副主任委员，聘请顾问委员13人。

6月

6月13日　深圳市委书记、市长梁湘在京接受新华社记者采访时说，从今年下半年到明年上半年，深圳特区要完成六项工作：为工作大发展打下良好基础；改变特区交通、电讯不畅通状况；完成20 km²城区建设，为客商创造良好的投资环境；基本形成特区管理态势；改革要取得明显成效；筹建八大文化设施。

7月

7月14日　深圳火车站改造工程动工，这项工程包括一座新火车站、一栋联检楼、一座人行天桥等项目，由深圳特区发展公司与香港合和中国（深圳）公司合作经营，总投资3亿港元，合作期限25年。

9月

9月20日　深圳市建筑顾问委员会成立并举行为期两天的第一次工作会议。该委员会有委员13人，城乡建设环境保护部副部长戴念慈被聘为名誉主任委员，其他均是北京、上海、广州、香港的著名建筑设计专家、教授。会议还邀请了国内十多位知名专家参加。

是月新开发的罗湖、上步20 km²城区已初具现代化城市的雏形。1982年以来先后修建城区主干道43条，总长70多公里，总面积260万平方米，计划投资4亿元。截至9月底，已完成宽21米至50米的市政道路27条，总长50多公里。在建筑施工面积348万m²，总投资19亿元中，已完成投资5.8亿元，竣工面积94.2万m²。

11月

11月30日　国务院副总理田纪云视察深圳，高度评价深圳的成就：特区基础工程建设搞得不错，发展很快，一日千里，不是年年变，而是月月变，对外已产生了吸引力，特区发展前途光明。

12月

12月1日　中国民航服务公司航测飞机对深圳进行为期十天的航拍，活动范围包括2 000 km²土地、190 km海岸带，拍摄了700多张大相幅、多光谱、遥感照片，记载了全市土地资源和海岸带资源的详细情况，这是深圳有史以来最详细的地理资料，为深圳的经济建设、土地、水域资源的开发利用和农业生产提供了科学依据。

12月29日　经国务院、省政府批准，深圳市成立罗湖区、上步区、南头区、沙头角区四个行政区（注：上步区1990年改称福田区）。

是年　"深圳经济特区总体规划简述"中提及在上步区内，外商计划在福田新市区投入巨资，建成未来新的行政、商业、金融、贸易、技术密集工业中心，相应配套建立生活、文化、服务设施；工业区规划包括福田工业区（位于福田新市区，为高精尖产品的综合工业区）在内的 10 个工业区；仓库区规划包括福田仓库区（占地 1.32 km²，利用深圳河水运及高速公路之便，用于储存福田工业区物资、民用及对外物资）等 5 个大型仓库区。

1984 年

1 月

1 月 8 日　深圳市规划局、深圳经济特区建设公司拟定《深圳市城市绿化规划和实施方案》，其中市区综合性公园包括福田莲花山公园在内的 7 个公园规划建设，将绿化引入城市；广场公园规划在市府对面及福田中央干道北面尽端建设广场公园，广场中央设置大型大鹏城徽。

1 月 21 日至 22 日　市政府召开深圳特区城市规划工作会议，提出把深圳建成优美的现代化城市，强调要树立城市规划权威，城市规划一经政府批准就具有法律效力，任何单位和个人都要服从。

2 月

2 月 10 日　深圳市绿化委员会成立。

2 月 17 日　深圳市委召开常务扩大会议，审核并通过了市规划局和特区建设公司编制的《深圳经济特区城市绿化规划方案》。

5 月

5 月 14 日　市政府基本建设办公室成立。特区建设公司被撤销。

9 月

9 月 14 日　深南大道拓宽工程全线动工，从福田区上海宾馆路口（经过福田中心区）至南头联检站，拓宽后的深南大道全长 18.8 km，路宽 135m。

是月　中国原子能工业深圳公司经市规划局同意，在岗厦村征得土地 10 000 m²，同年底完成全部手续。1985 年因福田中心区规划未定，以及后来政府建设立交桥、拓宽深南大道等原因，该项目用地多次调整无法动工。

10 月

10 月 17 日　深圳市城市规划局报告市政府 [深规字（1984）217 号] 委托中国城市规划设计研究院来深圳市进行深圳特区总体规划设计的咨询工作，并协助完成总体规划设计编制任务。10 月 23 日市政府批复同意（深府办复〔1984〕947 号）。

11 月

11 月 6 日　中国开放城市投资洽谈会在香港开幕，历时 8 天。深圳特区和香港客商签订合同、协议、意向书共 25 项，协议投资近两亿美元。

是月　中国城市规划设计研究院着手编制《深圳经济特区城市总体规划》，以 1982 年《深圳经济特区社会经济发展规划大纲》为基础，按照中央有关特区的方针政策，从深圳实际出发，将交通问题作为突出重点之一，

除按规定的总体规划深度编制外，还加深了近期建设的规划内容，着重考虑了即将开发的福田至南头近百平方千米的新市区规划。

12 月

12 月 25 日　市政府颁布《深圳特区土地使用费调整及优惠减免办法》。

是年　《深圳经济特区总体规划》编制时提出规划建设新的城市中心"福田中心区"的构想。

是年　深圳土地商品化有三种形式：第一种，政府投资完成土地"七通一平"工程后，租给投资者使用，政府收取土地使用费；第二种，与外商合资兴办企业，政府以土地作价入股，外商以资金入股，土地开发后双方按比例占有股份；第三种，合作开发，政府提供土地，对方提供资金，开发土地和经营项目盈利时，按双方协议分成纯利。

是年　福田新市区与港商签订合作开发协议已经三年，投资者尚未继续任何开发性建设。

1985 年

1 月

1 月 28 日　中共中央政治局委员、国务院副总理万里视察深圳特区时强调：城市建设一定要在科学规划下严格管理，没有规划，管理不严就建不成现代化城市。

6 月

6 月 5 日至 7 日　深圳市委、市政府邀请京、津、沪、穗、深等地专家学者 30 多人在深圳市举行深圳经济特区社会发展战略问题座谈会，讨论制定深圳特区发展战略的目标和依据、经济结构的选择以及实现战略目标的对策和条件。

8 月

8 月 27 日　根据全国统一部署，深圳首次城镇房屋普查工作正式展开，其目的是为住宅建设和搞好房地产管理提供依据。

8 月 29 日　为期四天的特区交通规划讨论会在深圳召开，来自全国各地的四十多名专家、教授参加了会议。

10 月

10 月 3 日　市政府召开城市管理工作会议，研究部署城市管理工作。

11 月

11 月 6 日　深圳市城市规划局请示市政府《关于解决城市规划局经费问题的请示》（深规字〔1985〕138 号），该文件附"规划项目及费用估算表"列入与福田中心区有关的项目包括：福田区道路坐标和竖向设计、福田区市中心（5 km²）详细规划、上步区详细规划、福田区（除中心区）详细规划等。

11 月 20 日　市政府颁发《深圳经济特区土地使用费实施办法》。

12 月

12月3日至9日　深港经济技术合作研讨会在深圳举行。

12月6日　参加中国建筑学会主办的"繁荣建筑创作学术座谈会"的40位专家教授，来深圳进行为期三天的考察活动，对深圳城市建设和建筑做出较高评价。

12月20日　深圳市城市规划局报告市政府"关于本市罗湖、上步区已开发面积的报告"（深规字〔1985〕175号）。截至今年12月份，罗湖、上步两个区的开发面积为38.7 km²。

是年　市城市规划局组织编制城市规划的主要任务：抓紧完成城市总体规划的编制工作，及时开展工业区规划、农村规划、罗湖、上步、福田和南头等区的详细规划以及盐田、莲塘近期建设规划等。在局近期规划项目及费用估算表中列出有关福田区的项目如下：福田区道路坐标和竖向设计；福田区市中心区（5 km²）详细规划；罗湖、上步、福田、南头农村规划；上步区详细规划；福田区（除中心区）详细规划等内容（注：是年深圳特区分为五个行政区，福田新市区包含在上步区内）。

是年　深圳市罗湖区、上步区已开发地区面积为38.7 km²，深圳特区城市建设区域面积由原来3 km²扩展为47.6 km²，城市道路长达161.3 km；建筑面积由1979年的29万 m²发展为929万 m²；人口由2.3万人发展为47万人；工商企业由200多家发展为7 000多家；财政收入由0.3亿元发展为1985年的8.7亿元。还建成了适应建设项目需要的水、电等市政配套设施。

1986年

2月

是月　深圳市规划局、中国城市规划设计研究院编制定稿《深圳经济特区总体规划》的文本说明和专题资料。

是月　中国城市规划设计研究院深圳咨询中心完成《深圳特区福田中心区道路网规划》。

3月

是月　《深圳经济特区总体规划》定稿印刷，总规确定了福田中心区选址范围及基本性质，提出了福田中心区空间规划模型。

4月

4月28日　深圳市政府发文"关于深圳城市规划委员会成员组成的通知"（深府〔1986〕209号）。

5月

5月28日至30日　深圳城市规划委员会成立，并召开了深圳城市规划委员会第一次会议。会议审议和肯定了《深圳经济特区总体规划》，并建议上报广东省人民政府审批。该《深圳经济特区总体规划（简要说明）》中有关福田新市区的文字内容有：①罗湖上步建成区旅游宾馆已较集中，新建的重点应逐步转向待开发的福田、沙河等新市区。②福田组团以国际性的金融、商业、贸易、会议中心和旅游设施为主，同时综合发展工业、住宅和

旅游。③多高层居住用地主要集中在各组团中心地段，以充分利用中心区土地的级差效益。除罗湖上步已有者外，主要分布在福田新市区中心和南头区中心。④规划六处仓库区，福田仓库区面积0.2 km²，主要为福田新市区服务。⑤本市目前最主要的东西向通道深南路，从福田路口往西长20 km（包括福田中心区段），宽仅10米（临时路面），往东进入主要市区长6 km（正式道路）。⑥规划在福田建水厂一座，解决福田新市区用水。水源由深圳水库供给。⑦规划整治福田河和皇岗河两条排洪渠道，将皇岗河中下游改道至高尔夫球场东侧直接入海，为开发福田新市区中心创造有利条件。

6月

6月16日　深圳市城市规划局请示市府办公厅《关于如何报审总体规划的请示》（深规字〔1986〕125号）。

6月30日　深圳市人民政府请示广东省人民政府《关于呈报深圳经济特区总体规划的请示》（深府〔1986〕370号）。

11月

11月9日　中国城乡建设环境保护部公布1986年度全国优秀设计、优质工程评选结果，深圳市9项设计得奖，其中《深圳经济特区总体规划》获得一等奖。

是年　市政府收回了与香港合和公司合作开发福田新市区的30 km²的土地使用权。

是年　市城市规划局、深圳市环境保护办公室制定了《深圳经济特区环境综合整治规划意见》，提出对特区内采石场、噪声、水等环境综合整治规划，合理布局污染工业等。

1987年

1月

1月27日　深南大道穿过铁路高架桥的两个孔道全部打通，横贯市区中心、东西走向的交通干线——深南大道贯通成一线。

2月

是月　市委、市政府批准《深圳经济特区土地管理体制改革方案》，在中国内地率先开放土地市场。

3月

3月7日　在中央绿化委员会第六次全体会议上，深圳市被评为全国绿化先进单位。

是月　英国陆爱林戴维斯规划公司和深圳城市规划局合作完成了《深圳城市规划研究报告》。原稿为英文版，中国城市规划设计研究院情报所，王红翻译，王凤武校核。该报告的第三章为深圳福田中心区开发建议。

是月　英国陆爱林戴维斯规划公司、深圳城市规划局共同完成了《深圳机场开发研究报告》，该报告由英国海外发展署资助，并由市政府委托研究。

5月

5月27日　市政府主办的经济发展交流会在深圳举

行，美国国际人民交流协会代表团 51 名专家、学者到会，有 6 名美国教授在会上作了学术报告。

是月　《深圳经济特区土地管理体制改革方案》论证会在西湖宾馆召开，主题是研讨改革方案是否可行。国家土地管理局、广东省、深圳市主管领导以及其他省市土地局领导出席。

7月

7月20日　市政府通过《深圳经济特区土地管理体制改革方案》，所有用地实行有偿使用，采用协议、招标、拍卖三种方式出让土地使用权。

8月

8月6日　《深圳特区道路交通规划》获第二届 1987 年度国家级科学技术进步奖。

8月31日　《深圳经济特区城市总体规划》荣获全国优秀规划一等奖。

10月

10月6日至9日　中国土地学会和深圳特区经济研究中心联合召开的全国城市土地管理体制改革理论研讨会在深圳举行。

11月

11月9日至12日　召开深圳市城市规划委员会第二次全体会议。与会者有规划委员会的 25 名委员和国内外 15 位顾问。参会的顾问对深圳机场白石洲选址意见反映十分强烈，认为黄田或西乡选址条件更有利。

11月10日　深圳市政府发文《关于调整深圳城市规划委员会成员的通知》（深府〔1987〕448号）。

11月14日　《深圳土地招投标试行办法》颁布实施。

12月

12月1日　深圳市召开第一次土地拍卖会，以公开拍卖方式有偿转让国有土地使用权。这是新中国首次土地公开拍卖活动。

12月29日　省六届人大常委会第十三次会议通过《深圳经济特区土地管理条例》，该条例规定土地使用权可以有偿出让、转让。1982 年 1 月 1 日实施的《深圳经济特区土地管理暂行规定》同时废止。从根本上改变了土地无偿无期限使用的现状。

是年　完成了罗湖、上步、南头、盐田的分区规划。

是年　深圳建市以来共征用各种用地约 84 km²，基本满足了城市建设及工商业发展需要。

1988 年

1月

1月3日　广东省人大常委会颁布《深圳经济特区土地管理条例》，把特区土地使用制度的改革成果及时以立法形式确定下来。

1月6日　深圳市政府印发《关于深圳经济特区征地工作的若干规定》（深府〔1988〕7号）决定对特区内可供开发的属于集体所有的土地，由市政府依法统一征

用。其中内容包括：福田新市区范围内现有的种养均不再延长合同期，原则上要迁往宝安县。

1月18日　深圳市政府发文决定成立深圳市国土局，作为市政府主管全市城乡土地的职能部门。

3月

3月16日　由国家土地管理局召集的"深圳土地使用权有偿转让研讨会"在深圳市举行。

4月

4月12日　中华人民共和国第七届全国人民代表大会第一次会议通过宪法修正案。新的条款规定："任何组织和个人不得侵占、买卖或者以其他形式非法转让土地。土地的使用权可以依照法律的规定转让。"肯定了深圳土地使用制度改革的基本做法。

4月14日　市国土局上报市政府《一九八八年度深圳经济特区土地开发与土地供应计划》，明确 1988 年深圳计划开发土地面积约 12 km²（70% 分布在福田区），计划供应土地 5 km²，其中由政府开发和供应土地面积占 1/3，由企业或管理区开发和供应土地面积占 2/3。

6月

6月22日　市政府计划办公室批复市规划局《关于城市规划项目及费用的批复》（深府计字〔1988〕207号），这次规划费用安排重点用于福田、深圳机场地段、留仙洞工业区等区域的规划，其中福田 56 km² 分区规划要求 1988 年 10 月底完成。

8月

8月4日　市国土局报告市政府《关于开发福田新市区的报告》（深国土字〔1988〕41号）福田新市区 44 km²（注：今福田区范围全覆盖且大于当时福田新市区）内，1987 年前已使用的土地面积近 20 km²，可供开发的土地面积约 25 km²。开发指导思想以工业区为主，进行城市综合配套，带动居住、商业和其他用地的开发。

8月17日　官方资料显示：福田新市区建设拉开序幕，总面积为 44 km²，位于现市区以西，北倚笔架山，南临深圳湾，西至沙河工业区，总投资 40 亿元。预计用 10 年左右时间建成一个以工业为主体的新市区，它比现在罗湖、上步市区 38.7 km² 还多 5.3 km²。

是月　市建设局和中规院对深圳特区总体规划进行了一次修改和调整，规划到 2000 年城市人口规模定为 150 万人，其中暂住人口 30 万人，城市用地规模 150 km²。

9月

9月17日　市政府机构调整，撤销市府基建办、市规划局、市国土局，成立市建设局。

9月22日　市城市规划局上报广东省建设委员会《深圳经济特区总体规划实施情况检查报告》（深规字〔1988〕203号），指出深圳城市建成区已扩展到 55 km²，在特区八年建设过程中，城市规划对促进经济发展、发挥投资效益、建成一个较高水平的现代化城市发挥了积极的指导作用。

10月

10月20日　市城市规划局委托中国城市规划设计研究院深圳咨询中心承担深圳经济特区总体规划的修改规划任务。在1986年2月完成的总体规划基础上，着重对人口规模、土地利用、工业布局、供水、供电道路交通等基础设施发展战略、规模问题及宝安县对特区有重大影响的问题进行科学分析论证，并提出深圳特区总规修改方案大纲，为下阶段具体修改提供依据。

11月

是月　深圳市城市规划局和中国城市规划设计研究院深圳咨询中心合编《深圳经济特区福田分区规划专题规划说明书》，作为深圳市城市规划委员会第三次会议资料之三附件。

12月

12月2日　市国土局《关于福田新市区征地工作的会议纪要》记载：1988年9月初，市国土局和上步管理区开始对福田新市区征地工作以来，已先后与岗厦、新洲、沙尾、渔农村、上梅林、水围等村委签订了征地合同，共征地3 947亩，待签合同的还有三家，面积共7 784亩，征地成绩是大的，但仍赶不上开发工作的需要。市领导要求春节前必须完成新洲路以东的征地任务。以村为单位，尽快把福田新市区范围内的农村集体所有土地一次全部征完，不留"尾巴"，以确保福田新市区开发工作的顺利进行。

12月20日至22日　深圳市城市规划委员会第三次全体会议审议了深圳市城市规划工作要点、总体规划修改意见、福田新市区规划方案以及罗湖口岸火车站和飞机场的规划方案。提出修订1985年编制的《深圳经济特区总体规划》。会议提出福田新市区规划以国际金融、商业、贸易、展销、会议中心，同时综合发展工业、住宅、旅游。福田中心区将形成新的金融、商业中心，与罗湖、南头构成特区三个中心的格局。

是年　市国土局、市城市规划局、中国城市规划设计院深圳咨询中心共同完成了《深圳市国土规划》文本。

是年　市规划部门完成了24项规划任务，完成市政工程报建373项，包括审批了滨河路设计方案，审定了皇岗路、红荔西路的施工设计，对新洲路做出了设计方案，完成了福田河、新洲河的排洪及整治规划，选定了莲花山等110千伏输变电站址等市政工程规划建设任务。

是年　深圳特区内共征地16.92 km²，其中福田新区内6.66 km²，其他土地10.26 km²。全年供应土地面积7.12 km²。

1989年

1月

1月5日　国务院正式批准深圳市皇岗辟为对外开放口岸（注：皇岗路在1980年代曾为福田中心区的东界线）。

4月

4月6日　市建设局召开福田开发区综合开发计划会议（深建业字〔1989〕8号）。会议同意成片开发福田新区，总的原则是由东向西，逐步推移，先路基管线，后路面工程，留有自然沉降的时间，资金上也易周转，当前基础工作组在雨季到来之前，应抓紧有关的排水工程施工。福田新区地下管网，特别是排污系统，要与排海工程结合，市政管线处近期内抓好总体规划、排污管网平差工作超前问题。

4月18日　市政府同意批复"关于福田新区十六条主要道路命名的批复"（深府〔1989〕148号）包括与福田中心区有关的滨河大道、福华路、福中路、红荔路、莲花路、新洲路、民田路、益田路、金田路、彩田路、皇岗路等道路的命名。

4月25日　市建设局召开福田新区开发建设协调会议（深建业纪字〔1989〕9号）市基础工程工作组今年承担福田新市区部分开发任务及皇岗立交桥等工程。

5月

5月21日　市政府颁布"关于颁发《房地产证》的通知"，决定将原《国有土地使用证》和《房屋所有权证》合并为《房地产证》，从权属确认上理顺了土地使用权和房屋所有权的关系。此项改革简称为"房地合一"。

是月　深圳市建设局委托中国城市规划设计研究院深圳咨询中心编制《深圳市城市发展策略规划》和《深圳城市规划标准与准则》。

6月

6月9日　市建设局与上步管理区召开联席会议（深建业纪字〔1989〕25号）研究上步福田新区征地工作及开发建设问题，会议根据市政府关于开发福田新市区的统一部署和开发建设的总体要求，协商研究加快上步福田区内的征地工作等开发建设问题。纪要表明：上步区总面积78.8 km²，华富路以东已开发区面积约30 km²，华富路以西至小沙河属未开发区或半开发区。彩田路（原称东江路）经岗厦村路段，按工程需拆迁户数（以1985年测量为准），由市在该村拆迁予留用地范围内相应建房补偿，并由区组织筹建，负责组织搬迁。岗厦村地处新市区中心，按照城市规划，不再增加工业用地；已划给综合大厦的用地，需增加的商业用地可由区在彩田路两侧结合拆迁改造时由市统一安排。

6月17日　市建设局制订"关于试行我市规划工作改革的通知"学习香港的规划管理经验，试行改革深圳市的规划体系，将规划分成五个阶段：全市性规划纲要、次区域发展纲领、法定分区规划图——法定图则、发展规划图（内部图则）、详细蓝图（内部图则）。

7月

是月　市建设局委托中国城市规划设计研究院开展《深圳福田区道路系统规划设计》，规划范围为44.52 km²。

9月

9月18日至20日　深圳市城市规划委员会会议上，与会专家研究审议了由中国城市规划设计院、同济大学等四家单位提交的三个经过优化、重新构思的综合性方案。最后确定中国城市规划设计院的方案，并要求以该方案为构架，吸收其他方案优点。

10月

10月5日　深圳市城市建设局发函邀请中国城市规划设计院深圳咨询中心、同济大学建筑设计院深圳分院、华艺设计顾问有限公司参加福田中心区规划方案征集活动，规划范围为皇岗路、滨河路、新洲路、红荔路四围形成的528.71公顷，其中主要的中心地段为中轴线两侧宽700 m，南北长2188 m，扣除城市道路用地面积为117.28公顷。

是月　出版《深圳市城市建设志》，该志编纂委员会由原深圳市人民政府基本建设办公室牵头负责编纂，集中了1979年至1987年深圳特区的城市建设情况。

12月

是月　中国城市规划设计院完成《深圳福田中心区规划方案说明书》。其功能定位为：福田中心将是一个以文化、信息、金融、商贸为主的为全市服务的多功能综合性的新中心。采用方格网道路将中心区分成20个地块，中轴线两侧做市中心公共建筑用地。在核心区实行机非分流的同时，采取分层开发和利用地下空间组织三层垂直交通。

是月　市建设局和中国城市规划设计研究院深圳咨询中心共同完成了《深圳市城市发展策略》的研究和编制，内容包括12个专题研究。

是年　深圳特区建设10年，全市基建投资达181.8亿元，建成房屋总面积达2 206万平方米，开发市区面积61 km²，建成8个工业区、1个科技工业园、50个住宅区、6个港口、5个深港进出口岸、3座立交桥，开通9万部电话，供电能力25.5亿度，供水能力49.2万吨，液化气率达80%。

是年　1989年深圳土地开发工作重点转向福田新区，征用福田新区剩余的15 km²，打通新区内部分主次干道44.5 km。

是年　全市提供市政工程设计要点134项，进行设计审查和水电路报建审查共450项，包括红荔西路、新洲河的施工图审查，新洲路、深南路西段等工程设计方案、初步设计或施工图设计。此外，还对福田新市区燃气管网规划进行了综合。

1990年

1月

1月10日　深圳市人民政府文件（深府〔1990〕5号）关于深圳市国土局统征上步区部分土地的批复，市政府同意市国土局依法统征上步区岗厦村、新洲村、沙尾村、渔农村、上梅林村、下梅林村、水围村、福田村、石夏村、沙咀村、皇岗村土地共11 492亩，用于兴建福田新市区用地工程。

1月20日　国务院正式批准，深圳市设立福田区、罗湖区和南山区建制。

是月　市国土局进行彩田路（岗厦段）范围内房屋拆迁安置工作。

2月

是月　市建设局、中国城市规划设计研究院完成《深圳福田道路系统规划设计》成果，该方案采用机动车—自行车分道系统的规划设计。

是月　中国城市规划设计院深圳咨询中心、同济大学建筑设计院深圳分院、华艺设计顾问公司三家单位完成《深圳福田中心区规划设计》。

3月

3月7日　深圳市城市规划委员会第四次会议，通过了《深圳城市发展策略》及《深圳特区城市规划标准与准则》，审议《福田区机动车—自行车分道系统规划》《福田中心区规划——三家方案：中规院深圳咨询中心、同济大学建筑设计院深圳分院、华艺设计顾问公司》。

5月

是月　规划主管部门认为，由于福田新市区的机非分流规划的技术问题比较复杂，机非分流规划定不出来，影响了福田新市区的土地开发工作。

6月

6月19日　广东省人民政府（粤府函〔1990〕91号）《关于深圳经济特区城市总体规划的批复》，原则同意《深圳经济特区总体规划》。

7月

7月10日　深圳市物业发展总公司、交通银行深圳支行和中国再保险（香港）有限公司联合开发福田区莲花山第8、9号地合同签字。

7月31日　"深港经济合作前景研讨会"在深圳举行。

8月

是月　新加坡阿契欧本建筑师规划师公司（Archurban Architects Planners, PACT International）完成福田中心区规划方案。

是月　市建设局主编出版《深圳城市规划——纪念深圳经济特区成立十周年特辑》。

10月

10月24日至26日　市建设局召开了福田中心区规划设计方案的专家评议会，同济大学建筑设计院、中国城市规划设计院、华艺设计顾问公司、新加坡阿契欧本建筑师规划师公司等四个方案进行三天热烈讨论和认真评审。

11月

11月28日　市政府召开福田中心区规划方案的专题研究会。

是年　颁布《深圳市城市规划标准与准则》试行。

是年　市政府全年共征收特区农村集体土地约8 km²，并开始对福田新市区范围内农村集体所有土地依法进行统征。

是年　深圳总人口168万人（全国第四次人口普查），其中特区人口超过100万人（其中户籍人口近40万人）。深圳特区已建成8个工业区、1个科学工业园、50个居住小区、6个港口、5个出入境口岸及广深铁路高架桥等一批基础设施。

1991年

1月

1月5日　深圳市国土局同意福田区国土局进行彩田路拆迁范围内首期拆迁该路段9间（建筑面积1905 m²）工人宿舍。

2月

2月6日　深圳金融工作会议召开。会议提出了深圳特区第二个10年金融发展新目标：把深圳建成外向型区域性金融中心。

4月

4月28日　深圳市国土局与深圳市机电设备安装公司签订福田中心区25号地块的土地出让合同，土地用途为生活基地，土地使用年期50年。

4月29日　深南大道的扩建拓宽工程设计方案通过。

5月

5月2日　深圳市开展全市调查研究活动，制定十年社会经济发展大计。

5月22日　《广东省经济特区土地管理条例》公布施行。

5月29日　香港工业总会在香港举行投资深圳研讨会，200多名港厂商代表出席研讨会。深圳有关负责人介绍深圳的最新发展情况以及投资优惠条件。

6月

6月19日　福田区确定"八五"规划主基调：以高科技工业为主导，以房地产开发为支柱，大力发展第三产业。

8月

8月8日　深南大道第二期拓宽工程破土动工，全长7.9 km，路面75 m宽，两侧绿化带各宽30 m。

9月

9月16日，深南大道拓宽工程全线动工。拓宽后的深南大道路宽135米，全长18.8公里，计划1992年底竣工。

9月18日至20日　深圳市城市规划委员会第五次会议审议通过了《福田中心区规划方案》《特区快速干道网系统规划》和《深圳市轻铁交通规划》三个方案，并对深圳今后十年城市发展提出建议。

10月

10月17日　深圳市市长批示同意福田中心区规划方案。

10月19日　《深圳市国民经济和社会发展十年规划及"八五"规划》出台，提出了深圳未来10年和"八五"期间战略目标。

12月

12月4日　启动深圳会议展览中心选址工作，首次选址在福田中心区北部、金田路西、红荔路南，用地面积约10万 m²。

12月18日　深圳市人民政府文件（深府〔1991〕500号）关于征用福田区岗厦村委会土地的批复，市政府同意市国土局征用福田区岗厦村深南路与彩田路交叉口土地44.7亩，作为深南路与彩田路平交工程用地。

12月18日　深圳市人民政府文件（深府〔1991〕501号）关于征用福田区岗厦村委会土地的批复，市政府同意市国土局征用福田区岗厦村北环路以北纪念碑旁土地109.6亩，作为彩田路和梅林2号路工程用地。

是年　道路工程方面完成了深南大道的全部设计（中心区端除外）。

是年　由同济大学建筑设计院和深圳市城市规划设计院合作设计，综合福田中心区四个概念方案后提出新的规划构思。

1992年

1月

1月3日　市建设局《关于深南大道（中心区段）设计委托的通知》，委托北京市政设计院深圳分院进行深南大道（中心区段）市政道路工程设计，要求进行方案设计、初步设计、施工图设计三阶段。

1月11日　市建设局向市政府呈文"关于福田中心区规划几个问题的请示"。请市政府决定以下几个问题：（1）福田中心区的总建设规模；（2）中心区内轻铁车站的设置方案；（3）机动车和非机动车分道；（4）在南部设高架路的设想；（5）中心标志的设置。

是月　深圳市市长听取福田中心规划方案汇报并确定了原则：福田中心区按高方案规划配套，在实施中可以进行局部调整；福田中心区不设自行车专用道。

3月

3月12日　市政府决定，市建设局（国土局）改名为市规划国土局，履行统一管理全市规划、国土及房地产市场的职能，规划国土管理体制由过去市区分级管理调整为派出机构直接管理，设罗湖、福田、南山、宝安、龙岗五个分局，实行市局、分局、国土所三级垂直管理体制。

3月16日　市规划国土局《关于福田中心区深南路系统工程设计方案审查意见的通知》，同意北京市政设计院报来的福田中心区深南路系统工程方案。

4月

4月13日　市规划国土局请示市政府《关于成立市

规划国土局"福田新市区工作组"和"深圳湾开发工作组"的请示》，两个组的领导成员由一套班子组成。

4月16日　市长工作会议（43）关于深圳湾和福田中心区等规划工作的会议纪要。基本同意调整后的福田中心区规划方案，总建筑面积为1 200万m²，并在南面两个"CBD"和北面公共中心和地下全部打通，以形成地下商业区和步行交通网络。建国际性的会议展览中心，宜在中心区北部按20万m²作规划，考虑分期建设，可先给10万m²土地。要求在今年八月份编制好深圳湾地区和福田中心的法定图则，达到指导开发深度。

4月22日　深圳市确定未来10年城市土地经营目标："八五"期间，共开发30 km²，总计投资110亿元；"九五"期间，共开发城市建设用地27.5 km²，总投资159.5亿元。

5月

5月18日　市规划国土局制定华艺设计顾问公司位于彩田路与福华路西南的业务楼的规划设计要点。

5月29日　市政府办公厅工作会议纪要（43）"关于深圳湾和福田中心区等规划工作的会议纪要"，基本同意调整后的福田中心区规划方案，总建筑面积为1 200万m²。

6月

6月2日　市规划国土局文件，深规土字〔1992〕119号，《关于福田区市政工程规划设计委托的通知》，委托武汉钢铁设计院深圳分院进行福田区55 km²范围内市政工程规划完善配套和汇总已设计的小区市政工程，以及中心区规划调整后的市政工程协调。

6月10日　福田中心区开发建设拉开序幕。

6月18日　深圳市委、市政府印发《关于深圳经济特区农村城市化的暂行规定》。

6月22日　《深圳经济特区土地使用权出让办法》施行。

6月27日　市规划国土局文件，深规土字〔1992〕159号，《关于深南大道（中心区段）与金田路、益田路两个立交方案研究的情况报告》说明：北京市政设计院正在做深南大道中心区段的施工图设计，对深南大道与金田路、益田路两个立交点采用下穿还是上跨提出比较方案。

7月

7月1日　全国人大常委会决定授予深圳立法权。

7月24日　市规划国土局文件，深规土字〔1992〕191号，《关于深南大道（中心区段）与金田路、益田路两个立交方案更改审查意见的通知》，同意深南大道与金田路、益田路两个立交点采用上跨方案。

8月

8月8日至15日　六座大型立交桥破土动工：福田中心区深南大道段的新洲路立交桥、益田路立交桥、金田路立交桥、彩田路立交桥、雅园立交桥、罗芳立交桥，总投资约4.5亿元。

8月15日　市规划国土局文件，深规土字〔1992〕266号，《关于滨河路福田中心区段快速系统方案设计的委托通知》，委托北京市政设计院深圳分院针对滨河路在彩田路至新洲路之间2.3公里范围内需要建几座立交，还是全路段高架，做出比较方案。

8月24日　市规划国土局文件（深规土业纪字〔1992〕40号）《关于福田中心区交通规划的会议纪要》，同意福田中心区总的路网格局不变。

8月27日　市规划国土局文件（深规土字〔1992〕252号）《关于福田中心区金田、益田立交初步设计审查意见的通知》，同意深南大道与金田路、益田路两个立交的初步设计审查。

是月　中国城市规划设计院深圳分院完成《深圳市福田中心区详细蓝图》一套。中心区用地按道路中心线划分为56个街坊，其中15、21-1、21-2、21-3号街坊为岗厦村用地。3和25号街坊为深圳市机械安装公司用地。

10月

10月21日　市规划国土局发出《关于福田中心区"五洲广场"规划设计方案招标的通知》，"五洲广场"（现名"市民广场"）位于深南大道与中轴线相交处，广场南北宽400 m，东西向长550 m。该广场是福田中心区的核心，规划设想将核心布置成一个椭圆形空间广场，暂名"五洲广场"，并设立标志性物体。

11月

11月3日，深圳特区的福田、罗湖、南山3个区原68个行政村已全部撤销，新建立的100个居委会挂牌办公，45 000名农民转为城市居民。特区内完成了农村向城市、农民向居民的转变。

11月8日　市规划国土局和香港华艺设计顾问（深圳）公司签订福田中心区宗地号B119-32地块的《深圳经济特区土地使用合同书》。

11月12日　市规划国土局和香港华艺设计顾问（深圳）公司在市政府第二办公楼签订福田中心区宗地号B119-32地块的土地使用协议书。

11月17日　深南大道福田段破土动工，总投资约2.8亿元。

是月　中国城市规划设计研究院深圳分院在综合五家中外设计单位提出的七个规划方案的基础上，完成《深圳市（福田）中心区详细规划》，并获得市规划国土局审批。

12月

12月11日　经国务院批准，撤销宝安县建制，设立宝安区、龙岗区两个市辖区。

12月12日　福田沙头下沙实业股份有限公司成立，福田区的农村城市化任务圆满完成。

是月　市中心区深南大道分别兴建彩田、金田、益田、新洲四座立交桥。

是月　中国城市规划设计研究院深圳分院编制了《深

圳市（福田）中心区交通规划》。

是年　为了配合深圳市第二个十年城市建设重点向福田中心区转移，年内着重抓了福田中心区规划，为其全面开发和建设做了大量准备工作。包括开展了新洲路、益田路南段、金田路南段、红荔西路等道路设计工作。

是年至1995年　深圳市规划国土部门对全市的土地资源进行详查。

1993年

1月

是月　深圳广宇工业集团"航天科技大厦"项目经市第60次协议用地例会审定以市场价出让土地使用权。

是月　在福田中心区划定红线，土地面积7 814 m²，建筑功能为宾馆公寓、综合办公、展销等。

3月

3月17日　市规划国土局制订福田区房地产开发公司位于福田中心区彩田路西21-3-2号地块的商住用地项目（彩龙城）的规划设计要点（编号：93-116）。

3月25日　市规划国土局委托武汉钢铁设计院深圳分院（总牵头单位）、中国城市规划设计院深圳分院、中国西南建筑设计院深圳分院、北京市政设计院四家共同完成福田中心区的市政工程施工图设计工作，设计标准按高方案进行，要求在9月30日完成施工图。市政府开始组织实施一些主次干道工程。

4月

4月9日　市规划国土局批复同意北京市政设计院深圳分院提出的滨河路福田中心区段的立交方案。

4月10日　彩田立交桥全面开工在即。

4月27日　市规划国土局业务会议要求：本局作为福田中心区开发建设总指挥部的具体办事机构，一定要集中力量抓紧抓好这项工作，一是规划要超前；二是做好土地有偿出让及招投标准备工作；三是要抓好城市设计，一定要上水平、高档次。

5月

5月10日　福田区政府向市政府提出"福田区1993年至2000年金融业发展战略"，在福田新市区以南的福华路申请用地5万m²，建筑面积10万m²，计划投资4亿元建设福田金融大厦，集福田区证券、保险、期货、风险基金投资公司等金融机构于一楼。

5月13日　深南大道（中心区段）的重要组成部分益田立交桥主桥合拢。

是月　市规划国土局与深圳昌盛贸易公司签订市中心区18-2号地块（宗地号B119-15）土地使用权出让合同书，用地面积2 988 m²，功能为业务楼。

6月

6月4日　市规划国土局召开福田中心区规划审定会，原则同意福田中心区规划的公建和市政设施按高

方案（1 280万m²）规划配套，建筑总量取中方案（960万m²）控制实施，各地块的容积率相应降低；基本同意中心区规划路网格局；中心区原则上应整体开发，要求以街坊为单位统一规划设计，做好地上、地面、地下三个层次的详细设计，特别是中轴线和东西向商业街的地下通道设计，并预留好各个接口；预留好地铁位置，做好地铁站与其他交通及周围建筑物的衔接。

6月5日　市政府召开市国土管理领导小组用地审定第63次用地审定会，原则同意在福田中心区兴建国际会展中心，但要进行公开招标，采取企业经营管理方式，政府须收取地价；不同意部分建筑面积留给政府，政府对地价给予优惠的做法；该项目的选址（28号地块东）要根据福田中心区的规划重新调整，用地面积要根据规模核定。同时，该会议同意市邮电局在福田中心区1万m²用地上建设15.4万m²的信息中心和邮政金融中心大厦。

6月8日　市规划国土局向市政府建议在福田中心区兴建中水集中供应系统，提出深圳水资源极其贫乏，在福田中心区采用集中供应中水，可以节约大量自来水，且成本低、水质水量安全可靠、管理集中，这是千载难逢的建设机会。如果将来中心区建成以后重新铺设一整套中水供应管网，几乎是不可能的。

6月25日　市规划国土局向市领导汇报《福田中心区规划》等三项规划，会议要求：为做好福田中心区的城市设计工作，要尽快成立一个专门设计班子；根据1992年1月市长确定的原则，福田中心区建设总规模按高方案规划配套；"五洲广场"地下按商业城考虑等。

6月27日　深南大道中心区段贯通，深南大道全长18.8公里全线开通。12月1日，深南大道中心区段工程全面竣工投入使用，全长2 530米，总投资达4.2亿元。

7月

7月1日　市规划国土局委托深圳中联水工业技术开发总公司和上海市政院深圳分院两家单位开展南山、福田组团污水系统规划调整及福田中心区中水回用可行性研究。

7月8日　市规划国土局向市国土管理领导小组请示近期出让五幅土地使用权，包括福田中心区5万㎡规划建成商业区；莲花山以南10万㎡规划建设会展中心。拟按市场价格，采用定向招标的出让方式。

是月　市规划国土局批准《福田中心区市政工程初步设计》。

8月

8月12日　市规划国土局复函福田区政府《福田区第三产业区域布局调整与安排的报告》显示：福田区以东、中、西三个组团划分，东组团基本建成，可供新建的土地很少，可逐步调整，加大第三产业的比重；中组团为福田新市区，应严格按规划实施；西组团的香蜜湖和农科中心的土地用地正在规划调整，可适当进行第三产业

布局。

8月14日　市规划国土局召开市政建设与土地开发工作协调会，要求在年内十月上旬完成福田中心区28-2号、28-4号地块会展中心，7号地块、33-3号地块商业区，16号地块交易广场等场地平整、临时道路、临时供水供电工作。

8月16日　市规划国土局批复武钢院关于福田中心区平土方案：因深南大道、新洲路、红荔西路、彩田路等已经形成，因此竖向设计不可能做大的变动，应以上述道路为基准，按中规院提供的标高为原则，但可适当调整标高以利于排水的第一方案施工图。

8月23日　市规划国土局召开深南大道福田中心区段绿化方案设计审查会。

8月26日　市规划国土局请示市政府关于六幅土地使用权对外招商定向出让方式，其中三幅地位于福田中心区：16号地块（深圳交易广场）；28-2、28-4号地块（深圳会展中心）；7号、33-3号地块西南部（福田商业广场）。

8月29日　深圳市建设系统办公会议纪要（第十一期）市政府要求继续抓紧福田中心区开发建设，1993年底前路网基本形成的目标不变。规划国土局和建设局应对土方的挖、运、填等方案进行科学研究和调度。下半年的土地运作方式可以灵活些，争取为新区的开发筹措更多的资金。

9月

9月9日　市规划国土局召开福田中心区市政工程扩初设计审查会，原则同意扩初设计及采用的技术标准。要求施工图设计时，平面及竖向均需与已设计和施工的立交桥和道路协调一致，1993年底前完成施工图设计。

9月10日　市规划国土局召开福田中心区滨河路段彩田、金田、益田、新洲等立交扩初审查会，原则同意扩初设计和所采用的技术标准及桥梁结构形式。要求施工图设计将平面及竖向均须与最近批准的（1993年6月）中心区路网和已设计施工的道路、立交桥等协调一致。

9月15日　市规划国土局批复福田中心区详细规划，原则同意福田中心区详规（中规院深圳分院设计号9104），公建和市政设施按高方案（1280万 m² 建筑面积）规划配套，建筑总量在实施中可以进行局部调整；基本同意福田中心区详规的路网格局（中规院深圳分院设计号9104，第5号修改图，1993年6月出图），并在福田中心区不设自行车专用道等内容。

10月

10月5日　市编制办正式下达《关于市规划国土局系统机构编制问题的批复》。

10月6日　市规划国土局开会商讨福田中心区市政工程施工图设计，武钢院为施工图设计的总负责协调的设计院，负责统一技术标准，并提供初步设计资料给中规院、西南院。各单位必须于1993年底前全部完成施工图含施工预算编制。

10月7日　市政府召开会议协调莲花山公园、市第二工人文化宫等单位用地红线内的临时建筑拆迁问题，以保护莲花山公园的良好地形地貌，不影响全市重点项目的建设。

10月12日　市规划国土局收回市机电设备安装公司位于福田中心区内的部分生活用地，收回用地总面积12 273 m²。

11月

11月20日　市中心区彩田、金田、益田立交桥通车。

11月29日　市规划国土局批复福田中心区滨河路四座人行天桥的审查意见，提出人行天桥应加盖设计，并注意与南北两端建筑相连，天桥的形式还要进一步研究。

12月

12月28日　市规划国土局召开关于金融行业在福田中心区用地协调会，安排光大银行、交通银行、中信银行、君安证券、人保公司等5家单位在福田中心区12号街坊兴建；同意平安保险、招商银行、南方证券等3家单位，另行选址兴建。

是年　市政基础设施建设总投资约80亿元人民币，是成立特区以来最多的一年，其中包括深南大道全线贯通；福田中心区的土地开发；金田南路、益田南路施工工程；深南大道（中心区段）的2.4 km的施工及福田中心区系统9座立交桥的施工（其中4座立交竣工）等工程。

1994年

1月

1月11日　市委工作会议明确：福田中心区是未来深圳金融、贸易、文化和市政中心，是深圳走向21世纪，形成国际性城市的标志性城区。中心区的开发建设是1994年城市基础设施建设的重点项目，包括征地、拆迁、土方平整以及六条主干道和地下管网工程，要求年底前要基本完工，为中心区的全面开发建设创造条件。

2月

2月1日　市规划国土局召开会议，协调福田中心区电缆隧道工程横穿地铁1号线可行性研究所定新洲路站东端地铁隧道问题，形成了修改设计的协调方案与设计原则。

3月

3月29日　深圳市地铁1号线一期工程项目评估会在华侨城举行，地铁1号线由罗湖火车站至飞机场，沿深南路段经过福田中心区，正线全长39.5 km。

4月

4月2日　深圳地铁1号线一期工程项目建议书通过专家评审。

4月8日　深圳市委常委会召开会议，讨论并原则通过了《深圳经济特区总体规划修改纲要》。

4月11日　市规划国土局在福田中心区现场召开13号地段建设现场协调会，就临时水电改迁等委托进行协商。

5月

5月4日　市规划国土局召开福田中心区13号地块建筑设计工作协调会，该地块的四家建设单位同意委托一家设计单位进行建筑设计方案和扩初设计。

5月6日　市委市政府讨论通过深圳总体规划修编纲要。

是月　在香港"深圳房地产展销会"上，大中华国际（集团）有限公司投得深圳市国际交易展销大厦用地。

6月

6月6日　市规划国土局召开福田中心区13号地块市政拆迁协调会。

6月8日　市规划国土局与香港大中华国际（集团）有限公司签订中心区16号地块（宗地号B117-2）土地使用权出让合同书，用地面积30 396 m²，土地用途为办公、商业、酒店、公寓、娱乐、交易广场。

7月

7月1日至2日　召开深圳市城市规划委员会第六次会议，国家建设部副部长周干峙及国内外有关专家和委员50多人参加会议，审议通过了《深圳市城市总体规划（修编）纲要》。总体规划描绘出未来的蓝图，形成以特区为中心的3条轴线（东、中、西）、3个圈层、11个功能组团的结构体系。城市规划着眼点由327.5 km²扩大到2 020 km²，按特区、宝安、龙岗"三位一体"的构架进行总规布局。

7月6日　市规划国土局召开福田中心区市政建设拆迁工作协调会议，对中心区内市政建设、土地开发、土地供应工作存在的问题进行研究。重点讨论了中心区南部的皇岗山的土方平整、皇岗工业村的搬迁、市机电安装公司改造用地补偿、福华路岗厦村段拆迁以及中心区临时供电、供水等问题。

8月

8月2日　市规划国土局向市政府报告深圳国际会展中心招商情况，邀请香港新世界发展有限公司来深投资，该项目可享受深圳招标拍卖土地的优惠待遇，并在规划上给予优惠。但投资方提出的地价大大低于深圳确定的谈判底价标准，故无法成交。

8月8日　市规划国土局制定市邮电局位于福田中心区8号街坊的邮电信息枢纽中心工程项目的规划设计要点。

8月11日　为加快福田中心区的开发、引资及建设工作，向国内外广泛介绍中心区的规划要求和开发建设构想，把中心区真正建设成为现代化、多功能、国际性城市的标志，市规划国土局委托市规划院在中规院《福田中心区规划》的基础上，根据历次审批意见，编制《福田中心区城市设计与详细规划（指南）》。

9月

9月12日　深圳市委、市政府经研究原则通过《深圳市商业发展规划》，提出到2010年，把深圳建设成为以大型商业、物资批发中心为骨干，大型购物广场、商业零售企业为支柱，超级市场和连锁店为基础的"购物天堂"。

10月

10月3日　市规划国土局向福田中心区13号地块四家建设单位制订有关设计问题的决定，原目标是通过民主协商方式，使四家建设单位在地块详细规划设计方面达成共识，创建福田中心区组图式建筑设计样板工程。但由于各单位资金到位各异，三家单位至今未签土地合同。

11月

11月22日　市中心区深圳市邮电信息枢纽中心组织建筑设计方案评标会，对四家设计单位提交的7个方案进行评议。

11月25日　福田区房地产开发公司申请将"彩龙城"项目中的一栋住宅改为写字楼。

12月

12月7日　市规划国土局复函福田区房地产开发公司同意将"彩龙城"最北栋塔楼由住宅改为写字楼。

12月29日　位于福田中心区的深圳市儿童医院奠基，同时奠基的还有市中心医院、市急救中心等三大医疗设施（占地面积约10万m²）。

是年　市规划国土局和深圳市城市规划设计院在1992年《深圳市（福田）中心区详细规划》基础上编制《福田中心区城市设计（南区）》的详细地块规划设计导则。

是年　深圳市基本建设投资规模有所控制，增幅比上年同期回落。基础设施投资比重上升，房地产建设规模得到一定程度的控制。

是年　上步工业区的改造较为混乱，在一定程度上直接影响了福田中心区的开发和建设。

是年　福田中心区的土石方场地平整工程基本完成（皇岗山除外）。六条城市干道（福中路、益田北路、金田北路、福华路、民田路、福华三路）的雨水、污水管线修通，煤气、给水、通讯管线正在施工，区内大型电缆隧道设施除深南大道地下段和福华路拆迁段外均已修通。

1995年

1月

1月6日　市规划国土局通知北京市政设计院深圳分院，修改福新（福华路—新洲路）立交桥跨新洲河部分采用桥梁形式，不覆盖新洲河。

1月8日　市规划国土局报告市领导"关于福田中心区城市设计国际招标工作有关情况的报告"。

1月10日　位于福田中心区莲花山公园东南角的关

山月美术馆奠基。

1月19日　市规划国土局制订广宇工业集团公司位于福田中心区13号街坊的航天科技大厦的规划设计要点。

1月25日　市规划国土局制订深圳市投资管理公司位于福田中心区22号街坊办公综合楼用地的规划设计要点。

1月27日　为创造福田中心区13号地块的组团式建筑设计样板工程，市规划国土局再次组织四家建设单位召开13号地块建筑设计协调会。

是月　深圳市城市规划设计研究院完成编制《深圳市福田中心区城市设计（南片区）》图册，并编制了南片区各街坊的详细城市设计指南，形成一套活页的《深圳市福田中心区详细规划与城市设计指南》。

2月

2月20日　市国土管理领导小组用地审定第70次用地审定会，要求市规划国土局会同建设局加速中心区的开发建设，要搞好微波通信和福田中心区光缆的铺设及与之配套的公用设施；抓紧莲花山公园内违章建筑的拆迁工作。中心区的规划要做出立体模型，尽快招商。

2月28日　经市政府同意，市规划国土局提请市人大、省建委审议《深圳总体规划（修编）纲要》。

3月

3月13日　市规划国土局函告深圳供电局，福田中心区已基本完成了征地及场地平整工作，地下电缆隧道工程也已完工，部分地面建筑已经开工，要求立即着手进行中心区大型变电站的建设。建议可先建设新洲220KV变电站。

3月25日　市规划国土局业务会审查了城市设计处呈报的福田中心区18号街坊城市设计方案及分局上报的9个建设工程项目的规划变更等问题。会议原则同意福田中心区18号街坊规划方案，高层住宅位置可局部调整，并作交通影响评价。目前安排在该地块内的派出所用地（已划红线）应予调整。

4月

4月25日至28日　中共深圳市第二次代表大会召开。提出今后五年的基本任务是增创深圳特区十大优势，率先建立社会主义市场经济体制和运行机制，再用15年或者更长一点时间进行第二次创业，把深圳建设成为富裕、文明、民主的现代化国际性城市。

5月

5月26日　市规划国土局复函市建设集团公司，关于福田中心区福华路、金田路市政工程施工图存在部分市政管线、电缆沟超越道路红线建设等有关问题，要求所有超出道路红线以外的水、电、煤气管线以及人井、阀门井、电力缆沟等，一律回迁至新的道路红线以内，不允许超越红线建设。

是月　深圳国际会议展览中心的项目招商近年来已

与中国香港地区、美国、泰国的几家投资公司洽谈，均未有实质性进展。

6月

6月22日　市规划国土局召开福田中心区市政道路设计与施工协调会，重申福田中心区市政设计由武钢院负责总协调，各设计单位应全面认真复核设计图纸，避免再有错误。当前急需协调解决民田路与深南大道的衔接、福华路与彩田路等九个道路交叉口的衔接处理问题。

8月

8月25日　市政府召开第71次用地审定会，研究了市规划国土局报审的94宗用地项目及为加快中心区开发简化土地出让程序的若干建议等问题。会议原则同意简化中心区开发的土地出让程序，并要求当前要集中力量、集中资金搞好福田中心区的建设，中心区建设一定要严格按规划进行，要上水平、上档次。

8月26日　市政府同意市规划国土局关于福田中心区支路临时过渡路面的请示。由于中心区预计10年建成，为避免路面损坏，市政支路的永久性路面建设将拖延很长时间，施工结算工作将随之无休止延期，因此采取临时过渡性路面处理。

10月

10月17日　市规划国土局制订江苏省政府驻深圳办事处位于福田中心区29-2街坊的江苏大厦规划设计要点。

10月23日　市规划国土局局长办公会研究和安排近期主要工作，拟定11月邀请规划专家来深调研《深圳市总体规划（修编）》、福田中心区城市设计、市政大厅构思等需要解决的问题。福田中心区建设既要加快，又要规范，要尽快制定《深圳市福山中心区规划实施及开发模式》，提出中心区规范管理、土地开发、土地出让的措施和开发的优惠政策。

11月

11月8日　市规划国土局召开第72次用地预审会议，要求进福田中心区的项目待拟定《深圳市福田中心区规划实施及开发模式》审定后另行讨论执行。

11月10日至20日　召开深圳市城市规划专家咨询会，应市委、市政府之邀，专家们就深圳市"九五"、2010年城市发展规划提供咨询指导，并研讨深圳市城市发展的几个重大课题，包括福田中心区规划与建设课题。专家们认为：福田中心区的规划设计应有超前性和高标准，其规划设计方案的总体格局基本可行，但在局部的空间组织、规模、密度等方面还应深入研究。并提议中心区中轴线地段的规划设计最好进行国际招标或方案竞赛，进行多方案比较，确保中心区高水准的城市设计。

11月27日　市规划国土局局长办公会议（深规土纪〔1995〕701号）要求抓紧落实规划专家咨询会的具体工作意见，包括福田中心区中轴线两侧的规划设计，采用国际招标形式进行。今年底研究招标方案，明年一季度拟出招标文件。

12 月

12 月 18 日　市规划国土局局长办公会布置安排1996 年重点工作抓住基层管理所管理机制改革、基础工作建设、福田中心区开发以及城市规划等几个问题。福田中心区开发建设作为明年工作重点之一，除中心区地价可作下调外，其他区域的地价一律不再下调。"福田中心区"的称法不妥，应改为"深圳市中心区"。要求抓紧起草《深圳市中心区开发建设实施方法》，明确中心区管理组织机构、开发方式、优惠政策等内容。中心区规划招标工作要按期进行，市政大厅作为单独的建筑方案列入招标计划。

12 月 22 日　市规划国土局制定大中华国际实业（深圳）公司的《深圳市建设工程建筑许可证》。

12 月 26 日　市政府同意市规划国土局"关于成立福田中心区城市设计方案国际招标工作领导小组的请示"。

12 月 29 日　位于滨河大道与彩田路相交处的立交桥建成通车。

12 月 30 日　市政府邀请 20 多位国内外规划专家，征集中心区城市设计方案，开展国际咨询活动，使这一代表深圳 21 世纪水平的地标有了高起点。

是年　深圳市继续加强固定资产投资的宏观调控，严格控制投资规模，完成固定资产投资情况较好。

是年　福田中心区土地开发工程属"重中之重"的建设项目，共投资 15.3 亿元。滨河大道中心区段已投入使用，中心区 6 条主干道混凝土路面基本完成。

是年　深圳市雕塑院完成邓小平雕像（1 米高）的创作。

1996 年

1 月

1 月 15 日　市规划国土局制订深圳国际交易广场建筑方案设计评选结果的通知。

1 月 18 日　市中心区第一个大型建筑项目——深圳国际交易广场奠基。

1 月 29 日　深圳市中心区城市设计国际咨询委员会（1996 年初经市政府批准成立）确定《深圳市中心区城市设计方案咨询通知（第三稿）》，拟邀请六家著名城市规划、建筑设计机构参加咨询。

2 月

2 月 6 日　深圳市中心区城市设计咨询委员会（受市政府委托）拟定《深圳市中心区城市设计方案咨询通知》。

2 月 25 日　市政府同意批准市规划国土局《关于深圳市市中心城市设计国际咨询工作若干问题的请示》。

2 月 28 日　市规划国土局拟定关于深圳市中心区"市政厅"（现名：市民中心）性质与功能的设想。

2 月 28 日　深圳市中心区城市设计咨询委员会在深圳向公开邀请的 6 家设计机构发送咨询文件，并组织现场踏勘。

3 月

3 月 15 日　召开深圳市中心区城市设计国际咨询发标会，来自美国、加拿大、法国、新加坡、香港 5 家著名设计机构代表参加了会议。

4 月

4 月 1 日　市规划国土局制订深圳中核集团位于福田中心区 13 号街坊的综合用地《深圳市建设用地规划许可证》。

4 月 8 日　市规划国土局局长办公会要求采取措施，加强深圳市中心区开发建设，要吸引香港大地产商参与开发，原则上成片出让，集中开发，形成规模，不再零星出让；近期要研究定向招标、浮动地价或合作建房等措施，规划功能留有余地，适当搭配和配套建设。

4 月 15 日　中国海外建筑（深圳）有限公司向市规划国土局申请市中心区 3 万—5 万 m² 商品住宅用地。

4 月 25 日　市规划国土局向市政府请示采用定向招标的方式进行市中心区首批土地招商，先集中批租中心区南片区 33-3、33-4、6、7、16、17、19 号地块，这些以商业为主兼容交通、广场、休闲的七个地块集中布局在深南大道以南、福华三路以北、益田路以东、金田路以西的范围，处于中心区的核心地带。

4 月 29 日　市规划国土局请示市国土管理领导小组关于深圳市中心区开发建设若干问题，建议成立深圳市中心区开发建设领导小组，负责中心区规划实施及开发模式以及中心区优惠政策等内容。

5 月

5 月 6 日　市规划国土局复函大中华国际公司关于深圳国际交易广场方案审查意见。

5 月 14 日　市长工作会议(78)研究规划国土局工作，会议要求重点抓好城市总规修编，加大市中心区开发力度等几项工作。市中心区开发工作要加大力度，可采取超常规办法，多选择几家有实力的外资开发商参与开发，以形成竞争机制。

5 月 15 日　市政府（市国土管理领导小组）同意市规划国土局《关于深圳市中心区开发建设若干问题的请示》，内容包括：成立深圳市中心区开发建设领导小组，领导小组下设办公室于规划国土局；中心区开发模式及土地批租分三步走；中心区优惠政策几点建议等。

5 月 21 日　市规划国土局局长办公会落实市长现场办公会布置的工作，包括成立深圳市中心区开发建设办公室。要求办公室迅速进入工作，研究和采取超常办法，加快招商引资。

5 月 22 日　市规划国土局制定广宇工业集团公司位于福田中心区 13 号街坊的综合楼用地《深圳市建设用地规划许可证》。

6月

6月13日　市规划国土局发出《关于成立深圳市规划国土局福田中心区协调办公室的通知》（深规土〔1996〕349号）经局研究决定，成立协调办公室，代表市规划国土局对福田中心区4.1 km²范围的施工与物业行使全面协调管理职责。

7月

7月4日　市规划国土局与岗厦实业股份有限公司签订福田中心区福华路拆安置补偿迁协议书，住宅安置在中心区20号地块。从此打通了福华路中心区路段（金田路以东、彩田路以西范围）。

7月8日　位于中心区的市重点工程之一的市儿童医院医务楼主体工程封顶。

7月8日　深圳市中心区城市设计国际咨询委员会致五家设计机构《关于召开深圳市市中心城市设计国际咨询方案评议会的通知》。

7月19日　召开市规划国土局局长办公会，要求尽快抽调人员组建深圳市中心区开发建设办公室。市中心区开发建设办公室是相对稳定的机构，工作上要求独立运转，保持工作的连贯性。

是月　深圳市中心区现场除岗厦旧村、岗厦中学、皇岗村部分厂房、机电设备公司宿舍等原有建筑以外，还有90年代签约新建的投资大厦、邮电枢纽中心、景轩酒店、儿童医院、中银花园，以及在建的大中华国际交易广场等，其他地块尚未开发建设。

8月

8月7日　市规划国土局地政处书面汇报市中心区土地开发及土地出让情况。市中心区自1990年实施开发以来，基本完成征地拆迁、土地平整及道路管网的建设。中心区总用地143 hm²，其中道路广场及绿化带占地156 hm²，如绿憩用地摊入出让范围，则可出让用地约257 hm²。目前中心区土地出让可分为以下三种：原有红线及已建成的行政划拨用地26 hm²；（1990年至今）已批红线用地但未办理土地出让合同的7家用地共8.4 hm²；（1990年至今）已办理土地出让合同的有12家用地共17.4 hm²。

8月8日　市规划国土局制订《关于启用深圳市中心区开发建设办公室印章的通知》。为了加强深圳市中心区规划设计、开发建设管理工作，便于尽快组织实施中心区各项政策和深圳市中心区开发建设领导小组的决策，市政府已批准成立深圳市中心区开发建设办公室，设于规划国土局。现已刻制"深圳市中心区开发建设办公室"印章一枚，自即日起正式启用。

8月13日至14日　深圳市市中心城市设计国际咨询评议会在富临酒店召开。市政府邀请周干峙、吴良镛、盖瑞·海克、长岛孝一、钟华楠等五位国际评委，对新加坡雅科本规划建筑事务所、美国李名仪／廷丘勒建筑事务所、法国建筑与城市规划设计国际公司、香港华艺设计顾问公司的四个方案进行了评议，并形成书面评议结语。评委们最终选定美国李名仪／廷丘勒建筑事务所的方案为优选方案。评选结果9月20日得到市政府书面确认。

8月15日　市规划国土局请示市政府《关于进一步落实中心区首批土地招商项目有关问题的请示》，内容包括中心区开发建设的三种模式及其若干优惠政策，并初步拟定了中心区三类用地的楼面地价标准为：住宅每平方米1 600—1 800元；办公每平方米2 500—3 000元；商业每平方米3 000—3 800元。并且初步确定四家港商对中心区住宅、商业用地项目。此外，还建议尽快对市政大厅和五洲广场标志性建筑的设计方案进行招标，以体现政府开发中心区的决心和信心。

8月16日　召开市规划国土局局长办公会议，着重安排深圳市中心区城市设计国际咨询中标方案的后续工作。会议要求认真总结这次国际咨询的经验，归纳评议意见，整理会议记录，消化方案，制订法定图则，撰写报告，编辑咨询会专辑，举办展览，加强宣传等。

8月21日　市规划国土局局长办公会布置市中心城市设计国际咨询中标方案的后续相关工作，包括制订法定图则，撰写报告报市政府确认咨询会结论，编辑咨询会专辑，举办咨询成果展等一系列工作。

8月27日至9月6日　"深圳市中心区城市设计国际咨询成果展"在深圳市市政工程设计院公开展示10天，向广大市民征集意见，收到200份意见和建议。

8月28日　市规划国土局上报市政府《关于确认深圳市中心区城市设计国际咨询优选方案的请示》。

8月28日　市规划国土局上报市政府《关于深圳市中心区中央绿化带临时绿化的请示》。

9月

9月3日　深圳市中心区土地开发及土地出让情况汇总：自1990年市中心区实施开发以来，基本完成征地拆迁、土地平整及道路管网的建设，目前已完成前期土地开发投资达8亿元。中心区外围主干道彩田路、红荔路全线贯通，区内三条东西向主干道福中路、福华路、福华三路及三条南北向主干道金田路、益田路、民田路已完成路面铺设。目前还有机电设备安装公司的拆迁问题导致福华四路无法开通，岗厦村拆迁工作缓慢导致福华路中心区段无法开通以及外围滨河立交工程等尚未完成土地一次开发工作。

9月5日　市规划国土局与香港恒基（中国）投资有限公司签订市中心区27-1、27-3、27-4、26-1、26-2、26-3、26-4共七个地块（用地面积24.45万㎡）土地出让协议书。

9月9日　深圳市政府发文《关于成立深圳市中心区开发建设领导小组的通知》（深府〔1996〕255号）。领导小组下设办公室，设在市规划国土局，具体负责组织实施中心区各项政策和领导小组的决定，负责中心区开发建设的法定图则、地政管理、设计管理与报建、环境质量的验收以及对区内整体环境、物业管理实行监督，组织实施和落实中心区的城市设计。

9月10日　市领导主持召开市长工作会议（131）研究建设系统工作问题，要求规划国土局重点抓好几项工作，其中有关中心区建设的工作：①规范中心区投资者资格；②确定中心区明年开工项目；③市政厅、水晶岛的设计工作，请提出方案报市政府审定，争取1997年下半年动工；④制定中心区开发的优惠政策，报市政府常务会议审定；⑤清理中心区土地；⑥制定有关中心区开发建设的法规规章，通过法律手段来保障中心区的开发建设。

9月16日　市规划国土局书面通知美国李名仪/廷丘勒建筑事务所《关于深圳市中心区城市设计国际咨询优选方案的修改意见及建议的通知》。

9月18日　市规划国土局制订香港恒基（中国）投资有限公司位于市中心区东北角七个地块住宅用地的规划设计要点。

9月20日　深圳市政府发文《关于确认深圳市中心区城市设计国际咨询成果的通报》（深府〔1996〕265号），确认美国李名仪/廷丘勒建筑事务所的方案为优选方案。

9月25日　市规划国土局与中国海外建筑（深圳）公司签订市中心区23-1号地块（用地面积5.58万㎡）土地出让协议书。

是月　市政厅建设拉开序幕，市规划国土局起草《关于深圳市中心区市政厅建设有关问题的请示》，起草市政厅工程设计委托书。

10月

10月3日　市政府常务会议（44）原则同意《关于进一步落实中心区首批土地招商项目有关问题的请示》批准的政策。中心区投资者无须单独申请立项，每年初由规划国土局向市计划局预报年度建设规模，年终由中心区办公室汇总报计划局统一立项。批准的中心区地价为：住宅用地楼面价每平方米1 800-2 000元，办公用地楼面价每平方米2 500-3 000元，商业用地楼面价每平方米3 000-3 800元。

10月4日　市规划国土局制订中国海外建筑（深圳）有限公司位于市中心区23-1号地块住宅用地的规划设计要点。

10月6日　滨河大道中心区中段正式建成通车，至此深圳市南环线东段主车道全线通车。

10月11日　市领导现场办公会议（深规土纪〔1996〕472号），要求抓紧完成中心区福华路岗厦段的征地拆迁工作，14号用地调到20号地块；抓紧向市计划局申请市政大厅、水晶岛项目的立项。地铁站必须与水晶岛同时开工；经市批地例会同意的中心区土地出让，凡未签合同和未交地价的红线一律作废，报下次市批地例会确认，收回用地；中心区购物公园可先搞设计委托和招标等项工作。

10月17日　市规划国土局领导主持关于中心区开发建设办公室职能及工作程序的讨论会（深规土纪〔1997〕1号），会议认为：根据市政府文件（深府〔1996〕255号）精神，市中心区开发建设工作应在市中心区办公室实行一条龙服务的职能和工作程序。凡是福田中心区的项目，一律由市中心区办公室处理，必要时组织有关业务处室研讨。

10月18日　中国海外建筑（深圳）有限公司制订了位于市中心区23-1地块方案设计招标任务书。

10月18日　市规划国土局领导批准同意市中心区开发建设办公室关于结合1996深圳房地产香港展销会活动，制作市中心区宣传册和城市设计模型的请示。

是月　李名仪/廷丘勒建筑事务所提交《市政厅工程可行性报告》，提出市政厅功能和建设规模10万㎡。

11月

11月1日　市政府办公厅请示市领导《关于市委、市政府机构拟进市政厅办公的意见》，11月15日市领导批复意见。

11月4日　市领导现场办公会议（深规土纪〔1996〕511号），要求抓紧编制市中心区法定图则，报市人大审议；总规修编中要考虑大型公共建筑在中心区的安排；市中心区至今已批出的20幅红线用地，除已动工的6家单位保留用地外，其他14幅用地原则上一律收回。

11月5日　市规划国土局请示市中心区开发建设领导小组关于成立深圳市中心区城市设计顾问委员会事宜。

11月7日　市规划国土局中心区开发建设办公室主持召开深圳市中心区市政工程建设情况讨论会。

11月9日　我国公路立交桥建设史上第一座小半径、大跨度预应力混凝土立交桥——福田中心区金田立交2号桥合拢。

11月11日　市规划国土局请示市中心区开发建设领导小组《关于制作中心区宣传手册及请中心区开发建设领导小组成员题词的请示》。

11月12日　市规划国土局与香港和记黄埔地产有限公司签订市中心区29-2、30-1、30-2、31-1、31-2、32-1、32-2共七个地块（用地面积27.18万㎡）土地出让协议书。

11月13日　市城市规划委员会第七次会议原则通过《深圳城市总体规划（1996-2010）》和《深圳市城市规划标准准则》，并制定了深圳新的规划体系（包括总体规划、次区域规划、分区规划、法定图则和详细蓝图五个层次）。

11月20日　市规划国土局局长办公会议（17），要求中心区深化完善城市设计国际咨询中标方案；抓紧市政大厅建筑设计，1997年开工；可采用招标形式加紧制订市中心区法定图则等项工作。

是月　中心区市政道路工程已经完成90%的道路施工和验收工作，但根据国际咨询成果需复核调整局部路网及建筑密度在各地块的分布。

是月 市规划国土局举行深圳市中心区交通详规审查会。

是月 开始讨论深圳市中心区法定图则（试点）内容，但由于《深圳城市规划条例》尚未公布，所以仅试做法定图则范本。

12月

12月2日 市规划国土局复函深圳国际交易广场初步设计审查意见，要求大厦立面仍须作进一步修改完善，但考虑该工程基础已开工，为节约时间，同意修改立面的同时，其他部分先进行施工图设计。

12月2日至3日 市中心区开发建设办公室邀请了香港和国内专家及局领导和有关处室负责人共20多人在银湖召开了"深圳市中心区开发建设咨询会"，对中心区城市设计国际咨询优选方案提出的公共设施的开发建设进行广泛咨询，针对土地利用调整、中央绿化带规划建设、水晶岛建设的可行性、社区购物公园规划建设、金田路益田路商业街建设、中心区地铁选线及站点设置等六个议题集思广益。

12月3日 市规划国土局召开市中心区地铁站位设置局内审定会，同意地铁1号、4号线在中心区各设3个站位，并在福华路上设立体式换乘站。

12月10日 李名仪／廷丘勒建筑事务所正式提交了《深圳市市政厅和市民广场可行性分析》。

12月10日至11日 深圳市城市规划委员会第七次会议召开，审议并原则通过了《深圳市1996-2010年总体规划》和《深圳城市规划标准与准则》。

12月14日 市规划国土局与香港中旅（集团）有限公司签订市中心区7号地块（用地面积3.08万㎡）土地出计协议书。

12月20日 市中心区开发建设办公室会同局内有关处室讨论市中心区法定图则前期的土地利用调整及市政厅有关内容。最后，主管市领导和局领导到会听取汇报并进行指导。

12月23日 市长工作会议（3）研究会议展览中心建设问题，决定成立深圳市会展中心筹建领导小组，下设筹建办，设在市建设局。要求筹建办尽快与有关部门和单位商量编制设计任务书，报市政府审定（注：此次筹建工作选址会展中心在深圳湾填海区）。

12月25日 市规划国土局请示市政府关于《深圳市政厅工程可行性研究》。

12月25日 市规划国土局请示市政府《关于市政厅工程设计费取费的请示》。12月28日市政府批复意见。

是月 深圳市中心区开发建设研讨会在银湖宾馆举行，会议邀请全国及香港地区规划及园林专家对中心区建设献计献策。

是月 市中心区开发建设办公室委托深圳市城市规划设计院进行《深圳市中心区用地开发策略》研究。

是年 下半年起开展中心区土地清理工作，对已制订用地方案图，但超过半年未办理土地出让合同手续的用地项目，废止其用地方案图。

1997年
1月

1月3日 市中心区开发建设办公室牵头，深圳地铁办、铁道部第三勘测设计院、市规划院、交通研究中心等单位共同参加深圳地铁一期（1号线、4号线）经过中心区的线位和站位规划方案研究。

1月6日 市领导主持召开市长工作会议（13）研究文化设施重点工程前期工作，对市少年宫、市中心图书馆、文化二宫、电视台等项目进行了工作安排。

1月6日 市规划国土局与美国李名仪／廷丘勒建筑师设计公司签订深圳市政厅建筑工程设计合同。

1月10日 深圳市政厅工程设计任务书由市规划国土局定稿，9月15日市政府办公厅确定。

1月15日 召开市中心区江苏大厦建筑设计方案评标会。

1月16日 市规划国土局主持市中心区土地利用调整汇报会，会议听取了市中心区法定图则编制小组的汇报。

1月24日 市领导到市规划国土局现场办公会议（深规土纪〔1997〕11号）研究中心区土地利用调整问题，原则同意中心区北区用地调整，和记黄埔、恒基兆业用地只安排住宅项目；深南大道北侧31-1、32-1、26-3、26-4地块原则上用于安排文化项目，如中心图书馆、音乐厅等。

1月30日 召开深圳彩电中心工程可行性研究报告专家讨论会

1月31日 市委常委会议（深常纪[1997]4号）原则同意市规划国土局《关于深圳市政厅工程可行性研究的请示》，要求把市政厅建成深圳的标志性建筑，体现现代化国际性城市的特点、风格和气派。总建筑面积约10万㎡，使用功能为机关办公、会堂和礼仪庆典、博物馆等三大功能。

2月

2月1日 市领导主持召开深圳电视中心工程可行性研究汇报会（深会纪〔1997〕2号），确定新的电视中心用地，将其安排在市中心区北片区靠新洲路的一块约2万㎡的规划用地。

2月4日 市领导主持召开市长工作会议（27），研究加快深圳国际会议展览中心筹建工作。会议认为，市委、市政府决定把会展中心作为福田中心区启动项目的重中之重，对加快福田中心区建设，带动第三产业发展，促进深圳第二次创业具有重要意义。会展中心的建设必须纳入福田中心区的总体规划，位置初步定在福田中心区以北，莲花山以南。

2月19日　市中心区开发建设办公室召开市中心区购物公园研讨会，探讨社区购物公园的性质、内容、形式及实施方法等，市内有关专家及局相关处室负责人共十多人参会。

2月24日　市规划国土局制订深圳市国际会展中心用地的规划设计要点（初步），用地暂定28-1、28-2、28-3、28-4共四块；另外中轴线北段33-7、33-8两个地块可提供不大于15%的地面面积作为会展中心的室外展场；中轴线地下可作为会展中心的一部加以利用。

2月24日　市规划国土局制订香港和记黄埔地产公司位于中心区住宅项目的规划设计要点，地块编号暂定30-2、30-3、29-2、31-2、31-3、32-2共六块。

2月25日　市长工作会议（33）研究邓小平广场设计建设问题，市委市政府决定在莲花山公园建设小平广场，要求各有关单位通力合作，以确保1997年7月1日前广场揭幕。

2月27日　市规划国土局与深圳市城市交通规划研究中心签订深圳市中心区交通研究设计合同。

2月27日　市领导主持市中心区交通研究及规划设计会议（深规土纪〔1997〕25号），确定深南路与金田路、益田路交叉口，红荔路与彩田、益田、金田、新洲四条路的交叉口周围用地，按此方案加以控制，今后必要时建设立交桥；中心区总的路网线密度应不低于12 km／km²以上，支路断面一般按三车道考虑，不宜过宽；基本同意按地下、地面、二层高架上下共三层立体人行步道系统构想；应尽快拿出立体过街设施的定位坐标等有关内容。

3月

3月4日　市规划国土局制订香港恒基（中国）投资公司位于中心区住宅项目的规划设计要点（初步），地块编号暂定27-1-2、27-3-2、27-4、26-1-2、26-2共五块。

3月10日　市规划国土局制订深圳市国际会展中心位于市中心区28-1、28-2、28-3、28-4号共四个地块的用地规划设计要点（初步）。

3月10日　市规划国土局制订香港中旅集团公司位于市中心区7号地块的商业办公楼用地规划设计要点。

3月10日　市规划国土局请示市领导《关于社区购物公园设计招标的请示》，3月11日市领导批复同意。

3月11日　市规划国土局与深圳市城市规划设计研究院签订深圳市中心区法定图则编制合同。

3月14日　深圳市城市总体规划（1996-2010年）通过广东省政府组织的专家评审。

3月20日至22日　召开市政厅工程方案（初稿）研讨会，以周干峙、吴良镛、齐康三位院士为首的十几位国内外知名建筑规划专家研讨李名仪／廷丘勒建筑事务所的市政厅工程方案，专家建议市政厅建筑总规模扩大至15万—20万平方米，使其规模能和巨大的体量相称，

并充分发挥土地使用效益，降低市政厅大屋顶评价单位面积造价。

3月25日　《深圳市城市规划标准与准则》（SZB01-97）已经市政府批准，正式颁布执行。

3月25日　市中心区社区购物公园规划设计邀请招标发标会。

3月27日　深圳市机构编制委员会批复深圳市中心区开发建设领导小组办公室编制为暂定事业编制12名，设主任、副主任各1名（兼职不列编），配专职副主任1名（副局级），人员经费由市财政实行全额管理，收取的管理费上缴市财政。

3月31日　市规划国土局请示市政府《关于深圳市政厅工程方案（初稿）有关问题的请示》。4月15日市领导批示。

是月　市规划国土局举行中心区市政工程调整研讨会，中国城市规划设计院、市规划院、地铁办、供电局规划院、邮电、电话局等单位参加会议。

4月

4月4日　市中心区开发建设办公室主持市中心区地铁站位方案比较讨论会（深规土纪〔1997〕34号），针对1号、4号线的换乘站设在水晶岛下方或设在福华路下方作出的专题研究及编制的《深港罗湖、皇岗／落马洲口岸旅客过境轨道接驳工程市中心区线路方案比较报告》进行讨论。会议建议将换乘站设在福华路的方案上报市中心区开发建设领导小组审定。

4月7日　市规划国土局请示市政府关于进行中心区中轴线公共空间系统规划设计国际咨询工作。

4月12日　市规划国土局与新世界发展有限公司、熊谷组（香港）有限公司、深业（控股）有限公司签订市中心区24-1、24-2号地块（用地面积8.86万㎡）土地出让协议书。

4月22日　市政府批准市规划国土局关于深圳市中心图书馆（32-1-2地块，用地面积30 020 m²）、音乐厅（32-1-1地块，用地面积25 441 m²）用地方案的请示。

4月24日　市规划国土局制订新世界发展（中国）公司、熊谷组（香港）公司位于中心区住宅项目的规划设计要点（讨论稿），地块编号暂定24-1、24-2共两块。

4月24日　在迎接香港回归、拆除违法违章建筑活动中，市规划国土局福田分局请示拆除莲花山公园占地面积12万 m²，建筑13万㎡的违章建筑。

4月25日　市规划国土局代表（赵崇仁、刘勇、陈一新）和地铁办代表（张家识）专程到北京，就深圳市中心区地铁站线布置方案召开专家研讨会。到会的有规划、交通、地铁专家：周干峙、邹德慈、何宗华、阎汝良、蒋大卫。

是月　深圳市中心区社区购物公园设计邀请招标。

是月　江苏大厦建筑设计方案评议（第三轮）提出设计修改意见。

是月　市领导听取会展中心项目筹备工作汇报，确定政府建会展，外商搞配套的原则。依据中心区原规划，会展中心选址在市政厅北侧。

是月　岗厦辛城中心花园项目奠基，该项目位于市中心区20地块，兴建多层及中高层住宅小区，将安置一部分福华路岗厦路段拆迁户。

5月

5月6日　市政府批示市规划国土局关于进行中心区中轴公共空间系统规划设计国际咨询工作的请示。

5月14日　市规划国土局请示市政府《关于确认市中心区地铁线路站位方案的请示》（深规土〔1997〕218号）；1号线布设在福华路，设益田路、金田路、彩田路三个站；4号线布设在中轴线东侧，设金田路、水晶岛、红荔路三个站。市政府6月3日同意批复。

5月15日　市规划国土局复函市建设局确定市中心区福华路段电缆隧道不再续建，其修改方案由原设计单位进行修改。

5月27日　召开市中心区社区购物公园设计招标评审会。

5月28日　市规划国土局制订嘉国实业（深圳）公司位于福田中心区27-2-3地块的用地规划设计要点。

5月28日　市规划国土局中心区办公室会同城市设计处、建筑法规执行处有关人员，以及四位外邀专家对恒基（中国）投资公司提交的两家设计机构设计的市中心区商住项目的五个规划方案进行评议。

5月29日　市规划国土局制订位于市中心（原选址）图书馆（32-1-2地块）、音乐厅（32-1-1地块）用地规划设计要点。

5月29日　市规划国土局制订深圳市电视台（31-1-2地块）的用地规划设计要点。

5月30日　市规划国土局与深圳市城市规划设计院签订《深圳市中心区土地开发策略》研究的经费补充协议。

6月

6月3日　市政府同意确定市中心区地铁1号线、4号线的线路站位方案。

6月12日　深圳市人事局函复市规划国土局，同意深圳市中心区开发建设办公室列入实施国家公务员制度范围。

6月15日　深圳市土地投资开发中心挂牌运作。

6月23日　位于福田中心区北侧的深圳市莲花山公园开园，这是市区内面积最大的开放型公园，占地面积181公顷。

6月25日　位于莲花山的关山月美术馆开馆。

是月　市中心区土地出让情况统计：中心区占地总面积413 hm²，其中道路绿化149 hm²，集中绿地72 hm²，历史用地32 hm²，已出让用地12 hm²，拟建文化行政项目用地25 hm²，已协议出让用地44 hm²，备用地4 hm²，未来政府可控制的建设用地75 hm²。

7月

7月8日　市领导主持召开市政厅方案设计第二阶段成果汇报会，明确市政厅建筑长度控制在450米左右。

7月15日　召开深圳市中心区法定图则（草案）局内审查会。

7月17日　市规划国土局与日本黑川纪章建筑都市设计事务所签订深圳市中心区中轴线公共空间系统规划概念设计协议，研究中轴线系统的总体规划概念设计，包括中轴线地下空间最佳开发规模、中央绿化带及中心广场园林景观形态及小品规划的概念设计。

7月17日　市规划国土局致函市地铁办《关于市中心区地铁1号线、4号线段深化设计的函》，市政府已经确定中心区地铁1号线、4号线位方案，应尽快进行详细规划和方案设计工作，早日确定线位、站点、出入口等实施坐标。

7月18日　市规划国土局制订中国海外建筑（深圳）公司位于市中心区10-1、10-2两个地块的用地规划设计要点（初步）。

7月29日　市中心区社区购物公园方案在京进行专家咨询，听取周干峙、吴良镛、齐康、彭一刚四位院士的建议。

8月

8月1日　市规划国土局请示市中心区开发建设领导小组《关于进行深圳市政厅屋顶现场足尺模拟的请示》。8月11日市领导批复同意。

8月5日　市规划国土局致函市政府办公厅《深圳市市政厅设计任务书修改内容征求意见稿》（深规土〔1997〕367号）。

8月6日　市规划国土局与美国李名仪/廷丘勒建筑事务所签订深圳市中心区市政厅南广场及水晶岛规划概念设计协议书，设计内容包括占地面积15.4 hm²的南广场及水晶岛的开发规模、功能及交通组织、园林景观及建筑小品设计。

8月6日　市规划国土局委托市规划院编制福田分区规划。

8月11日　市中心区开发建设领导小组同意市规划国土局关于进行市政厅屋顶现场足尺模拟的请示。

8月13日　市政厅设计任务书修改内容征求市政府意见，拟将市政厅总建筑面积调整到15万 m²。

8月22日　市中心区开发建设办公室完成《深圳市中心区规划建设管理办法（草稿）》，开始征求有关部门的意见。

8月25日至26日　《深圳市中心区交通规划》专家评审会在银湖举行，到会专家有徐循初、杨佩昆、全永燊、李晓江、黄景文、陈志坚、陆锡明、董苏华。

9月

9月9日　市政府常务会议（二届77次）听取了市贸发局、计划局《关于深圳国际会展中心项目选址和建设资金安排的请示》，会议比选了深圳湾填海区、市中心区和香蜜湖三个会展中心选址。鉴于深圳湾填海区与城市干道联系密切，交通便捷，环境比较好，用地面积较为宽松。因此，从长远考虑，将会展中心选址在深圳湾填海区更为合适。会议原则通过《深圳经济特区城市规划条例（修改稿）》。

9 月 12 日　市政府批复同意市规划国土局《关于土地投资开发中心承担我市中心区地块管理和施工现场管理的请示》（深规土〔1997〕424 号）。

9 月 15 日　市政府办公厅组织有关部门专题讨论研究市政厅（现名：市民中心）设计任务书的修改意见，确定市政厅设计任务书。

9 月 21 日　市规划国土局致函市供电局关于中心区五年内用电负荷估算。

9 月 22 日　深圳市中心区法定图则（草稿）在市规划国土局内举行第二次审查会。

9 月 25 日　市中心区开发建设办公室请示局领导《关于印刷〈深圳市中心区交通规划〉文本（图集）的请示》。局领导 10 月 5 日批示同意。

9 月 26 日　市建设局将中心区现场管理工作移交市规划国土局，具体由市土地投资开发中心负责接收。北区道路全部完成、全部移交；南区除在建、续建工程外，其他全部移交土地投资开发中心管理。

9 月 29 日　市地铁建设领导小组办公室请示市规划国土局《关于开展市中心区地铁详细规划和方案设计等前期工作具体安排的请示》（深地铁办〔1997〕21 号）。

是月　市中心区土地出让情况统计：中心区占地总面积 413 hm²，其中道路绿化 149 hm²，集中绿地 71 hm²，历史用地 23 hm²，已出让用地 19 hm²，拟建文化行政项目用地 20 hm²，已协议出让用地 44 hm²，备用地 4 hm²，未来政府可控制的建设用地 77 hm²。

是月　市中心区开发建设办公室开始编写中心区办公室内部工作程序。

10 月

10 月 5 日　市规划国土局与中国城市规划设计院深圳分院签订深圳市中心区市政工程调整设计合同。

10 月 5 日　市规划国土局请示市地名委员会关于中心区道路命名事宜。

10 月 12 日至 15 日　深圳市中心区建设项目方案设计汇报暨国际评议会在深圳富临大酒店举行，会议研讨了中轴线公共空间系统规划设计方案和水晶岛及广场规划设计方案，并对中心区的电视中心方案以及中海华庭、黄埔雅苑等四个住宅开发项目的设计方案进行了评议。到会专家有吴良镛、周干峙、埃里克森、钟华楠、潘祖尧、李名仪、黑川纪章。

10 月 12 日至 21 日　市政厅屋顶轮廓足尺模拟在莲花山南侧现场展示，采用 350 多个直径 2 米的充气气球，以间距 18 米的网格（边缘间距加密成 9 米）悬浮在市政

厅用地现场，在空中构成市政厅屋顶的基本形状和轮廓线，研究市政厅的建筑尺度与周边道路、景观环境的关系。此次还在深圳地方报纸上发表公告和征求意见书，以广泛收集参观者和社会各界意见以提供决策。

10 月 14 日　市规划国土局制订（新选址）市音乐厅用地（28-1 号地块）规划设计要点（初步）。

10 月 15 日　市中心区文化中心（图书馆、音乐厅）建筑设计方案国际招标。

10 月 16 日　市政府批复同意市规划国土局关于中心区道路命名的请示。

10 月 17 日　收回市机电设备安装公司位于市中心区 2 号地块内的 4 468 m² 土地，作为社区购物公园用地。

10 月 23 日　召开市中心区行道树规划设计方案评议暨中心区道路绿化研讨会，邀请广州、香港、北京及本地专家对市内外 9 家园林专业公司提交的行道树规划设计方案进行评议，评出一等奖 1 名、二等奖 1 名、鼓励奖 3 名。

10 月 27 日　市规划国土局请示市政府确认深圳市民广场（现名：市民中心）设计任务书。

10 月 30 日　市交通研究中心致函市中心区开发建设办公室《关于市中心区市民广场（现名：市民中心）选址方案交通方面的意见》，对市民中心三个选址方案（原址方案、北移方案、莲花山上方案）进行交通专业的初步分析。

是月　市规划院提出《深圳市中心区岗厦村河园机电安装公司用地改建研究报告（讨论稿）》。

11 月

11 月 2 日　市中心区开发建设办公室完成《深圳市中心区规划建设管理试行办法（草稿三）》。

11 月 15 日　吴良镛、周干峙两位院士致函李名仪先生，探讨深圳市中心区水晶岛的定位、功能、规模及其建筑设计、建设程序等问题。

11 月 17 日　市国土管理领导小组用地审定 76 次用地审定会，同意香港恒基（中国）投资公司、香港中旅集团、中国海外建筑（深圳）公司、新世界发展公司（联合熊谷组、深业控股）、香港和记黄埔地产公司等在中心区投资建设住宅及配套项目；同意市政府、市电视台、市文化局、市团市委在中心区分别建设市民广场、彩电中心、中心图书馆、音乐厅、少年宫；同意深圳海关建设办公项目；同意中国国际贸易促进委员会深圳分会、市国有免税集团等 8 家公司在中心区建设商务办公商业项目。

11 月 20 日　市规划国土局向中国海外建筑（深圳）公司、香港和记黄埔地产公司、香港恒基（中国）投资公司、新世界发展公司 / 熊谷组（香港）公司 / 深业控股公司发出《市中心区居住项目方案评议结果的通知》。

是月　市中心区土地现状初步调查结果：中心区占地总面积 413 hm²，其中道路绿化 149 hm²，集中绿地 71 hm²，历史用地 23 hm²（岗厦村、机电设备安装公司等），

已出让用地 19 hm^2，拟建行政文化用地 20 hm^2，首批招商协议用地 44 hm^2，政府未来可控制建设用地 77 hm^2，广场用地 10 hm^2。

12 月

12 月 1 日　市规划国土局领导批示同意制作市民中心选址方案的城市仿真电脑演示，提供实时人机交互界面以提供决策。

12 月 2 日　市规划国土局领导批示同意市中心区开发建设办公室的请示，采购一批设备建立市中心区 CAD 资料库，以保存中心区所有规划设计及建设项目招标方案资料。

12 月 5 日　市中心区开发建设办公室制定了《深圳市中心区开发建设管理办法（草稿）》和《市中心区开发建设办公室工作程序（草稿）》。市规划国土局领导批示：请法制处提出意见上报《深圳市中心区开发建设管理办法（草稿）》。

12 月 9 日至 30 日　开展市政厅选址方案实时三维仿真制作。

12 月 10 日　市规划国土局致函市供电局同意在中心区 10-3 地块选址 220 KV 新洲变电站。

12 月 15 日、18 日　市规划国土局和市建筑师学会、市城市规划学会分两次召开深圳市中心区建筑规划专家座谈会，针对深南大道经过水晶岛是否下穿、水晶岛与市民广场、中轴线的关系等问题，市中心区开发建设办公室组织李名仪建筑事务所、中规院深圳分院、市规划院、市交通研究中心等部门提出了三个方案，展开讨论。

12 月 21 日　市中心区开发建设办公室联合市建筑师学会和城市规划学会举行深圳市中心区建筑规划专家座谈会，就中心区水晶岛及南北广场周围规划问题进行专家咨询。

12 月 25 日　市中心区开发建设办公室完成《中心办工作程序（草稿）》。

是年　莲花山公园对外免费开放。

1998 年

1 月

1 月 12 日　市规划国土局制订岗厦实业股份公司位于市中心区 20 号地块商住项目《深圳市建设用地规划许可证》。

1 月 15 日　市规划国土局向香港和记黄埔公司、香港恒基（中国）投资公司、中国海外建筑（深圳）公司、新世界发展公司 / 熊谷组（香港）公司 / 深业控股公司发出通知，对上述公司在市中心区的居住项目的规划设计要点的部分内容作修改和调整。

1 月 18 日　深圳文化中心（音乐厅、图书馆）设计方案国际竞赛评审会在深圳五洲宾馆举行，国际评委一致推选日本矶崎新建筑师事务所方案为一等奖方案。

2 月

2 月 5 日　市政府常务会议原则通过《深圳市土地使用权招标、拍卖规则》。

2 月 11 日　深圳市少年宫筹建办公室在《深圳特区报》和国际互联网刊登《关于征集深圳市少年宫初步设计方案的公告》向国内外建筑设计单位公开征集初步设计方案，前五名入选单位参与正式投标。

2 月 13 日　中海华庭办公住宅项目土地使用权出让合同签约仪式在香港举行。

2 月 17 日　市规划国土局制订深圳岗厦实业股份公司位于市中心区 20 号地块的岗厦公司拆迁用地（辛城花园）的《深圳市建设用地规划许可证》。

2 月 18 日　市规划国土局制订位于市中心区的深圳市少年宫（28-2 地块）用地规划设计要点。

2 月 24 日　市领导到滨海大道、市中心区主持召开现场办公会议（深规土纪〔1998〕6 号）。纪要包括：市政厅要结合水晶岛地铁线试验段年底一起动工建设，市政厅的功能不变、位置不变，整体抬高 10m，建筑面积可按 20 万 m^2 做设计方案；中轴线地下空间利用及地面环境景观规划设计要修改定稿；购物公园的规划方案定稿后登报进行土地使用权招标；中心区法定图则可以按原计划进行，按审批规则审议等。

2 月 26 日　市规划国土局致函美国李名仪 / 廷丘勒建筑事务所关于水晶岛方案的修改意见及开展市政厅方案设计事项。

2 月 26 日　市规划国土局向日本黑川纪章建筑事务所提出《关于深圳市中心区中轴线公共空间概念设计的修改意见》。确定中轴线公共空间复合功能总建筑面积控制在 25 万—30 万 m^2 范围内。

2 月 27 日　市国土管理领导小组用地审定 77 次用地审定会，同意深圳证券交易所在中心区建设证券交易结算大厦；同意市供电局在中心区建设变电站。

2 月 27 日　市规划国土局制订中国海外建筑（深圳）公司位于市中心区 10 号地块的商业、住宅项目《深圳市建设用地规划许可证》。

是月　文化中心（音乐厅、图书馆）设计方案国际竞赛成果公开展览，市民投票与国际评委意见一致。

3 月

3 月 6 日　市规划国土局通知香港和记黄埔地产公司、香港恒基（中国）投资公司、香港中旅集团公司，根据深圳市中心区土地出让政策，中心区出让的土地地价款必须一次性付清，土地可分期开发。

3 月 24 日　市文化中心（音乐厅、图书馆）设计方案座谈会在深圳银湖举行，座谈后进行深圳市建筑设计专家投票，结果与国际评委意见一致。

3 月 30 日　市少年宫筹建办共收到来自美国、加拿大、日本、新加坡、香港及国内 20 家设计单位提交的初步设计方案。

是月　召开深圳市中心区法定图则（送审稿）审查会。

是月　市规划国土局催促首批招商项目交付地价，签订土地合同。

是月　三维城市仿真技术首次运用于市中心区城市设计和建筑设计比较研究，通过仿真比较了市政厅建筑的位置、高度及与周边环境景观的尺度关系。比较的结果确定了市政厅的选址位置不变，大屋顶高度必须抬高 10 米才能与莲花山背景取得和谐。同时，还比较了水晶岛方案的规模与尺度关系。

4 月

4 月 7 日　市征地拆迁办公室通知市机电设备安装公司，要求该公司根据深规土收字〔1993〕11 号《收回土地协议书》，把已作补偿的办公楼、住宅楼、单身宿舍、医院等建筑物拆除完毕，将土地交回政府。

4 月 14 日　根据市规划国土局局长办公会议纪要，要求加快中心区购物公园规划设计工作；中心区首批招商项目进展缓慢，要求一次性签订合同，一次性付清地价，工程施工可分期进行；对市第 76 次、77 次批地例会通过的十个中心区开发项目，要抓紧前期规划设计协调工作，尽快通知各用地单位签订合同，地价一次性付清；中心区其他未出让的土地，开发中心要尽快从市建设局接管过来，除建设局在建、续建工程外，其余全部移交开发中心管理。

4 月 14 日　市规划国土局致函市建设局，要求立即移交中心区南片区所有已平整的土地地块给土地投资开发中心管理。

4 月 16 日至 19 日　市规划国土局和地铁办举行深圳地铁一期工程第一批车站方案设计评标会议，会议对公开招标的罗湖、国贸、金田路（现名：会展中心站）、皇岗等四站方案设计（每站有 3-4 个方案）进行评标；对益田路（现名：购物公园站）、水晶岛（现名：市民中心站）、红荔路（现名：少年宫站）等三站方案进行评审。

4 月 20 日　市会展中心筹建办与香港新世界公司代表商谈合作建设深圳会展中心的条件。会议议定：会展中心筹建办可代表市政府，尽快与港方代表草签协议，报市政府批准。

4 月 28 日　市中心区开发建设办公室主持召开大中华交易广场和邮电枢纽中心两项工程与地铁人行系统协调会。

4 月 28 日　深圳市团市委少年宫筹建办完成《深圳市少年宫第二轮建筑设计正式方案国际招标文件书》。

4 月 30 日至 5 月 30 日　在市规划国土局范围内开展了市政厅征名活动，共收集到 30 多个名称提议。

是月　4 月中旬完成深圳市少年宫建筑设计方案第一轮公开征集活动，前五名入选单位将参与深圳市少年宫第二轮建筑设计正式方案国际招标。

5 月

5 月 4 日至 5 日　深圳市中心区中轴线公共空间暨市民广场设计方案研讨会在五洲宾馆举行，到会专家有吴良镛、周干峙、齐康、潘祖尧、陈世民。

5 月 7 日　市长工作会议（69）研究合作建设会展中心有关问题，听取了会展中心筹办的情况汇报。

5 月 11 日　市中心区开发建设办公室主持召开《福田中心区法定图则草案》局内审查会，规划处、市规划院、市交通研究中心等部门参加。

5 月 12 日　市规划国土局致函市机电设备安装公司，关于委托拆迁补偿安置的事项，应于 1998 年 6 月 20 日前完成 B116-2 地块内 1、3、5、7 号楼、水泵房、单身楼、开发楼、土建楼等房屋的拆迁补偿安置工作，并按有关法规规定办理。

5 月 15 日　市规划国土局致函市城管办，市中心区开发建设领导小组已决定把莲花山公园纳入市中心区中轴线公共空间系统进行统一规划设计。

5 月 22 日　市规划国土局请示市政府加强市民中心（当时暂用名：市民广场）工程项目筹建工作，成立筹建组。

5 月 22 日　市规划国土局致函市总工会，市中心区开发建设领导小组已决定将莲花山公园和第二工人文化宫纳入市中心区规划范围统一规划设计。

5 月 25 日　市规划国土局请示市政府《关于深圳市少年宫建筑设计方案评标会的请示》，5 月 29 日批复同意。

是月　催促首批招商项目交付地价，签订土地合同。

是月　市规划国土局开展征集"市政厅"名称活动。

6 月

6 月 9 日至 16 日　市规划国土局和地铁办举行深圳地铁一期工程第二批车站方案评标、评审会。会议对公开招标的科技馆、华富路、彩田路（现名：岗厦站）、金田路（现名：会展中心站）等七座车站方案设计（每站有 3-4 个方案）进行评标；对香蜜湖站、竹子林辅助车辆段进行评审。

6 月 12 日　市规划国土局致函市委办公厅关于请安排市领导听取市中心区（中轴线公共空间系统规划、市民中心）设计方案汇报。

6 月 19 日　市规划国土局与日本黑川纪章建筑都市设计事务所签订深圳市中心区中轴线公共空间系统详细规划设计协议书。规划设计内容包括中轴线公共空间的用地性质、功能安排、建设规模、城市设计导则（建筑造型、色彩、材料等）；交通组织、市政公用设施配套；园林绿化景观、雕塑、小品等的详细规划设计等。

6 月 19 日　市规划国土局主持召开市政厅征名评议会，决定选用"市民中心"作为市政厅的新名称。

6 月 23 日　市领导主持召开市长工作会议（108）研究市中心区建设和城市整理工作等问题，包括同意购物公园规划设计方案，确保 7 月份土地招标；成立市政厅筹建办，市政厅新增 5 万㎡办公用房，按 20 万㎡总建筑面积设计，争取年底动工。

6 月 25 日至 26 日　深圳市少年宫建筑设计方案评

标会在五洲宾馆举行。

6月29日 市规划国土局制订深圳国家安全局位于市中心区8-1号地块的《深圳市建设用地规划许可证》。

6月30日 市规划国土局致函深圳会展中心筹建办《关于深圳会展中心场区填筑及软基处理工程初步设计审查意见》。

6月30日 市中心区公交首末站、枢纽站设置事宜研讨会由市中心区开发建设办公室主持召开，邀请了市公安消防局、市公交集团公司、市规院、市交通研究中心等单位有关负责人和专家出席会议。

是月 由于亚洲金融风暴的影响，香港恒基公司退出福田中心区27-1-2、27-3-2、27-4、26-1-2、26-2等五个地块的住宅开发项目。

7月

7月1日 《深圳市城市规划条例》正式颁布施行，法定图则首次成为深圳地方的法定规划，中心区法定图则（试点）进入正式编制、公示、审批程序。

7月3日 市规划国土局从土地投资开发中心抽调人员成立"深圳市民中心工程项目筹建办"。

7月7日 市规划国土局制订新世界发展公司/熊谷组（香港）公司/深业控股公司位于市中心区24-1、24-2号地块住宅项目的《深圳市建设用地规划许可证》。

7月8日 召开1998深圳城市规划国际研讨会，来自美国、澳大利亚、德国等6个国家中和深圳结成友好城市的代表及深圳市代表共80多人参加了会议。

7月15日 深圳市委书记带领市五套班子有关领导及有关部门的负责同志到市中心区调研，并主持召开现场办公会议（深会纪〔1998〕6号），专题研究市中心区六大重点项目等有关建设事宜。会议指出：要把中心区建设成为具有21世纪国际先进水平的城区，规划建设要坚持高起点、高标准、高水平。会议同意将"市政厅"命名为"市民中心"，建筑面积为20万㎡，将市博物馆与市民中心合建等。

7月17日 市规划国土局向城管办提交市中心区道路行道树规划设计方案，请城管办组织实施。

7月17日 市规划国土局领导业务会传达落实市五套班子领导成员视察中心区开发建设情况的指示精神，要求制定市中心区周边城市设计；市五套班子领导已确定博物馆要迁入市民中心，必须抓紧做好市民中心及中心区中轴线规划设计方案和初步设计，确保中心区的主体工程年内动工；中轴线工程不必分期实施，只要施工图完成就抓紧建设；收回香港恒基公司在中心区协商的住宅用地，用于市民中心的筹资建设。

7月27日 市规划国土局请示市政府将收回恒基公司的住宅用地划分出让给天健集团、深业集团、嘉里公司。

7月28日 市规划国土局与长汇发展有限公司签订市中心区29-2、30-2、30-3、31-2、31-3、32-2号地块土地使用权出让合同书，用地面积156 010 m²，土地性质为住宅及配套设施用地。

7月31日 市规划国土局请示市政府成立"市民中心建设公司"，负责市民中心的融资、开发、建设、监理和管理。

8月

8月2日至3日 深圳市中心区中轴线详细规划设计暨市民中心方案审定会（深规土纪〔1998〕49号）中专家研讨了中轴线公共空间详细规划设计成果、市民中心及市民广场方案以及第二工人文化宫规划设计方案。会议审定通过了中轴线详规和市民中心方案两项设计成果；要求第二工人文化宫进一步调整方案。到会专家有周干峙、吴良镛、齐康、潘祖尧、钟华楠、陈世民、钱绍武、杨辛等规划、建筑、雕塑、美学领域的8位专家，以及市文化局、城管办、地铁办、市总工会二宫筹建办、工业展览馆等相关部门代表。

8月5日 市规划国土局与美国李名仪/廷丘勒建筑事务所签订深圳市民中心工程设计合同补充协议。

8月6日至8日 市规划国土局在深圳市新世纪酒店举行市民中心工程设计方案技术专家审查会，邀请深圳市建筑设计行业的9名专家（包括建筑、园林、结构、给排水、电气、空调等各专业）和市机关事务管理局、市人防办以及市中心区开发建设办、法规执行处的代表共同参加会议，会审了各专业图纸。会后将市民中心总建筑面积提高到20万㎡，并调整设计任务书。

8月8日 市规划国土局与美国李名仪/廷丘勒建筑事务所签订深圳市民广场（用地面积14.2万㎡，地块编号33-2）设计合同。

8月11日 深圳市市政工程设计院完成《深圳市中心区中轴线一期工程（北部基地）投资估算书》。

8月17日 市规划国土局致函黑川纪章建筑设计事务所关于《深圳市中心区中轴线公共空间系统详细规划设计（第三稿）修改意见的函》。

8月19日 深圳市市政工程设计院完成《深圳市中心区中轴线一期工程（北部基地）投资估算书》。

8月31日 市规划国土局通知市规划院等单位关于做好《深圳市中心区法定图则草案》公开展示的工作安排。

是月 开展深圳市中心区CBD22、23-1办公街坊城市设计，美国SOM公司承接设计工作。

9月

9月2日 市规划国土局制订深圳电视台位于市中心区31-1-2号地块深圳电视中心项目《深圳市建设用地规划许可证》。

9月2日至4日 市规划国土局主持召开市民中心工程设计研讨会，讨论市民中心设计、交通组织、政府办公、会堂、市民活动等功能布局及面积分配等有关问题；甲乙双方还具体讨论博物馆设计、工业展览馆设计以及地铁、民防与市民中心的协调设计；讨论结构、设备、地铁、人防等专业技术问题。

9月3日　市中心区开发建设办公室主持召开市中心区市政工程调整设计阶段性成果审查会。

9月4日　市规划国土局制订位于市中心区28-2号地块的深圳市少年宫项目《深圳市建设用地规划许可证》。

9月4日　市领导批准同意市规划国土局关于深圳市中心区法定图则草案（FT01-01/01）公开展示。

9月7日　市政府制订《关于成立深圳市市民中心建设办公室的通知》，具有独立的企业法人资格，办公室受市中心区开发建设领导小组领导，启动资金由市国土基金注入，挂靠在市规划国土局，负责市民中心项目的融资、开发、建设、监理和管理工作。

9月7日　市规划国土局正式颁发深圳市中心图书馆（28-3号地块）的《深圳市建设用地规划许可证》。

9月10日至10月10日　深圳市中心区法定图则草案（FT01-01/01）在设计大厦规划展厅向市民公开展示征询意见。这是深圳依照《深圳市城市规划条例》首次向市民公开展示法定图则。展示期间，公众参观人数达7 000人次，索取法定图则的资料达1 000多份，提交书面意见11份。

9月11日　市领导主持召开市中心区规划建设协调会（深规纪〔1998〕61号）。

9月11日　市领导主持召开工作会议（61），研究市重点文化设施建设领导小组办公室召开办公室第一次全体会议，原则通过《市重点文化设施建设管理办法》，明确了音乐厅、图书馆、电视中心和少年宫等四大重点文化项目的法人机构和负责人。要求12月底以前动工四项工程。

9月14日　市规划国土局制订深圳市国有免税商品集团公司位于市中心区22-4号地块商业、办公项目《深圳市建设用地规划许可证》。

9月15日　中海华庭办公住宅项目动工建设。

9月21日　市规划国土局与黑川纪章建筑事务所签订深圳市中心区中轴线一期工程（33-7、33-8地块）设计合同，设计内容包括土建、园林环境、街道小品、市政工程的方案、扩初、施工图设计及现场施工配合技术服务。

9月22日　位于市中心区的购物公园两幅土地使用权公开招标，市城建开发（集团）公司、泰华房地产公司各中标一幅土地。

9月25日　市公安消防局致市中心区开发建设办公室《关于市民中心初步方案设计的消防审核意见》。

9月28日　市规划国土局与市城建开发（集团）公司签订市中心区9号地块（宗地号B116-0024）土地使用权出让合同书，用地面积27 384 m²，土地性质为商业及文娱休闲设施用地。

10月

10月6日　市中心区开发建设办公室请示局领导《关于建立城市仿真系统参加1999年北京世界建筑师大会演示的请示》，局领导10月24日批示同意。

10月7日　市领导主持会议研究市民中心修改方案中的有关问题。

10月10日　市规划国土局制订深圳海关位于市中心区26-4号地块办公项目《深圳市建设用地规划许可证》。

10月11日　市领导召开了市中心区规划建设协调会，包括中心区22、23-1地块项目交地价就办土地出让手续，待美国SOM设计公司完成城市设计后就实施；中心区行道树规划的实施问题，可在中心区先找一块地育苗；中心区公共支路建设问题按合同规定办理等内容。

10月30日　深圳市文化局与日本株式会社矶崎新设计室（主设计方）正式签订深圳文化中心（音乐厅、图书馆）建设工程设计合同。

是月　深圳市少年宫基础工程提前开工。

11月

11月4日　市规划国土局制订深圳市机电设备安装公司位于市中心区25-1、25-2号地块旧城改造住宅项目《深圳市建设用地规划许可证》。

11月5日　市规划国土局复函市人大常委会《关于落实市委领导办公会议精神加强中心区建设项目监督工作的通知》（深常发〔1998〕40号文）的复函。

11月9日　市规划国土局制订深圳市城建开发（集团）公司位于市中心区9号地块社区购物公园《深圳市建设用地规划许可证》。

11月10日　市规划国土局制订位于莲花山东南侧的93-169号地块的深圳市第二工人文化宫项目《深圳市建设用地规划许可证》。

11月11日　召开市规划国土局长办公会议，要求中心区中轴线明年动工，列入1999年土地供应计划；原则同意中心区办《关于建立城市仿真系统参加1999年北京世界建筑师大会演示的请示》等。

11月13日　市规划国土局请示市领导在莲花山公园山顶广场下正在建设的服务用房内设置约60-100 ㎡的中心区展示厅，放置中心区模型和规划设计图文说明，并在山顶广场南侧设置展示牌，内容为中心区模型照片和简要说明。

11月13日至17日　由于亚洲金融风暴的影响，熊谷组（香港）有限公司和新世界发展（中国）有限公司声明终止并退出福田中心区24-1、24-2地块的投资开发。

11月19日　市规划国土局召开市民中心结构专业扩初设计技术审查会。

11月23日　市规划国土局制订皇岗实业股份公司位于市中心区18-6号地块恒运阁商住项目《深圳市建设用地规划许可证》。

11月26日至27日　市中心区开发建设办公室、市民中心建设办公室联合召开市民中心工程扩初设计技术审查会，进行各种专业会审。

11月27日　市规划国土局复函市机关事务管理局

《关于市民中心工程设计几点建议的复函》。

11月30日 市长工作会议（185）研究中心区重点工程开工问题，具体研究市民中心、电视中心、图书馆、音乐厅、少年宫、地铁水晶岛试验站等重点工程的开工奠基仪式的准备工作。

是月 成立深圳市市民中心建设办公室，作为市民中心、市民广场、中轴线一期工程的投资建设单位。

是月 市规划院受委托做"深圳市岗厦村河园地区综合改造规划"汇报会。

是月 组织召开城市仿真系统软硬件采购投标评议会。

12月

12月3日 市政府批示同意市规划国土局关于确认市民中心主要部分功能面积的请示。市民中心总建筑面积不超过21万㎡（包括政府办公7万㎡，博物馆3万㎡，工业展览馆1.3万㎡，其他部分建筑面积可根据实际功能作适当调整）。

12月7日 市规划国土局制订深圳市新星实业发展公司位于市中心区14-2号地块项目《深圳市建设用地规划许可证》。

12月10日 市委领导办公会议（深会纪〔1998〕14号）听取了图书馆、音乐厅、电视中心、少年宫筹建负责人关于施工监理招标情况和廉政建设情况的汇报，并就确定各项目的监理单位、开工准备等进行研究讨论。

12月11日 市规划国土局与深圳市尼克建筑模型公司签订深圳市中心区户外展示（1：2 000）模型的合同。

12月15日 市规划国土局请示市政府关于深圳市中心区中轴线公共空间系统详细规划设计成果。

12月21日 市规划国土局中心区开发建设办公室、法规执行处、信息中心共同召开中心区仿真系统专家评议会。

12月22日 在莲花山顶广场南侧实施布置市中心区规划户外展示模型。

12月28日 深圳市中心区六大重点工程（市民中心、图书馆、音乐厅、少年宫、电视中心、地铁一期水晶岛试验站）同时奠基，标志着深圳市中心区开始由宏伟蓝图逐步变成现实。深圳市委、市政府主要领导为六大工程开工揭幕并在开工典礼上作了重要讲话。

12月31日 市政府批复同意市规划国土局关于市中心区22、23-1号街坊城市设计成果的请示。

12月31日 市政府批复同意深圳市中心区中轴线公共空间系统详细规划设计成果的请示。

是月 市民中心工程设计建设工作全部顺利移交市民中心建设办公室。

是月 深圳市城市发展策略（1996-2010）1998年第2份由广东省人民政府上报国务院。

1999年

1月

1月1日 《中华人民共和国土地管理法》正式颁布执行。

1月11日 市规划国土局邀请各专业专家对李名仪/廷丘勒事务所及深圳市建筑设计二院提交的市民中心工程扩初设计召开第二次专业审查会，共50多人参加本次各专业图纸会审会议。

1月14日 中国高新技术成果（深圳）交易会馆临时建筑在深圳市中心区32-1地块动工兴建。

1月19日 市领导召开市中心区建设项目协调会（深规土纪〔1999〕13号），要求中心区各个建设项目加快前期进度，尽早开工。内容包括中心区的公共市政支路一律由政府出资建设。城管办要落实中心区行道树及绿化所需树苗的栽培，同意在中心区用3万㎡空地栽培行道树树苗，用2万㎡空地种杜鹃等。

1月21日至22日 市民广场园林绿化方案第一次研讨会在深圳新世纪酒店举行，会议邀请吴良镛、周干峙等七名专家组成的专家小组负责对李名仪事务所和美国罗兰/陶尔思（Roland Tower）景观设计公司提出的市民中心和市民广场园林绿化方案的评审工作。

1月25日 市中心区开发建设办公室和市重点文化设施建设领导小组办公室联合召开重点文化设施建设市政管线迁移协调会议。

2月

2月4日 市规划国土局制订和记黄埔地产（深圳）公司位于市中心区西北片区住宅项目《深圳市建设用地规划许可证》。

2月8日 市规划国土局制订深圳市科学技术局位于市中心区32-1号地块深圳市高新技术成果交易会展览中心项目《深圳市建设用地规划许可证》。

2月8日 市规划国土局制订深圳市国有免税商品（集团）公司位于市中心区22-4号地块商业办公项目《深圳市建设用地规划许可证》。

2月10日 市中心区城市仿真软件开发验证会在西安市西安飞行实验研究院飞行仿真研究所召开，会议对华奇、耀华两家单位的制作成果进行了详细比较和研究，要求尽快达到中心区城市仿真软件验证开发的技术深度，并尽早开展仿真软硬件的招标工作，以确保市中心区仿真系统于1999年6月在北京世界建筑师大会上演示。

2月12日 市政府批复同意市规划国土局关于对市中心区24-1、24-2以及27-1-2、27-3-2、27-4、26-2地块的两个居住小区规划设计处理意见的请示。

2月27日 市中心区图书馆、音乐厅工程完成基坑开挖工程。

3月

3月4日 "深圳市中心区城市仿真系统"公开招标。

3月4日 市规划国土局制订深圳北方中成实业公司位于市中心区17-2号地块商业办公用地《深圳市建设

用地规划许可证》。

3月15日　市规划国土局发函致购物公园的开发单位和设计单位，根据已批准的地铁1号线"购物公园站"站台方案及出入口的位置相应调整购物公园地下及空间过街通道、人行天桥的设计，但必须保持原功能和规模。

3月16日　市领导主持召开市长工作会议（63）研究加快市中心区建设进度有关问题，要求中心区建设必须按照规划严格控制，中心区人防工程应与中心区规划建设结合进行，并要求全面提高施工现场文明程度等。

3月17日　市规划国土局制订深圳航天广宇工业（集团）公司位于市中心区23-1-3号地块商业办公项目《深圳市建设用地规划许可证》。

3月17日　市规划国土局制订深圳世界贸易中心、深圳贸易促进会位于市中心区23-1-4号地块商业办公项目《深圳市建设用地规划许可证》。

3月18日　"深圳市中心区城市仿真系统"招标评标，确定耀华科技有限公司中标。

3月23日　华森建筑与工程设计公司向市规划国土局提出市中心区中轴线一期工程（33-7、33-8地块）详细勘察阶段工程地质勘察任务书。

3月23日　市规划国土局制订深圳市市民中心建设办公室位于市中心区33-7、33-8号地块中心区中轴线一期工程《深圳市建设用地规划许可证》。

3月23日　召开市中心区民防专项规划汇报会。

3月25日　市规划国土局召开市民广场园林景观设计方案（修改稿）第二次专家研讨会。

是月　正式形成深圳市中心区法定图则（FT01-01/01）送审稿，这也是深圳市的第一个法定图则。

4月

4月1日　市规划国土局制订中国烟草总公司深圳市公司位于市中心区22-3号地块商业办公用地《深圳市建设用地规划许可证》。

4月2日　市计划局通知深圳市新华书店《关于下达福田中心区科技书城项目前期工作计划的通知》。

4月6日　市规划国土局（甲方）与耀华科技有限公司（乙方）、深业（深圳）工贸发展公司（丙方）签订深圳市中心区城市仿真系统合同书。

4月14日　市规划国土局制订市中心区33-2号地块市民广场（用地 123 006 m²）《深圳市建设用地规划许可证》。

4月15日　市领导召开市长工作会议（76），研究市民中心工程建设有关问题。要求市民中心建设办公室抓紧办理市府二办、市博物馆的产权交接工作，并做好这两块用地的评估和融资工作。市民中心的投资概算按6个分项进行编制。

4月20日　市规划国土局制订深圳锦鑫实业（集团）公司、港丰集团公司位于市中心区23-1-5号地块商业办公用地《深圳市建设用地规划许可证》。

4月20日　市规划国土局制订福田房地产公司位于市中心区21-3-2号地块商住混合用地《深圳市建设用地规划许可证》（原规划设计要点，编号93-080，作废）。

是月　召开市中心区天健世纪花园住宅项目规划设计评标会。

是月　在高交易会馆周围筹备建设首届展会期间的临时停车场。

5月

5月7日　开展深圳市中心区三维动画制作，制作内容以现有的中心区规划设计和建设项目为基础，包括莲花山公园、中轴线、道路路网。具体项目有：市民中心、市民广场、图书馆、音乐厅、少年宫、高交会馆、电视中心、儿童医院、中银花园、（和黄、深业、天健、嘉里）住宅、江苏大厦、邮电枢纽大厦、辛城花园、中海华庭、国安局指挥中心、投资大厦、大中华交易广场、景轩酒店、海关大楼、购物公园。

5月10日　组织召开深圳市中心区城市设计及地下空间综合规划方案国际咨询发标会，邀请德国OBERMEYER设计公司、美国SOM设计公司、日本株式会社日本设计公司等三家设计机构参加。

5月11日　市领导主持召开市长工作会议（101），市领导率有关部门负责人赴高交会场馆的工地现场办公，要求加强行政协调和地盘管理，当务之急是设计工作。

5月12日　市中心区又一大型住宅项目深业花园破土动工。

5月17日　深圳文化中心（音乐厅、中心图书馆）初步设计论证会在银湖召开。

是月　市规划国土局首次编印《深圳市中心区》规划宣传册。

是月　国家批准深圳地铁一期工程（1号线、4号线在市中心区垂直相交，共设6个地铁站，包括1个换乘站）可行性报告。

6月

6月2日　市民中心建设办公室主持市民中心室内装饰设计研讨会。

6月3日　市长主持召开市长工作会议（111）研究市民中心、音乐厅、图书馆、电视中心、少年宫等重点项目进展，要求每个项目均需明确建设规模和建设标准，严格控制地下工程面积，现有地下室规模应大大压缩；要认真做好工程的初步设计和施工图设计，做好施工图预算审计工作。

6月7日　市规划国土局与深圳市城市规划设计研究院签订深圳市中心区法定图则编制工作补充合同。

6月15日　市规划国土局制订深圳市海龙王房地产开发公司、深圳市机电设备安装公司位于市中心区25-1号地块商住混合用地《深圳市建设用地规划许可证》。

6月19日　市规划国土局与日本黑川纪章建筑都市

设计事务所签订深圳市中心区中轴线公共空间系统详细规划设计协议书。

6月23日　市规划国土局与德国 OBERMEYER 设计公司、日本株式会社日本设计公司、美国 SOM 设计公司签订深圳市中心区城市设计及地下空间综合规划方案国际咨询协议书。

6月23日至25日　深圳市中心区三维城市仿真系统在国际建筑师协会（UIA）第20届世界建筑师大会（北京）上演示展出。《深圳市城市总体规划》荣获第20届 UIA "艾伯克隆比伯爵荣誉奖提名奖"，UIA 主席称赞深圳经验是其他快速发展城市的典范。

7月

7月5日　市领导主持召开市长工作会议（130），研究市中心区重点项目进展问题，各项目进展不平衡，要求7月底前完成各项目初步设计和概算工作，保证完成年度立项任务。同意市中心区开发建设办公室开展中心区环境、色彩设计工作。

7月5日　市规划国土局制订深圳和财国际贸易公司位于市中心区17–3号地块商业办公用地《深圳市建设用地规划许可证》。

7月8日　市规划国土局与黑川纪章建筑事务所、华森建筑与工程设计公司签订深圳市中心区中轴线一期工程设计补充合同。甲方同意乙方选定华森建筑与工程设计公司为本项目的合作设计方。

7月12日　市规划国土局请示市政府关于深圳市市民中心建设资金筹集办法的事宜。

7月13日　市规划国土局请示市政府关于香江集团公司申请福田中心区用地建大型商业城的处理意见。

7月15日　市规划国土局制订香港新信集团公司位于市中心区6–1号地块商业办公用地《深圳市建设用地规划许可证》。

7月21日至23日　根据《深圳市城市规划条例》，新设立的深圳市城市规划委员会在银湖召开第八次会议，审议通过了《深圳市城市规划委员会章程》《深圳跨世纪城市发展的目标定位与对策》《深圳市法定图则编制技术规定》以及深圳市中心区、白沙岭、园岭等11个片区法定图则。

7月28日　市委领导办公会议（深会纪〔1999〕8号），即市重点文化设施建设领导小组工作会议，研究解决领导小组办公室机构调整问题，研究解决图书馆、音乐厅、少年宫、电视中心建设工程运作中的有关问题。

7月28日　市规划国土局制订北京宏泰新型化工材料公司位于市中心区23–1–1号地块商业办公用地《深圳市建设用地规划许可证》。

7月29日　市政府批复同意市规划国土局关于深圳市中心区道路名称调整方案的请示。

7月29日　市政府批复市规划国土局关于商贸投资控股公司申请"深圳第一百货广场"用地处理意见的请示。

7月30日　市规划国土局请示市政府关于市民中心建设资金筹集办法。

7月30日　市规划国土局与日本株式会社 GK 设计签订深圳市中心区高交会展馆周边道路环境及设施设计合同。

7月30日　市规划国土局制订深圳中嘉麟房地产开发公司位于市中心区21–2号地块商住混合用地《深圳市建设用地规划许可证》。

是月　重点推进市民中心、图书馆、音乐厅、少年宫、电视中心等公共文化设施工程的扩初、施工图设计进度，控制造价。

是月　市民中心全部土石方及基坑支护工程完成。

8月

8月2日　市规划国土局制订中国远东深圳国际贸易公司位于市中心区13–4号地块商业办公用地《深圳市建设用地规划许可证》。

8月3日　市政府常务会议（二届142次）讨论市商贸投资控股公司《关于筹办深圳第一百货广场有关问题的请示》，会议原则同意将福田中心区7号、33–6号地块划给市商贸投资控股公司，作为深圳第一百货广场建设用地，并给予地价优惠。会议同意万科股份公司在福田中心区兴建高档次百货广场，其建设用地地价也应给予优惠。

8月3日　市领导主持召开市长工作会议（152），研究中心区重点项目建设进展。会议认为，各重点项目近期进展情况良好，除电视中心外，其他项目的概算必须在8月15日前上报。有关计划立项和建设报建手续按规定办理。

8月6日　市规划国土局与深圳市农科园林装饰工程公司签订深圳市中心区行道树施工图设计合同。

8月9日　市规划国土局与深圳大学世界建筑导报社签订《世界建筑导报》1999年特刊"深圳市中心区城市设计与建筑"出版协议书。

8月10日　市规划国土局请示市政府关于市公安消防局申请借用中心区空地举行深圳市第四届消防运动会的处理意见。

8月13日　市规划国土局制订泰华房地产开发（深圳）公司位于市中心区2号地块（购物公园）商业购物及娱乐休闲设施项目《深圳市建设用地规划许可证》。

8月16日　市规划国土局制订黄埔雅苑一期（位于中心区30–2地块）工程的《深圳市建设工程规划许可证》。

8月18日　市中心区城市仿真演示室在建艺大厦四楼多功能厅南侧开工装修。

8月19日　市规划国土局召开市中心区周边地区城市设计方案汇报会，讨论了由市规划院和同济大学城市规划系合作的"深圳市中心区周边地区城市设计"方案，并提出下一步工作意见。

8月24日　市文化中心（图书馆、音乐厅）项目通过初步设计报建。

8月25日　市规划国土局致函黑川纪章建筑设计事务所《关于变更中轴线一期工程部分设计内容的函》。由于市政府已同意新华书店进入中轴线一期项目开办书城，因此一期工程的部分设计内容要进行相应调整。

8月26日　市规划国土局请示市政府关于请日本GK公司为中心区设计街道设施及城市标识系统。

是月　辛城花园住宅小区通过验收。

是月　经市政府同意新华书店在北中轴选址建设科技书城，政府与国企合作建设文化北中轴。

9月

9月2日　市规划国土局与美国SOM设计公司签订深圳市中心区22、23-1街坊城市设计合同。

9月2日至3日　深圳市中心区城市设计及地下空间综合规划国际咨询评审会在富临酒店举行，由周干峙、齐康两位院士为正副组长的评委委员推选德国欧博迈亚设计公司的方案为优选方案。优选方案将中心区进行"九宫格"式的结构划分，赋予中心区规划以中国传统文化内涵；创造金田路、益田路两条南北向"双龙起舞"的整体建筑轮廓线，明确控制建筑高度，强化中心区天际线；提出将CBD地下空间连成网络，并在中轴线上通过顶部天窗及两侧下沉水体为地下空间创造自然采光的宜人环境等内容。到会专家有周干峙、齐康、李名仪、Colin Fradd、Stefan Krummeck、卢济威、李晓江、潘国城、陈立道、陈志龙、郁万钧、赵鹏林。

9月7日　市政府批复同意日本GK公司为中心区设计街道设施及城市标识系统方案。

9月8日　市政府批复同意市规划国土局关于在市中心区中轴线一期工程中安排科技书城的请示。

9月8日　市规划国土局致函市电信局，商讨关于要求在邮电枢纽大厦设置地铁出入口的事项。

9月15日　市规划国土局发出《关于深圳市中心区城市设计及地下空间综合规划国际咨询评审会评审结果的通知》。

9月20日　市规划国土局请示市政府关于对深圳市中心区城市设计及地下空间综合规划咨询成果确认及优选方案修改意见。

9月22日　市规划国土局与深业控股公司、深业集团（深圳）公司签订市中心区27-4号地块（宗地号B205-0009）土地使用权出让合同书，用地面积35 953m²，土地性质为住宅及配套用地。

9月27日　市规划国土局制订深圳深大电话公司位于市中心区27-3-1号地块邮电设施用地《深圳市建设用地规划许可证》。

9月28日　市规划国土局制订深圳市中铁城实业发展公司位于市中心区22-5号地块商业办公用地《深圳市建设用地规划许可证》。

9月28日　市规划国土局制订市民中心（位于中心

区31-1地块）工程的《深圳市建设工程规划许可证》。

10月

10月6日　深圳高交会展馆建成启用，该馆为中国高新技术成果（深圳）交易会馆的临时建筑，占地54 000 m²，建筑面积25 000 m²。

10月12日　组织召开市中心区"特美思广场"建筑设计方案评审会。

10月18日　市规划国土局请示市领导《关于市民中心前福中三路竖向标高加高改造的请示》（深规土〔1999〕509号），10月21日，市领导批示同意。

10月21日　市民中心基坑已经开挖，大部分施工图已完成。市政府同意对市民中心前福中三路竖向标高进行加高改造处理，以便于从福中三路北与市民中心入口坡度控制在3%左右，且竖向衔接平缓。

10月21日　市规划国土局局长办公会安排近期几项重点工作，要求市中心区开发建设办公室抓紧研究制定《深圳市市中心区开发策略》，就中心区各地块和建筑的开发次序、投资策略、项目协调等进行优化，提出几个可能的构思和设想，于11月份向市批地例会汇报。同时要求市中心区开发建设办公室进一步完善市民中心方案。

10月21日　市政府批复同意市规划国土局关于市民中心前福中三路竖向标高加高改造的请示。

10月22日　市规划国土局制订深圳市城市建设开发（集团）公司位于市中心区24-1号地块居住用地《深圳市建设用地规划许可证》。

10月26日　规划国土局通知日本黑川纪章建筑设计事务所《关于终止深圳市中心区中轴线一期工程设计合同的通知》。

10月27日　市规划国土局致函和记黄埔地产（深圳）公司，关于交还中心区32-2、29-2地块的事宜，因首届高交会临时停车需要，原借用32-2、29-2地块已到期，现予归还。

10月29日　市规划国土局通知规划院、市政院、交通中心《关于委托两院一中心编制中心区详细蓝图的通知》。

11月

11月1日　市规划国土局制订深业集团（深圳）公司和深业控股公司位于市中心区27-4号地块居住用地《深圳市建设用地规划许可证》。

11月4日　市中心区开发建设办公室主持会议，研究协调中心区几个重点项目的供电方案，供电局应抓紧中心区新洲220KV、少年宫110KV等几个变电站的建设进度。

11月10日　市规划国土局致函黑川纪章建筑事务所《关于结算深圳市中心区中轴线一期工程设计合同的函》（深规土函〔1999〕241号）。合同双方经协商达成协议，结束本合同。

11 月 12 日 市规划国土局召开深圳市地铁一期工程地下空间开发与利用协调会。

11 月 15 日 召开市委领导办公会议（深会纪〔1999〕13 号），即市重点文化设施建设领导小组工作会议，会议听取了音乐厅、图书馆扩初设计概算；市少年宫建设工程规模及设备招标；以及电视中心设计进展等情况汇报。

11 月 18 日 市规划国土局主持召开市高交会展馆扩建方案专家评审会，通过中心区仿真演示对三个扩建方案的外观造型、室内效果和新旧馆展览空间的流线联系等方面做了直观形象的比较分析。

11 月 22 日 市规划国土局与深圳市建安（集团）股份公司、深圳市星河房地产开发公司签订市中心区 25-2、25-1-1 号地块的土地使用权出让合同书补充协议，用地面积 55 803 m²，土地性质为住宅及配套设施用地。

11 月 26 日 市中心区开发建设办公室与规划处共同召开会议，研究市文化中心工程的图书馆、音乐厅两栋建筑之间的福中一路被施工切断，该工程竣工后如何恢复路面及其电力电缆沟、通讯管道等问题。

11 月 28 日至 12 月 18 日 市中心区开发建设办公室组织包括美国墨菲／扬建筑师事务所在内的几家机构针对在市中心区选址会展中心（用地位置、交通组织、城市设计等）进行方案可行性研究。

11 月 30 日 市规划国土局请示市政府关于借用和黄中心区 32-2 地块作为高交会停车场用地后有关事宜。

11 月 30 日 市规划国土局制订深圳市恒立冠投资公司和深圳市皇岗实业股份公司位于市中心区 18-6 号地块商住混合用地《深圳市建设用地规划许可证》。

是月 市规划国土局与中海地产（深圳）公司签订市中心区 10 号地块市政支路（中心一路北段）工程委托合同。

12 月

12 月 2 日 市规划国土局致函皇岗实业股份公司，关于请协助深圳市地铁公司调查福民—金田（现名：会展中心站）区间盾构段地下构筑物的事项。

12 月 3 日 市规划国土局请示市政府关于对深圳市中心区城市设计及地下空间综合规划咨询成果确认及优选方案修改意见。

12 月 3 日 市规划国土局制订深圳市天健房地产开发公司位于市中心区 27-1-2、27-3-2 号地块居住用地《深圳市建设用地规划许可证》。

12 月 3 日 市规划国土局制订深圳锦鑫实业（集团）公司和深圳市荣超房地产开发公司位于市中心区 25-1-5 号地块商业办公用地《深圳市建设用地规划许可证》。

12 月 6 日 市领导主持召开市长工作会议（214），研究高交会展馆续建方案有关问题，要求续建工程明年 7 月底完工。

12 月 7 日 市规划国土局与美国李名仪／廷丘勒建筑师设计公司签订市民中心和市民广场的工程设计合同中有关室内设计部分的补充说明协议。

12 月 7 日 市领导主持召开市长工作会议（211），研究加快市中心区建设进度有关问题，督促有关单位签订用地合同和交缴地价，并要求市规划国土局研究制定一套加快开发中心区的政策措施，提交市政府常务会议审议。

12 月 8 日 市民中心建设办公室与美国李名仪／廷丘勒建筑事务所签订深圳市民广场设计合同补充协议（Ⅰ）。

12 月 16 日 市规划国土局复函香港污水处理专利公司、深圳市黄斌夫污水处理公司，根据深圳市排水规划，皇岗路以西（包括市中心区）的污水应全部纳入污水排海系统，该系统主体工程已经完工。今后将完善该系统，接入污水支管，发挥工程效益。

12 月 21 日 市中心区开发建设办公室召开中心区城市仿真专家评议会，会议认为 1999 年 6 月完成中心区仿真演示的目标是可行的。

12 月 22 日 召开市国土管理领导小组用地审定 78 次用地审定会，同意市商贸控股公司、万科集团在中心区投资中轴线商业项目；同意中国烟草总公司深圳分公司等 10 家企业在中心区选址建设商业办公楼宇；同意深业控股、市城建集团等 6 家公司在中心区开发住宅项目。

12 月 28 日 深圳地铁两个重点工程——水晶岛站和竹子林车辆段土石方工程正式开工。

12 月 30 日 深圳地铁一期工程位于中心区的两个站点：金田站、益田站及其区间段的土建工程开始动工。

12 月 30 日 市政府常务会议（二届 153 次）听取了电视中心工程进展情况，鉴于该工程存在超设计面积较大、超预算较多，前期工作进展缓慢等问题，会议不同意该项目开工建设，要求重新研究其规模和投资，重新修改设计。会议听取了音乐厅、图书馆的初步设计概算情况。会议听取了深圳会展中心项目筹建情况，关于更换选址的建议，由市规划国土局牵头，尽快组织专家就会展中心调整选址进行可行性论证。

是月 举行深南大道中心区水晶岛段交通改造规划设计的专家协调会，会议认为近期宜做简单的平面改造，中轴线设计中保留远期深南大道水晶岛段下穿的可能性。

是年 市领导定期召开中心区开发建设协调会，督促推进中心区各建设工程项目进度，解决存在问题。

是年 市民中心工程完成基坑土方挖运、石方爆破、边坡支护、桩基础工程。

2000 年

1 月

1 月 5 日 市长工作会议（9）研究市商贸控股公司中心区大型百货广场项目用地规划及地价款转有资本金等问题。

1月6日　市中心区开发建设办公室致函市民中心建设办，提出关于市民广场交通组织设计的几点意见。

1月11日　市规划国土局制订深圳市商贸投资控股公司位于市中心区7号地块（深圳一百）商业用地《深圳市建设用地规划许可证》。

1月16日　市政府批复市规划国土局关于对深圳市中心区城市设计及地下空间综合规划咨询成果确认及优选方案修改意见的请示。

1月20日　市规划国土局制订深圳世界贸易中心会和深圳市荣超房地产开发公司位于市中心区23-1-4号地块商业办公用地《深圳市建设用地规划许可证》。

1月22日　深圳市城市规划委员会主任（市长）签发经城规委第八次会议审批通过深圳市福田01-01号片区【中心区】法定图则（FT01-01/01）。

1月24日　国务院《关于深圳市城市总体规划的批复》，原则同意修订后的《深圳市城市总体规划（1996年—2010年）》。深圳市是我国的经济特区，华南地区重要的经济中心。同意确定全部行政辖区2 020平方公里为城市规划区范围，实行城乡统一规划管理。以特区为中心，以西、中、东三条放射发展轴为基本骨架，形成梯度推进的"带状组团"式城市布局结构。要切实保护好组图的绿化隔离地带，防止连片发展。

1月26日　市规划国土局与中建（深圳）设计公司签订深圳市中心区会展中心可行性研究合同。

1月27日　召开市中心区城建集团"城建花园"（24-1地块）居住项目规划设计方案评标会。

1月27日　市中心区城建花园建筑方案设计评标会。

1月31日　市规划国土局与深圳市市政工程设计院签订深圳市中心区22、23-1地块市政工程设计合同。

是月　开展深圳市中心区22、23-1地块市政工程设计，深圳市市政工程设计院承接设计工作。

是月　《市民中心大屋顶钢结构设计方案》获通过。

是月　讨论中心区城市设计及地下空间综合规划方案国际咨询优选方案修改成果，并形成综合意见上报市政府确认。

2月

2月25日　市国土管理领导小组用地审定79次用地审定会，通过了市中心区近期开发策略（包括中心区商业、办公用地地价可延长缴付期限，地价在一年内分三次付清；中心区商业办公项目用地可采取协议方式出让等）；同意香江企业集团、市国际企业股份公司在中心区投资中轴线商业项目；同意凤凰卫视公司等12家企业在中心区选址建设商业办公楼宇。

2月25日　市政府同意市规划国土局关于深南大道中心区段快速道下穿交通设计初步方案的请示。

2月28日　深圳市中心区开发建设办公室成立仿真室，从局信息中心、深圳市规划院、市政工程设计院各借一人开始进行中心区岗厦村旧村改造前的计算机仿真

制作。

2月28日　市规划国土局致函市供电局尽快进行中心区架空电线改造工作。

是月　委托市规划院进行中心区详细蓝图规划设计。

是月　为配合地铁的开发和实施中心区地下空间规划，组织中心区福华路地下商业街的前期设计工作。

3月

3月8日　市规划国土局与深圳世界贸易中心会、深圳市荣超房地产开发公司签订市中心区23-1-4号地块（宗地号B116-0055）土地使用权出让合同书，用地面积4 656 m²，土地性质为商业办公用地。

3月5日　市领导视察中心区六大重点工程进度。

3月10日　市领导主持召开市长工作会议（33）研究城市建设和管理有关问题。会议决定：莲花山城市规划展厅由市规划国土局管理，市城管办配合做好辅助性服务工作。深南大道中心区段的路树改造要尽早进行。

3月13日　市中心区开发建设办公室组织召开市中心区道路行道树调整方案研讨会。

3月15日　深圳地铁一期工程设计方案最终确定，土建工程已相继动工。由1号线（罗湖口岸沿深南路经过深圳市中心区至黄田机场）和4号线（福田口岸经深圳市中心区至观澜）的一部分组成，全长约19.468公里，预计投资105.85亿元，2004年6月建成通车。

3月15日　市长工作会议（41）关于市中心区重点建设项目现场办公会议，要求各部门切实抓好工程进度，确保工程质量。除电视中心项目（须压缩投资规模）暂缓外，其他项目进展顺利。

3月21日　市规划国土局制订深圳市科技局位于市中心区31-4号地块（高交会展馆扩建工程）展览用地（临时建筑）《深圳市建设用地规划许可证》。

3月22日　市规划国土局通知市政院，关于委托进行福华路（地铁1号线岗厦站至购物公园站）地下商业街工程的方案、初步设计的事项。

3月22日　市规划国土局与市规划院、市交通研究中心签订市中心区详细蓝图设计合同书。

3月23日　市政府常务会议（二届157次）原则同意电视中心功能与造价调整方案。

3月23日　市规划国土局办公大楼多功能厅举行仿真汇报演示，市中心区计算机城市仿真系统首期工程完成投入使用。

3月28日　市民中心建设办公室与深圳华森建筑与工程设计公司签订市中心区中轴线一期（33-7、33-8地块）工程设计合同。

3月30日　召开市中心区免税大厦项目建筑设计方案专家评标会。

3月30日　市政府常务会议（158）原则通过市计划局《深圳市2000年重点建设项目计划（草案）》，深圳国际会议展览中心列入今年重点建设新建项目。

是月 组织召开市中心区星河地产住宅项目建筑设计国际咨询评标会。

4月

4月5日 市长工作会议（52）讨论关于中心区文化设施工程建设有关问题。市委、市政府领导率有关部门视察中心区六大重点工程工地，并召开现场会议，对进度较快的少年宫和市民中心，要求既要保进度又要抓质量；电视中心和音乐厅、图书馆则要抓紧时间开工。

4月8日 国务院批复并原则同意《深圳市城市总体规划（1996-2010）》。到2010年，深圳将建成华南地区重要的经济中心城市，人口控制在430万人，城镇建设用地控制在480 km²。

4月10日 市长主持市政府党组会议（15）研究兴建深圳第一百货广场和帮助深圳对外贸易（集团）公司解困问题。鉴于万科股份公司至今对是否在中心区兴建百货广场没有明确答复，会议同意将拟给万科公司的10万m²用地改为第一百货广场项目用地。原定给市商贸控股公司用于建设第一百货广场的中心区7号、33-6号地，由市政府收回。

4月10日 中心区地铁大厦建筑设计方案第一轮竞标结束。

4月10日 市规划国土局致函市地铁公司，商讨关于进行中心区地铁风亭和出入口方案设计的事项。

4月11日 市政府批复同意市规划国土局关于深圳市中心区道路行道树调整方案的请示。

4月13日 市规划国土局请示市政府《关于对莲花山公园进行环境设计的请示》（深规土〔2000〕154号）。市政府4月30日批示同意。

4月17日 市民中心建设办公室与美国李名仪/廷丘勒建筑事务所签订深圳市民广场设计合同补充协议（II）。

4月20日 召开市中心区"城建花园"规划设计方案第二轮评标会。

4月21日 历时一个月的高交会新展馆封顶工程正式结束。

4月21日 市规划国土局召开中心区岗厦河园片区整治规划评议会（深规土纪〔2000〕36号）。

4月25日 市文化中心（图书馆、音乐厅）项目通过施工图报建的审核。

4月26日 召开中心区福华路地下商业街设计方案讨论会（第一次）。

4月26日 市规划国土局请示市政府关于落实莲花山公园山顶展厅水电配套工程实施单位的事宜。

4月28日 市规划国土局上报市政府关于兴建深圳第一百货广场研究意见的请示。

4月30日 市规划国土局请示市政府《关于深圳会展中心重新选址的请示》（深规土〔2000〕180号）提出将会展中心重新选址到市中心区的建议。

5月

5月9日 深圳市中心区最大型住宅项目"黄埔雅苑"一期建筑进展顺利，开始发售。这是香港长江实业与和记黄埔集团在深投资的首个超大型高尚住宅区。

5月11日 深圳市五套班子领导在市规划国土局中心区城市仿真室听取了会展中心重新选址问题的演示汇报后，开会决定深圳会展中心重新选址到市中心区中轴线CBD南端，该项目对促进市中心区的开发建设和发展新兴的会展业具有积极意义。

5月15日 市政府常务会议（161）研究了第二届高交会的筹备工作。同意深圳会展中心重新选址在市中心区南片；并决定会展中心总建筑面积25万m²，展览面积增至12万平方米；要求尽快进行迁址后的会展中心设计方案的国际招标。

5月20日 天鸿集团深圳市祈年实业发展有限公司申请在中心区建设一个五星级商务酒店、高端公寓、办公楼及商业中心。

5月25日 市规划国土委委托市政院进行市中心区中轴线设置水体系统可行性研究。

5月26日 市规划国土局党组扩大会议，传达二届市委所作的工作报告，要求加快中心区的开发建设，要在2005年把中心区建设成为深圳市具有21世纪象征的标志性城区。近期要做好两项工作，一是摸清会展中心迁址存在的问题，提出解决方案上报；二是草拟加快中心区开发建设方略，包括需要的倾斜政策等。

5月26日 和记黄埔地产（深圳）公司申请在福田中心区建设五星级酒店。

5月30日 市规划国土局召开中心区福华路地下商业街与地铁1号线岗厦至购物公园区间段土建工程设计工作协调会。对于人防办提出要承担地下街开发建设的请求，会议要求人防办尽快向计划主管部门申请立项。

5月31日 深圳会议展览中心与德国gmp国际建筑设计公司（主设计方）、中国建筑东北设计院（合作设计方）签订深圳会议展览中心建筑工程项目设计合同。

是月 经市政府同意，市规划国土局决定推迟"土园"的建设。

6月

6月2日 市政府批复同意市规划国土局关于推迟中心区北中轴33-7地块"土园"建设工期的请示。由于地铁4号线少年宫站的施工期为2000年6月1日至2002年4月30日，且采用明挖施工法，与北中轴建设同期及施工场地有矛盾。

6月9日 市规划国土局发文关于收回深圳市皇岗实业股份公司土地的决定，因会展中心建设用地之需要，收回该公司位于中心区南片土地面积23 898 m²。

6月13日 市中心区开发建设办公室致函市地铁公司，关于更改中心区地铁站站名的事项。

6月16日 市规划国土局与深圳市市政工程设计

院签订莲花山顶展厅供水及供配电工程的施工图设计合同。

6月19日　市规划国土局制订深圳市正先投资公司位于市中心区23-1-1号地块商业办公用地《深圳市建设用地规划许可证》。

6月19日　市规划国土局制订深圳通达化工总公司位于市中心区23-1-6号地块商业办公用地《深圳市建设用地规划许可证》。

6月20日　市中心区开发建设办公室制定《深圳市中心区开发策略研究（2000—2005年）》。按照市委市政府提出五年内基本建成市中心区的指导思想，提出五年内基本建成中轴线公共空间系统；建成五大重点文化设施；建成福华路地下商业街；完成22、23-1片区的开发建设；完成会展中心建设；促进三个五星级酒店的建设等。

6月23日　中心区福华路地下商业街设计方案第三次会议。

6月28日　市规划国土局召开中心区福华路地下商业街设计协调会，讨论在福华路地下商业街空间设计中加强地铁岗厦至购物公园间联系以及中轴线福华路地下电缆隧道的改造等议题。

6月28日　市规划国土局通知市规划院关于委托进行市中心区中心广场及南中轴（包括33-2、33-3、33-4、33-6、19共五个地块）整体设计方案前期工作。

6月28日　历时半年的高交会馆扩建工程（建筑面积2.3万m²）顺利竣工，扩建后的高交会馆总建筑面积达到5.2万m²。

6月30日　市规划国土局召开中心区岗厦河园片区整治规划正式成果评审会（深规土纪〔2000〕63号）。

是月　市民中心西区主体结构封顶。

是月　召开中心区中轴线设置水系可行性研究专家评审会。

7月

7月4日　市规划国土与深圳市隆安顺电力设备公司签订深圳市中心区投资大厦两侧及福华三路南侧架空线拆除施工合同。

7月5日　市中心区开发建设办公室与市民中心建设办公室召开"深圳市中心区北中轴文化艺术内涵讨论会"。

7月10日至18日　拆除市中心区投资大厦两侧及福华三路南侧的电力架空线路，改接电缆工程。

7月11日　市规划国土局与深圳锦鑫实业（集团）公司、深圳市荣超房地产开发公司签订市中心区23-1-5号地块（宗地号B116-0054）土地使用权出让合同书，用地面积5 571 m²，土地性质为商业办公用地。

7月17日　深圳《城市地下空间发展规划纲要》出台，筹划建设地下新城，其规划范围包括特区内327.5 km²，决定在深圳市中心区地下开发建筑面积14万m²的商业空间。

7月19日　市中心区土地出让情况统计：中心区可出让建设用地（238 hm²）的实际情况：已经出让用地129.5 hm²；已落实用地单位的拟出让用地21.5 hm²；未落实用地单位的拟出让用地28.9 hm²；岗厦村用地18.1 hm²；发展储备用地40 hm²。

7月21日　市规划国土局召开中心区中轴线设置水系可行性研究报告专家评审会。

7月25日　市公安消防局致市民中心建设办公室《关于原则同意深圳市民广场初步设计修改图的审核意见》（深公消建审〔2002〕初084号）。

7月26日　市规划国土局召开中心区福华路地下商业街方案设计评审会。

7月26日　市规划国土局请示市政府《关于莲花山邓小平塑像安装方案的请示》（深规土〔2000〕311号）。

7月27日　市规划国土局制订深圳供电局位于市中心区27-1-4号地块110KV变电站用地《深圳市建设用地规划许可证》。

7月31日　市规划国土局请示市政府《关于确认深圳会展中心用地方案的请示》（深规土〔2000〕397号）。会展中心新址位于市中心区南片11号地块，呈"凸"字形，用地面积19.2万m²。

是月　召开由日建设计公司所做的岗厦村河园片区改造设计方案汇报会。

是月　市民中心西区楼主体结构封顶。

8月

8月3日　市贸易发展局、市规划国土局联合请示市政府《关于会展中心方案设计招标工作的请示》（深贸字〔2000〕52号），拟邀请4至6家国际著名设计公司参加方案竞标。

8月7日　国务院新闻办公室在北京举行"深圳：改革与发展"记者招待会，引起海内外传媒的极大关注，中外近百家新闻单位的130多名记者参加会议。于幼军市长应邀在会上介绍情况：经过20年发展，深圳初步完成了现代化奠基阶段的历史任务，到2005年深圳将率先基本实现现代化，2010年左右达到中等发达国家水平，2030年左右赶上世界发达国家。

8月9日　市规划国土局制订江胜信息咨询（深圳）公司位于市中心区32-3号地块办公用地《深圳市建设用地规划许可证》。

8月17日　市规划国土局通知市国际会议展览中心《关于废止国际会展中心深圳湾（编号为97-082、98-043号）用地方案的通知》（深规土〔2000〕341号）。

8月17日至20日　深圳经济特区建立20周年美术·书法·摄影作品展在莲花山公园的关山月美术馆举行。

8月24日　市规划国土局制订凤凰卫视公司位于市中心区26-3-2号地块办公用地《深圳市建设用地规划许可证》。

8月25日　市规划国土局制订深圳供电局位于市中心区10-2、10-3号地块（新洲变电站及电力调度大厦）配套设施用地、办公用地《深圳市建设用地规划许可证》。

8月31日　市长主持市政府办公会议（115）听取了罗湖火车站、地铁老街站和福田中心区地下空间开发利用规划设计方案的汇报。会议议定：老街站和中心区福华路地下空间开发方案较为成熟，进一步完善后可组织实施，建设资金可通过人防基建投入和开发商融资等方式解决。

是月　市政府常务会讨论中心区地下空间开发有关事宜，并确定由市人防办进行福华路地下空间建设。

是月　设计莲花山山顶广场环境。

9月

9月6日　市规划国土局召开局2000年规划业务会议（9）（深规土纪〔2000〕92号）审议了市中心区3项规划业务，市中心区开发建设办公室申请市中心区法定图则修编，会议同意报局长审批。会议同意江胜信息咨询（深圳）有限公司中心区32-3地块改变用地性质；同意皇岗村中心区20-2地块的一部分，原批准综合楼用地改为法定图则规定的住宅功能。

9月6日　市规划国土局制订深圳市维思投资发展公司、深圳特发联城地产发展公司、泰宏基实业发展（深圳）公司位于市中心区23-1-7地块办公用地《深圳市建设用地规划许可证》。

9月8日　市规划国土请示市政府关于实施市中心区莲花山顶改造工程的计划安排。

9月11日　市规划国土局致函市委组织部，商讨关于市老干部第二活动中心在中心区选址问题的事项。

9月12日　市规划国土局致函市公安交通管理局，商讨关于第二届高交会停车设施实施事宜。

9月12日　市规划国土局制订深圳市皇岗实业房地产公司位于市中心区20-2号地块居住用地《深圳市建设用地规划许可证》。

9月12日　召开市中心区"荣超世贸大厦"建筑设计方案评标会。

9月12日　市规划国土局复函市民中心建设办公室《关于中轴线一期环境设计设计方案专项报审的请示》（深规土函第HQ0001870号），要求按照2000年7月5日"深圳市中心区北中轴文化艺术内涵讨论会"的专家意见，以及中轴线一期投资主体发生变化的情况，重新组织环境设计并报我局审批。

9月14日　市规划国土局请示市政府关于将市民中心建设办公室成建制移交的事项。

9月18日　市规划国土局制订东欧房地产开发公司、中国联合通信公司深圳分公司位于市中心区22-6号地块商业办公用地《深圳市建设用地规划许可证》。

9月20日　中海华庭住宅、办公项目建成（位于中心区10号地块）通过规划验收。

9月21日　市政府批复同意市规划国土局关于实施市中心区莲花山顶改造工程的请示。

9月21日　市规划国土局召开中心区福华路地下商业街设计协调会，研究地下商业街设计中有关市政道路管线恢复、人防等级等议题。

9月22日　市规划国土局向市城管办移交《深圳市中心区道路行道树施工图》（一套，包括分析报告等共112页），请城管办组织实施。

9月27日　市规划国土局与美国墨菲/扬建筑事务所签订深圳市中心区国际会议展览中心前期研究合同。

9月28日　召开市中心区"恒运豪庭"建筑设计方案评标会。

9月30日　市规划国土局请示市政府关于莲花山顶纪念墙题字的内容、字体、尺寸和布局方案。

10月

10月11日　市规划国土局制订深圳摄影学会位于市中心区东南13-2-1号地块商业办公用地《深圳市建设用地规划许可证》。

10月12日　市规划国土局制订深圳市连五洲实物流网络投资发展公司位于市中心区23-1-2号地块商业办公用地《深圳市建设用地规划许可证》。

10月13日　市规划国土局召开了深圳市民广场设计方案讨论会。

10月13日　市规划国土局制订深圳市时轩达实业公司位于市中心区22-2号地块商业办公用地《深圳市建设用地规划许可证》。

10月16日　市规划国土局致函皇岗股份公司商讨关于会展中心项目拆迁安置工作的原则及拆迁补偿安置方案。

10月17日　开展福田中心区中轴线设置水系可行性研究，深圳市市政工程设计院承接研究工作。

10月17日　市规划国土局与深圳市市政工程设计院签订福田中心区中轴线设置水系可行性研究报告的合同书。

10月17日　市规划国土局制订深圳市第二工人文化宫筹建处位于莲花山公园东南角文化娱乐用地《深圳市建设用地规划许可证》。

10月18日　市规划国土局与深圳市市政工程设计院签订深圳市中心区福华路（地铁购物公园站至岗厦站之间）地下商业街工程设计合同。

10月18日　市政府常务会议（三届十三次）议定市中心区南片11号地块全部作为会展中心建设用地，在该地块内不规划新建酒店。会展中心设计招标要求与中心区协调，与中轴线、市民中心相呼应，并特别注意体现外形设计的艺术风格。

10月19日　市规划国土局制订深圳市润迅通信发展公司位于市中心区17-3号地块商业办公用地《深圳市建设用地规划许可证》。

10月19日　市规划国土局制订深圳市万德莱通讯设备科技股份公司位于市中心区7-2号地块商业办公用地《深圳市建设用地规划许可证》。

10月19日　市规划国土局制订深圳金成房地产开发公司、深圳市广艺实业公司位于市中心区6-1号地块商业办公用地《深圳市建设用地规划许可证》。

10月19日　市规划国土局制订深圳市应振源实业公司位于市中心区6-3号地块商业办公用地《深圳市建设用地规划许可证》。

10月23日　市规划国土局请示市政府关于2001年高交会将提前使用市民中心东区的有关事项。

10月24日　市规划国土局致函市贸发局、市会议展览中心《关于移交深圳市会议展览中心建筑设计方案国际招标规划设计资料的函》（深规土函〔2000〕210号）。

10月26日　市中心区开发建设办公室根据中轴线已有资料，共同研究向局领导提出《关于深圳市中心区中轴线工程投资估算的报告》。

10月27日和11月4日　市规划国土局召开深圳市中心区中心广场及南中轴设计（草案）专家研讨会，专题讨论市规划院和李名仪建筑师事务所分别设计的中心广场城市设计草案。市内9名专家和局有关处室参加了会议。

是月　市规划国土局成功拍卖位于市中心区东南角的B119-0083号地块，丽豪实业（深圳）公司竞得该住宅地块70年使用期。

是月　"深圳市中心区规划与城市设计专辑"由《世界建筑导报》2000年增刊出版，以庆祝深圳特区建立二十周年。

11月

11月3日　市规划国土局制订（香港）宝维发展公司位于市中心区23-1-3号地块商业办公用地《深圳市建设用地规划许可证》。

11月7日　市规划国土局中心区办公室与市规划院签订中心广场及南中轴建筑方案前期设计合同。

11月9日　市规划国土局与市规划院签订深圳市中心区中心广场及南中轴建筑方案前期设计合同。

11月12日　市规划国土局复函市运输局《关于深圳市中心区公交场站用地及规划建设的复函》（深规土函〔2000〕264号）。

11月13日　召开深圳会展中心建筑设计方案国际竞标发标会。

11月13日　深圳经济特区二十周年成就展在市中心区高交会馆隆重开幕。

11月13日　召开深圳会展中心建筑设计方案国际招标发标会。

11月14日　江泽民总书记为莲花山顶广场邓小平同志塑像揭幕。

11月16日　市规划国土局请示市政府关于第三届高交会临时停车场选址。

11月16日　市规划国土局致函皇岗实业股份公司《关于会展中心项目拆迁安置工作的函》（深规土函〔2000〕253号）。

11月22日　市规划国土局复函市运输局《关于深圳市中心区公交场站用地及规划建设的复函》，中心区已规划公交场站并落实用地的共有七个（首末站5个，小型和大型公交枢纽站各1个），均属综合性开发建设项目，不可单独划地建设。

11月27日　市中心区"联通大厦"建筑设计方案评标会。

11月28日　市规划国土局与深圳市总工会签订市中心区莲花山公园东南角用地面积75 060 m²（宗地号B306-0037）的土地使用权出让合同书，土地性质为文化娱乐用地，建设第二工人文化宫。

11月28日　深业集团（深圳）公司位于中心区27-4号地块的深业花园A型住宅及会所通过规划验收。

是月　召开市民广场设计方案的专家咨询会。

是月　市规划国土局派专人赴北京、南京，向周干峙、吴良镛、齐康三位院士咨询市中心区中心广场及南中轴线城市设计方案，得到肯定。主要意见如下：基本同意中轴线过深南路部分采用上跨形式，但以中间一条上跨形式为好；水面设计要集中，避免琐碎细长，要使人有亲水感；环境要整体考虑，尽量自然化；水晶岛南北广场设计的圆环形人行路采用"天圆地方"的设计手法，将中心区现有道路连接起来，这从功能和形式上都值得赞成。建设项目的性质和开发量要研究分析和控制，政府可先建设和控制重要的和近期必须开发建设的项目，但不要急于一次完成中轴线的整体开发建设，应逐步完善。

12月

12月1日　市规划国土局制订丽豪实业（深圳）公司位于市中心区20-2号地块居住用地《深圳市建设用地规划许可证》。

12月4日　彩福大厦（位于中心区21-3-2地块）商住项目通过规划验收。

12月6日　市规划国土局制订黄埔雅苑二期（位于中心区B203-0006地块）《深圳市建设工程规划许可证》。

12月7日　召开市中心区"丽豪花园"住宅项目建筑设计方案评标会。

12月7日　市规划国土局致函市教育局《关于市中心区配套小学规划建设事宜的函》。

12月8日　市规划国土局致函市民防委员会办公室，同意人防办利用人防易地建设资金进行中心区福华路地下商业街的开发和人防公用工程的建设。

12月11日　市政府办公会议（11）关于市民中心后期建设有关问题，对市民中心后期设计、建设，以及建成后的使用、管理问题提出具体意见。

12月15日　通过市规划国土局技术会审议中心区第二版法定图则（FT01-01&02）修编稿。

12月18日　深圳市国土管理领导小组用地审定80次用地审定会原则同意市中心区近期开发策略；同意市新华书店在中心区北中轴建设科技书城；原则同意会展中心用地的拆迁方案；同意深圳市祈年实业发展公司、和记黄埔地产（深圳）公司、嘉里集团公司等三家企业的市中心区酒店用地项目申请；同意航天广宇工业（集团）公司在之前建设商业、办公楼。另外，中心区中轴线、市民中心、市民广场等项目列入2001年度市本级土地开发基金投资市政工程计划。

12月19日　黄埔雅苑三期(位于中心区32-2号地块)通过建设工程初步设计审批。

12月26日　市规划国土局通知市规划院《关于委托进行市中心区法定图则修编的通知》(深规土〔2000〕601号)拟对2000年1月22日批准执行的福田01-01号片区[中心区]法定图则进行修编。

12月29日　深圳市城市规划委员会第九次会议审议通过了《深圳市城市规划委员会章程（修订稿）》《深圳市法定图则编制与审批程序暂行规定》和《2001年度法定图则工作计划》。

是月　深圳市第80次国土领导小组会议批准中心区开发策略，并决定在中轴线一期北段增加书城项目。

是月　彩福大厦（住宅办公）通过规划验收。

是月　市中心区图书馆、音乐厅工程完成桩基础工程。

2001年

1月

1月4日　市规划国土局与深圳市城市规划设计研究院签订莲花山顶邓小平塑像环境方案设计合同。

1月19日　市少年宫主体工程封顶，成为市中心区最早完工的大型文化设施。

1月19日　市计划局批复深圳电视中心筹建办公室《关于深圳电视中心工程要求调整建设规模的批复》，同意深圳电视中心增加建筑面积3 033 m²，总建筑面积调整至73 283 m²。

2月

2月12日　召开市中心区"中国电信—全国政协大厦"（32-3地块）建筑设计方案评审会。

2月13日　深圳会展中心建筑设计方案国际竞标文件成果收标。

2月14日　市规划国土局报告市人大《关于市民中心项目建设的情况报告》（深规土〔2001〕75号）市民中心已提前完成了东区和西区的主体结构封顶，中区已完成了主体结构的大部分工程。为确保今年10月高交会的顺利进行，争取今年9月完成大屋顶及建筑正面的玻璃幕墙工程。

2月16日　市规划国土局制订深圳电视台位于市中心区31-1-2号地块文化设施项目《深圳市建设工程规划许可证》。

2月17日至18日　深圳会展中心建筑设计方案国际竞标评审会在五洲宾馆举行，由中国、美国、德国、英国、澳大利亚的9名著名建筑、规划专家组成的国际评审委员会，经无记名投票，确定德国GMP建筑师事务所提交的方案为3个优选方案的第1名。

2月20日　召开市中心区"正先办公大厦"（23-1-1地块）建筑设计方案评审会。

2月23日　深圳市城市规划委员会建筑与环境艺术委员会审议通过了《深圳中心区中心广场及南中轴线城市设计》。

2月26日　市规划国土局召开福田河、新洲河水体污染综合治理（第一阶段）工程方案评审会议。

2月26日　市中心区开发建设办公室向市规划国土局领导提出《关于岗厦河园片区整治规划近期工作思路的请示》，获局领导肯定。

2月26日　市规划国土局请示市政府关于市民中心项目建设工作。根据2000年9月23日市领导现场办公会指示，市民中心西区政府办公部分一直停工至今，请市政府尽快确定西区政府办公的功能和面积分配方案，以确保工期；另外，请尽快确定人大进驻市民中心东区的正式文件和方案。

2月26日　市规划国土局请示市政府关于市民防办申请建设中心区福华路地下商业及人防工程事宜。

2月27日　市规划国土局局长办公会，研究了大中华国际交易广场地价缴纳方案及报建等7项议题。

是月　完成深南大道中心段近期改造交通设计方案（送审稿）。

3月

3月1日　市规划国土局和皇岗村签署《拆迁补偿协议书》，为腾出会展中心用地，补偿市中心区13号地块。

3月1日　黄埔雅苑四期（位于中心区29-2号地块）通过建设工程设计方案报建。

3月1日　市中心区开发建设办公室召开协调会，就黄埔雅苑住宅配套中小学事项与市教育局、福田区教育局、和记黄埔地产（深圳）公司协商工作。

3月12日　市规划国土局致函和记黄埔地产（深圳）公司，市政府已经批准该公司在中心区开发建设酒店的申请，请于3月30日前双方进一步洽谈相关要求。

3月13日　市规划国土局通知深圳会议展览中心《关于深圳会展中心建筑设计方案国际竞标结果的通知》（深规土〔2001〕92号）。经深圳市政府批准，确定德国GMP建筑师事务所提交的方案作为深圳会展中心项目的实施方案。

3月15日　市规划国土局制订深圳会议展览中心位于市中心区11号地块会展中心用地《深圳市建设用地规

划许可证》。

3月15日　市规划国土局制订嘉里建设（深圳）公司位于市中心区 26-2 号地块居住用地《深圳市建设用地规划许可证》。

3月15日至25日　深圳会展中心建筑设计国际竞标优选方案公开展示，征询市民意见。展示期间，共收到市民意见 64 条。

3月28日　市民中心大屋顶开始施工。

3月28日　市规划国土局制订香格里拉（亚洲）公司位于市中心区 7-3 号地块旅馆业用地《深圳市建设用地规划许可证》。

3月30日　召开市中心区星河国际"叠翠九重天"住宅项目（25-1、25-2 地块）设计方案评标会。

4月

4月2日　市规划国土局报告市政府，关于会展中心建筑设计国际竞标优选方案公开展示的情况。

4月2日　市规划国土局制订深圳市祈年实业发展公司位于市中心区 6-2 号地块五星级酒店用地项目《深圳市建设用地规划许可证》。

4月3日　市规划国土局通知市测绘大队《关于委托开展岗厦河园片区村民及集体现有房屋测绘调查工作的通知》（深规土〔2001〕117 号）。

4月11日　市领导听取中心区政府投资项目进展情况。

4月11日　召开深圳市城市规划委员会第十次会议（深规土纪〔2001〕35 号）、包括法定图则委员会对已批法定图则福田 01/01 片区 [深圳市中心区] 的 5 项修改调整。

4月16日　黄埔雅苑一期住宅（位于中心区 30-2 地块）建成通过规划验收。

4月17日　召开中心区正先办公大厦（23-1-1 地块）第二次建筑设计方案评审会。

4月18日　市地铁公司请示市规划国土局《关于协调地铁购物公园站冷却塔、水箱位置的请示》。

4月25日　市规划国土局致函市民防委员会办公室移交市中心区福华路地下商业街设计前期工作。

4月25日　市政府批复市规划国土关于会展中心建筑设计国际竞标优选方案公开展示情况的报告，要求抓紧修改完善一号方案，争取下半年开工。

4月26日　市规划国土局制订深圳市祥南石化投资公司位于市中心区 14-1 号地块商业办公用地《深圳市建设用地规划许可证》。

4月29日　市规划国土局致函市城建开发（集团）公司，商讨关于明确购物公园北园地铁出入口投资建设方的事项，明确用地红线内的地铁出入口工程全部由该公司负责投资与建设。

4月30日　市规划国土局制订深圳市新华书店位于市中心区 33-7、33-8 号地块科技书城项目《深圳市建设用地规划许可证》。

4月30日　市规划国土局制订市民防委员会办公室位于中心区福华路地下商业及人防工程的规划设计要点。

是月　黄埔雅苑一期建成通过规划验收。

是月　市规划国土局制订市皇岗实业股份公司有关会展中心用地范围的拆迁安置用地，位于中心区 13 号地块。

5月

5月8日　市政府办公会议（95）研究市民中心建设有关问题。

5月9日　市规划国土局上报市政府《关于市中心区中心广场及南中轴线城市设计专家咨询意见的报告》（深规土〔2001〕160号）就市中心区设计方案向周干峙、吴良镛、齐康三位院士咨询后的指导性意见。

5月14日　市政府常务会议（三届二十八次）讨论市民中心后期建设协调情况、市民中心政府办公区分配方案以及智能化工程规划等事项。

5月15日　市国土管理领导小组用地审定 81 次用地审定会，同意香格里拉国际饭店（福田）公司中心区酒店用地（包括另外两个酒店用地）项目分期缴付地价，但要求 3 年内建成酒店项目；同意深圳市万科达投资公司等 6 家企业在中心区建设商务办公楼宇。

5月16日　市规划国土局制订恒运豪庭（位于中心区 18-6 地块）工程的《深圳市建设工程规划许可证》。

5月21日　市规划国土局通知市民中心建设办公室（深规土〔2001〕170 号）《关于移交市中心区北中轴线工程资料的通知》。市国土管理领导小组第 80 次用地审定会议决定，原由市民中心建设办负责建设的北中轴线工程改由市新华书店筹资建设科技城项目。请将北中轴线工程资料移交给市新华书店。

5月22日　市规划国土局制订深业恒威有限公司位于市中心区 24-2 号地块住宅项目《深圳市建设用地规划许可证》。

5月23日　江苏大厦（位于中心区 29-3-3 地块）建成通过规划验收。

5月25日　市政府批示市规划国土局关于市中心区中心广场及南中轴线城市设计专家咨询意见的报告。

5月30日　召开福华路地下商业街 2000-M1 工程设计方案专家评审会。会议邀请了范烈华、朱培、赵晓钧、傅学怡、黎宁等 23 位建筑、结构、设备、房地产、铁道工程等方面的专家。

5月31日　深圳会议展览中心建筑工程设计合同正式签订，主设计方为 GMP 国际建筑设计有限公司，合作设计方为中国建筑东北设计研究院。

5月31日市规划国土局与深圳市地籍测绘大队签订福田区岗厦河园片区房屋测绘调查合同。

是月　江苏大厦建成通过规划验收。

6月

6月6日　市中心区开发建设办公室书面请示市地名办，关于中心区主要道路名称调整更改内容：东西向主要道路名称不变；南北向道路除益田路、金田路名称不变外，北片区自西向东排列为鹏程一路至鹏程七路，南片区自西向东排列为中心一路至中心八路。

6月12日　市五套班子领导检查中心区六大重点工程进展及质量。

6月14日　局技术委员会讨论中心区法定图则（第二版）修编。

6月15日　市规划国土局更新制订大中华国际实业（深圳）公司位于市中心区16号地块商业用地项目《深圳市建设用地规划许可证》。

6月19日　市规划国土局制订和记黄埔地产（深圳）公司位于市中心区17-1号地块海逸酒店项目《深圳市建设用地规划许可证》。

6月21日　市规划国土局通知深圳雕塑院《关于委托开展市中心区雕塑规划的通知》（深规土〔2001〕239号）。

6月25日　中海地产（深圳）公司已经完成市中心区10号地块市政支路（中心一路北段）施工工程，向政府申请支付进度款。

6月26日　市规划国土局制订黄埔雅苑三期（位于中心区32-2地块）工程的《深圳市建设工程规划许可证》。

6月28日　市规划国土局制订中国联通有限公司深圳分公司位于市中心区22-6号地块商业办公项目《深圳市建设用地规划许可证》。

是月　市规划国土局召开中心广场及南中轴建筑设计组织方式专家研讨会。

是月　召开会展中心建筑设计方案审查会。

是月　市规划国土局与凤凰卫视有限公司签订市中心区26-3号地块（用地面积2.2万㎡）土地出让协议书。

7月

7月10日　召开北中轴书城及两侧四个文化公园方案第一次汇报会。

7月11日　市规划国土局与深圳市城市规划设计院签订深圳市中心区法定图则（FT01-01）修编合同。

7月12日　市规划国土局和福田区委、区政府共同主持会议（深规土纪〔2001〕55号）就福田区政府要求解决有关规划国土问题进行现场办公。全力支持福田区政府和岗厦实业股份公司对河园片区进行全面改造。

7月17日　市中心区开发建设办公室致函华森建筑与工程设计公司《关于中心区北中轴方案调整草案的修改意见》。7月25日市规划国土局领导批示同意。

7月17日　市规划国土局制订深圳市中铁城实业发展公司位于市中心区22-5号地块商业办公项目《深圳市建设用地规划许可证》。

7月19日　市规划国土局致函李名仪建筑师事务所协商关于中止市民广场的设计工作，与市民中心建设办

公室结算合同费用的事宜。

7月19日　市规划国土局与深圳雕塑院签订深圳市中心区城市雕塑规划委托合同书。

7月19日　市规划国土局制订深圳市地铁有限公司位于市中心区27-1-1号地块办公用地《深圳市建设用地规划许可证》。

7月30日　市规划国土局复函市民中心建设办公室，商讨关于第三届高交会临时停车场地的事项。

是月　召开中心区福华路地下商业街初步设计汇报会。

是月　市规划国土局领导联合福田区政府等有关部门召开岗厦村河园片区改造现场办公会，并讨论确定了一些重大问题。

是月　鉴于市80次用地审定会同意和记黄埔地产（深圳）公司在中心区建设五星级酒店，市规划国土局向公司发出中心区17-1地块用地方案图。

8月

8月1日　市规划国土局制订深圳供电局位于市中心区27-1-3号地块110KV少年宫变电站《深圳市建设用地规划许可证》。

8月8日　市规划国土局与市交通研究中心签订深圳市中心区交通综合规划设计合同书。

8月9日　市规划国土局致函市政府办公厅关于确定深圳市新城市购物中心建设规模的函。

8月11日　市政府办公会议纪要（183）关于中心区规划建设问题的办公会议，市领导到市规划国土局中心区仿真室听取了中心区规划建设情况的汇报，原则同意中心南广场33-4地块的商业建筑总面积控制在75 000 m²，并与南中轴、福华路地下商业连建；同意中心区公交枢纽站从33-6号地块移至19号地块，以提高会展中心公交可达性；同意对深圳海关和凤凰卫视的土地和容积率进行合理调整等。

8月20日　位于市中心区的深圳地铁一期工程购物公园站主体封顶。

8月28日　市规划国土局复函深圳市民中心建设办公室《关于市民广场设计合同结算意见的复函》。

8月30日　市规划国土局通知市政院，关于委托进行中心区福华路现有市政工程改造设计的事项，内容包括对福华路现有管线的拆除及临时管线敷设设计，并结合地下商业街和地铁工程进行福华路市政工程恢复设计。

8月31日　召开深圳市中心区雕塑规划第一次讨论会。

8月31日　深圳市规划国土局向日本设计公司、美国SOM设计公司、德国欧博迈亚设计公司发出《深圳市中心区中心广场及南中轴建筑工程与景观环境工程项目征询函》。

是月　市规划国土局决定出版《深圳深圳市中心区

城市设计与建筑设计 1996—2002》系列丛书。

是月　市规划国土局发出《关于调整深圳市中心区道路名称的通告》。

是月　市地籍测绘大队完成《岗厦村河园片区建筑物面积测绘报告》。测绘统计，岗厦村河园片区共分为六个街坊，总共有 551 栋建筑物，总建筑面积为 490 362 m²。

9 月

9 月 3 日　市规划国土局请示市政府《关于深南大道中心区段近期交通改造方案的请示》（深规土〔2001〕359 号）。

9 月 19 日　深业花园 B、C 型住宅（位于中心区 B205-009 地块）建成通过规划验收。

9 月 26 日　市中心区开发建设办公室召开中心区福华路现有市政工程综合改造设计协调会（深规土纪〔2001〕83 号）研究新的福华路改造道路断面确定后，地下商业街和地铁出入口、风亭、冷却塔等构筑物的位置设置原则及有关事宜。

9 月 28 日　市规划国土局制订深圳市双瀛投资公司位于市中心区 26-3-1 号地块商业办公用地《深圳市建设用地规划许可证》。

9 月 29 日　调整凤凰卫视项目在中心区的用地范围，用地面积由原用地 2.2 万㎡调整为 1.1 万㎡。

9 月 30 日　市规划国土局致函广东省电力设计研究院《关于委托进行中心区 20-1-3 地块规划变电站换址可行性研究的函》（深规土函〔2001〕302 号）。

是月　《世界建筑导报——深圳市中心区规划与建设》2001 增刊出版。

是月　建成通过规划验收。

10 月

10 月 8 日　召开市中心区"新万基国际会展大厦"（6-3 号地块）建筑设计方案评标会。

10 月 9 日　市政府办公会议（216）研究会展中心建设项目涉及的拆迁问题。

10 月 10 日　和记黄埔地产（深圳）公司请示市规划国土局请求延迟决定是否承建中心区酒店用地。

10 月 11 日　召开市中心区"地铁大厦"建筑设计方案评标会。

10 月 23 日　市国土管理领导小组第 82 次用地审定会，同意和邦集团公司位于深南路北、红岭路西的宾馆用地理顺产权后等价置换至中心区；原则同意和记黄埔地产（深圳）公司中心区酒店用地暂时延期保留。

10 月 28 日　中心区星河国际住宅项目举行奠基仪式。

10 月 29 日　市规划国土局与市政工程设计院签订市中心区福华路现有市政工程改造设计合同。

是月　市中心区图书馆、音乐厅工程完成地上部分主体钢筋混凝土工程。

是月　位于市民中心东区的第三届高交会馆临时展馆工程如期完成。

11 月

11 月 12 日　市规划国土局请示市政府《关于组织考察市中心区中心广场及南中轴建筑设计方案和环境设计方案设计机构业绩的请示》（深规土〔2001〕438 号）。市政府 11 月 12 日批示同意。

11 月 22 日　市政府常务会议确定了海关科技信息综合楼项目选址在中心区。

11 月 22 日　深圳市祈年实业公司与市规划国土局签订土地出让合同，选址中心区 6-2 号地块建设五星级酒店。

11 月 23 日　信息枢纽大厦（位于中心区 B116-0019 地块）建成通过规划验收。

12 月

12 月 3 日　市规划国土局报告市政府《关于市中心区中轴线酒店项目建设用地的情况报告》（深规土〔2001〕472 号）规划三个五星级酒店项目，仅一项已经签订土地出让合同。

12 月 17 日　市规划国土局请示市政府关于市建安（集团）股份公司用地事宜。

12 月 19 日　市规划国土局报告市政府《关于调整深圳海关市中心区用地及项目规模的情况报告》（深规土〔2001〕490 号）。

12 月 19 日　市政府办公会议（268）研究深南大道中心区及会展中心交通改造方案，决定深南大道中心区的近期交通改造方案暂缓实施。

12 月 24 日　市政府常务会议（三届 46 次）讨论机关事务管理局《关于市民中心后期建设的报告》。会议议定，进入市民中心办公的政府部门原定 19 个，增加市环保局、国资办 2 个单位。各单位要密切配合，确保市民中心 2002 年 10 月底交付使用。

12 月 25 日　市规划国土局制订深圳市福田区教育局位于市中心区 20-3 号地块中学用地《深圳市建设用地规划许可证》。

12 月 29 日　召开市中心区"永润大厦"（23-1-6 地块）建筑设计方案评审会。

12 月 29 日　市规划国土局制订深圳航天广宇工业（集团）公司位于市中心区 23-1-7 号地块商业办公用地《深圳市建设用地规划许可证》。

12 月 30 日　深圳地铁一期工程的市民中心站土建工程全部完成。

2002 年

1 月

1 月 9 日　市中心区开发建设办公室主持召开市中心区购物公园北园公交枢纽站有关竣工移交事宜协调会（深规土纪〔2002〕4 号）。市交通局、城建集团公司代表参加会议。

1月10日 国际商会大厦（位于中心区23-1-4地块）建成通过规划验收。

1月11日 市政府办公会议（22）市长率市政府有关单位负责人到市民中心、会展中心检查工程建设进度，并召开现场办公会，研究两个中心的屋顶设计问题。

1月12日 市规划国土局、建设局向市领导汇报会展中心交通实施方案。

1月14日至31日 市规划国土局组织市中心区三家南中轴商业项目的发展商及相关业务人员，对美国和日本的有关设计机构及其相关项目进行了考察。

1月15日 市规划国土局与广东省电力设计研究院签订220KV深圳福华变电站换址（从中心区20-1-3地块换址到滨河大道与彩田立交的西北角匝道）可行性研究合同。

1月16日 社区购物公园（位于中心区9号地块）建成通过规划验收。

1月24日 市规划国土局致函市发展计划局，研究关于市中心区购物公园北园公交枢纽站竣工移交事宜。

1月28日 市中心区开发建设办公室召开市中心区6-1号地块捷美中心项目建筑设计招标方案评审会。

1月28日 市规划国土局制订新万基集团（香港）公司位于市中心区6-3号地块商业办公用地《深圳市建设用地规划许可证》。

是月 年度重点工作包括：中轴线建筑、景观设计（方案至施工图）；会展中心交通改造方案（含滨海大道中心区段交通改造方案）；22、23-1街坊的支路及小公园设计；深化中心区城市设计、交通规划、地下空间三项的综合规划设计等。

2月

2月6日 召开市政府办公会议（35）研究修改深圳会展中心设计方案有关问题。

2月8日 市领导召开会议，研究市民中心电梯招标、市民广场停车库施工等问题。至今，市民中心东区、中区、西区的主体结构已经全部封顶。

2月20日 市规划国土局上报市政府《关于市中心区南中轴项目实施过程中几个重大事项的请示》（深规土〔2002〕45号）包括南中轴实施时间表、政企合作开发机制和对设计公司的选择。

2月20日 市规划国土局上报市政府《关于市中心区南中轴项目设计单位考察情况的报告》。

2月20日 市规划国土局请示市政府《关于市民广场设计及延迟市民广场停车场建设的请示》（深规土〔2002〕42号），2月27日市政府批示同意。市民广场高度定下后，请市五套班子主要领导到现场及多媒体展示中心区察看总体设计。

2月25日 市领导召开市民中心现场办公会议，要求上半年基本完成中轴线工程设计，2002年下半年动工，2004年9月前建成，与会展中心同步启用。争取中心区

70%—80%项目动工，2005年有阶段性成果。

是月 用施工脚手架进行市民广场尺度现场模拟。

是月 据统计，市中心区办公楼建筑面积已开发43万m²，在建、待建50万m²，办公楼总量尚不足100万m²。中心区居住建筑已建成及在建面积共100万m²。

3月

3月1日 市政府常务会议（三届46次）决定：市民中心整体工程必须于2002年前完成主体建安、幕墙、综合布线以及大屋顶钢网架结构工程。

3月1日 市规划国土局中心区办公室和市城管办联合主持莲花山公园总体规划研讨座谈会，十多位专家参加座谈。

3月4日 召开市政府办公会议（63），市领导主持中心广场及南中轴项目协作小组第一次会议，三家投资公司同意选择美国SOM设计公司作为该项目的设计单位，设计费用由各方按投资比例分摊。会议决定由经贸局牵头三家投资公司共同于5月1日前完成该项目商业计划书。

3月5日 市规划国土局中心区办公室与市规划院协商，2000年11月开始编制的中心区详细蓝图，将于3月底汇总内容并以详细蓝图阶段成果结题。

3月7日 市规划国土局和福田区政府讨论戴德梁行研究编制的《岗厦旧村改造前期策划报告》。

3月11日 市领导主持中心广场及南中轴项目协作小组会议。

3月12日 市规划国土局制订深圳市星河房地产开发公司、深圳市建安（集团）股份公司位于市中心区25-2号地块住宅、商业项目《深圳市建设用地规划许可证》。

3月13日 召开市政府办公会议（58），关于市中心区重点建设项目现场办公会，市领导率有关部门负责人前往市中心区现场办公，研究会展中心、电视台、少年宫、图书馆、音乐厅等重点工程项目建设有关问题。

3月14日 市规划国土局制订中华人民共和国深圳海关位于市中心区26-4-1号地块办公用地《深圳市建设用地规划许可证》。

3月18日 深圳市中心区南中轴项目协作小组第二次会议，确定落实了参加协作小组日常工作人员名单等。

3月18日 市规划国土局与香港创雅集团公司签订市中心区6-1号地块（宗地号B117-0018）土地使用权出让合同书，用地面积7 295m²，土地性质为商业办公用地。

3月19日 市规划国土局请示市政府关于中心区中海华庭项目公共市政支路竣工移交事宜。

3月22日 召开市政府办公会议（71），研究会展中心设计方案有关问题。

3月25日 市领导召开会议协调市中心区南中轴项

目建设有关问题，会议同意成立市中心区南中轴项目建设协调小组。

3月26日　市中心区开发建设办公室主持召开中心区220KV福华变电站换址可行性研究成果汇报会（深规土纪〔2002〕59号）。从20-1-3地块换到彩田路、滨河路立交匝道地块建变电站是可行的，但增加了建站费用和管理难度。

3月27日　召开市中心区"连九洲大厦"建筑设计方案评审会，这是22、23-1街坊第十个项目评审会。

3月28日　市规划国土局制订香港创雅集团公司位于市中心区6-1号地块商业办公用地《深圳市建设用地规划许可证》。

是月　市政府领导主持市中心区南中轴项目协调会，作出了委托美国SOM设计公司负责该项目的建筑与景观工程的全部设计工作的决定。

4月

4月1日　市规划国土局请示市政府《关于确定市民中心市政府常务会议室设计方案的请示》（深规土〔2002〕134号）。4月18日市领导批示：按4月17日政府常务会议研究意见办。

4月1日　市规划国土局致函市发展计划局，协商关于中心区购物公园北园公交枢纽站有关事宜。

4月2日　市规划国土局领导召开市民中心现场办公会议，研究市民中心的外观色彩方案，采用仿真技术方法进行不同颜色方案的比较研究，研究发现：红、黄、蓝三原色已成为市民中心的标志，难以用其他颜色替代。

4月5日　市规划国土局致函市委办公厅《关于请求安排市领导确定市民中心主色调及广场设计事宜的函》（深规土函〔2002〕105号）。

4月5日　市国土管理领导小组第83次用地审定会，同意市中心区香格里拉酒店总建筑规模由17.5万m²减少为15.5万m²；关于会展中心北侧福华三路地下空间商业开发事宜，由市规划国土局提出意见，报下次会议研究决定；同意香江集团等三家公司在中轴线地下商业部分的地价核减计收。

4月10日　市民中心建设办公室组织市九家具有甲级资质的设计、装修单位对西区政府机关办公室开展设计竞赛，并组织专家评审。

4月12日　市规划国土局领导同意市中心区开发建设办公室的请示，将莲花山公园及岗厦村片区公建配套内容（仅以文字说明）纳入市中心区法定图则修编范围。

4月12日　市规划国土局报告市政府关于市民中心工程建设情况的第一期报告，市政府要求市民中心工程2002年10月底全部完工。

4月12日　和记黄埔地产（深圳）公司表示放弃在中心区建设五星级酒店（17-1地块）的计划。

4月16日　召开市中心区中心广场及南中轴项目协作小组第三次会议，会议认为要尽快确定委托设计工作，

三家开发商要尽快进行商业计划书的整合工作等。

4月20日　市规划国土局和中心区办公室、市民中心建设办公室、李名仪建筑师事务所商讨市民中心屋顶采用三分之一太阳能屋面板的图案比较方案，以及进行市民广场设计费结算等事项。

4月22日至5月28日　中心区第二版法定图则（FT01-01&02）草案公开展示，收到公众意见6份。

4月27日　市土地房产交易中心制订中心区17-1酒店用地招标方案。

4月27日　市规划国土局制订广东省广电集团公司深圳供电分公司位于市中心区29-3-2号地块供电用地《深圳市建设用地规划许可证》。

4月28日　市政府办公会议（109）福田区和市民中心工地现场办公会议，要求市民中心建设办公室根据市政府常务会议确定的原则尽快开展装修工作。

是月　市民中心屋顶结构就位成形。中心区雕塑规划初步完成。

是月　《深圳市中心区雕塑规划》定稿。

是月　市中心区土地出让情况统计：市中心区已出让土地约180万m²（含中轴线），发展备用地约20万m²（占可出让建设用地的1/10）；已建成200万m²；在建300万m²（含已签土地合同）；拟建155万m²（未签土地合同）。

5月

5月9日　市规划国土局通知土地开发中心《关于建设市民中心临时停车场的通知》（深规土〔2002〕178号），决定在市民中心东侧26-1地块和北侧28-4地块内建设约2 000个车位的临时停车场，保证今年10月建成并投入使用。

5月20日　深圳市中心区南中轴项目协作小组第四次会议，会议讨论了组成南中轴线项目的19号、33-4号、33-6号三个地块的土地出让合同的特殊条款；会议认为三个地块实施统一经营管理的原则应在总体商业计划书中研究论证。国际企业股份公司要求将19号地块与会展中心连接的地下商业空间一并交由其开发经营等。

5月20日　市中心区开发建设办公室主持召开会展中心周边交通配套工程设计方案审查会（深规土纪〔2002〕63号）。

5月22日　市规划国土局召开地铁建设中规划与土地管理工作现场办公会（深规土纪〔2002〕85号）。会议同意在鹏城一路向东至地铁大厦之间的福中一路路幅下修建地下通道（长300m、宽40m、建筑面积约12 000m²的地下车库和人行通道），将周边物业与地铁站连通。

5月22日　市规划国土局制订黄埔雅苑会所及商场（位于中心区31-3地块）工程的《深圳市建设工程规划许可证》。

5月23日　市规划国土局致函市地铁办，明确关于市中心区地铁出入口等设施设计负责单位的事项。

5月27日 市规划国土局请示市国土管理领导小组关于重新确定市中心区福华三路地下商业空间投资开发单位。

5月27日 市规划国土局请示市国土管理领导小组《关于重新确定商贸投资控股公司在市中心区商业用地地价转国有资本金总额的请示》。

5月30日 市中心区办公室和凤凰卫视公司开始商讨中心区凤凰卫视项目用地北侧收地等问题。

5月30日 市民中心中区大屋顶结构工程完成。

是月 完成中心区交通综合规划与设计。

6月

6月3日 召开深圳市中心区交通详细规划设计成果审查会议（深规土纪〔2002〕78号）。这次成果是在1997年《深圳市中心区交通规划》基础上，结合近几年的中心区法定图则、城市设计和片区交通研究的成果进行总结修编的。

6月7日 深圳市市政工程设计院完成编制市中心区中心广场及南中轴工程估算书，估算编制内容包括中心广场及南中轴工程的33-2、33-3、33-4、33-6、19号五个地块及其相互连接的地下商业街的建筑安装工程和环境工程、公共通道装饰工程、水系等，估算工程费用总额17.6亿元。

6月10日 召开市中心区中心广场及南中轴项目协作小组第五次会议，会议讨论了中心广场及南中轴项目设计合同，确定了合同的总框架，明确了与美国SOM设计公司的谈判思路以及委托方式等。

6月10日 召开市中心区"安联大厦"建筑设计方案评审会。

6月17日 市规划国土局请示市政府《关于市中心区中心广场及南中轴项目设计委托工作的请示》（深规土〔2002〕341号）。

6月18日 市领导和市规划国土局与美国SOM公司总裁、北京法律顾问等有关部门人员开会研究商讨中心广场及南中轴项目设计合同的具体内容。

6月20日 市规划国土局与深圳市创新科技发展有限公司签订深圳市中心区岗厦旧村改造前三维仿真制作合同，制作范围及内容包括中心区的整个岗厦片区，共计建筑551栋。

6月26日 召开市中心区新世界中心建筑设计国际竞标评标会。

6月26日 市规划国土局制订深圳市机关事务管理局位于莲花山西侧市民中心警卫中队营房用地《深圳市建设用地规划许可证》。

是月 北中轴深圳书城建筑工程动工建设。

是月 《中心区南中轴开发项目商业计划报告》专家评议会。

7月

7月1日 市规划国土局请示市政府《关于市中心区南中轴项目土地使用权出让及合作开发事宜的请示》（深规土〔2002〕371号），南中轴三家开发商要求以各自新成立的项目公司签署土地合同，急需市政府协调确定土地出让合同附加的特殊条款及合同签订主体等。

7月4日 市土地投资开发中心发函美国SOM设计公司关于《深圳市中心区中心广场及南中轴项目设计委托书》。

7月8日 市政府办公会议（182）研究关于市中心区中心广场及南中轴商业开发项目有关问题。会议议定：统一规划、统一设计是该项目成功的关键；要求各开发企业向政府承诺该项目建成后，企业自营面积不低于总建筑面积的50%，其余面积出租、转让时必须受到政府严格的条件限制。

7月9日 市规划国土局主持召开莲花山公园总体规划方案国际咨询专家评审会（深规土纪〔2002〕98号）。

7月11日 市规划国土局中心区开发建设办公室召开了市民中心室内设计及室外环境设计工作会议（深规土纪〔2002〕86号）。

7月15日 市规划国土局致函李名仪/廷丘勒建筑事务所《关于市民中心环境设计方案修改意见的函》（深规土函〔2002〕241号）。

7月24日 市国土管理领导小组用地审定84次用地审定会，同意市人才交流服务中心在市中心区建设人才交流市场；原则同意在保证国有资产不流失的前提下，允许市中心区原批准的9个用地项目变更土地受让方后办理土地出让合同。

7月31日 市机关事务管理局致函市规划国土局，要求在市民中心地下一层增设厨房排油烟风井。

8月

8月12日 市规划国土局请示市政府《关于中心区中心广场及南中轴项目设计委托的请示》。市政府9月5日批示同意。

8月13日 召开市政府办公会议（209），研究市民中心装修设计和环境设计方案，原则同意市规划国土局组织编制的市民中心室内装修设计与环境设计的指导原则，请李名仪建筑师事务根据会议讨论情况进一步修正设计原则。

8月16日 市规划国土局致函市对外贸易经济合作局关于（香港）嘉里集团市中心区用地情况。

8月16日 市政府办公会议（220）协调市中心区2000—M1人防工程有关问题，作为深圳第一个政府投资的人防工程项目，特别是福华路地铁建设与人防工程应密切配合。

8月16日 市规划国土局和凤凰卫视公司基本商定中心区凤凰卫视项目用地北侧收地的具体方案。

8月27日 市中心区开发建设办公室主持召开专家讨论会（深规土纪〔2002〕116号），讨论修改市中心区大中华国际交易广场立面设计。

8 月 27 日　市规划国土局制订市民中心（建筑面积 21 万 m²）《深圳市装饰装修工程证明书》，为配合设计和施工招标先发此证。

9 月

9 月 3 日　市规划国土局领导批示同意市中心区开发建设办公室《关于确定〈深圳市中心区城市设计与建筑设计〉丛书编辑工作的请示》。

9 月 4 日　市地铁工程建设指挥部办公室 2002 年第七次全体会议（32）同意在福中一路下，结合金田路口地下过街道及文化展览空间和地下停车场修建人行通道。请地铁公司向市发展计划局申报该项目的投资计划。

9 月 17 日　深圳市新华书店与黑川纪章建筑事务所签订市中心区中轴线第一期工程设计合同。

9 月 25 日　召开市中心区"航天大厦"项目建筑方案专家评审会。

9 月 29 日　市规划国土局制订深圳市香江时代广场实业公司位于市中心区 33-6 号地块中轴线公共平台与商业复合用地《深圳市建设用地规划许可证》。

9 月 29 日　市规划国土局制订深圳融发投资公司位于市中心区 19 号地块中轴线公共平台与商业复合用地《深圳市建设用地规划许可证》。

9 月 29 日　市规划国土局制订深圳市新城市购物中心有限公司位于市中心区 33-4 号地块中轴线公共平台与商业复合用地《深圳市建设用地规划许可证》。

9 月 29 日　市规划国土局与深圳市新城市购物中心有限公司、深圳市香江时代广场实业公司分别签订中轴线公共平台与商业复合用地 33-4 号、33-6 号地块土地出让合同书。

9 月 30 日　市规划国土局复函市地铁公司《关于同意地铁大厦基坑土地石方工程提前开工的复函》。

是月　完成中心区第二版法定图则（FT01-01&02）送审稿，准备提交深圳市规划委员会审批。

9 月　国际商会大厦（A 座）建成通过规划验收。此时已完成标志 CBD 第二代办公楼宇（22、23-1 街坊）所有地块的土地出让和建筑设计方案评审。其中大部分项目已经施工建设，少数项目已经建成竣工。

10 月

10 月 8 日　市规划国土局与深圳融发投资公司签订中轴线公共平台与商业复合用地（19 号地块）土地出让合同书。

10 月 8 日　李名仪建筑事务所提交了市民中心的环境设计最终稿及灯光夜景设计。

10 月 11 日　市规划国土局决定尽快拆除中心区 33-4 地块（水晶岛南侧）的过期临时混凝土搅拌站的违章用地。

10 月 14 日　市规划国土局致函市民中心建设办公室《关于确认市民中心室内装修设计及环境设计方案的函》（深规土函〔2002〕363 号）。原则确认李名仪建筑师事

务所提交的市民中心室内设计成果（2002 年 8 月）及环境设计成果（2002 年 10 月）及相应的设计导则。

10 月 16 日　深圳市城市规划委员会法定图则委员会 2002 年第 3 次会议（深规委纪〔2002〕5 号）同意原则通过了深圳市福田 01-01&02 号片区 [中心区及莲花山地区] 法定图则（第二版）草案，并提出修改意见：岗厦村周边地区的开发强度应按中心区城市设计的要求控制；公交停靠站要预留充足的公交车停靠用地。

10 月 18 日　召开市政府办公会议（275），市长率有关单位负责人前往会展中心、市民中心工地现场检查工程建设情况。要求会展中心争取 2004 年第六届高交会时投入使用。市民中心工期拖延较长，要求采取补救措施，加快建设进度。

10 月 18 日　市规划国土局制订深圳市新星实业发展公司位于市中心区 14-2 号地块商业办公项目《深圳市建设用地规划许可证》。

10 月 21 日　市规划国土局请示市政府《关于确认市民中心室外灯光照明设计方案的请示》（深规土〔2002〕743 号）。原则同意李名仪 / 廷丘勒建筑事务所于 2002 年 10 月 10 日提出的市民中心室外灯光照明设计方案、设计原则及要求。

10 月 23 日　市中心区开发建设办公室主持召开专家讨论会（深规土纪〔2002〕133 号）研究市中心区大中华国际交易广场立面改造方案。

10 月 24 日　市规划国土局和中心广场及南中轴三家投资商代表通过网络视频电话与美国 SOM 公司商谈设计合同事宜。

10 月 25 日　市土地投资开发中心主持召开会展中心周边交通配套工程施工图审查及协调会（深规土纪〔2002〕136 号）。

10 月 25 日市国土管理领导小组用地审定 85 次用地审定会，同意市建安（集团）股份公司位于中心区 94 补—109 地块地价参照旧城改造地价执行，该地块地价款全部转为国家资本金。

10 月 28 日　市规划国土局通知市土地投资开发中心《关于委托签署和执行市中心区中心广场及南中轴建筑与景观环境工程设计合同的通知》（深规土〔2002〕778 号）。

10 月 28 日　市规划国土局发出关于收回（香港）凤凰卫视有限公司部分土地使用权的决定，决定收回 B205-0012 号地块中的 11 642 m² 土地使用权。

10 月 30 日　市规划国土局第 2002-6 次局地政业务会议，原则同意市昌盛投资公司限期一次性缴清（市中心区 18-2 号地块）因增加容积率增加的地价后保留用地，否则无偿收回土地使用权及地上建筑物。

10 月 31 日　深圳市土地投资开发中心、深圳市新城市购物中心有限公司、深圳市香江时代广场实业有限公司、深圳融发投资有限公司四家单位与美国 SOM 设计公司正式签订《深圳市中心区中心广场及南中轴建筑工

程与景观环境工程设计合同》。

11 月

11 月 1 日 市规划国土局决定尽快拆除中心区南中轴 33-4、33-6 及 19 号地块上的违章建筑，以便将三个地块正式移交给已签订土地合同的受让单位。

11 月 4 日 市规划国土局上报市政府《关于深圳会展中心交通配套设施实施事宜的请示》（深规土〔2002〕770 号）。

11 月 4 日 市规划国土局请示市政府《关于确认深圳会展中心交通详细规划的请示》（深规土〔2002〕772 号）。

11 月 4 日 市规划国土局上报市政府《关于市新城市购物中心有限公司股权转让意见的报告》。

11 月 7 日 市中心区开发建设办公室主持召开市中心区北中轴项目调整方案专家评议会（深规土纪〔2002〕138 号）。

11 月 7 日 市规划国土局通知市民中心建设办公室《关于尽快落实市民中心建设中几项设计工作的通知》（深规土〔2002〕777 号）。

11 月 7 日 市规划国土局请示市政府《关于成立市中心区中心广场及南中轴建筑与景观工程项目报建联合审批小组的请示》。由市规划国土局、审计局、建设局、环保局、城管办、交管办、消防局及人防办等部门各派 2-3 名业务骨干组成，在项目设计的各阶段成果需报建审批时，由市领导召集审批小组成员召开联合审查会，会后 3 个工作日内完成审批程序并发批文。

11 月 7 日 市规划国土局通知深圳市新城市购物中心公司、深圳市香江时代广场实业公司、深圳融发投资公司《关于缴交市中心区工程设计费用的通知》。

11 月 13 日 市民中心建设办公室主任办公会议（深市民办〔2002〕32 号）研究决定新的领导班子成员职责分工。

11 月 14 日 市政府常务会议（三届 71 次）原则同意核增会展中心用地红线范围内地下市政隧道及市政广场建筑面积，并相应核增计划投资。

11 月 15 日 市规划国土局请示市政府关于在市中心区水晶岛地下空间设置深圳市城市规划展厅。

11 月 21 日 市规划国土局请示市政府关于尽快确定会展中心配套三星级酒店规划选址（4-1 地块）建设资金渠道和实施单位，计划政府投资一次性建成。

11 月 21 日 市规划国土局通知市中心区各建设、设计单位《关于市中心区商业办公类建筑不设化粪池的通知》（深规土〔2002〕805 号）。

11 月 21 日 市土地投资开发中心编制市中心区中心广场及南中轴线工程综合造价估算表（修改），估算总额 17.5 亿元，并分别列出政府与三家商业开发公司各自的投资内容及数额。

11 月 25 日 市规划国土局主持召开现场办公会议（深规土纪〔2002〕145 号），解决市民广场地下车库及

市民中心厨房排烟、太阳能板布置、常务会议室及行政服务大厅等设计问题。

11 月 28 日 深圳市土地投资中心、深圳市新城市购物中心有限公司、深圳市香江时代广场实业有限公司、深圳融发投资有限公司四家单位签订《深圳市中心区中心广场及南中轴建筑工程与景观环境工程的投资方协议书》。

11 月 29 日 市政府常务会议（三届 72 次）原则同意《深圳市会展中心交通详细规划》，同意会展中心周边道路拓宽和交通改善的方案。为争取工期，保证酒店与会展中心同步建成投入使用，该酒店先由工务局负责建设，今后寻求到合适的投资者再向其转让股权。

是月 会展中心工程项目正式进场施工。

12 月

12 月 2 日 市民中心建设办主持召开市民中心西区政府办公部分装饰设计方案的评审会，对 7 家设计单位的方案进行评审。由吴家骅、李名仪、王辉、饶小军、孟建民、赵小钧、胡海战、李台然、黄伟文等 9 人组成专家评审小组。

12 月 3 日 市政府办公会议（316），召开关于中心区文化设施建设问题现场办公会，研究协调了工地建设中的有关问题。

12 月 4 日 市规划国土局召开市民广场地下停车场设计方案讨论会，并对设计方案提出修改意见。会议要求市中心区开发建设办公室核发市民广场地下停车库的《建设用地规划许可证》，为消防、人防报批等工作提供条件。

12 月 4 日至 15 日 莲花山公园总体规划成果在莲花山公园山顶展馆和设计大厦规划展厅进行展示，并征询公众意见，共收回征询意见表和来信 300 多份。

12 月 5 日 市规划国土局向市政府报告关于华南医院选址初步意见。

12 月 5 日 市规划国土局制订深圳市人才交流服务中心位于市中心区东北角人才交流市场项目《深圳市建设用地规划许可证》。

12 月 9 日 市民中心建设办公室召开市民中心大屋顶相关工程协调会，要求李名仪／廷丘勒建筑事务所设计大屋顶太阳能板布置方式。

12 月 12 日 市规划国土局致函市政府办公厅，请市领导听取深圳市中心区中心广场及南中轴建筑与景观环境工程概念设计汇报。

12 月 12 日 市规划国土局主持召开市民中心西区装饰设计方案确认会（深规土纪〔2002〕154 号）。

12 月 13 日 召开市政府办公会议（5），研究会展中心配套交通设施建设有关问题。

12 月 17 日 召开市政府办公会议（319），研究市民广场施工有关问题。

12 月 18 日 黄埔雅苑二期住宅建成通过规划验收。

12月18日　市规划国土局复函李名仪／廷丘勒建筑设计公司（深规土函第HQ0202621号），同意按初步设计通过审批支付市民广场设计费，以此结清该项目设计费，终止设计合同。

12月18日　深圳市博物馆致函市民中心建设办公室《关于落实市长改造博物馆大门及立面指示的函》。

12月19日　市政府常务会议（三届74次）研究市规划国土局《关于在市中心区水晶岛地下空间设置深圳市城市规划展厅的请示》等几个事项，会议同意利用水晶岛的地下空间的一半（约6000 m²）建设城市规划展厅，其余空间除用于公共通道外，设计建设成具有独特风格和品位的市民休闲场所。

12月19日　市规划国土局2002年第7次局规划设计建管业务会议，研究市中心区昌盛大厦修改法定图则的问题（申请建筑功能由业务楼改为酒店，并增加容积率）。会议议定，提交城市设计研究方案后，再按程序上报。

12月20日　市规划国土局更新制订深圳凤凰置业有限公司位于市中心区26-3-4号地块商业办公用地《深圳市建设用地规划许可证》。

12月21日　深圳市城市规划委员会主任签发深圳市福田01-01&02号片区（中心区及莲花山地区）法定图则（第二版）。

12月22日至23日　召开市中心区中心广场及南中轴建筑与景观环境工程概念设计（中间成果，比较三个方案）汇报会，市规划国土局、参与投资南中轴商业的三家公司、市领导分别听取了汇报。

12月25日　市建筑工务局请示市政府《关于确定会展中心配套酒店使用单位的请示》，建议由市外经贸局作为会展中心发展用地的使用单位和配套酒店、停车场的业主单位。

12月26日　市规划国土局完成市民广场地下停车场工程设计方案审批意见书（深规土设方字〔2002〕0730号）。

12月29日　市中心区开发建设办公室召开中心区永润大厦（23-1-6地块）设计方案评审会。

12月30日　市规划国土局致函市旅游局，征询市中心区（3-1、3-2地块）三星级酒店（作为会展中心的配套酒店）的规模及配套意见。

12月30日　市规划国土局制订中共深圳市委组织部位于莲花山公园东南角深圳市第二老干部活动中心《深圳市建设用地规划许可证》。

是月　市规划国土局与深圳凤凰置业有限公司签订市中心区26-3-4号地块土地合同补充协议，收回11642 m²用地。

是月　召开市民中心西区政府办公部分装饰设计方案的评审会。

是月　《深圳市中心区城市设计与建筑设计1996-2002》系列丛书第1、2、3、4、10分册由中国建筑工业出版社正式出版发行。

是月　标志CBD第二代办公楼的中心商务大厦、国际商会大厦（B座）公开销售。

是年　市民广场委托市建筑设计总院进行了地下停车库的施工图设计及地面临时方案设计。

是年　中山大学、华南农业大学、华南师范大学、深圳市莲花山公园管理处共同完成了莲花山公园生态资源调查及生态环境评估项目。

2003年

1月

1月8日　市规划国土局与日本株式会社GK设计签订深圳市中心区整体环境概念设计及北片区街道环境设施实施设计合同。

1月15日　市国土管理领导小组86次用地审定会同意华南医院选址在莲花山西北角，占地面积3.2万m²，但该选址方案须按程序报深圳市城市规划委员会审批，并做好环境评价，适当控制建设规模和高度，不得破坏山体；同意老干部第二活动中心安排在莲花山东南角1-2地块内，用地面积16455m²，须补计划立项手续后再办理用地手续；同意深圳市地税局选址中心区27-1-4地块建设税务综合楼。另外，中心区市民广场及南中轴、北中轴，会展中心道路配套，鹏城三路、四路，深南大道中心区段交通改造等列入2003年度市本级土地开发基金投资市政工程计划。

1月15日　市中心区开发建设办公室主持召开专家讨论会（深规土纪〔2003〕5号），研究市中心区大中华国际交易广场立面改造方案。

1月17日　市规划国土局通知市中心区各建设项目开发单位、设计单位关于委托中国建筑工业出版社出版《深圳市中心区城市设计与建筑设计1996-2002》系列丛书，丛书将编辑、出版深圳市中心区各建设项目建筑设计方案至工程建设过程中相关的部分图文资料。

1月23日　市规划国土局领导率有关部门同志赴市民中心召开现场办公会议（深规土纪〔2003〕13号），研究加快市民中心工程后期建设的有关问题。要求确保工程质量的前提下，确保政府办公区按时投入使用。争取尽快完成大屋顶网架结构验收工作，之后立即开始上、下封板安装工程的施工。市民广场地下车库桩基础工程要求在雨季前完成施工。

1月28日　市规划国土局致函市政府办公厅，请市领导听取2月12日（拟定）深圳市中心区中心广场及南中轴建筑与景观环境工程概念设计汇报会。

1月28日　市规划国土局致函市经贸局《关于邀请参加深圳市中心区中心广场及南中轴建筑与景观环境工程概念设计汇报会的函》。

1月28日　市中心区开发建设办公室召开中心区6-1号地块"捷美中心"项目建筑设计方案评审会。

1月28日　市政府办公会议（36）研究福华路地下

商业街人防工程移交问题。会议认为，将福华路地下商业街人防工程移交给地铁公司，有利于减少项目施工对已建地铁箱涵、铺轨等影响，并确保与地铁同步施工及投入使用。

1月29日　市规划国土局请示市政府（深规土〔2003〕54号）取消市民中心大屋顶太阳能板，以保证工程质量和进度。

1月31日　市领导率有关部门同志到市民中心建设办公室现场办公，研究加快市民中心工程后期建设的有关问题。

1月31日　市政府办公会议（42）研究会展中心和市民中心两大工程屋顶设计有关问题。会议决定适当调减会展中心屋顶玻璃天窗和遮阳百叶的使用比例，组织专家对玻璃天窗占屋顶面积30%和15%两个方案再比较研究后确定；由于市民中心屋顶太阳能发电系统在安装技术、运行安全、外观协调及节能经济效益等方面存在不少问题，会议决定取消市民中心屋顶太阳能发电系统。

2月

2月10日　召开深圳市中心区中心广场及南中轴建筑工程与景观环境工程概念设计工作会议。SOM设计公司汇报三个概念方案，专家及投资方对设计内容进行讨论。到会专家有吴良镛、周干峙、李名仪、Klaus Kohlstrung、横松宗治、陈世民、吴家骅、朱荣远、孟建民、王富海、费晓华、刘鲁鱼、朱菁。市委、市政府领导晚上召开专题会议，研究该工程概念设计方案。因专家、领导意见出现分歧，会议决定暂停该工程概念设计方案，重新研究工程设计任务书。

2月11日　市规划国土局领导主持会议，研究中心广场及南中轴建筑与景观环境工程的下一步工作。要求修改设计任务书，该工程暂停。中心办和市规划院重新核定该项目的商业建设规模及二层步行系统连接方式。

2月14日　市政府办公会议（45）研究市民广场地下停车库工程发包有关问题。

2月19日　星河实业（深圳）公司竞得政府以挂牌方式出让的位于市中心区福华路和福华三路之间的宗地号B117-0015地块，酒店用地面积9 813 m²。

2月25日　市中心区开发建设办公室召开中心区现场会议，进行中心一路市政支路（10号地块）工程验收并移交管理部门。

2月25日　深圳证券交易所向市政府申请深圳证券交易所新办公楼建设用地。

是月　举行市民中心大屋顶网架工程的专家论证会。

3月

3月5日　市政府办公会议（69），研究市民中心装修工程和市民广场地下车库建设有关问题。

3月6日　深圳书城中心城（原名：科技书城）通过工程项目方案审批。

3月11日　市规划国土局与深圳北方中成实业公司签订市中心区17-2号地块（宗地号B117-0016）土地使用权出让合同书，用地面积7 368 m²，土地性质为商业办公用地。

3月17日　市规划国土局局长办公会议（2003-3）要求加快清理中心区用地项目，抓好中心区建设现场管理工作，及时调整市中心区规划建设的工作重心。

3月18日　位于市中心区CBD核心地段的商务办公楼——时代金融中心开盘销售。

3月18日　位于市中心区北区的商务办公楼——深圳新世界中心奠基。

3月19日至20日　市中心区开发建设办公室和深规院规划师共赴北京向专家汇报中心广场及南中轴建筑与景观环境工程的商业建设规模及二层步行系统连接方式等任务书内容。专家认为中轴线商业面宽120米，太宽了，可与北中轴80-90米等宽。专家同意中轴线从会展中心到莲花山用二层人行系统连起来是好的，有一条脊椎骨支撑统一中心区是好的；在水晶岛处做暂时的人行连接，以后再画龙点睛。

3月21日　市规划国土局致函市城管办《关于莲花山公园总体规划设计审查意见的函》。

3月31日　黄埔雅苑三期住宅及配套（位于中心区32-2地块）建成通过规划验收。

是月　市民中心方塔、圆塔开窗施工图审核通过。进行中段、西段（即B区、C区）室内装修。

是月　位于市中心区CBD核心地段的商务办公楼——兴业银行大厦开盘销售。

是月　福田区重建局委托中规院深圳分院和世联地产公司从规划和市场的角度共同编制岗厦改造规划。

4月

4月2日　市中心区CBD办公楼——国际商会大厦B座正式入伙。

4月2日　市规划国土局通知市规划院《关于委托开展市华南医院规划选址研究工作的通知》。

4月7日　召开市中心区第二老干部活动中心建筑设计方案评标会。

4月8日　市中心区开发建设办公室召开中心区26-1-2地块"中铁建大厦"建筑方案评审会。

4月11日　市规划国土局通知深圳市市政工程设计院开展中心区范围内规划的12条（段）、长约3.17 km的市政支路设计。

4月11日　市规划国土局通知深圳市市政工程设计院《关于尽快开展中心区福华路东段（1号地铁线岗厦站至会展中心站）现有市政工程改造设计的通知》。

4月14日　市规划国土局召开2003年第2次局地政业务会议，审议项目包括香格里拉大酒店（深圳福田）有限公司、嘉里置业（深圳）有限公司两公司申请市中心7-1号、7-3号两块地的地价单价及付款方式。

4月17日　市规划国土局制订深圳市莲花山公园管

理处位于市中心区莲花山公园（用地面积170 0825 m²）配套设施《深圳市建设用地规划许可证》。

4月29日　黄埔雅苑小学（位于中心区32-2地块）建成通过规划验收。

4月30日　市国土管理领导小组87次用地审定会，同意嘉里集团公司中心区用地有关问题；深圳市总商会申请用地调整到中心区的事项，按会议要求再次协调后再定。

5月

5月8日　市规划国土局召开北中轴深圳书城建筑工程方案调整第一次专家顾问会，在黑川纪章建筑方案与华森设计公司工程实施之间建立专家顾问机制。

5月9日　市政府办公会议（162）：召开市民中心和市民广场地下车库工程现场办公会议。

5月9日　市规划国土局召开2003年第2次局规划设计建管业务会议（深规土纪〔2003〕65号），审议市中心区2项业务，会议同意广电集团深圳分公司要求增加新洲变电站容积率、市万科达（新世界）投资有限公司要求增加建筑高度的申请。

5月12日　深圳市规划与国土资源局直属机关委员会批复规划处中心党支部《关于成立规划处市政处中心办等三个党支部的批复》（深规图直党字〔2003〕8号），同意成立深圳市中心区开发建设办公室支部，陈一新任中心办支部书记。

5月13日　市领导主持会议研究《华南医院可行性研究报告》。

5月14日　市规划国土局召开会议（深规土纪〔2003〕68号）协调市中心区未按期实施项目，11家开发建设单位负责人参会。会议要求各单位加快项目建设进度，并明确今后建立协调会议制度，每月召开一次协调例会，形成会议纪要报市政府。

5月15日　市规划国土局召开北中轴深圳书城建筑工程方案调整第二次专家顾问会。

5月16日　市规划国土局和市人事局联合举行深圳市人才资源大厦概念设计网络评议会，深圳主会场设于深圳人才大市场，同时有北京、上海、南京、美国旧金山4地分会场。

5月21日　市长和有关市领导听取了市中心广场及南中轴规划设计方案的汇报。

5月21日　市政府批复同意市规划国土局关于同步建设会展中心北侧福华三路地下连接段的请示。

5月21日　市规划国土局制订深圳市万科达投资公司位于市中心区29-3-1号地块商业办公项目《深圳市建设用地规划许可证》。

5月22日　市规划国土局召开北中轴深圳书城建筑工程方案调整第三次专家顾问会。

5月23日　市领导主持召开第二老干部中心可行性研究报告评审会。

5月23日　市规划国土局批复同意市政府关于市中心区配套学校建设有关问题的请示。

5月26日　市中心区开发建设办公室召开市中心区17-2地块金中环国际商务大厦建筑设计方案评审会。

5月27日　市规划国土局召开北中轴深圳书城建筑工程方案调整第四次专家顾问会。

5月27日　市发展计划局批复深圳电视台《关于深圳电视中心附楼工程立项的批复》。

5月29日　市规划国土局致函市城市管理办公室，请尽快清理市中心区26-1-2号地块及其东侧市政道路用地范围围内的苗木后交回，该地块即将出让。

6月

6月2日　市委和市政府领导听取了市中心广场及南中轴规划设计调整方案的汇报，并研究确定了中心广场及南中轴规划建设的原则及实施方案。

6月4日　市规划国土局制订深圳市建安（集团）股份公司位于市中心区25-1号地块居住用地《深圳市建设用地规划许可证》。

6月11日　市规划国土局召开市中心区智能交通监控管理系统设计前期工作会议（深规土纪〔2003〕83号）。

6月12日　市规划国土局请示市政府《关于变更市中心广场及南中轴项目的商业开发单位和设计组织模式的请示》。由于该项目的规划设计条件已发生了较大变化，相关的土地使用权出让合同及设计合同必须作相应的变更。为了加快进度，请市政府尽快明确变更该项目的商业开发单位，采用竞标方式重新选择设计单位。

6月12日　市规划国土局召开北中轴深圳书城建筑工程方案调整第五次专家顾问会。

6月16日　市规划国土局通知市规划院《关于委托开展市中心区23-2地块详细蓝图设计工作的通知》。

6月18日　市规划国土局召开北中轴深圳书城建筑工程方案调整第六次专家顾问会。

6月18日　市政府办公会议（230）：召开市民中心和市民广场地下车库工程第二次现场办公会议。

6月20日　市政府办公会议（217），研究市中心区电缆隧道未完工程有关问题。

6月26日　市规划国土局召开北中轴深圳书城建筑工程（景观）方案第六次专家审查会。

6月27日　市规划国土局通知深圳华森建筑与工程设计公司、铁道部专业设计院深圳分院《关于委托进行市中心区北中轴两处高架绿化平台工程设计的通知》。

6月30日　市规划国土局更新制订深圳市总工会位于莲花山公园东南角第二工人文化宫项目《深圳市建设用地规划许可证》。

6月30日　市规划国土局召开会议（深规土纪〔2003〕96号）关于市中心区未按期实施项目第二次协调会，12家开发建设单位负责人参会。

是月　深圳书城中心城（位于中心区北中轴）开工

建设，开始土石方工程开挖爆破。

7 月

7 月 2 日 市规划国土局完成市民广场（临时）方案审批意见书（深规土设方字〔2003〕0661 号）：要考虑临时广场与市民中心的配合，又要适当简单处理，以节省资金；建议取消广场两侧 6 个灯塔、4 个采光小平台及所有水体。

7 月 2 日 市规划国土局召开市中心区第二老干部活动中心项目第二轮建筑设计招标方案评审会。

7 月 4 日 市规划国土局召开北中轴深圳书城建筑工程（景观）方案调整第七次专家顾问会。

7 月 9 日 市规划国土局召开市中心区 13 条市政支路（鹏程五路南段、中心一路南段、中心三路、中心六路，以及 6 号地块、7 号地块、8 号地块、17 号地块、20-3 号地块、26-3 号地块、26-4 号地块、30-1 号地块、14 号地块的市政支路）的设计方案。

7 月 9 日 市规划国土局原则同意中心区 17-2 地块金中环商务大厦项目的方案报建。

7 月 9 日 深圳书城中心城项目通过建设工程初步设计审批。

7 月 11 日 市领导召开会议研究深圳证券交易所用地建设问题。

7 月 11 日 市规划国土局制订深圳融发投资公司位于市中心区会展中心北侧福华三路地下连接段商业项目《深圳市建设用地规划许可证》。

7 月 14 日 市规划国土局召开市中心区整体街道环境概念设计方案第一次专家评审会。

7 月 15 日 市政府办公会议（241）研究市民中心工业展览馆新馆装修有关问题。

7 月 18 日 市规划国土局制订市土地投资开发中心位于市中心区北中轴跨福中路连接市民中心平台项目《深圳市建设工程规划许可证》。

7 月 20 日 市规划国土局召开北中轴深圳书城建筑工程（景观）方案调整第八次专家顾问会。

7 月 23 日 市发展计划局通知市建筑工务局《关于下达市第二工人文化宫工程项目 2003 年政府投资计划的通知》。

7 月 24 日 市政府常务会议（三届 96 次）原则同意市规划国土局《关于变更市中心广场及南中轴项目的商业开发单位和设计组织模式的请示》，根据专家意见，市政府曾就市中心广场及南中轴项目的规划作调整，即减少商业开发面积，相应增加公共绿化面积。为此，必须相应变更相关的土地使用权出让合同及设计合同，并明确变更后该项目的商业开发单位及设计组织模式。

7 月 25 日 市规划国土局更新制订广东省广电集团公司深圳供电分公司位于市中心区 10-2 号地块变电站和办公项目《深圳市建设用地规划许可证》。

7 月 29 日 市规划国土局发布公告，中心区的四块办公用地将于 8 月 29 日在市土地与房产交易中心公开拍卖使用权，四块土地总面积 34 000 m²，分别位于中心区的南、北片区，与市民中心相邻，位置优越。

8 月

8 月 1 日 市规划国土局致函市教育局关于市中心区配套学校建设问题的复函，市中心区住宅所有配套幼儿园均由发展商无偿投资建设，建成后移交教育局；小学由政府出资建设。

8 月 5 日 市规划国土局召开北中轴深圳书城建筑工程（景观）方案调整第九次专家顾问会。

8 月 6 日 市发展计划局批复《关于福中一路地下通道及展示空间项目建议书的批复》，本项目不考虑展示空间和地下停车场的功能，确定本项目为交通功能，总建筑面积为 2 411 m²，地道宽度 6 至 8 m。

8 月 7 日 深圳文化中心工程指挥部向市规划国土局报告文化中心工程进度计划及主要分项控制目标。计划 2004 年 3 月图书馆初步具备使用条件；2004 年 5 月音乐厅初步具备使用条件。

8 月 12 日 市规划国土局制订深圳供电公司位于市中心区 2 号地块福中三路 110KV 变电站项目《深圳市建设用地规划许可证》。

8 月 13 日 市规划国土局更新制订深圳市祥南石化投资公司位于市中心区 14-1 号地块商业办公用地《深圳市建设用地规划许可证》。

8 月 14 日 市规划国土局中心区办公室主持召开会议（深规土纪〔2003〕113 号），研究中心区北中轴大巴车库建设问题。

8 月 20 日 市规划国土局制订深圳供电公司位于市中心区 30-4 号地块 220KV 红荔变电站项目《深圳市建设用地规划许可证》。

8 月 29 日 市规划国土局主持召开中心区中铁建大厦超限高层建筑工程抗震设防专项审查会。

8 月 29 日 市规划国土局召开北中轴深圳书城建筑工程（景观）方案调整第十次专家顾问会。

8 月 30 日 完成会展中心钢筋混凝土结构工程封顶。

9 月

9 月 1 日 市政府常务会议（三届 98 次）原则同意解决市民中心部分设备采购安装项目所需资金问题，保证市民中心工程按期交付使用；同意深圳电视台在中心区项目扩大北侧用地仅做电视中心的环境工程；为保证深圳市金融业发展预留用地，要求对市中心区用地进行调整，调出的用地作为金融业发展预留用地。

9 月 1 日 黄埔雅苑会所及商场（位于中心区 31-3 地块）建成通过规划验收。

9 月 2 日 市规划国土局召开市中心区整体街道环境概念设计成果专家评审会。

9 月 4 日 市规划国土局召开市中心区 17-1 地块星河国际酒店建筑设计方案评审会。

9月5日　市规划国土局与市规划院签订深圳市FT01-02号片区[深圳市莲花山片区]法定图则编制合同书。

9月10日　市规划国土局召开2003年局第5次规划建管业务会议（深规土纪〔2003〕124号），原则同意在满足消防、交通、日照的规范条件下，适当提高深南路与彩田路交叉口西南角的中心区东侧1.17万㎡用地（原名为珠江广场）的容积率。

9月10日　市中心区开发建设办公室和市公安消防局开会研究市中心区超高层建筑屋顶设置停机坪的规划布局问题。

9月12日　深圳市土地投资开发中心、深圳市新城市购物中心公司、深圳市香江时代广场实业公司、深圳融发投资公司与美国SOM设计公司签订深圳市中心区中心广场及南中轴建筑工程与景观环境工程设计合同终止协议。

9月19日　市建设局致函市规划国土局《请予拨付福田中心区土地开发项目结算资金的函》。市建设局负责开发的福田中心区土地开发项目已于1999年全部完工，并移交给相关的管理部门。该项目计划投资人民币145 000万元。

9月19日　市规划国土局致函市商贸控股公司《关于尽快对市中心区B117-0008用地已发生费用提请审计的函》。

9月22日　市规划国土局批复深圳捷美中心超限高层建筑抗震设防初步设计。

9月23日　市规划国土局批复深圳中铁建大厦超限高层建筑抗震设防初步设计。

9月25日至26日　市委市政府领导班子2003年度民主生活会上，市委建议市政府对莲花山周边工程项目（主要包括：华南医院、市第二老干部活动中心、第二工人文化宫、市民中心警卫中队营房及训练场等）进行调整研究。

9月26日　市规划国土局向国内外规划、建筑及景观设计单位发布《深圳市中心区中心广场及南中轴景观环境工程方案设计招标公告》。

9月28日　市规划国土局召开中心区北中轴跨福中路连接市民中心平台等工程招标会议。

9月28日　市规划国土局召开会议，研究中心区交通规划方案定稿及实施问题。

9月29日　市中心区整体街道环境（街道小品、铺装、灯光、广告等）概念设计方案通过专家评审，在设计大厦城市规划展厅公开展示。

9月29日　市规划国土局制订深圳市岗厦实业股份公司位于市中心区岗厦片91-196号土地（原名为珠江广场，用地面积11 700㎡）改造用地《深圳市建设用地规划许可证》。

9月30日　市规划国土局与美国SOM公司终止深圳市中心区中心广场及南中轴建筑与景观环境工程设计合同。

是月　《深圳市中心区城市设计与建筑设计1996-2002》系列丛书第5、6、7、8、9分册由中国建筑工业出版社正式出版发行。

10月

10月8日　市政府常务会议（三届101次）研究调整优化莲花山周边若干项目选址及为民办实事工程问题，会议决定原计划布局在莲花山周边的华南医院、市第二老干部活动中心、第二工人文化宫、市民中心警卫中队营房及训练场等四个项目全部迁出莲花山。

10月9日　市规划国土局请示市政府关于确认深南大道中心区段近期交通改造实施方案。

10月9日　市规划国土局制订深圳电视台位于市中心区31-1-1号地块深圳电视中心环境工程园林绿化用地《深圳市建设用地规划许可证》。

10月13日　市规划国土局邀请市监察局参加市中心区中心广场及南中轴景观环境工程设计招标工作小组。

10月16日　市政府办公会议（360），研究市民中心和市民广场地下车库建设问题。

10月17日　市中心区开发建设办公室召开会展中心北侧地下市政广场与福华三路地下连接段设计协调会，市建筑工务局、市土地投资开发中心、北京市政院、中建东北设计院、香港建设公司等单位参加。

10月20日　市中心区开发建设办公室召开会展中心北侧与福华三路地下连接段设计协调会，经局领导研究决定，福华三路地下人行和车行连接段列入会展中心周边交通配套工程，不再进行商业开发，由土地投资开发中心统一实施。

10月21日　市中心区开发建设办公室召开市中心区中心广场及南中轴景观环境工程设计方案招标工作小组会议。

10月24日　市规划国土局与深圳华森建筑与工程设计公司签订市中心区中轴线一期工程设计补充协议，原委托方市民中心建设办公室也签字盖章。

10月25日　市规划国土局共收到65个设计团队提供的《深圳市中心区中心广场及南中轴景观环境工程方案设计招标》报名资料。

10月27日　市地铁公司请示市规划国土局《关于福中以路地下通道工程方案设计规划报建的请示》。

10月31日　深圳市中心区中心广场及南中轴景观环境工程方案设计投标单位预审会，由11名专家组成预审小组，对65家报名单位的报名材料进行了认真审核和评议，通过无记名投票方式确定7个设计团队作为《深圳市中心区中心广场及南中轴景观环境工程方案设计招标》的邀请投标单位。

是月　市政府常务会议决定第二工人文化宫、第二老干部活动中心、华南医院、武警中队用房等建设工程项目全部停止在莲花山公园内的有关工作。

11 月

11 月 3 日 市规划国土局召开市中心区北片区街道环境设施实施设计方案专家评审会（第三次）。

11 月 3 日 市规划国土局邀请 7 个设计团队参加深圳市中心区中心广场及南中轴景观环境工程方案设计投标：株式会社日本设计，北京土人景观规划设计研究所，MAD（MA Design office）、Balmori Associates、SWA Group 公司、深圳市北林苑景观设计公司、马来西亚汉沙杨有限公司、北方——汉沙杨建筑工程设计公司、深圳市城市规划设计院、香港阿特森泛华规划建筑与景观设计公司、中建国际（深圳）设计顾问公司、PTW 建筑设计公司、Mather & Associates 有限公司。

11 月 7 日 市政府办公会议（373），研究加快会展中心建设有关问题，市政府已明确要求第六届高交会启用会展中心新馆。

11 月 10 日 市规划国土局举行深圳市中心区中心广场及南中轴景观环境工程方案设计发标会，7 个设计团队参加竞标。

11 月 11 日 市领导主持召开岗厦村改造规划领导小组会议。

11 月 13 日 市规划国土局召开市中心区 22、23-1 街区街道设施和公园环境设计方案评标会。

11 月 14 日 市政府办公会议（367），研究部分金融机构发展用地问题。会议听取了深圳证券交易所等九家金融机构用地需求情况，会议议定金融项目立项、用地及市中心区 5 万 m² 金融预留地的开发方式等问题。

11 月 19 日 市规划国土局更新制订深圳市祈年实业发展公司位于市中心区 6-2 号旅馆业用地《深圳市建设用地规划许可证》。

11 月 20 日 市规划国土局报告市政府关于市中心区三星级酒店及停车场项目用地情况。

11 月 21 日 市中心区开发建设办公室与地铁公司、少年宫筹建办、设计院的有关人员对福中一路地下通道工程的现场实地考察分析后认为：鉴于福中一路地下人行通道长达 250 m，埋深 8.5 m，其五个各长 15-18 米的采光天窗以及众多出入口等必须占用少年宫南侧的大部分人行道和绿化带，对福中一路的人行交通和景观（包括对少年宫的立面景观）将产生严重影响，应取消该地下通道项目。

11 月 22 日 市中心区南区 CBD 的商务办公楼——会展时代中心正式开盘。

11 月 24 日 市规划国土局批复深圳市华森建筑与工程设计公司《关于市中心区北中轴线工程景观方案设计审查意见的函》。

11 月 25 日 市中心区开发建设办公室召开市中心区北片区街道环境设施实施设计成果专家评审会（第四次）。

11 月 26 日 市中心区 CBD 的商务办公楼——国际商会中心举行封顶仪式。

是月 开始建设北中轴线跨福中路连接市民中心的天桥。

12 月

12 月 1 日 市规划国土局请示市政府关于市民广场（占地 16 万 m²）内大型庆典广场设计建设问题。

12 月 1 日 市规划国土局请示市政府关于市中心区福华三路施工管理工作。为配合会展中心的建设，统一协调管理，建议将福华三路地下连接段通道和福华三路路面改造工程一起交由市建设局（建筑工务局）建设。

12 月 4 日 市规划国土局致函市工商局、城管办、公安交警局商讨关于市中心区户外广告设置审查事宜。

12 月 4 日 市政府办公会议（4），研究市民中心及市民广场建设有关问题。因整个市民广场的设计方案待定，会议同意对市民广场地下车库屋顶部分先进行绿化，除地下车库必要的出入口和采光口，其他设施暂缓建设，待市民广场的景观设计方案确定后再统一实施（确定了市民广场临时方案）。

12 月 5 日 会展中心主体钢结构工程全部吊装完成。

12 月 7 日 市民中心巨型大屋顶盖安装完成。

12 月 10 日 市中心区开发建设办公室召开市中心区北片区街道环境设施实施设计成果专家评审会。

12 月 15 日 市规划国土局召开市中心区天鸿祈年酒店方案设计评审会。

12 月 21 日 市中心区 CBD 商务办公楼——卓越大厦举行开盘庆典。

12 月 31 日 市规划国土局请示市政府关于收回莲花山公园周边四个项目（包括市保健办华南医院、市委组织部第二老干部活动中心、市总工会第二工人文化宫、市机关事务管理局市民中心警卫中队营房及训练场）建设用地。

是月 星河国际花园竣工。

是月 市中心区图书馆、音乐厅主体工程全部完成。

是月 市民中心及市民广场地面工程基本完工。

2004 年

1 月

1 月 2 日 市规划国土局请示市政府对市中心区北中轴连接莲花山的天桥（包括跨红荔路的天桥和与莲花山坡地相结合的半圆型广场）进行地质勘探工作，以满足施工图设计的需要。

1 月 5 日 市中心区开发建设办公室主持召开深圳市中心区智能停车诱导系统设计专家评审会。邀请北京、上海及本市共七位交通规划、交通管理方面的专家。

1 月 5 日 市规划国土局与土地投资开发中心签订市中心区中心广场及南中轴景观环境工程方案设计招标评审会合同书。

1月9日　市规划国土局请示市政府关于在市中心区北中轴项目中增建规划展厅的事项。即在北中轴至莲花山尽端的半圆形广场（按两层建设：一层为车库，二层作展厅）增建规划展厅5 000 m²。

1月9日　市规划国土局通知市中心区各有关开发建设单位《关于加强市中心区建设项目室外环境及外墙立面设计管理的通知》（深规土〔2004〕23号）。为了更好地实施中心区整体环境设计方案，把建筑的外墙立面设计、广告、标识设计以及室外环境设计管理真正落到实处，要求各开发商报建环境设计图（包括建筑立面上的广告、标识设计），并要求备案外墙立面材料作为规划验收的依据之一。

1月9日至10日　市中心区中心广场及南中轴景观环境工程方案设计评标会，由11位中外专家组成评标委员会，评选出3个入围方案。到会专家有周干峙、李名仪、冯·格康、南和正、黄常山、乔全生、孟建民、王全德、汤桦、李宝章、陈一新。

1月10日　市政府办公会议（21），研究市民中心园林绿化和周边道路交通改善等配套工程建设问题。

1月12日至2月8日　市中心区中心广场及南中轴景观环境工程3个入围方案公开展示，咨询公众意见，并专门向市人大、市政协以及市规划学会、市建筑师学会组织的部分专家咨询了意见。

1月15日　市政府常务会议（三届111次）审议了包括香港中旅（集团）公司在中心区建设商业办公楼等若干个协议用地项目。

1月16日　市规划国土局分别致函市人大常委会办公厅、市政协办公厅《关于市中心广场及南中轴景观环境工程设计入围方案汇报暨征求意见的函》。

1月17日　市政府办公会议（24），研究会展中心建设有关问题。

1月17日　市政府办公会议（32），研究协调深圳市部分金融机构发展用地有关问题。会议要求已经向市金融办申请用地的15家金融企业，必须以自用（不低于60%）为原则，不得合作建房，不得进入市场销售，不得以土地出资作价入股方式进行房地产开发。

1月17日　市规划国土局请示市政府关于取消市中心区福中一路地下人行通道（连接地铁大厦和少年宫地铁站）工程。

1月18日　市规划国土局与日本株式会社GK设计签订市中心区22、23-1街坊街道环境设施和公园景观工程设计合同。

1月18日　市规划国土局与市交通研究中心签订深圳市中心区智能停车诱导系统设计合同。

1月19日　市领导召开中心区交通规划实施协调会。

1月19日　市领导召开市民中心室内壁画、雕塑方案研究会议。

1月28日　市政府批复同意市规划国土局关于收回

莲花山公园周边项目建设用地的请示，将四个项目（市保健办华南医院、市委组织部第二老干部活动中心、市总工会第二工人文化宫和市机关事务管理局市民中心警卫中队营房及训练场）的用地划归莲花山公园，由城管办进行规划管理。

是月　召开市中心区中心广场及南中轴景观工程设计方案评标会，选出三个入围方案。

2月

2月2日　政协深圳市委员会办公厅复函市规划国土局《关于对市中心广场及南中轴景观环境工程设计意见征求的复函》。

2月3日　市中心区开发建设办公室召开会议协调中心区北中轴深圳书城中心城项目与地铁少年宫站之间连接通道的设计和建设中存在的问题，通道由新华书店出资建设和管理，产权归政府。

2月9日　市政府办公会议（38），研究市民中心周边交通的有关问题，要求市中心区开发建设办公室统筹协调中心区范围内的有关道路、绿化、路灯等工程，抓紧开展工程前期设计工作。

2月9日　市规划国土局与深圳市城市规划设计院签订深圳市中心区中心广场及南中轴建筑与景观环境工程前期研究合同。

2月10日　市人大常委会组织的人大代表小组听取市规划国土局关于市中心区中心广场及南中轴景观环境工程设计招标的三个入围方案汇报。

2月11日　市城市规划学会委员听取市规划国土局关于市中心区中心广场及南中轴景观环境工程设计招标的三个入围方案介绍，并提出意见和建议。

2月11日　市领导召开会议协调中心区福中一路地下通道及展示空间的立项、功能定位及有关建设问题。

2月12日　市建筑师学会委员听取市规划国土局关于市中心区中心广场及南中轴景观环境工程设计招标的三个入围方案介绍，并提出意见和建议。

2月18日　市领导召开会议协调本届高交会临时停车场用地、南中轴规划设计修改等问题。

2月18日　市中心区开发建设办公室召开中心区北中轴天台花园和四个文化公园工程施工图专家审查会。

2月19日　市政府常务会议（三届113次）审议并原则通过了《关于市政府搬迁市民中心工作方案及有关问题的请示》。

2月20日　市规划国土局复函原则同意市地铁公司关于地铁岗厦——会展中心区间物业层方案设计的规划报建，但物业开发功能必须经政府计划立项和市政府相关行业审批确定。

2月21日　市规划国土局通知市交通规划研究中心、北京市市政工程设计研究总院《关于委托开展深南大道中心区段近期道路改造及中心区交通设施完善设计的通知》，内容包括中心区交通组织设施设计、深南大道中心区段近期改造。

2月25日　市规划国土局制订深圳市民防委员会办公室位于市中心区福华路地下空间人防和商业综合开发工程《深圳市建设用地规划许可证》。

3月

3月9日　市规划国土局行政监察处、市中心区开发建设办公室向计划财务处提交《关于市中心区中心广场及南中轴景观环境项目工程设计费率确定过程的说明》。

3月15日　市政府办公会议（105）研究中心区市民中心周边交通指示系统等有关问题。

3月15日　市规划国土局请示市政府《关于确定市中心区中心广场及南中轴景观环境工程设计中标方案的请示》。

3月16日　市规划国土局召开2004年第1次局长办公会议（深规土纪〔2004〕22号），审议市祥南石化投资有限公司、江胜公司、新城市购物中心有限公司在市中心区用地有关问题等9个议题。

3月16日　市领导在市民中心工地召开会议协调市民中心建设有关问题。

3月16日　市规划国土局请示市政府关于深圳市城市规划展厅选址问题。提出两个选址方案：一是中轴线北端延伸与莲花山相结合的半圆形广场，此处最大建筑面积为1万 m²；二是少年宫南面的28-4地块，按法定图则建筑面积约4万 m²。

3月18日　市规划国土局请示市政府关于尽快确定市中心区智能停车诱导系统设计实施单位。

3月18日　市规划国土局致函市交通综合治理领导小组办公室《关于我市停车诱导系统归口管理意见的函》。4月13日市政府批复同意。

3月18日　市政府常务会议（三届114次）审议了包括《关于在市中心区北中轴项目中增建规划展厅的请示》《关于开展市中心区北中轴项目莲花山部分地质勘探及建设的请示》在内的议题。会议同意开展北中轴项目莲花山部分地质勘探工作。关于在北中轴项目中增建规划展厅问题，市领导近日实地考察后另行审定。

3月18日　市规划国土局领导批示同意市中心区开发建设办公室《关于出版中心区宣传册和丛书的请示》。

3月29日　市规划国土局请示市政府关于市中心区2000-M1人防工程（福华路地下街）产权、经营管理、收益权及地价政策等问题。

3月30日　市规划国土局致函市城管办，协商关于交付福中三路与彩田路交叉口市政工程施工图的事项。

3月30日　市政府办公会议（105）研究市民中心周边交通指示系统等问题。

是月　福田区重建局、中规院和世联地产公司三家共同对岗厦改造规划的拆赔问题进行了深入研究，完成研究成果。

4月

4月1日　《深圳市城市规划标准与准则》（修订版）正式施行，原《深圳市城市规划标准与准则》（SZB01-97）同时废止。

4月2日　市规划国土局与市政工程设计院签订市中心区福华路东段改造工程设计合同。

4月2日　市领导召开会议，研究协调大中华交易广场建设及其有关政府物业移交管理等问题。

4月2日　市规划国土局、市金融发展服务办公室联合请示市政府关于在市中心区选址建设金融中心区。鉴于新的会展中心将于2004年10月第6届高交会时启用，现高交会馆从2005年起不再接受新的展览业务，建议将现高交会馆（用地面积约7万 m²）规划建设成金融中心区。

4月6日　市规划国土局与市政工程设计院签订深圳市中心区部分支路市政工程设计合同。

4月6日　市规划国土局与中国建筑工业出版社签订《深圳市中心区城市设计与建筑设计》系列丛书图书出版合同。

4月7日　市规划国土局领导和城管办领导及有关部门人员研究莲花山公园修改规划等问题。

4月8日　市政府常务会议（三届117次）审议了《关于确定市中心区中心广场及南中轴景观环境工程设计中标方案的请示》。会议认为，方案经过专家评审、媒体公示，广泛征询了群众及部分市人大代表、市政协委员的意见，确定1号方案为中心广场及南中轴景观环境工程中标方案，并由市建筑工务署负责组织实施。

4月12日　市规划国土局通知市土地投资开发中心《关于尽快进行北中轴项目四个文化公园等主要树种苗木招标的通知》。

4月13日　市规划国土局发出《关于深圳市中心区中心广场及南中轴景观环境工程设计方案中标的通知》，确定株式会社日本设计提供的1号方案为中标方案。

4月13日　市规划国土局致函市发展计划局关于申请下达深南大道中心区段交通改造分项计划。

4月16日　市规划国土局致函株式会社日本设计《关于深圳市中心区中心广场及南中轴景观环境工程中标设计方案修改意见的函》。

4月19日　市规划国土局通知北京市市政工程设计院深圳分院《关于深圳市中心区北片区街道环境施工图设计单位中标单位的通知》。

4月20日　市规划国土局与深圳市北林苑景观规划设计公司签订莲花山公园总体规划修编及新增地块总体规划设计合同。

4月21日　市发展计划局通知市公安交警局、市城管办《关于调整深南大道中心区段交通改造工程2003年政府投资计划的通知》（深计〔2004〕337号）。

4月22日　市中心区开发建设办公室召开会议，研究市中心区北片区街道景观设计施工图实施定位。

4 月 22 日　市审计局政府投资审计专业局通知市规划国土局《关于审计和黄中学项目的通知》。

4 月 27 日　市中心区开发建设办公室召开市中心区捷美商务中心建筑立面修改设计招标评审会。

5 月

5 月 12 日　市领导召开会议研究市民中心交通标志牌工程等事宜。

5 月 14 日　市规划国土局请示市政府尽快实施深南大道中心区段交通近期改造工程。改造内容包括拆除深南大道与金田、益田路交汇处的两个立交匝道；在深南大道与民田、海田路交汇处分别增设行人斑马线及信号灯。

5 月 17 日　市中心区开发建设办公室与岗厦村改造拆迁赔偿方案编制单位讨论研究拆赔方案。

5 月 18 日　市规划国土局与市交通研究中心、北京市市政工程设计总院签订深南大道中心区段近期道路改造及中心区交通设施完善设计合同。

5 月 24 日　市规划局主持召开市中心区中心广场及南中轴景观环境工程中标方案修改设计工作会议（深规纪〔2004〕1 号）。

5 月 25 日　市规划国土资源局分设为深圳市规划局、深圳市国土资源和房产管理局（以下简称：市国土房产局），深圳市中心区开发建设办公室撤销。

5 月 31 日　市民中心正式启用，市政府及其直属机关陆续进驻办公。

5 月 31 日　市规划局更新制订深圳市岗厦实业股份公司位于市中心区岗厦片 91–196 号土地（用地面积 11 700 m² ）改造用地《深圳市建设用地规划许可证》。

6 月

6 月 9 日　福田区政府请示市政府《关于解决福田区岗厦村河园片区改造工作若干问题的请示》，经过中规院深圳分院和世联地产公司的研究论证——岗厦村河园片区改造后容积率为 4.5，希望尽快批准岗厦河园片区改造的容积率为不低于 4.5 等几个问题。

6 月 11 日　市规划局召开了地铁会展中心站冷却塔、风亭方案调整协调会议，地铁公司、上海隧道设计院、市政院、市政融发公司、北京建筑设计院等单位参加。

6 月 14 日　市规划局致函市城管局关于莲花山公园总体规划审查意见。

6 月 15 日　市规划局致函市地铁公司协商关于市中心区福华路东段改造工程，希望尽快按照深圳市市政工程设计院的设计图与地下物业一起施工，避免重复开挖、重复投资。

6 月 17 日　市规划局主持召开深圳市中心区中心广场及南中轴景观环境工程方案设计（株式会社日本设计）汇报会。

是月　深圳少年宫竣工启用。

是月　福田区政府召开岗厦改造动员大会，并正式启动拆赔谈判工作。

7 月

7 月 19 日　市规划局上报市政府《关于确认市中心区中心广场及南中轴景观环境工程设计修改方案的请示》。

7 月 24 日　市规划局向株式会社日本设计发出《关于深圳市中心区中心广场及南中轴景观环境工程方案设计修改意见的批复》。

8 月

8 月 2 日　福田区政府和市规划局开会研究岗厦村改造工作方案。

8 月 12 日　福田区旧改办和市规划局开会研究岗厦村改造工作方案。

8 月 15 日　位于市中心区的会展中心建成并投入使用。

8 月 19 日　市规划局致函市建筑工务署《关于移交市中心区中心广场及南中轴景观环境工程前期工作的函》。

8 月 23 日　市规划局、市国土房产局分别正式挂牌。

8 月 30 日　市国土房产局复函市政府办公厅关于福田区岗厦村河园片区改造工作若干问题。

9 月

9 月 3 日　市国土房产局复函市政府办公厅关于市中心区购物公园公交枢纽站移交有关工作的问题，同意市发展改革局以市政府投资审计专业局审定的工程结算价确定该项目成本价；建设资金的来源，可列入市国土基金投资 2004 年调整计划或 2005 年计划。

9 月 9 日　市规划局上报市政府《关于尽快确认市中心区中心广场及南中轴景观环境工程设计修改方案的请示》。

9 月 10 日　市规划局致函市建筑工务署，商讨关于移交中心区鹏城三路、鹏城四路工程前期工作的成果（包括 2003 年政府投资计划立项、施工图设计图纸等）。

9 月 14 日　市规划局与株式会社日本设计、深圳市憧景园林景观有限公司签订深圳市中心区中心广场及南中轴景观环境工程设计合同。

9 月 20 日　市规划局总师室主持召开市中心广场及南中轴景观环境工程前期交接事宜会议。

9 月 28 日　市规划局和福田区旧改办开会研究岗厦村改造方案。

10 月

10 月 10 日　市政府常务会议（三届 136 次）审议通过了《中心区中心广场及南中轴环境景观设计》修改稿，决定取消市民广场的绿表堤和水景，有"城市大客厅"之誉的中心广场及南中轴环境景观设计方案最终确定。

10 月 12 日　第六届中国国际高新技术成果（深圳）交易会正式启用会展中心。

10 月 14 日　市建筑工务署土地投资开发中心主持

召开市中心区中心广场及南中轴项目第 01 次协调会。

10 月 22 日　市建筑工务署土地投资开发中心主持召开市中心区中心广场及南中轴项目第 02 次协调会。

10 月 29 日　市政府办公会议（402）研究市民广场及南中轴项目建设有关问题。会议认为，市民广场及南中轴项目位于中心区的核心位置，对中心区和深南大道景观轴的影响重大，特别是市民中心和会展中心相继启用后，该项目的紧迫性日益明显。会议议定：同意调整成立市中心区市民广场及南中轴项目建设领导小组，争取在 2005 年 8 月完成主体工程。

11 月

11 月 3 日　市规划局和福田区旧改办开会研究岗厦村改造方案。

11 月 3 日　市规划局上报市领导《关于岗厦村和大冲村改造有关情况的报告》。

11 月 18 日　市领导召开会议研究岗厦村改造方案。

11 月 22 日　市国土房产局复函市政府办公厅关于市中心区购物公园公交枢纽站有关问题处理意见。该项目建设资金已列入 2005 年市国土基金配套工程投资计划，并已报送市发展改革局和市财政局。

12 月

12 月 21 日　怡景中心城在市中心区中轴线南段举行开工奠基仪式。

12 月 16 日、23 日　市建筑工务署土地投资开发中心主持召开市中心区中心广场及南中轴项目第 05 次协调会（深土开纪〔2004〕108 号）。

12 月 28 日　深圳地铁一期工程顺利通车，一期工程包括 1 号、4 号两条线，总长 21.6 km，设站 20 个，在市中心区设 6 个站，分别为：市民中心、少年宫、岗厦、会展中心（1 号、4 号线的换乘站）、购物公园。

是年　下半年原市中心区仿真系统划归城市设计处管理后，仿真技术协助业务研究和决策的工具推广应用到深圳市重点片区的城市设计研究范围。

2005 年

1 月

1 月 7 日　市政府常务会议（三届 144 次）同意将深圳会展中心配套酒店及配套停车库项目（位于会展中心西侧）纳入深圳市 2005 年度土地招标、拍卖及挂牌出让计划。

1 月 21 日　市规划局和福田区旧改办开会研究福田区城中村综合调研情况。

1 月 24 日　市规划局领导主持会议研究岗厦村改造方案。

1 月 26 日　市国土房产局与市新城市购物中心公司签订了《收地补偿协议书》，市政府收回中心区 33–4 地块的（商业开发）使用权。

1 月 28 日　市规划局批复深圳和邦实业公司关于荣

超经贸中心项目超限高层建筑工程抗震设防初步设计。

是月　电视中心工程项目通过规划验收正式启用，占地 2 万 m²，建筑面积 5.1 万 m²，高 120 米。主要功能为演播室、办公用房。

2 月

2 月 2 日　市领导主持会议研究城中村改造工作。

2 月 6 日　市规划局致函市建筑工务署关于移交市中心区部分市政道路及街道环境景观工程（共 7 项）前期工作。

2 月 24 日　市建筑工务署土地投资开发中心主持召开市中心区中心广场及南中轴景观环境工程专家论证会。

3 月

3 月 4 日　市规划局报告市政府关于中心区时代财富大厦规划建设有关情况。

3 月 8 日　"2005 聚焦深圳 CBD——深圳 CBD 暨福田投资环境（香港）推介会"开幕。

3 月 16 日　市规划局致函工务署《关于中心广场及南中轴景观环境设计方案实施中有关问题意见的函》。

3 月 17 日　市规划局领导主持会议研究岗厦村改造方案。

3 月 21 日　市规划局复函福田区政府关于岗厦河园片区改造规划意见，根据中规院深圳分院的最新研究方案，确定岗厦河园片区容积率为 4.5。

3 月 24 日　福田区政府致函市规划局《关于商请批复岗厦河园片区改造规划的函》。年初完成岗厦河园片区改造规划和金融必选方案后，申请容积率为 5.0。

3 月 31 日　市政府常务会议（三届 150 次）审议了规划局、金融办联合提出的《关于中心区金融用地规划安排及用地政策有关问题的请示》，原则同意将原高交会馆、23–2、17–3、20–3–1、20–3–2 等 5 块地控制下来，作为深圳市金融业发展用地；原则同意市金融办会同有关部门提出的中心区金融用地政策；严格把好中心区金融机构的准入条件，应重点支持有实力的大金融机构进入市中心区；鉴于原高交会馆已成为深圳市的标志性建筑，建设投资较大，拆除时应慎重。

4 月

4 月 6 日　市民中心建设办公室报告市规划局《关于支付李名仪 / 廷丘勒建筑师设计公司市民中心设计费尾款事宜的报告》。

4 月 21 日　市规划局致函市建筑工务署关于移交市中心区北中轴景观环境工程前期工作，该项目已完成政府投资计划立项和环境设计施工图（其中连接市民中心的高架绿化平台已经实施）。

4 月 23 日　市规划局复函市普法办关于在市中心区北中轴雕塑群中增加法制文化内容。

4 月 22 日　深圳市城市规划委员会 2005 年度第一次会议审议福田中心区岗厦河园片区的改造规划，该片区将被改造为市中心区 CBD 的商务配套区。

是月　市政府确定市民中心灯光夜景效果图

是月　《深圳深圳市中心区城市设计与建筑设计 1996-2004》系列丛书第 11、12 分册由中国建筑工业出版社正式出版发行。

5 月

5 月 20 日　市政府办公会议（228）研究市中心区中心广场及南中轴景观环境项目建设投资计划等有关问题。

5 月 31 日　市政府办公会议（254）研究市建安集团中心区生活基地东山小区的搬迁有关问题。

6 月

6 月 3 日　市规划局致函市建筑工务署商讨关于修改中心区水晶岛和南中轴景观环境工程设计。内容包括取消水晶岛地下人行通道和地面环境工程。目前水晶岛环境设计工程为临时工程。为减少项目投资，水晶岛维持现状；修改上跨福华路的两个连接平台位置等。

6 月 10 日　市规划局复函市土地投资开发中心关于深南大道中心区段交通改造工程人行道改铺环保透水型路面砖。

6 月 31 日　市中心区中心广场及南中轴景观环境工程设计（绿、简、平）方案在市民中心进行公众展示。整个项目占地面积约 46 h㎡，总投资估算 3.27 亿元，工程计划 2006 年竣工。

8 月

8 月 10 日　市政府办公会议（340）研究深圳证券交易所营运中心建设项目规划选址有关问题。

8 月 10 日　市政府办公会议（341）研究会展中心展馆等工程建设有关问题。另外，晶岛国际广场项目（会展中心北侧）正处于基坑施工阶段，要求做好展会期间的工地环境美化工作。

8 月 18 日　市政府常务会议（四届七次）审议并原则通过了深圳证券交易所项目用地规模和规划意见；议定市中心区办公用地等 9 宗已纳入本年度土地供应计划的，要求抓紧开展招拍挂出让前期工作。

8 月 25 日　市规划局致函市建筑工务署关于市中心区部分市政道路及街道环境景观工程有关事实事宜。

8 月 29 日　市规划局复函市莲花山公园管理处，同意更新莲花山公园山顶城市规划展室的模型及图片资料，计划年内完成。

是月　市规划局同意市建筑工务署、市发展改革局意见，暂缓实施中心区智能交通停车诱导系统工程，直至 2009 年未实施。

9 月

9 月 9 日　深圳会展中心请示市政府《关于启动深圳会展中心配套酒店和停车楼建设的再请示》，建议确定会展中心为该项目的业主单位。

9 月 13 日　市政府办公会议（407）研究中心区怡景中心城、晶岛国际广场等项目建设问题。

9 月 20 日　深圳市政府印发深府办〔2005〕117 号文件，内容为关于成立深圳市金融中心区建设领导小组的通知。

9 月 20 日　市中心区的中国凤凰大厦对外开放，作为凤凰卫视的深圳基地，将与香港、北京两大基地互动开播，成为亚洲又一资讯中心。

9 月 27 日　市规划局复函市水务局关于福田中心区新建项目设置污水预处理设施问题。

9 月 30 日　市规划局致函市政府办公厅《关于深圳会展中心配套酒店和停车楼建设有关情况的函》。

10 月

10 月 8 日　市国土房产局复函市政府办公厅《关于深圳会展中心配套酒店及停车场项目有关用地问题的函》。经 2005 年 1 月 7 日市政府三届 144 次常务会议审议，同意将会展中心配套酒店及配套停车库项目纳入 2005 年度招标、拍卖及挂牌出让计划。酒店属经营性项目用地，按规定应以公开招、拍、挂出让土地使用权，不能协议出让给深圳会展中心。

10 月 12 日　会展中心全面竣工，第七届中国国际高新技术成果交易会首次启用会展中心。

10 月 27 日　市中心区星河购物公园举办第一次全球招商酒会，并正式启用全新绿色形象 COCO Park，将成为中心区首个"内街"式购物中心。

11 月

11 月 1 日　市规划局复函市政府办公厅关于增设中心区南中轴项目东西两侧下沉式广场自动扶梯有关意见。

11 月 8 日　市政府办公会议（498）研究深圳会展中心配套设施建设有关问题，鉴于会展中心西侧的 3-1、3-2 和 4-1、4-2 地块规划为会展中心配套酒店用地，建议上述用地列入 2006 年招标拍卖计划。

11 月 16 日　市政府办公会议（515）研究中央商务中心公园、莲花山公园建设等问题，会议决定中央商务中心规划的两个小公园不建地下停车场，争取明年初开工建设；位于莲花山公园东南角的原第二工人文化宫用地纳入莲花山公园整体进行建设。

11 月 17 日　位于市中心区 CBD 的商务办公楼——卓越时代广场封顶。

11 月 20 日　市中心区商务办公楼——新世界中心举行启用庆典仪式。

11 月 28 日　市中心区商务办公楼——诺德中心正式入伙。

12 月

12 月 15 日　市规划局与模型设计公司签订莲花山展厅模型及展板制作合同。

是年　市金融发展服务办公室和市规划局、市国土房产局共同研究制定金融机构在市中心区申请用地的准入条件及标准。

是年　市中心区金融区计划入驻深圳证券交易所等16家公司，市政府大力支持，市规划局根据市中心区储备发展用地情况，规划金融用地面积约12.5 hm²，总建筑面积约107万 m²；同时，将考虑岗厦村改造作为金融区的可能。

2006年

1月

1月2日　铁道部与深圳市政府就广深港客运专线在深圳境内设站有关事宜进行会谈，提出在深圳市中心区增设一个车站。

是月　市中心区CBD的商务办公楼——星河世纪封顶。

2月

2月8日　市规划局请示市政府关于广深港客运专线深圳中心区设站有关问题，认为在深圳核心区增设一个车站是需要的。经综合比较香蜜湖、彩电工业区、笔架山公园及皇岗口岸等选址方案后，提出在福田中心区内增设车站是最适合的，且该方案工程可行。该选址方案符合城市用地功能布局，近期可与地铁1号、2号、3号、4号良好衔接，有条件形成综合客运枢纽，承担以深港过境商务客流为主的广深港高端城际客流。

2月10日　市规划局委托中规院深圳分院编制福田中心区中轴线城市设计研究，使中轴线向更大的城市区域延伸。

2月14日　高交会馆开始拆除，将搬迁至龙岗奥体新城。

2月22日　市领导召开会议，研究市中心区怡景中心城、晶岛国际广场项目工程费用补偿等问题。

3月

3月15日　市规划局致函市法制办关于提请研究怡景中心城、晶岛国际广场项目《土地使用权出让合同书》有关条款效力问题。

3月15日　市规划局致函株式会社日本设计关于落实中心区南中轴东西两侧下沉式广场楼梯和自动扶梯设计方案的通知。

是月　深圳书城中心城投入使用。

是月　市建筑工务署开始福华路道路改造建设工程，年底完成该项1号线地铁上盖工程。

4月

4月5日　市政府法律顾问室复函市规划局关于怡景中心城、晶岛国际广场项目《土地使用权出让合同书》有关条款效力问题的意见。

4月6日　市政府常务会议（四届25次）审议通过了《深圳市支持金融业发展若干规定实施细则(修订稿)》。

4月10日　市规划局复函市卓越房地产公司、市荣超房地产公司关于中心区6-1地块与其南侧地块二层人行天桥与地下通道的连接问题处理意见。

4月14日　市政府常务会议（四届26次）审议通过了《关于金融机构在中心区申请用地有关问题的请示》。原高交会馆除深交所用地外的4个地块，由建设银行深圳分行与建设投资证券公司合建，招商银行、南方基金公司与博时基金公司合建，平安保险公司分别建设金融办公楼宇。

4月18日　市规划局致函市政府办公厅关于怡景中心城、晶岛国际广场项目费用补偿问题。

4月20日　香港中旅集团在深圳市中心区CBD投资建设的内地总部大厦——港中旅大厦奠基。

4月23日　中心图书馆（位于中心区的深圳图书馆新馆）正式落成。

是月　市政府原则通过了《深圳市支持金融业发展若干规定实施细则》和《关于金融机构在中心区申请用地有关问题的请示》，进一步完善了对金融机构的具体奖励支持办法，并明确了中心区第一批金融项目的规划选址。

5月

5月8日　市规划局致函市人大常委会信访室关于时代金融中心北侧用地规划情况。

5月9日　市规划局致函市政府办公厅关于设置怡景中心城购物中心户外指引广告规划意见。

5月11日　市中心区的商务办公楼——深圳新世界中心产品发布会，接受全球认购。

6月

6月26日　市政府办公会议（348）研究协调第八届高交会筹备工作及深圳会展中心场馆使用有关问题。

6月27日　市规划局复函提出岗厦河园改造项目选址意见。

7月

7月12日　深圳图书馆新馆正式启用并对外开放。新馆建筑面积49 589 m²，投资8亿元，是国内投资最大的图书馆。

7月18日　市规划局答复市政协四届二次会议第〔2006〕0544号、第〔2006〕0089号提案，认为在高强度开发的中心区22、23-1片区增加停车位将导致更多的小汽车进入，在公园下面增加停车场将对整体建设造成较大影响。因此，认为不宜增加该片区的停车位，建议加快市中心区公交系统建设，加强道路交通管理等方式缓解该片区的交通问题。

7月26日　市规划局请示市政府关于平安保险公司要求对调南方基金公司、博时基金公司中心区金融用地。

7月27日　福田区政府、岗厦股份公司以及参与改造的金地集团公司在市民中心共同签订了岗厦河园片区改造的框架协议。

8月

8月15日　市审计局完成对市新城市购物中心公司的市中心区B117-0008地块（2003年10月至2006年2

月期间）相关费用的审计报告。

8月15日　完成岗厦河园片区改造项目的概念规划方案招标发标。

8月17日　市国土房产局致函市金融办关于对深圳市中心区金融发展用地管理暂行办法征求意见稿。提出了包括市中心区规划的金融发展用地仅13万 m^2，没必要采用多种土地供应方式，统一的供应方式更体现出市场的公平性；金融用地应优先采用招标拍卖挂牌方式公开出让，由符合用地资格的金融机构参与公开竞投后取得土地使用权等意见。

8月18日　市政府办公会议（514）研究深圳证券交易所营运中心建筑设计方案及将来营运中心建设需政府支持若干问题。

8月31日　市规划局致函市金融办关于对深圳市中心区金融发展用地管理暂行办法征求意见稿。提出应明确市金融用地评估审核小组的地位和作用。建议明确对金融机构用地不得进入市场进行监管；对金融机构自用率不得低于60%的具体监管问题，应提出详细意见等。

是月　铁道部和市政府签署了《广深港客运专线深圳境内设站事宜备忘录》，正式确定在京广深港高铁（即广深港客运专线）在中心区设置福田站。

9月

9月6日　市规划局致函市金融办关于同意对调深圳中心区32-1-1-4和32-1-1-5地块使用单位。

9月11日　市政府办公会议（485）协调解决新怡景商业中心项目竣工验收、产权登记等问题。

9月30日　岗厦河园片区改造项目的概念规划方案招标收标。

10月

10月15日　岗厦河园片区改造项目的概念规划招标方案的讲解及内部初评。

10月18日　市规划局复函市土地投资开发中心《关于确认中心区北中轴四个文化公园地下空间利用的函》，规划局已经完成了专项规划，待市政府确定后才能定。

10月21日　市规划局复函确定岗厦河园改造项目的改造范围红线图及用地面积。

10月27日　市规划局印发落实深圳市城市总体规划修编（2006-2020）工作方案的通知。

是月　怡景商业中心城项目竣工验收。

11月

11月6日　深圳书城中心城（位于北中轴）正式营业，此书城是深圳最大单体书店。

11月6日　市规划局致函市政府办公厅关于中心区金融发展用地安排问题。因地铁2号、3号线的初步规划将经过23-2地块，故该地块原规划的平均容积率从7.0提高至8.0，增加建筑面积5万㎡左右。鉴于中心区用地的稀缺性，鼓励更多有实力的金融机构进驻中心区，建议第二批金融单位建设用地，全部在23-2地块中落实，

17-3地块继续作为金融发展预留用地。

11月8日　市国土房产局与深圳证券交易所签订市中心区32-1-1号地块（宗地号B203-0018）土地使用权出让合同书，用地面积39 091 m^2，土地性质为商业办公用地。

11月15日　市政府办公会议（588）研究东部新城等规划问题，其中关于岗厦河园片区改造规划问题，市政府议定：岗厦河园改造规划要求确保城市功能和配套的完善；符合CBD的基本定位；满足中心区环评、市政、基础设施配套方面的标准要求；与中心区的空间布局和城市设计相吻合等几项原则。请规划局按照上述原则，尽量支持福田区政府关于提高容积率的要求。

11月22日　市土地投资开发中心研究落实市政府办公会议纪要（107号）的精神，对怡景中心城、晶岛国际广场项目的补偿费用进行了评估，评估结果可报深圳市审计局政府投资审计专业局审计。

11月24日　市规划局致函市政府办公厅关于提交福田区岗厦河园片区改造规划初步方案的函，建议容积率按6.3—6.6控制，总建筑面积93.8万—98.3万 m^2（不计小学建筑面积）。

12月

12月21日　市规划局致函市政府办公厅协商关于将市民中心B区圆楼作为城市数字资源中心和信息办工作场所问题。

2007年

1月

1月4日　市国土房产局通知市房地产权登记中心关于新怡景商业中心项目产权登记有关问题。

1月22日　市规划局报告市政府《关于渔农村旧城改造项目、岗厦河园片区改造项目工作进展情况的报告》。上述两个项目是市、区两级政府确定的城中村改造重点。根据区政府拟定的《岗厦河园片区改造项目合作协议》，由深圳市金地大百汇房地产开发公司负责具体实施工作。

2月

2月27日　市政府金融发展服务办公室致函市规划局关于协助办理市中心区第二批金融发展用地手续，明确了23-2街坊（划分为七个地块）和17-3地块金融公司的用地安排和选址意见。

是月　深圳音乐厅演奏大厅首次试音，5月正式对外开放使用。

3月

3月27日　市国土房产局致函市金融办关于《深圳市中心区金融发展用地管理暂行办法（修改建议稿）》的意见。

3月30日　市政府批复同意市交通局关于提请协调市民中心北面福中路上的"市民中心"和"中心书城"两个公交站点合并的事项。

4 月

4 月 9 日 市规划局致函市金融办关于《深圳市中心区金融发展用地管理暂行办法（修改建议稿）》的意见。

4 月 28 日 市中心区中轴线工程之一的怡景中心城开业。

5 月

5 月 11 日 市政府办公会议（246）研究平安保险集团和中广核集团办公楼用地等问题，会议同意平安保险集团将其总部大楼用地调整至中心区 1 号地块（面积 18 931m²）。会议同意收回原划拨给深圳海关尚未开发的中心区 26-4-3 地块（面积 10 251m²），通过公开挂牌方式出让。

5 月 30 日 市投资控股公司致函市国土房产局《关于对市中心区 B117-0008 地块善后处理费用给予补偿的函》。

是月 深圳市音乐厅正式启用。

6 月

6 月 12 日 市国土房产局与招商银行股份公司签订市中心区 31-4-2 号地块（宗地号 B203-0019）土地使用权出让合同书，用地面积 7 593 m²，土地性质为商业办公用地。

6 月 15 日 市规划局致函市国土房产局提出公开挂牌出让的市中心区 1 号地块的规划要点。

6 月 19 日 市国土房产局致函市规划局关于商请中心区 26-4-3 地块选址意见及规划设计要点。

6 月 19 日 市怡景中心城商业公司向市政府提交《关于恳请召开专家论证会及协调会议，尽快完成中心城项目下沉式广场建设的申请》。

6 月 25 日 市规划局致函市国土房产局提出公开挂牌出让的市中心区 26-4-3 地块的规划设计要点。

6 月 29 日 市国土房产局与中国建设银行股份公司深圳分行、中国建银投资证券公司签订市中心区 31-4-1 号地块（宗地号 B203-0021）土地使用权出让合同书，用地面积 7 095 m²，土地性质为商业办公用地。

7 月

7 月 3 日 市规划局请示市政府《关于深圳市中心区建设项目完善实施计划有关问题的请示》。

7 月 4 日 市国土房产局与博时基金管理公司、南方基金管理公司签订市中心区 32-1-3 号地块（宗地号 B203-0020）土地使用权出让合同书，用地面积 7 260 m²，土地性质为商业办公用地。

7 月 10 日 市政府办公会议（438）研究深圳市金融产业基地布局规划和建设问题，会议要求确保深交所营运中心项目今年年底动工，所有其他金融机构建设项目最迟要于明年上半年动工。

7 月 12 日 市规划局致函市政府办公厅关于中心区南中轴下沉式广场建设情况。

7 月 12 日 市金融办复函市国土房产局，设定市中

心区 1 号地块出让条件。

7 月 31 日 市建筑工务署复函市政府办公厅《关于恳请召开专家论证会及协调会议，尽快完成中心城项目下沉式广场建设的申请》。

7 月 31 日 市国土房产局报告市政府关于中心区 26-4-3 地块挂牌出让工作有关情况。

是月 市规划局、市文化局举行当代艺术馆与城市规划展览馆（以下简称：两馆）建筑方案公开国际招标。

8 月

8 月 2 日 市发展改革局致函市规划局关于怡景中心城地铁连通口有关问题的咨询。

8 月 7 日 市规划局请示市政府关于南方电网三个子公司用地选址意见。

8 月 9 日 市国土房产局致函市金融办再次征求市中心区 1 号地块出让有关意见。

8 月 13 日 深圳市政府金融发展服务办公室正式印发《深圳中心区金融发展用地管理暂行办法》，对中心区金融用地的准入条件、自用原则、土地合同及建设标准、后续管理办法等都作了详细规定。

8 月 15 日 市金融办复函市国土房产局关于再次设定市中心区 1 号地块出让条件的复函。

8 月 22 日 市规划局委托深圳雕塑院开展深圳中心区公共艺术（雕塑）征集活动。

8 月 28 日 市国土房产局请示市政府关于市中心区 1 号地块出让有关问题。

9 月

9 月 3 日 市规划局复函市发展改革局关于怡景中心城地铁连通问题。

9 月 10 日 市国土房产局致函市贸工局、市金融办，关于设定市中心区 17-03 号地块挂牌出让条件，协调南方电网子公司落户深圳。

9 月 10 日 市国土房产局致函市发展改革局关于征求市中心区 26-4-3、20-03-01 和 20-03-02 号地块出让条件的意见。

9 月 29 日 市规划局致函市国土房产局提出市中心区 20-3-1 和 20-3-2 地块规划设计要点。

9 月 30 日 市政府常务会议（四届 74 次）审议《关于南方电网三个子公司用地选址意见的请示》等，同意 17-3 地块安排南方电网三个子公司用地。

10 月

10 月 8 日 市贸工局致函市国土房产局关于对市中心区 17-03 号地块提出挂牌出让条件。

10 月 9 日 市政府办公会议（561）研究中心区 1 号地块挂牌出让有关问题。

10 月 19 日 深圳会展中心请示市政府，再次建议尽快启动会展中心（西侧 3-1、3-2 和 4-1、4-2 地块）配套酒店和停车楼建设。

10 月 22 日 市金融办请示市政府关于中心区第二

批金融用地项目有关问题。

10月27日　市发展改革局致函市国土房产局关于征求市中心区26-4-3、20-3-1和20-3-2号地块出让条件的反馈意见。

11月

11月6日　市国土房产局与中国平安人寿保险股份公司签订市中心区1号地块，宗地号B116-0040（规划为CBD楼王）土地使用权出让合同书，用地面积18 931 m²，土地性质为商业办公用地，建设平安金融中心。规划要求北塔楼高度大于450 m。

11月7日　市政府办公会议（609）研究市中心区建设项目完善实施计划等。会议议定：各相关部门要加快推进中心区各项工程建设，进一步完善中心区公共空间系统及环境景观等配套工程，请规划局进一步深度研究中心区完善规划的具体意见报市政府。

11月14日　市规划局复函市政府办公厅关于广电集团中心B206-0016宗地用地性质问题，原则同意在中心区31-1-1地块进行文化设施建设。

11月16日市贸工局答复市政府办公厅关于对深圳会展中心配套酒店和停车楼建设问题。

11月19日深圳证券交易所营运中心在福田中心区开工建设。营运中心占地3.9 h㎡，建筑面积约26万㎡，计划投资25亿元人民币。

是月　CBD"楼王"1号地块（用地面积18 931 m²，容积率20，用地性质为商业、办公，总高度632 m）公开挂牌出让，中国平安人寿保险股份有限公司取得土地使用权。

12月

12月19日　市规划局复函市国土房产局，提交中心区17-3地块挂牌用地相关资料。

12月19日　市土地投资开发中心致函市规划局关于中心区中心广场及南中轴景观环境工程南中轴二区下沉广场北侧与福华路地下商业街地下连通的问题。

12月21日　市政府办公会议（23）研究华强北商圈升级改造和岗厦河园片区改造有关问题。会议要求福田区政府立即向市规划局报送岗厦河园片区改造方案，市规划局立即启动审批程序；市国土房产局抓紧对该项目核发《拆迁许可证》。

12月24日　市金融办商请市规划局办理中心区32-1-1-4地块挂牌出让相关手续。

12月25日　市规划局将中心区23-2地块7块挂牌用地的方案图及规划条件提交市国土房产局，准备组织土地招拍挂工作。

12月27日　市规划局复函市政府办公厅关于对深圳会展中心配套酒店和停车楼的有关规划意见。

是月　中心区23-2（被细分为7个小地块）、17-3地块公开挂牌出让给第二批金融机构的建设用地。

是年　市规划局、中国城市规划设计院深圳分院完成《深圳中轴线整体城市设计研究》。

2008年
1月

1月4日　市规划局复函市国土房产局，提交中心区32-1-1-4地块挂牌用地的用地方案图及规划条件。

1月18日　市国土房产局致函市金融办关于设定市中心区23-2地块7宗用地（位于新洲路以东、福华路以北）出让条件，准备以公开挂牌方式出让。

1月26日　市规划局复函市土地投资开发中心关于中心区南中轴南二区景观工程与北侧福华路地下商业街地下连接问题的回复意见，原则同意取消地铁在公交枢纽站进出口位置的消防出口，修改位置；同意南中轴南二区下沉广场北侧不与福华路地下商业连接。

2月

2月3日　市国土房产局请示市政府关于市中心区B205-0021号宗地（彩田路与深南中路交汇处西北角）挂牌出让有关问题。

2月25日　市金融办复函市国土房产局关于设定市中心区23-2地块7宗金融发展用地出让条件，建议将32-1-1-4地块与23-2地块中的4宗用地首批推出，23-2地块中的另外3宗用地待条件成熟后再行组织出让。

3月

3月3日　市规划局请示市政府关于金融发展用地安排办理程序，目前市中心区第一、第二批金融发展用地均已安排完毕，市中心区已无多余的金融发展用地可安排。建议今后的金融发展用地均在南山后海中心区内安排。

3月11日　市国土房产局准备市中心区5宗地金融发展用地（宗地号分别为：B116-0075、B116-0076、B116-0074、B116-0080、B203-0022）挂牌出让工作，该5宗地土地面积合计28 377 m²，建筑面积合计320 300 m²。

3月25日　市金融办请示市政府关于落实中心区金融机构用地安排有关问题，提出对市中心区27-3-1和26-3-3地块拟入驻的金融机构用地安排的建议。

4月

4月3日　市政府办公会议（161）现场办公研究轨道交通建设占用深南大道中心区段施工有关问题。京广深港高铁福田站是深圳市最大的地下轨道交通枢纽，广深港客运专线与地铁1、2、3号线，穗莞深城际线11号线均在此处汇集，近旁的市民中心站也是地铁2、4号线换乘站，为克服工程风险，会议同意福田站采用明挖方法实施，并同意轨道11号线福田站同步实施。

4月10日　市贸工局致函市国土房产局关于补充对市中心区17-3号地块挂牌出让条件，要求该宗地开发项目的建筑面积自用率必须达到60%以上，且该部分建筑面积10年内不得出售。

4月14日　市规划局2008年第10次局长办公会审

议了岗厦河园片区改造专项规划，原则同意其中关于提高容积率的要求，确定了相关事项。

4月18日　市国土房产局与太平保险公司、中国保险（控股）公司、太平人寿保险深圳分公司、民安保险（中国）公司签订市中心区32-1-2号地块（宗地号B203-0022）土地使用权出让合同书，用地面积8 056 m²，土地性质为商业办公用地。

4月18日　市国土房产局与招商证券股份公司签订市中心区23-2街坊（宗地号B116-0075）土地使用权出让合同书，用地面积4 847 m²，土地性质为商业办公用地。

4月18日　市国土房产局与第一创业证券公司签订市中心区23-2街坊（宗地号B116-0076）土地使用权出让合同书，用地面积4 111m²，土地性质为商业办公用地。

4月18日　市国土房产局与华安财产保险股份公司签订市中心区23-2街坊（宗地号B116-0074）土地使用权出让合同书，用地面积5 908 m²，土地性质为商业办公用地。

4月18日　市国土房产局与国信证券股份公司签订市中心区23-2街坊（宗地号B116-0080）土地使用权出让合同书，用地面积5 454 m²，土地性质为商业办公用地。

5月

5月9日　市规划局复函市政府办公厅关于金融机构申请市中心区用地有关意见，同意将市中心区仅有的两块商业性办公用地27-3-1和26-3-3地块纳入金融发展用地。

是月　深圳市建筑普查统计结果：市中心区已经竣工的永久建筑总量为671栋，占地743 847m²，总建筑面积731万m²，计容积率建筑面积610万m²（其中：商务办公194万m²，行政办公38万m²，商业服务76万m²，住宅及配套220万m²，公共建筑55万m²，市政交通设施27万m²）。

6月

6月6日　市规划局复函福田区城中村（旧村）改造办公室，关于岗厦河园片区改造专项规划有关意见，原则同意岗厦河园片区改造项目的重建容积率为7.23，请形成修改方案报审后予以公示。

6月10日　市规划局复函市轨道交通建设指挥部办公室关于地铁2号线市民中心站车站规模意见，明确地铁2号线的市民中心站采用12米岛式站台型是合理的。

6月20日　市规划局致函市政府办公厅关于中心区中银大厦北侧用地有关情况。

7月

7月2日　市政府办公会议（322）研究平安总部大厦规划建设问题，原则同意由平安保险集团对位于平安总部大厦项目南侧B116-0029地块和东侧益田路广深港客运专线福田站的负一、二层地下空间进行统一规划设计和建设。

7月18日　市金融办致函市规划局关于商请尽快办理中心区27-3-1和26-3-3地块挂牌出让有关手续。经报市政府同意，中心区27-3-1和26-3-3地块将作为金融发展用地，拟安排给三家金融机构使用。其中，26-3-3地块因占地面积较大，将划分为两个项目地块予以安排。

8月

8月23日　市政府办公会议（542）研究中心区南中轴19号地块项目（晶岛国际广场）建设问题。鉴于晶岛项目于11月底整体竣工验收，会议要求工务署加快该项目北侧7 000 m²公交枢纽站的工程建设等。

8月29日　市规划局复函福田区政府关于岗厦河园片区改造专项规划公示意见的函。

是月　市规划局委托中国城市规划设计院深圳分院进行的《深圳中心区中轴线南向拓展及皇岗村改造规划国际咨询及规划指引研究》项目成果报局技术会审议。

9月

9月3日　市政府办公会议（526）研究平保总部大厦用地及概念设计方案、城市总体规划成果报批及当代艺术馆与城市规划展览馆（以下简称：两馆）规划建设等问题。原则同意通过国际设计招标确定的平保总部大厦概念设计方案，大厦总高度不低于632米；同意将平保总部大厦南侧B116-0029宗地和东侧广深港客运专线福田站的负一、二层地下空间作为平保总部大厦配套用地，组织挂牌出让等。另外，两馆设计方案已经国际设计招标和公众展示而最终确定，要求尽快深化设计工作，确保2009年3月动工建设。

9月22日　深圳会展中心管理公司致函市规划局要求取消南中轴连接会展中心的天桥。

9月26日　市领导同意市交通综合治理领导小组办公室关于中心区市政道路交通设施完善及管理问题的请示。鉴于中心区中心四路、中心五路、鹏城一路等市政道路标志、标线等交通设施不完善，应尽快将中心区各条道路纳入市政管理范围，完善相关交通设施。

10月

10月9日　市国土房产局与中信银行股份公司信用卡中心签订市中心区23-2街坊（宗地号B116-0078）土地使用权出让合同书，用地面积4 400 m²，土地性质为商业办公用地。

10月28日　市规划局与土地投资开发中心、会展中心、设计单位、施工及监理单位到市中心区现场调查南中轴连接会展中心的天桥实施情况，各方基本达成一致意见，认为现有的两个天桥设计与会展中心使用功能无原则冲突，只是会展中心地面车辆出入口与天桥立柱存在一些矛盾，可通过调整出入口位置解决；且天桥桩基已经按设计预留并完成施工，桥桩位置与无法调整。

10月29日　土地投资开发中心致函市规划局《关于市中心区南中轴连接平台及人行天桥工程9#、10#天桥规划调整的回复函》。

11 月

11 月 20 日　市规划局复函市土地投资开发中心《关于市中心区南中轴连接平台及人行天桥工程 #9、10# 天桥规划调整的回复函》，确定南中轴连接会展中心的两个天桥是中轴线二层步行系统的重要组成部分，不能取消。如与使用功能有矛盾，可对天桥位置进行调整。请市土地投资中心按原设计建设上述两个天桥。

11 月 24 日至 25 日　召开市中心区（原高交会馆场址）深交所金融片区的四个高层建筑及总体城市设计"4+1"国际竞赛评标会（第一次）。评委有矶崎新、马清运、朱培、Hani Rashid（美国）、崔恺、陈一新。

11 月 27 日　市政府办公会议（663）原则同意市规划局提出的市中心区水晶岛开发规划国际招标方案，采取邀标的组织方式，由规划局牵头组织，尽快启动招标工作，力争与福田站枢纽同步实施。

12 月

12 月 2 日　深圳 CBD 暨福田环 CBD 高端产业带国际研讨会在深圳市中心区福田香格里拉大酒店举行，福田区政府主办这次会议旨在探讨深圳 CBD 与福田区的未来、福田总部经济与金融中心等高端产业发展的机遇等。

12 月 4 日　市规划局请示市政府办公厅关于解决市中心区深交所片区"4+1"项目设计招标有关问题。深交所金融片区的四个高层建筑和总体城市设计竞赛，由于 4 家业主方面不接受投标方案，评委决定延期评审。

12 月 30 日　市金融办致函市国土房产局关于重新设定福田中心区两宗金融发展用地（用地方案号 2008-002-0066 和 2008-002-0067）出让条件。

2009 年

1 月

1 月 11 日　市规划局请示市政府关于《深圳市中心区水晶岛设计方案国际竞赛工作方案》。

2 月

2 月 9 日　召开市中心区（原高交会馆场址）深交所金融片区的四个高层建筑及总体城市设计"4+1"国际竞赛评标会（第二次）。评委有矶崎新、朱培、Hani Rashid（美国）、陈一新、黄伟文、李明、周红玫。

2 月 23 日　市规划局致函中国平安人寿保险公司关于审批平安国际金融中心变更用地规划许可意见。

2 月 26 日　《深圳深圳市中心区水晶岛规划设计方案国际竞赛咨询》发标会，邀请八家设计单位参加方案征集。

3 月

3 月 9 日　市土地投资开发中心致函市国土房产局关于解决福田中心区 22、23-1 片区一号路投资大厦段的收地问题。

3 月 18 日　市国土房产局复函市土地投资开发中心

关于福田中心区 22、23-1 片区一号路收地拆迁问题。

4 月

4 月 10 日　市规划局召开会议研讨福田中心区新增变电站的必要性。会议达成共识：现福田中心区变电站规划基本可以满足中心区建设的需求，建议供电局加快建设福田中心区及其周边区域规划变电站并尽量提高未建变电站变压器容量等级。

4 月 14 日　市规划局紧急请示市政府关于市中心区水晶岛设计方案国际竞赛有关事宜。

是月　深圳证券交易所向市领导报告关于对市规划局提出深交所金融片区整体城市设计涉及深交所新大楼规划与设计的两点调整意见：一是本大楼北部沿红线建一条纵贯东西的架空商业连廊；二是在本大楼东南角建一个与地铁交通连接的下沉式广场型出入口。

6 月

6 月 15 日至 16 日　召开深圳市中心区水晶岛规划设计方案国际竞赛评审会。本次竞赛活动共收到 32 个方案，其中 7 个方案为受邀请的 7 家设计机构提交，其他为自由参赛。经专家评审，评选出了各奖项的前三名获奖机构。中标方案为"深圳眼"构思。评委有 Joan Busquets、冯越强、林纯正、Thom Mayne、Adele Santos、朱竞翔、陈一新。参加研讨的专家有朱荣远、刘珩、蒋群峰等。

6 月 15 日　市规划局紧急请示市政府关于市中心区水晶岛设计方案国际竞赛费用事宜。

6 月 23 日　深圳融发投资公司致函市交通综治办，请协助督促连接会展中心的 9#、10# 人行天桥工程的建设。

6 月 25 日　市政府办公会议（329）研究市中心区水晶岛设计方案国际竞赛活动有关问题。会议认为，水晶岛开发将有机整合中心区地下空间及市民中心广场，力争与福田站综合枢纽工程同步建设，避免再次施工造成的浪费和对中心区环境产生影响。会议要求规划局明确水晶岛开发功能和规模，设计方案应大气、简捷、实用，以人为本。要求规划局抓紧完善水晶岛设计方案，可分期进行，先尽快落实地下空间开发方案，与福田站综合枢纽工程预留接口，做好施工衔接。完善后的水晶岛设计方案报市政府常务会议审议。

6 月 25 日　市土地投资开发中心致函市规划局，关于协助提供中心区鹏程三、四路市政工程支出费用相关资料。土地投资开发中心已经完成鹏程三、四路工程施工并向有关部门办理了移交手续。

7 月

7 月 2 日　市规划局复函市交通综治办关于中心区南中轴线 9#、10# 人行天桥建设情况。

7 月 3 日　市领导批示同意市交通综治办关于中心区人行天桥与晶岛国际公交总站建设问题的协调意见。

7 月 10 日　市委《信息专报》第 219 期，总第 1788 期）刊登《中心区 CBD 建设与管理亟待配套完善》，提出三个突出问题：停车难、公交线路少；企业员工就餐难；标识、广告、指示牌等缺乏整体美感。

7 月 24 日　市规划局复函市政府办公厅关于金融中心区整体规划调整研究汇报有关意见。

8 月

8 月 17 日　深圳会展中心管理公司请示市政府关于会展中心地下市政广场餐饮功能改造项目相关事宜。

8 月 18 日　市规划和国土资源委员会复函市委办公厅关于《信息专报》反映的市中心区规划建设有关情况。

9 月

9 月 3 日　市领导批示同意市城管局关于对市民中心北侧（中心书城东侧）空地环境进行综合治理。

9 月 8 日　深圳市规划和国土资源委员会（简称"市规划国土委"）挂牌成立仪式。

9 月 16 日　市城管局致函市规划国土委关于征求市民中心广场"诗"园绿化设计方案的意见。

9 月 22 日　市规划国土委复函市城管局关于市民中心广场"诗"园规划建设相关意见。

10 月

10 月 10 日　市规划国土委复函市政府办公厅关于会展中心地下市政广场改造有关意见，认为该地下市政广场为连接会展中心和北边商业项目地下空间的通道，在保证通道畅通和满足会展具存放的前提下，部分展库可以改为范围展览的快餐型餐饮。

10 月 16 日　市规划国土委与生命人寿保险股份公司签订市中心区 27-3-1 号地块（宗地号 B205-0001）土地使用权出让合同书，用地面积 8 089 m²，土地性质为商业办公用地。

10 月 16 日　市规划国土委与中国人寿保险股份公司签订市中心区 23-2 街坊（宗地号 B116-0079）土地使用权出让合同书，用地面积 5 009 m²，土地性质为商业办公用地。

10 月 16 日　市规划国土委与国银金融租赁公司签订市中心区 25-6-3 号地块（宗地号 B205-0015）土地使用权出让合同书，用地面积 5 500 m²，土地性质为商业办公用地。

10 月 16 日　市规划国土委与中国民生银行股份公司深圳分行签订市中心区 25-6-3 号地块（宗地号 B205-0022）土地使用权出让合同书，用地面积 4 634 m²，土地性质为商业办公用地。

11 月

11 月 18 日　市政府办公会议（559）研究福田中心区电缆隧道的消防与改造工程等有关问题，该项目施工图及设计概算已完成并报市发展改革委审批。会议指出：今后要避免新建项目在立项、规划设计、施工、验收、移交管理等工作环节脱节现象。

12 月

12 月 3 日　市规划国土委致函市政府投资审计专业局关于市中心区水晶岛设计国际竞赛费用的审计事宜。

12 月 31 日　深圳市政府印发《深圳市支持金融业发展若干规定实施细则》。

是年　深圳全市认定 180 家总部企业中，福田区有 93 家，占一半以上。截至 2009 年底，福田区共有金融机构总部（含区域总部）111 家，福田区金融业实现增加值 632 亿元，增长 20%，占全区 GDP（1 600 亿元）的 39.5%

2010 年

1 月

1 月 11 日　市规划国土委第一直属管理局报告市规划国土委《关于提请开展中心区法定图则修编的报告》，提出深圳市中心区法定图则自 2002 年修编以来已历经 7 年，虽已经市规划委员会审批、签发，但未正式对外发布。由于中心区需求的变化，该图则存在 19 项未完善修改程序变更的项目，有必要全面修编中心区图则，以满足将来精细化规划管理的需要和应对日益严峻的信访问题。

1 月 25 日　市金融办致函市规划国土委，关于组织中心区金融用地出让工作，拟安排中国金币深圳经销中心使用中心区 23-2 片区东面的中部地块（用地面积 2 800 m²，约可提供 8 000 m² 建筑面积），并按金融用地程序办理。

2 月

2 月 3 日　市规划国土委致函市卓越世纪城房地产公司关于调整"卓越皇岗世纪中心"项目用地规划许可证规划的意见。

3 月

3 月 16 日　市政府办公会议（115），市领导率队到市规划国土委研究当代艺术馆与城市规划展览馆（两馆）设计方案、中心区水晶岛设计方案、中心区环境景观提升工作实施建议等重点项目工作。会议原则同意市规土委牵头组织优化的两馆建筑设计方案；水晶岛要结合现有商业布局和地下空间开发，抓紧完善设计方案，依程序报请市政府常务会议审议；原则同意中心区环境景观提升工作实施建议，请市规划国土委同市发改委、城管局、工务署、福田区政府等单位组织实施。

3 月 19 日　市规划国土委致函福田区城改办，关于岗厦河园片区改造专项规划公众展示有关意见的函。

3 月 23 日　市金融办请示市政府关于南山后海中心区金融用地和福田中心区 23-2-4 地块安排的请示。

3 月 23 日　市规划国土委第一直属管理局请示市规划国土委关于福田中心区 27-1-4 地块调整规划设计条件的有关问题。

5 月

5 月 18 日　市规划国土委复函市轨道交通建设指挥部，关于地铁 3 号线少年宫站与中心区北中轴天花园有关问题。

6 月

6月26日　深圳证券交易所营运中心主体建筑结构封顶。

6月28日　深圳地铁二期通车,全部运行的地铁1、2、3、4、5号线总长度178km,在深圳基本形成轨道网络覆盖。地铁1、2、3、4号线在中心区范围均设站点或换乘站。

7月

7月1日　深圳证券交易所和中国证券登记结算公司深圳分公司联合请示市政府,关于申请本所营运中心补交地价取得商品性产权有关事项的请示。

7月8日　深圳市城市规划委员会建筑与环境艺术委员会2010年第2次会议审议通过了《深圳市福田区岗厦河园片区改造专项规划》等四个项目。

8月

8月24日　市规划国土委第一直属管理局请示市规划国土委,关于中国平安人寿保险公司申请调整平安国际金融中心项目规划设计要点内容的请示。

是月　市中心区土地出让情况统计:可建设用地面积204万m²,已出让用地面积约200万m²,占中心区可建设用地面积的98%,剩余可建设用地面积约4万m²。

9月

9月29日　市规划国土委致函市政府办公厅,同意深圳证券交易所营运中心项目补地价转为商品房处理。

10月

10月12日　市中心区怡景中心城商业发展公司向市规划国土委申请关于怡景中心城分割转让的事项。

是月　市城市规划发展研究中心制定了《深圳市福田01-01&02号片区[中心区]法定图则修编项目计划书》。

11月

11月12日　福田区政府致函市规划国土委,关于岗厦河园片区改造用地红线内国有土地权属及面积核查的情况说明。

11月18日　市规划国土委第一直属管理局与安信证券股份公司签订市中心区23-2街坊（宗地号B116-0077）土地使用权出让合同书,用地面积4 813 m²,土地性质为商业办公用地。

12月

12月27日　市规划国土委致函福田区城中村（旧村）改造办公室《关于福田区岗厦河园片区改造专项规划的批复》,总建筑面积111万㎡,计容积率建筑面积100万㎡。

注释

注1：深圳市规划国土局机构名称前后经历了数次变迁：

1979年3月—1980年4月　深圳市基本建设委员会；

1980年5月—1980年9月　深圳市城市建设规划委员会；

1980年10月—1982年2月　深圳市规划设计管理局；

1982年3月—1984年5月　深圳市城市规划局；

1984年6月—1987年12月　深圳市规划局；

1988年1月—1988年12月　深圳市规划局、深圳市国土局；

1989年1月—1992年3月　深圳市建设局；

1992年3月—2001年11月　深圳市规划国土局；

2001年11月—2004年5月　深圳市规划国土资源局；

2004年7月—2009年7月　深圳市规划局、深圳市国土资源和房管局；

2009年8月—迄今　深圳市规划和国土资源委员会。

本文为了方便记录,对于深圳市政府主管城市规划、国土管理部门可以统称为"市规划国土局",而忽略该名称的局部小变化及分合设置等。

注2：本附录参考引用以下资料：

①深圳市史志办公室编.深圳市大事记（1979—2000年）[M].深圳：海天出版社,2001.

②深圳市规划国土局文书档案资料。

注3：本篇中有关深圳市中心区（福田中心区）地块或街坊的编号尊重和沿用了原历史资料的内容,有些与现有规划有所不同,特此说明。

注4：本篇仅根据现存资料尽量全面真实记录深圳市中心区规划建设三十年的事项,但由于资料的残缺不全,不同年代处于不同阶段,各阶段能够保留和已经存档的事项层级不同,所以必然出现前后年代记录的事项标准不同。

参考文献

[1] 齐康. 建筑课 [M]. 北京：中国建筑工业出版社，2008.

[2] 齐康. 规划课 [M]. 北京：中国建筑工业出版社，2010.

[3] 齐康主编. 宜居环境整体建筑学构架研究 [M]. 南京：东南大学出版社，2013.

[4] 吴景祥主编. 高层建筑设计 [M]. 北京：中国建筑工业出版社，1987.

[5] 刘佳胜. 抓住机遇 再创辉煌 [J]. 中外房地产导报，1997（11）.

[6] 郁万钧. 谈深圳市规划管理体制的改革与实践 [J]. 世界建筑导报，1999（05）.

[7] 王芃主编. 深圳市中心区城市设计与建筑设计（1996—2004）系列丛书 [M]. 深圳市规划与国土资源局. 北京：中国建筑工业出版社，2002-2005.

[8] 赵鹏林. 福田中心区土地利用规划 [J]. 中外房地产导报，1996（12）.

[9] 陈一新. 中央商务区（CBD）城市规划设计与实践 [M]. 北京：中国建筑工业出版社，2006.

[10] 吴良镛. 广义建筑学 [M]. 北京：清华大学出版社，1991.

[11]（法）勒·柯布西埃（Le Corbusier）著. 走向新建筑 [M]. 吴景祥译. 北京：中国建筑工业出版社，1981.

[12]（法）亨利·勒菲弗（Henri Lefebvre）著. 空间与政治（第二版）[M]. 李春译. 上海：上海人民出版社，2008.

[13] 刘佳胜主编. 花园城市背后的故事 [M]. 广州：花城出版社，2001.

[14] 深圳城市建设的历史与未来——周干峙、王炬、胡开华访谈录 [J]. 世界建筑导报，1999（05）.

[15] 吴良镛，周干峙. 福田中心区规划建设是城市设计的一次完整实现 [J]. 世界建筑导报（增刊），2001.

[16] 刘佳胜. 更新观念，建立新一代综合交通体系 [J]. 经济前沿，1999（11）.

[17] 王芃. 深圳市中心区与 CBD 的发展历程 [C]// 邱水平主编. 中外 CBD 发展论坛. 北京：九州出版社，2003.

[18] 胡开华主编. 深圳经济特区改革开放十五年的城市规划与实践（1980—1995 年）[M]. 深圳市规划和国土资源委员会. 深圳：海天出版社，2010.

[19] 顾汇达. 紧扣城市发展脉搏，充分发挥规划作用 [J]. 城市规划，1998（03）.

[20] 卢济威. 城市设计机制与创作实践 [M]. 南京：东南大学出版社，2005.

[21] 司马晓，李凡，吕迪 . 塑造 21 世纪的深圳城市中心形象——深圳市中心区城市设计概述 [J]. 中外房地产导报，1996（07）.

[22] 深圳市城市规划委员会，深圳市建设局主编 . 深圳城市规划：纪念深圳经济特区成立十周年特辑 [G]. 深圳：海天出版社，1990.

[23] 朱荣远 . 深圳市罗湖旧城改造观念演变的反思 [J]. 城市规划，2000（07）.

[24] 王富海 . 深圳福田中心区的规划得失 [J]. 北京规划建设，2006（06）.

[25] Michael Haslam.The Planning and Construction of London Docklands[C] // 邱水平主编 . 中外 CBD 发展论坛 . 北京：九州出版社 ，2003.

[26] 陆爱林·戴维斯规划公司，深圳城市规划局 . 深圳城市规划研究报告 [R]. 王红译，王凤武校 . 中规院情报所印，1987.

[27] 朱振辉 . 新世纪的城市与空间 [M]. 深圳：海天出版社，1997.

[28] 张庭伟，王兰 . 从 CBD 到 CAZ：城市多元经济发展的空间需求与规划 [M]. 北京：中国建筑工业出版社，2011.

[29] 卢济威 . 城市设计创作研究与实践 [M]. 南京：东南大学出版社，2012.

[30] 赵鹏林 . 关于日本东京地下空间利用的报告书 [R]. 深圳市规划国土局，1999.

[31] 宋彦，陈燕萍 . 城市规划评估指引 [M]. 北京：中国建筑工业出版社，2012.

[32] 王建国主编 . 城市设计 [M]. 北京：中国建筑工业出版社，2009.

[33] 乔恒利 . 法国城市规划与设计 [M]. 北京：中国建筑工业出版社，2008.

[34] 叶伟华 . 深圳城市设计运作机制研究 [M]. 北京：中国建筑工业出版社，2012.

[35] 孙骅声 . 深圳迈向国际市中心城市设计的起步 [G]. 深圳市规划国土局，1999.

[36]（美）Arthur O'Sullivan 著 . 城市经济学（第 6 版）[M]. 周京奎译 . 北京：北京大学出版社，2011.

[37] 王朝晖，李秋实编译，吴庆洲校 . 现代国外城市中心商务区研究与规划 [M]. 北京：中国建筑工业出版社，2002.

[38] Docklands Consultative Committee.the Docklands experiment：A Critical Review of Eight Years of the London Docklands Development Corporation[M].London,DCC， June 1990.

[39]（美）柯林·罗，弗瑞德·科特著 . 拼贴城市 [M]. 童明译 . 北京：中国建筑工业出版社，2003.

[40] 福田新市发展规划纲要 [Z]. 合和中国发展（深圳）有限公司，1982.

[41] 深圳市城市建设志 [G]. 深圳市城市建设志编纂委员会，1989.

[42] 杨俊宴，吴明伟 . 中国城市 CBD 量化研究形态·功能·产业 [M]. 南京：东南大学出版社，2008.

[43] 李开元 . 史学理论的层次模式和史学多元化 [J] // 历史研究，1986（1）.

[44] 广州地理研究所主编 . 深圳自然资源与经济开发 [G]. 广州：广东科学技术出版社，1986.

[45] 深圳经济特区总体规划评论集 [G]. 深圳：海天出版社，1987.

[46] 吴明伟，孔令龙，陈联 . 城中心区规划 [M]. 南京：东南大学出版社，1999.

[47] 上海陆家嘴（集团）有限公司编著.上海陆家嘴金融中心区规划与建筑（共五册）[M].
北京：中国建筑工业出版社，2001.

[48] 高源.美国现代城市设计运作研究 [M].南京：东南大学出版社，2006.

[49] 深圳房地产十年 [G].深圳市建设局,中国市容报社,香港有利印务公司印制,1990.

[50] 王彦辉.走向新社区城市居住社区整体营造理论与方法 [M].南京：东南大学出版社，
2003.

[51] 于雷.空间公共性研究 [M].南京：东南大学出版社，2005.

[52] 深圳市规划国土局.深圳市土地资源 [M].北京：中国大地出版社，1998.

[53]（英）罗素.哲学问题 [M].何兆武译.北京：商务印书馆，2007.

[54] 苏东斌，钟若愚.中国经济特区导论 [M].北京：商务印书馆，2010.

[55] 查振祥.深圳高端制造业发展路径研究 [M].北京：人民出版社，2010.

[56] 薛风旋主编.香港发展报告（2012）香港回归祖国 15 周年专辑 [M].北京：社会科学
文献出版社，2012.

[57] 乐正主编.深圳蓝皮书：深圳经济发展报告（2008）.[R] 北京：社会科学文献出版社，
2008.

[58] 张理泉，郑海航，蒋三庚主编.北京商务中心区（CBD）发展研究 [M].北京：经济管
理出版社，2003.

[59]（美）埃德蒙·N 培根 著.城市设计（修订版）[M].黄富厢，朱琪 译.北京：中国建
筑工业出版社，2003.

[60] 深圳经济特区总体规划 [R].深圳市规划局，中国城市规划设计研究院，1986.

[61] 深圳市基本建设统计资料汇编（1979—1986）[G].深圳市人民政府基本建设办公室，
1987.

[62] 深圳经济特区的规划和建设 [R].深圳市城市规划局，中国城市规划设计研究院合编，
1985.

[63] 深圳特区建设成就（第一、第二辑）[G].深圳市人民政府基本建设办公室，1984.

[64]China City Planning Review: Shenzhen Experiment[G]. Special Issue of Shenzhen, Mar. 1987.

[65] 深圳市国土规划 [R].中国城市规划设计研究院深圳咨询中心，深圳市城市规划局，
1988.

[66] 深圳经济特区福田分区规划专题规划说明书 [R].深圳市城市规划局，中国城市规划设
计研究院深圳咨询中心合编,1988.

[67] 深圳市城市发展策略 [R].深圳市建设局，中国城市规划设计研究院深圳咨询中心，
1989.

[68] 八十年代深圳建设 [G].八十年代深圳建设编委会，1990.

[69] 深圳市城市规划委员会第五次会议文件汇编 [G].深圳市城市规划委员会，1991.

[70] 胡细银等.福田中心区用地开发策略 [Z].深圳城市规划设计院，1997.

[71] 深圳公共交通总体规划总报告 [R].深圳市规划国土局，深圳市运输局，深圳市城市交
通规划研究中心，1999.

[72] 深圳市志·房地产业志（送审稿）[Z]. 深圳市规划与国土资源局，深圳市住宅局，2001.

[73] 深圳市志·城市规划志（送审稿）[Z]. 深圳市规划与国土资源局，2002.

[74] 深圳市志·地名志（送审稿）[Z]. 深圳市规划国土局，2000.

[75] 走向可持续的发展 [R]. 深圳城市发展战略咨询报告，中国城市规划设计研究院，2002.

[76] 新地缘政治经济下的深港合作研究（简本）[R].《深圳城市总体规划修编（2006—2020）》专题研究报告之二. 深圳市委政策研究室，深圳市规划局，深圳市社会科学研究院，中国城市规划设计研究院，2007.

[77] 全球生产方式演变下的产业发展转型研究 [R].《深圳城市总体规划修编（2006—2020）》专题研究报告之九. 深圳市发展与改革局，深圳市规划局，清华大学中国发展规划研究中心深圳分部，2007.

[78] 香港 2030 规划远景与策略 [Z]. 香港特别行政区政府，2007.

[79] 深圳 CBD 暨福田环 CBD 高端产业带国际研讨会资料汇编 [G]. 深圳市福田区人民政府，2008.

[80] 深圳国土房产管理改革开放三十年（1978—2008）[G]. 深圳市国土资源和房产管理局，2008.

[81] 深圳市城市总体规划（2010—2020）[R]. 深圳市人民政府，2010.

[82] 楼宇经济实探——来自深圳福田的报告（2011）[R]. 福田区政府办公室，2011.

[83] 深圳市福田 01-01 和 02 号片区〔中心区〕法定图则（第三版）现状调研报告（送审稿）[R]. 深圳市规划国土发展研究中心，2011.

[84] 刘逸. 深圳市 CBD 发展模式与商务特征 [D].[硕士学位论文]. 广州：中山大学地理科学与规划学院，2007.

[85] 房文君. 详细城市设计导则的操作可行性及有效性研究——以福田中心区 22、23-1 街坊城市设计为案例 [D].〔硕士学位论文〕. 深圳：深圳大学建筑与城规学院，2004.

[86] 王宇. 城市规划实施评价的研究 [D].〔硕士学位论文〕. 武汉：武汉大学城市设计学院，2005.

[87] 唐子来，程蓉编译. 法国城市规划中的设计控制 [J]. 城市规划，2003（2）.

[88] 赵民，乐芸. 论《城乡规划法》"控权"下的控制性详细规划 [J]. 城市规划，2009，33（9）.

[89] 王建国. 基于城市设计的大尺度城市空间形态研究 [J]. 中国科学 E 辑：技术科学，2009，39（5）.

[90] 段进. 控制性详细规划：问题和应对 [J]. 城市规划，2008,32（12）.

[91] 周俭. 新城市街区营造——都江堰灾后重建项目"壹街区"的规划设计思想与方法 [J]. 城市规划学刊，2010（03）.

[92] 吴志强，李德华主编. 城市规划原理（第四版）[M]. 北京：中国建筑工业出版社，2010.

[93] 陈一新. 深圳 CBD 中轴线公共空间规划的特征与实施 [J]. 城市规划学刊，2011,196（4）.

[94] 陈一新. 探讨深圳 CBD 规划建设的经验教训 [J]. 现代城市研究，2011,26（3）.

[95] 陈一新 . 探究深圳 CBD 办公街坊城市设计首次实施的关键点 [J]. 城市发展研究，2010,111（12）.

[96] 陈一新 . 巴黎德方斯新区规划及 43 年发展历程 [J]. 国外城市规划，2003，71（1）.

[97] 郑炘 . 建筑形式问题辩析 [J]. 中国科学 E 辑：技术科学，2009，39（5）.

[98] 陶松龄，陈有川 . 城市跨越式发展的辨析 [J]. 城市规划，2003，27（10）.

[99] 王欣 . 伦敦道克兰地区城市更新实践 [J]. 城市问题，2004（5）.

[100] 张杰 . 伦敦码头区改造后工业时期的城市再生 [J]. 国外城市规划，2000（2）.

[101] 余一清 . 香港经济转型问题探析 [J]. 商业经济研究，2008（24）.

[102] 沈建法 . 港深都市圈的城市竞争与合作及可持续发展 [J]. 中国名城，2008（02）.

[103] Office Property Market Data in figure 2008[J]. DEFEN SCOPIE, Epad Seine Nanterre Arche, Etablissement Public d'Amenagement.

[104] 叶青 . 基于中国特色的绿色建筑"共享设计"[J]. 建设科技，2011（22）.

[105] 齐康 . 建筑心语 [M]. 北京：中国建筑工业出版社，2012.

[106] 深圳市福田区分区规划（1998—2010）[R]. 深圳市规划与国土资源局，2002.

[107] 深圳市中心区 [Z]. 深圳市规划国土局，福田中心区开发建设办公室编制，1996.

[108] 陈一新 . 福田中心区的规划起源及形成历程（一）[C]// 深圳市注册建筑师协会 . 张一莉主编 . 注册建筑师，北京：中国建筑工业出版社，2013（02）.

[109] 陈一新 . 福田中心区的规划起源及形成历程（二）[C] 张一莉主编 . 注册建筑师，北京：中国建筑工业出版社，2014（03）.

[110] 赵蔚，赵民，汪军等著 . 段进主编 . 空间研究 11：城市重点地区空间发展的规划实施评估 [M]. 南京：东南大学出版社，2013.

[111] 深圳市志 [Z]. 基础建设卷，深圳市地方志编纂委员会，北京：方志出版社，2014.

[112] 陈一新 . 规划探索——深圳市中心区城市规划实施历程（1980—2010 年）[M]. 深圳：海天出版社，2015.

后 记

　　深圳福田中心区城市规划建设三十年历史凝聚了深圳市历届领导、国内外许多规划建筑专家以及市规划国土局历届领导和同事们的集体智慧和心血，这部历史所包含的内容应远远超出本书的描述和概括。本书作为福田中心区规划建设三十年历史研究的第一本专著，最大的优势是亲历者写历史，最大的问题是"当代人写当代史"，这恰好是事物的两面性。在此引用中国著名历史学者金冲及先生关于书写历史者的辩证观点：当代人是可以研究好当代史的，历史只有经历过才真正了解。没有感情，写不出有价值的历史。有一部分人把自己亲身经历过的历史，在经过严肃研究后写下来，实在是一种无可推托的历史责任。但当代人毕竟有"时代局限性"，这是客观事实，决不能以为只有自己写的著作才是最好的，甚至以为这就是"千古定论"，绝没有那回事。许多重要的历史课题，往往后人还会一遍又一遍地去重新研究它，写出新的著作来，并且在许多方面超过当代人的研究成果，但肯定也有许多方面不如当代人所写的。当代人和后代人所写的历史，各有各的"时代局限性"。希望本书能为后代人写福田中心区规划建设历史提供有益的帮助和参考。

　　福田中心区的规划探索与实践是深圳特区社会经济产业高速同步协调发展的产物，研究中心区规划建设历史离不开深圳同时代的社会经济发展背景和条件，需要融会贯通哲学、社会学、历史学、城市经济学、城市规划、建筑学等多学科知识。笔者因才疏学浅，尚未"打通"城市规划、建筑、土地经济、房地产管理与社会历史、城市经济等学科知识，深感本书内容的宽度不够和深度不足。另外，本书写作中遇到的最大问题是历史资料欠缺、查找困难。如果把福田中心区三十年历史分为前十五年和后十五年两大段落的话，则前十五年（1980—1995 年）是间接资料，资料不全。笔者仅以会议纪要及请示批复等文书档案为历史事件索引，结合找到的部分规划文本和图册进行轮廓性描述，较难恢复福田中心区历史原貌。后十五年（1996—2010 年）是直接资料，比较齐全。除常规文书档案外，福田中心区的规划文本图册、各单体建筑的招标过程，以及土地出让过程、建筑报建、规划验收等管理环节都保存了电子文档。特别是福田中心区开发建设办公室运作八年（1996—2004 年）期间的资料是笔者第一手资料，当时中心区办公室非常重视档案资料，在收集整理后公开出版了《深圳市中心区城市设计与建筑设计 1996—2004》十二本系列丛书，成为中心区规划建设历史研究的宝贵素材。因此，本书关于福田中心区前十五年的写作基于间接的"描述知识"；后十五年是笔者亲身经历后"认知的知识"和直观印象的抽象综合。正像英国哲学家罗素所说："感官的知识必定依赖于独特的个人观点，依赖于人身，而躯体的感官在表现事物时是会歪曲它们的。" 笔者作为城市规划管理和建筑学专业人士首次撰写城市规划历史，难免会有内容缺漏错误，甚至有失偏颇，敬请规划建筑界同行批评指正。

笔者作为特区规划建筑的参与者之一，最大荣幸莫过于亲眼见证了深圳从小"县城"变为特大城市的历程。因工作机缘，1996 年我被组织调动到深圳市规划国土局下属的深圳市中心区开发建设办公室主持工作，直至 2004 年中心区办公室撤销。基于本人 1996 年至 2004 年在中心区办公室八年工作的亲身经历，以及长期在深圳市规划国土局工作和对福田中心区近距离研究和思考，在 2006 年出版第一本专著《中央商务区（CBD）城市规划设计与实践》，2013 年完成博士学位论文《深圳市中心区（CBD）城市规划与实践历史研究（1980—2010 年）》，2015 年 3 月出版第二本专著《规划探索——深圳市中心区城市规划实施历程（1980—2010 年）》的基础上完成本书稿。在没有助手，没有先例范本，完全依靠自己坚定的信念和毅力独立完成的这部著作，于我而言，犹如一项"伟大工程"，多少有点"圆梦"的感觉。特别感谢深圳市房地产评估发展中心耿继进主任、刘颖高级工程师对本书 6.2 章节"福田中心区经济评价"内容的支持和帮助，感谢深圳市规划国土发展研究中心佟庆规划师帮助编制了部分图表。此外，在收集福田中心区前十五年资料过程中得到孙俊局长的大力帮助，他慷慨提供了 1982 年至 1989 年在深圳市规划局工作期间的笔记、照片及规划成果等一批宝贵资料，填补了福田中心区初期资料的不足。

感谢深圳市规划国土局的领导和同事们长期以来的支持和帮助，感谢深圳市城市规划委员会的专家们和国内外许多设计师的献计献策，感谢原深圳市中心区开发建设办公室一起工作的同事们的共同努力，大家都为福田中心区的规划建设作出了不可磨灭的贡献，在此一并感谢。

衷心感谢我的导师齐康院士，因为他的鼓励和支持，我才下决心读在职博士，才能完成此书。齐老师说："人生最重要的是实践，人生最难得的是勤奋。"经过这些年的静心思考和写作，我深刻感悟了老子《道德经》所言，"天下难事，必做于易；天下大事，必作于细"的哲理。在此，特别感谢出版社的戴丽社长对本书的编辑出版给予大力支持和付出的辛勤努力。感谢我的家人不断赋予我前进的勇气和动力。

陈一新 2015 年 5 月于深圳

内容提要

这是一部记载和研究深圳市福田中心区（CBD）城市规划建设三十年（1980—2010年）历史的专著。世界上很少几个城市"从无到有，从小到大"的历史可以让一代人亲历见证，深圳就是其中一个。深圳特区三十年规划建设创造了世界城市建设史上的奇迹，福田中心区是深圳特区二次创业的空间基地，是深圳城市规划建设的一个缩影，福田中心区规划建设三十年历史研究具有重要的历史价值。

本书是对福田中心区规划建设三十年历史的理论研究，在全面收集素材、白描历史的基础上，概述深圳特区三次总体规划对福田中心区的定位，在深港合作、深圳三次产业转型的大背景下分析福田中心区在交通、土地、产业等方面的开发机遇及优势条件，反思中心区的开发建设管理模式，研究福田中心区规划编制及规划实施成效，创新地提出中心区规划编制与规划实施管理模式。初步评价福田中心区规划建设成就，并展望其未来。这是深圳特区改革开放三十年城市规划建设历史不可或缺的篇章，为城市规划建筑界同行提供规划实例和参考借鉴。

图书在版编目（CIP）数据

深圳福田中心区（CBD）城市规划建设三十年历史研究：
1980~2010年/陈一新著.—南京：东南大学出版社，2015.6
　ISBN 978-7-5641-5818-7

　Ⅰ.①深… Ⅱ.①陈… Ⅲ.①区（城市）–城市规划–研究–深圳市–1980~2010②区（城市）–城市建设–研究–深圳市–1980~2010 Ⅳ.① TU984.265.3 ② F299.276.5.3

中国版本图书馆 CIP 数据核字（2015）第113386号

深圳福田中心区（CBD）城市规划建设三十年历史研究（1980—2010年）

编　　著	陈一新	
出版发行	东南大学出版社	
社　　址	南京市四牌楼2号　　邮编：210096	
出 版 人	江建中	
网　　址	http://www.seupress.com	
责任编辑	戴　丽	
文字编辑	陈　淑　朱震霞	
装帧设计	王少陵	
责任印制	张文礼	
经　　销	全国各地新华书店	
印　　刷	利丰雅高印刷（深圳）有限公司	

开　　本	889 mm×1194 mm　　1/16	
印　　张	18	
字　　数	480 千字	
版　　次	2015 年 6 月第 1 版	
印　　次	2015 年 6 月第 1 次印刷	
书　　号	ISBN 978-7-5641-5818-7	
定　　价	160.00 元	

＊本社图书若有印装质量问题，请直接与营销部联系。电话：025-83791830